친절한 공학수학 2판 문제풀이

노태완 지음

 아카데미프레스

저자 소개

노태완 | twnoh59@snu.ac.kr

서울대학교 공과대학 원자핵공학과, 학사(1985)
서울대학교 대학원 원자핵공학과, 석사(1987)
한국원자력연구소 연구원(1985~1989)
University of California at Berkeley, Nuclear Engineering Department, Ph.D.
미국 Los Alamos National Laboratory 연구원(1992~1994)
홍익대학교 공과대학 기초과학과 교수(1994~현재)
한국공학교육학회 우수 강의록 Award(2007)
서울대학교 공과대학 객원교수(1994~1997, 2023~ 현재)

친절한 공학수학 2판 문제풀이

발행일 2024년 2월 28일
저자 노태완
발행인 이한성 **발행처** (주)아카데미프레스 **주소** 서울특별시 마포구 독막로 320, 데시앙 오피스텔 803호
전화 02-3144-3765 **팩스** 02-6919-2456 **웹사이트** www.academypress.co.kr
등록번호 제2018-000184호

ISBN 979-11-91791-20-4   93410
정가 15,000원

차 례

1장
1계 상미분방정식

1.1 미분방정식

1. (1) $y = x^2 + c$ 　　　(2) $y = ce^x$ 　　　(3) $y = -\dfrac{1}{3}\cos 3x + c$

2. (1) 상미분방정식. $y = c_1 e^x + c_2 e^{-x}$ 에서 $y' = c_1 e^x - c_2 e^{-x}$, $y'' = c_1 e^x + c_2 e^{-x}$ 이므로
$$\therefore\ \ y'' = y\ .$$

(2) 편미분방정식. $u = \tan^{-1}\dfrac{y}{x}$ 에서
$$\frac{\partial u}{\partial x} = \frac{-y/x^2}{1+(y/x)^2} = \frac{-y}{(x^2+y^2)}\ ,\ \frac{\partial^2 u}{\partial x^2} = \frac{2xy}{(x^2+y^2)^2}$$
$$\frac{\partial u}{\partial y} = \frac{1/x}{1+(y/x)^2} = \frac{x}{(x^2+y^2)}\ ,\ \frac{\partial^2 u}{\partial y^2} = -\frac{2xy}{(x^2+y^2)^2}$$
이므로
$$\therefore\ \ \frac{\partial^2 u}{\partial x^2} + \frac{\partial^2 u}{\partial y^2} = 0\ .$$

3. (1) $y' = -1$: 1계 선형 비제차, $y = -x + c$, $\therefore\ y' = -1$

(2) $y'' + y = 0$: 2계 선형 제차, $y = c_1 \cos x + c_2 \sin x$, $y' = -c_1 \sin x + c_2 \cos x$,
$$y'' = -c_1 \cos x - c_2 \sin x \qquad \therefore\ y'' + y = 0$$

(3) $yy' = -x$: 1계 비선형 비제차, $x^2 + y^2 = 1$, $2x + 2y\dfrac{dy}{dx} = 0$ $\therefore\ yy' = -x$

(4) $y' + y = x^2 - 2$: 1계 선형 비제차, $y = ce^{-x} + x^2 - 2x$, $y' = -ce^{-x} + 2x - 2$
$$\therefore\ y' + y = x^2 - 2$$

(5) $y'' + 2y' + 2y = 0$: 2계 선형 제차, $y = e^{-x}(c_1 \cos x + c_2 \sin x)$,
$$y' = e^{-x}[(c_2 - c_1)\cos x - (c_1 + c_2)\sin x]\ ,\ y'' = e^{-x}[2c_1 \sin x - 2c_2 \cos x]$$
$$\therefore\ y'' + 2y' + 2y = 0$$

4. $(y')^2 - xy' + y = 0$:

(1) $y = cx - c^2$, $y' = c$: $(y')^2 - xy' + y = (c)^2 - x(c) + (cx - c^2) = 0$
　　　임의의 상수 c를 포함하므로 일반해

(2) $y = x - 1$, $y' = 1$: $(y')^2 - xy' + y = (1)^2 - x(1) + (x - 1) = 0$
　　　(1)의 일반해에서 c=1인 경우이므로 특수해

(3) $y = x^2/4$, $y' = x/2$: $(y')^2 - xy' + y = \left(\dfrac{x}{2}\right)^2 - x\left(\dfrac{x}{2}\right) + \left(\dfrac{x^2}{4}\right) = 0$
　　　(1)의 일반해에 포함되지 않으므로 특이해

5. (1) $y = c_1 \sin \omega t + c_2 \cos \omega t$:

$$y' = \omega c_1 \cos \omega t - \omega c_2 \sin \omega t, \quad y'' = -\omega^2 c_1 \sin \omega t - \omega^2 \cos \omega t = -\omega^2 y \quad \therefore \quad y'' + \omega^2 y = 0$$

(2) $y = c_1^* \sin(\omega t + c_2^*)$:

$$y' = \omega c_1^* \cos(\omega t + c_2^*), \quad y'' = -\omega^2 c_1^* \sin(\omega t + c_2^*) = -\omega^2 y \quad \therefore \quad y'' + \omega^2 y = 0$$

(3) 삼각함수 합의 공식을 이용하면

$$y = c_1^* \sin(\omega t + c_2^*) = c_1^* (\sin \omega t \cos c_2^* + \cos \omega t \sin c_2^*) = c_1 \sin \omega t + c_2 \cos \omega t$$

이고, 여기서 $c_1 = c_1^* \cos c_2^*$, $c_2 = c_1^* \sin c_2^*$.

또는 삼각함수 합성을 이용하면

$$y = c_1 \sin \omega t + c_2 \cos \omega t = c_1^* \sin(\omega t + c_2^*), \text{ 여기서, } c_1^* = \sqrt{c_1^2 + c_2^2}, \quad c_2^* = \tan^{-1}\frac{c_2}{c_1}.$$

6. (1) $yy' = 2t$, $y^2 = 2t^2 + c$: $y^2 = 2t^2 + c$ 를 t 에 대해 음함수 미분하면 $2y\dfrac{dy}{dt} - 4t = 0$ 에서 $yy' = 2t$ 이므로 일반해는 $y^2 = 2t^2 + c$.

초기조건 $y(1) = \sqrt{3}$ 에 의해 $(\sqrt{3})^2 - 2(1)^2 = c$ 에서 $c = 1$ 이므로 특수해는 $y^2 = 2t^2 + 1$.

(2) $y'' - y = 0$, $y = c_1 \cosh x + c_2 \sinh x$: $y = c_1 \cosh x + c_2 \sinh x$, $y' = c_1 \sinh x + c_2 \cosh x$, $y'' = c_1 \cosh x + c_2 \sinh x$ 이 $y'' - y = 0$ 을 만족하므로 일반해는 $y = c_1 \cosh x + c_2 \sinh x$.

초기조건에서 $y(0) = c_1 \cosh 0 + c_2 \sinh 0 = c_1 = 1$, $y'(0) = c_1 \sinh 0 + c_2 \cosh 0 = c_2 = 0$ 이므로 특수해는 $y = \cosh x$.

7. 미분방정식이 $|y'| + |y| = 0$ 이므로 $y' = 0$, $y = 0$ 이어야 한다. $y' = 0$ 의 해는 (추측에 의해) $y = c$ 이고, $y = c$ 와 $y = 0$ 을 모두 만족하는 $y = 0$ 이 미분방정식의 일반해이다. 하지만 이는 초기조건 $y(0) = 1$ 을 만족하지 않으므로 초기값 문제의 해는 존재하지 않는다.

1.2 변수분리법

1. (1) $\dfrac{dy}{dx} + 3x^2 y^2 = 0$; $\displaystyle\int \dfrac{dy}{y^2} = -\int 3x^2 dx \quad \therefore \quad y = \dfrac{1}{x^3 + c}$

(2) $y' + \csc y = 0$; $\displaystyle\int \sin y \, dy = -\int dx \quad \therefore \cos y = x + c$

(3) $xy' = y^2 + y$; $\dfrac{dy}{y(y+1)} = \dfrac{dx}{x}$, $\displaystyle\int \dfrac{dy}{y(y+1)} = \int \dfrac{dx}{x}$: $\dfrac{1}{y(y+1)} = \dfrac{1}{y} - \dfrac{1}{y+1}$

$$\ln\left|\frac{y}{y+1}\right| = \ln|x| + c, \qquad \frac{y}{y+1} = cx \quad \therefore \quad y = \frac{cx}{1 - cx}$$

(4) $xy' = y^2 + y$, $(y/x = u)$; $y = ux$, $y' = u'x + u$

$$x(u'x + u) = u^2 x^2 + ux \text{ 또는 } u' = u^2$$

$$\int \frac{du}{u^2} = \int dx \ , \ -\frac{1}{u} = x + c \ \ \therefore \ y = -\frac{x}{x+c}$$

☞ (3)의 $y = \dfrac{cx}{1-cx}$ 의 분모와 분자를 c 로 나누면

$$y = \frac{cx}{1-cx} = \frac{x}{\dfrac{1}{c}-x} = \frac{x}{-x+\dfrac{1}{c}}$$

이고 $1/c = c^*$ 로 놓으면 $y = \dfrac{x}{-x+c^*}$ 가 되어 (4)와 같다.

2. (1) $xy' + y = 0$, ; $\displaystyle\int \frac{dy}{y} = -\int \frac{dx}{x}$, $\ln|y| = -\ln|x| + \ln|c| = \ln\left|\dfrac{c}{x}\right|$ $\ \ \therefore \ y = \dfrac{c}{x}$.

　　　초기조건 $y(2) = -2 = \dfrac{c}{2} \ \to \ c = -4$ $\ \ \therefore \ y = -\dfrac{4}{x}$

(2) $\dfrac{dr}{dt} = -2tr$, ; $\displaystyle\int \frac{dr}{r} = -\int 2t\,dt$, $\ln|r| = -t^2 + c$ $\ \therefore \ r = ce^{-t^2}$

　　　$r(0) = 2.5 = ce^0 \ \to \ c = 2.5$ $\ \ \therefore \ r = 2.5e^{-t^2}$

3. $y^2 = c(2x+c)$ 에서 $c = -x \pm \sqrt{x^2+y^2}$ 이다. 주어진 곡선을 미분하면 $2yy' = 2c$ 이므로

$$y' = \frac{c}{y} = -\frac{x}{y} \pm \sqrt{\left(\frac{x}{y}\right)^2 + 1} \ .$$

$$(y')_{L_1}(y')_{L_2} = \left[-\frac{x}{y} + \sqrt{\left(\frac{x}{y}\right)^2 + 1}\right]\left[-\frac{x}{y} - \sqrt{\left(\frac{x}{y}\right)^2 + 1}\right] = \left(\frac{x}{y}\right)^2 - \left(\frac{x}{y}\right)^2 - 1 = -1$$

이므로 $y^2 = c(2x+c)$ 가 그리는 곡선은 자체 직교한다.

4. (1) $xy' = y + 3x^4\cos^2(y/x)$, $y(1) = 0$

　　　미분방정식의 양변을 x 로 나누고 $u = \dfrac{y}{x}$ 로 놓으면 $y = ux$ 에서 $y' = u'x + u$.

　　　따라서 $u' = 3x^2\cos^2 u$ 이 되고 변수분리하면 $\sec^2 u\,du = 3x^2 dx$.

　　　$\displaystyle\int \sec^2 u\,du = \int 3x^2 dx$, $\tan u = x^3 + c$ 또는 $\tan\dfrac{y}{x} = x^3 + c$.

　　　$y(1) = 0$ 이므로 $\tan\dfrac{0}{1} = 1 + c \ \to \ c = -1$ $\ \ \therefore \ \tan\dfrac{y}{x} = x^3 - 1$

(2) $xyy' = 2y^2 + 4x^2$, $y(2) = -4$: 미분방정식의 양변을 xy 로 나누면 $y' = 2\left(\dfrac{y}{x}\right) + 4\left(\dfrac{x}{y}\right)$.

　　　$u = \dfrac{y}{x}$ 로 놓으면 $y' = u'x + u$ 에서 $u'x + u = 2u + \dfrac{4}{u}$ 또는 $u'x = \dfrac{u^2 + 4}{u}$.

　　　$\displaystyle\int \frac{u}{u^2 + 4}\,du = \int \frac{dx}{x}$, $\dfrac{1}{2}\ln(u^2 + 4) = \ln|x| + \ln|c|$

$$\therefore \sqrt{u^2+4} = cx \ \text{ or } \ \left(\frac{y}{x}\right)^2 + 4 = cx^2$$

초기조건 $y(2) = -4$ 에서 $c = 2$. $\therefore \left(\frac{y}{x}\right)^2 + 4 = 2x^2$

5. $y' = \dfrac{1-2y-4x}{1+y+2x}$: $v = y+2x$ $(y = v-2x,\ y' = v'-2)$ 로 놓으면 $v'-2 = \dfrac{1-2v}{1+v}$ 또는

$v' = \dfrac{3}{1+v}$ 이므로 $\displaystyle\int(1+v)dv = \int 3dx$ 에서 $v + \dfrac{v^2}{2} = 3x+c$. $v = y+2x$ 이므로

$$y - x + \frac{1}{2}(y+2x)^2 = c .$$

1.3 완전미분방정식

1. (1) $\phi = x^2 + 4y^2$; $d\phi = \dfrac{\partial\phi}{\partial x}dx + \dfrac{\partial\phi}{\partial y}dy = 2xdx + 8ydy = 0$ 의 해는 $\phi = c$ 에서 $x^2 + 4y^2 = c$.

(2) $\phi = \tan(y^2 - x^3)$; $\dfrac{\partial\phi}{\partial x} = -3x^2[1 + \tan^2(y^2 - x^3)]$, $\dfrac{\partial\phi}{\partial y} = 2y[1 + \tan^2(y^2 - x^3)]$

이므로 완전미방 $d\phi = 0$ 은

$$-3x^2[1 + \tan^2(y^2 - x^3)]dx + 2y[1 + \tan^2(y^2 - x^3)]dy = 0 \tag{a}$$

이고 해 $\phi = c$ 는

$$\tan(y^2 - x^3) = c \tag{b}$$

이다. 또는 (a)의 양변을 $1 + \tan^2(y^2 - x^3)$ 으로 나누면 완전미방은 $-3x^2dx + 2ydy = 0$, 해는 (b)

에서 $y^2 - x^3 = c$ 또는 $y^2 = x^3 + c$ 이다.

2. (1) $2xydx + x^2dy = 0$; $\dfrac{\partial}{\partial y}(2xy) = 2x = \dfrac{\partial}{\partial x}(x^2)$ $\therefore$ 완전미방

$$\phi(x,y) = \int(2xy)dx = x^2y + k(y)$$

$$\frac{\partial\phi}{\partial y} = x^2 + k'(y) = x^2 \ \rightarrow \ k(y) = c \ \therefore \ \phi = x^2y = c$$

(2) $\sinh x \cos y dx - \cosh x \sin y dy = 0$

$$\frac{\partial}{\partial y}(\sinh x \cos y) = -\sinh x \sin y = \frac{\partial}{\partial x}(-\cosh x \sin y) \ \therefore \ \text{완전미방}$$

$$\phi(x,y) = \int \sinh x \cos y dx = \cosh x \cos y + k(y)$$

$$\frac{\partial\phi}{\partial y} = -\cosh x \sin y + k'(y) = -\cosh x \sin y \ \rightarrow \ k(y) = c \ \therefore \ \phi = \cosh x \cos y = c$$

(3) $e^{-2\theta}(rdr - r^2 d\theta) = 0$, $\dfrac{\partial}{\partial \theta}(re^{-2\theta}) = -2re^{-2\theta} = \dfrac{\partial}{\partial r}(-r^2 e^{-2\theta})$ ∴ 완전미방

$$\phi(r,\theta) = \int re^{-2\theta} dr = \frac{r^2}{2}e^{-2\theta} + k(\theta), \quad \frac{\partial \phi}{\partial \theta} = -r^2 e^{-2\theta} + k'(\theta) = -r^2 e^{-2\theta} \;\rightarrow\; k(\theta) = c$$

$$\therefore\; \phi = \frac{r^2}{2}e^{-2\theta} = c \;\; \text{또는} \;\; r = ce^{\theta}$$

(4) $\dfrac{2}{y}\cos 2x\,dx - \dfrac{1}{y^2}\sin 2x\,dy = 0$, $y\left(\dfrac{\pi}{4}\right) = 3.8$

$$\frac{\partial}{\partial y}\left(\frac{2}{y}\cos 2x\right) = -\frac{2}{y^2}\cos 2x = \frac{\partial}{\partial x}\left(-\frac{1}{y^2}\sin 2x\right) \;\; \therefore \;\; \text{완전미방}$$

$$\phi(x,y) = \int \frac{2}{y}\cos 2x\,dx = \frac{1}{y}\sin 2x + k(y), \quad \frac{\partial \phi}{\partial y} = -\frac{1}{y^2}\sin 2x + k'(y) = -\frac{1}{y^2}\sin 2x$$

$$\rightarrow \;\; k(y) = c \;\; \therefore \;\; \phi = \frac{1}{y}\sin 2x = c \;\; \text{또는} \;\; y = c\sin 2x$$

초기조건 $\;\; y\left(\dfrac{\pi}{4}\right) = 3.8 = c\sin\dfrac{\pi}{2} \;\rightarrow\; c = 3.8 \;\; \therefore \;\; y = 3.8\sin 2x$

(5) $[(x+1)e^x - e^y]dx - xe^y dy = 0 \qquad y(1) = 0$

$$\frac{\partial}{\partial y}[(x+1)e^x - e^y] = -e^y = \frac{\partial}{\partial x}[-xe^y] \qquad \therefore \;\; \text{완전미방}$$

$$\phi(x,y) = \int(-xe^y)dy = -xe^y + l(x), \quad \frac{\partial \phi}{\partial x} = -e^y + l'(x) = (x+1)e^x - e^y$$

$$\rightarrow \;\; l'(x) = (x+1)e^x, \quad l(x) = \int(x+1)e^x dx = (x+1)e^x - \int e^x dx = xe^x$$

$$\therefore \;\; \phi = -xe^y + xe^x = c \;\; \text{또는} \;\; x(e^x - e^y) = c$$

초기조건 $1(e^1 - e^0) = c \;\rightarrow\; c = e-1 \;\; \therefore \;\; x(e^x - e^y) = e-1$

3. $\sinh x \cos y\,dx - \cosh x \sin y\,dy = 0$, $\dfrac{\sinh x}{\cosh x}dx - \dfrac{\sin y}{\cos y}dy = 0$

$$\int \frac{\sinh x}{\cosh x}dx - \int \frac{\sin y}{\cos y}dy = \ln|\cosh x| + \ln|\cos y| = c \;\; \therefore \;\; \cosh x \cos y = c$$

1.4 1계 선형 미분방정식

1. $\dfrac{dy}{dx} - y = x$; $p(x) = -1$, $r(x) = x$

(1) $y = e^{-\int(-1)dx}\left(\int xe^{\int(-1)dx}dx + c\right) = e^x\left(\int xe^{-x}dx + c\right) = e^x(-xe^{-x} - e^{-x} + c)$

$$= -x - 1 + ce^x$$

(2) $\mu(x) = e^{\int(-1)dx} = e^{-x}$; $\dfrac{d}{dx}[e^{-x}y] = xe^{-x}$, $\displaystyle\int d[e^{-x}y] = \int xe^{-x}dx$

$$e^{-x}y = \int xe^{-x}dx = -xe^{-x} - e^{-x} + c, \; y = -x - 1 + ce^x$$

2. (1) $y' - y = 4$; $\mu(x) = e^{\int (-1)dx} = e^{-x}$

$$\frac{d}{dx}(e^{-x} \cdot y) = 4e^{-x} \;, \; e^{-x}y = \int 4e^{-x}dx = -4e^{-x} + c \; \therefore \; y = -4 + ce^x$$

(2) $y' + 3xy = 0$; $\mu(x) = e^{\int 3xdx} = e^{3x^2/2}$

$$\frac{d}{dx}\left(e^{3x^2/2}y\right) = 0 \;, \; e^{3x^2/2}y = c \; \therefore \; y = ce^{-3x^2/2}$$

(3) $y' + ky = e^{-kx}$; $\mu(x) = e^{\int kdx} = e^{kx}$

$$\frac{d}{dx}(e^{kx} \cdot y) = 1 \;, \; e^{kx} \cdot y = x + c \; \therefore \; y = (x + c)e^{-kx}$$

(4) $xy' = 2y + x^3 e^x$; $y' - \dfrac{2}{x}y = x^2 e^x$, $\mu(x) = e^{\int (-2/x)dx} = e^{-2\ln x} = 1/x^2$

$$\frac{d}{dx}\left(\frac{1}{x^2} \cdot y\right) = e^x, \; \frac{y}{x^2} = e^x + c \; \therefore \; y = x^2(e^x + c)$$

(5) $y' = (y - 2)\cot x$; $y' - \cot x \, y = -2\cot x$, $\mu(x) = e^{\int (-\cot x)dx} = e^{-\ln|\sin x|} = \csc x$

$$\frac{d}{dx}(\csc x \cdot y) = -2\cot x \csc x$$

$$\csc x \cdot y = -2\int \cot x \csc x \, dx = -2\int \frac{\cos x}{\sin^2 x}dx = \frac{2}{\sin x} + c \; (\sin x = t \text{ 로 치환 })$$

$$\therefore \; y = 2 + c\sin x \; (\text{변수분리도 가능})$$

3. $\dfrac{dy}{dx} + p(x)y = 0$; 변수분리하면 $\dfrac{dy}{y} = -p(x)dx$ 이고 $\displaystyle\int \frac{dy}{y} = -\int p(x)dx$ 에서

$$\ln|y| = -\int p(x)dx + c_1, \; |y| = e^{-\int p(x)dx + c_1} = c_2 \, e^{-\int p(x)dx} \; (c_2 = e^{c_1} > 0).$$

$$\therefore \; y = c \, e^{-\int p(x)dx}$$

4. (1) $y' = 2(y - 1)\tanh 2x$, $y(0) = 4$; $y' - (2\tanh 2x)y = -2\tanh 2x$

$$\mu(x) = e^{\int (-2\tanh 2x)dx} = e^{-\ln|\cosh 2x|} = \operatorname{sech} 2x, \; \frac{d}{dx}(\operatorname{sech} 2x \cdot y) = -2\tanh 2x \operatorname{sech} 2x$$

$$\operatorname{sech} 2x \cdot y = -2\int \tanh 2x \cdot \operatorname{sech} 2x \, dx$$

$$= -2\int \frac{\sinh 2x}{\cosh^2 2x}dx = \frac{1}{\cosh 2x} + c = \operatorname{sech} 2x + c \; (\cosh 2x = t \text{ 로 치환})$$

에서 $y = 1 + c\cosh 2x$. 초기조건에서 $4 = 1 + c \cdot 1 \; \rightarrow \; c = 3 \; \therefore \; y = 1 + 3\cosh 2x$

(2) $y' + 3y = \sin x$, $y\left(\dfrac{\pi}{2}\right) = 0.3$; $\mu(x) = e^{\int 3dx} = e^{3x}$

$$\frac{d}{dx}(e^{3x}y) = e^{3x}\sin x, \; e^{3x}y = \int e^{3x}\sin x \, dx = \cdots = \frac{1}{10}e^{3x}(3\sin x - \cos x) + c$$

$$y = \frac{1}{10}(3\sin x - \cos x) + ce^{-3x}.$$ 초기조건 $0.3 = \frac{1}{10}(3\cdot\sin\frac{\pi}{2} - \cos\frac{\pi}{2}) + ce^{-\frac{3}{2}\pi}$ 에서 $c = 0$.

$$\therefore\ y = \frac{1}{10}(3\sin x - \cos x)$$

5. $f(t)$가 구간별로 주어지므로 구간별로 해를 구한다.

(i) $0 \le t < 1$

$\frac{dy}{dt} + y = 1$에서 $\mu(t) = e^{\int 1 dt} = e^t$, $\frac{d}{dt}(e^t y) = e^t x$, $\int d[e^t y] = \int e^t dt$에서 $e^t y = e^t + c_1$ 또는

$y = 1 + c_1 e^{-t}$이고 초기조건 $y(0) = 1 + c_1 = 0$에서 $c_1 = -1$ 이므로

$$\therefore\ y = 1 - e^{-t}.$$

(ii) $t \ge 1$

$\frac{dy}{dt} + y = 0$에서 변수분리 또는 단순한 추측으로도 $y = c_2 e^{-t}$임을 알 수 있다. (i)에서

$y(1) = 1 - e^{-1}$이므로 $t = 1$에서 연속이면 $y(1) = c_2 e^{-1} = 1 - e^{-1}$에서 $c_2 = e - 1$.

$$\therefore\ y = (e-1)e^{-t}.$$

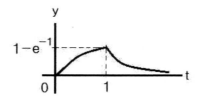

6. 변수분리하면 $\frac{dy}{y(a-by)} = dx$ --- (a)이고 좌변을 부분분수로 쓰면

$$\frac{1}{y(a-by)} = \frac{1}{a}\left(\frac{1}{y}\right) + \frac{b}{a}\left(\frac{1}{a-by}\right)$$

이다. (a)의 양변을 적분하면

$$\frac{1}{a}\ln|y| - \frac{1}{a}\ln|a-by| = x + c_1, \quad \ln\left|\frac{y}{a-by}\right| = a(x+c_1), \quad \frac{y}{a-by} = c_2 e^{ax},$$

$$\therefore\ y = \frac{ac_2 e^{ax}}{1 + bc_2 e^{ax}} = \frac{1}{b/a + ce^{-ax}} \quad \text{여기서}\ c = 1/ac_2.$$

7. $y' + xy = xy^{-1}$: $u = y^2$으로 치환하면 $u' = 2yy' = 2y(xy^{-1} - xy) = 2x - 2xu$. 따라서

$u' + 2xu = 2x$. 적분인자 $e^{\int 2x dx} = e^{x^2}$를 양변에 곱하면 $(e^{x^2} u)' = 2x e^{x^2}$. 따라서

$$e^{x^2} u = \int 2x e^{x^2} dx : t = x^2,\ dt = 2x dx$$

$$= \int e^t dt = e^t + c = e^{x^2} + c \quad \therefore\ u = 1 + ce^{-x^2} \text{ 또는 } y^2 = 1 + ce^{-x^2}.$$

8. $\dfrac{dx}{dy}=x+y^2$, 즉 선형 미분방정식 $\dfrac{dx}{dy}-x=y^2$. 적분인자 $e^{\int(-1)dy}=e^{-y}$를 양변에 곱하여 정

리하면 $\dfrac{d}{dy}\left(e^{-y}x\right)=y^2e^{-y}$가 되어 $xe^{-y}=\displaystyle\int y^2e^{-y}dy=-y^2e^{-y}-2ye^{-y}-2e^{-y}+c.$

$$\therefore\ x(y)=-y^2-2y-2+ce^{y}.$$

9. $\dfrac{dy}{dx}+py=0$ -- (a)　$\dfrac{dy}{dx}+py=r$ -- (b)

(1) y_1, y_2가 (a)의 해이므로 $\dfrac{dy_1}{dx}+py_1=0,\ \dfrac{dy_2}{dx}+py_2=0$

$$\dfrac{d(y_1+y_2)}{dx}+p(y_1+y_2)=\left(\dfrac{dy_1}{dx}+py_1\right)+\left(\dfrac{dy_2}{dx}+py_2\right)=0+0=0$$

$\therefore\ y_1+y_2$도 (a)의 해이다.

(2) y_1, y_2가 (b)의 해이므로 $\dfrac{dy_1}{dx}+py_1=r,\ \dfrac{dy_2}{dx}+py_2=r$

$$\dfrac{d(y_1+y_2)}{dx}+p(y_1+y_2)=\left(\dfrac{dy_1}{dx}+py_1\right)+\left(\dfrac{dy_2}{dx}+py_2\right)=r+r=2r\neq r$$

$\therefore\ y_1+y_2$는 (b)의 해가 아니다.

(3) y_1이 (a)의 해이므로 $\dfrac{dy_1}{dx}+py_1=0.$　$\dfrac{d(cy_1)}{dx}+p(cy_1)=c\left(\dfrac{dy_1}{dx}+py_1\right)=c\cdot 0=0$

$\therefore\ cy_1$은 (a)의 해이다.

(4) y_1이 (b)의 해이므로 $\dfrac{dy_1}{dx}+py_1=r.$　$\dfrac{d(cy_1)}{dx}+p(cy_1)=c\left(\dfrac{dy_1}{dx}+py_1\right)=c\cdot r=cr\neq r$

$\therefore\ cy_1$은 (b)의 해가 아니다.

(5) y_h가 (a)의 해, y_p가 (b)의 해이므로 $\dfrac{dy_h}{dx}+py_h=0,\ \dfrac{dy_p}{dx}+py_p=r$

$$\dfrac{d(y_h+y_p)}{dx}+p(y_h+y_p)=\left(\dfrac{dy_h}{dx}+py_h\right)+\left(\dfrac{dy_p}{dx}+py_p\right)=0+r=r$$

$\therefore\ y_h+y_p$는 (b)의 해이다.

1.5 1계 미분방정식의 응용

1. 개체수가 두 배로 증가하는 기간을 '배가기'라고 하면 제시문에서 배가기가 하루이므로 3일 후에는 $2^3=8$배, 7일 후에는 $2^7=128$배가 될 것이다. 계산에 의하면

$$\dfrac{dN}{dt}=kN\ \to\ N=ce^{kt}.\ N(0)=N_0\text{이면}\quad N=N_0e^{kt}$$

$$2N_0 = N_0 e^{k \cdot 1} \text{에서 } k = \ln 2 \quad \therefore \quad N(t) = N_0 e^{(\ln 2)t}$$

에서

$$N(3) = N_0 e^{(\ln 2)3} = 8N_0, \quad N(7) = N_0 e^{(\ln 2)7} = 128N_0$$

이므로 예측과 같다.

2. (1) $S = S_0(1 + nr)$ (2) $S = S_0(1 + r)^n$: 쉬어가기 1.2 참고

(3) $\dfrac{dS}{dt} = rS$, $S(0) = S_0$ 에서 $S(t) = S_0 e^{rt}$ 이고 $t = n$일 때 $S(n) = S_0 e^{rn}$

(4) (1) $2S_0 = S_0(1 + 0.1n)$에서 $n = 1/0.1 = 10$년

   (2) $2S_0 = S_0(1 + 0.1)^n$에서 $n = \dfrac{\ln 2}{\ln 1.1} = \dfrac{0.69}{0.095} = 7.3$년

   (3) $2S_0 = S_0 e^{0.1n}$ 에서 $n = \dfrac{\ln 2}{0.1} = \dfrac{0.69}{0.1} = 6.9$년

3. $\dfrac{dT}{dt} = -k(T - 22)$, $\dfrac{dT}{T - 22} = -kdt$, $T(t) = 22 + ce^{-kt}$

$$T(0) = 22 + c = 5 \rightarrow c = -17 \quad \therefore \quad T(t) = 22 - 17e^{-kt}$$

$$T(1) = 12 = 22 - 17e^{-k \cdot 1} \rightarrow k = \ln\frac{17}{10}, \quad T(t) = 22 - 17e^{-\ln(17/10) \cdot t}$$

$$21.9 = 22 - 17e^{-\ln(17/10) \cdot t} \rightarrow t = -\frac{\ln(0.1/17)}{\ln(17/10)} = 9.7 \ [\text{min}]$$

4. $t_{1/2} = \dfrac{\ln 2}{k} = \dfrac{\ln 2}{1.4 \times 10^{-11}} = 4.95 \times 10^{10} \ \text{sec} \simeq 1570$ 년

5. $\lambda = \dfrac{\ln 2}{t_{1/2}} = \dfrac{\ln 2}{3.6} = 0.1925$. 식 (1.5.3)에서 $y(t) = 1 \cdot e^{-\lambda t} = e^{-0.1925t}$

$$y(1) = e^{-0.1925 \cdot 1} = 0.825, \quad y(365) = e^{-0.1925 \cdot 365} = 3.01 \times 10^{-31}$$

6. $y(t) = y_0 e^{-(\ln 2/t_{1/2})t}$. $t = 3000$ 일 때 $y = y_0 e^{-(\ln 2/5730) \cdot 3000} = 0.696y_0 \quad \therefore \quad 69.6\%$

7. 소금의 유입률이

$$R_{\text{in}} = 5 \cdot (1 + \cos t) = 5(1 + \cos t) \ [\text{kg/min}]$$

이므로 새로운 초기값 문제

$$\frac{dy}{dt} + \frac{y}{40} = 5(1 + \cos t), \quad y(0) = 40$$

이다. $\mu(t) = e^{\int 1/40 dt} = e^{(1/40)t}$ 이므로

$$e^{(1/40)t} \ \frac{dy}{dt} + \frac{1}{40}e^{(1/40)t} \ y = 5e^{(1/40)t} \ (1 + \cos t)$$

또는

$$\frac{d}{dt}\left[e^{(1/40)t}\; y\right]=5e^{(1/40)t}\;(1+\cos t)$$

이다. 양변을 $\int d\left[e^{(1/40)t}y\right]=5\int e^{(1/40)t}(1+\cos t)dt$ 와 같이 적분하면

$$e^{(1/40)t}\,y=5\int e^{(1/40)t}(1+\cos t)dt=200e^{(1/40)t}+5\int e^{(1/40)t}\cos t\,dt \qquad (*)$$

이다. $I=\int e^{(1/40)t}\cos t\,dt=40e^{(1/40)t}\cos t+40\int e^{(1/40)t}\sin t\,dt$

$$=40e^{(1/40)t}\cos t+40\left[40e^{(1/40)t}\sin t-40\int e^{(1/40)t}\cos t\,dt\right]$$

$$=40e^{(1/40)t}\left[\cos t+40\sin t\right]-1600I$$

에서 $I=\dfrac{40}{1601}e^{(1/40)t}(\cos t+40\sin t)$ 이다. 따라서 식($\star$)에서

$$e^{(1/40)t}y=200e^{(1/40)t}+\frac{200}{1601}e^{(1/40)t}(\cos t+40\sin t)+c,$$

$$y=200+\frac{200}{1601}(\cos t+40\sin t)+ce^{-(1/40)t}.$$

초기조건이 $y(0)=40=200+\dfrac{200}{1601}+c$ 이므로 $c=-160-\dfrac{200}{1601}$ 이고 해는

$$y=200+\frac{200}{1601}(\cos t+40\sin t)-\left(160+\frac{200}{1601}\right)e^{-(1/40)t}$$

$$\simeq 200+0.125\cos t+5\sin t-160.125e^{-(1/40)t}.$$

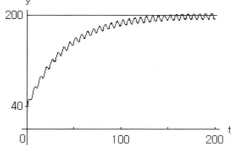

유입되는 소금물의 평균농도가 1 kg/m^3 이므로 시간이 충분히 경과하면 수조 안의 소금의 양이 200kg에 가까워 진다.

8. $v^2=\dfrac{2gR^2}{r}+c$ 에 초기조건 $v(r=R+1000)=v_0$ 를 적용하면 $v_0^2=\dfrac{2gR^2}{R+1000}+c$ 에서

$c=v_0^2-\dfrac{2gR^2}{R+1000}$. 따라서 $v^2=v_0^2-2gR^2\left(\dfrac{1}{R+1000}-\dfrac{1}{r}\right)$. 따라서 $r\to\infty$ 에서 $v\neq 0$ 이려면

$v_0\geq\sqrt{\dfrac{2gR^2}{R+1000}}=\sqrt{\dfrac{2\times 9.8\times(6.372\times 10^6)^2}{6.372\times 10^6+10^6}}=10.39\,[\text{km/sec}]<11.2\,[\text{km/sec}]$

9. $y' = 1 + \cos\dfrac{\pi}{12}t - y$ 또는 $y' + y = 1 + \cos\left(\dfrac{\pi}{12}t\right)$, $y(0) = 2$

$$\mu(t) = e^{\int 1dt} = e^t \,, \quad \frac{d}{dt}(e^t \cdot y) = e^t\left(1 + \cos\frac{\pi t}{12}\right)$$

$$e^t y = \int e^t\left(1 + \cos\frac{\pi t}{12}\right)dt = \int e^t dt + \int e^t \cos\frac{\pi t}{12} dt = \cdots$$

$$= e^t + \frac{1}{1 + \pi^2/144}e^t\left(\cos\frac{\pi t}{12} + \frac{\pi}{12}\sin\frac{\pi t}{12}\right) + c$$

$$y = 1 + \frac{1}{1 + \pi^2/144}\left(\cos\frac{\pi t}{12} + \frac{\pi}{12}\sin\frac{\pi t}{12}\right) + ce^{-t}$$

$y(0) = 2$ 이므로 $2 = 1 + \dfrac{1}{1 + \pi^2/144} + c$, $c = 1 - \dfrac{1}{1 + \pi^2/144}$

$$\therefore \quad y = 1 + \frac{1}{1 + \pi^2/144}\left(\cos\frac{\pi t}{12} + \frac{\pi}{12}\sin\frac{\pi t}{12}\right) + \left(1 - \frac{1}{1 + \pi^2/144}\right)e^{-t}$$

$$\approx 1 + 0.936\cos\frac{\pi t}{12} + 0.245\sin\frac{\pi t}{12} + 0.064e^{-t}$$

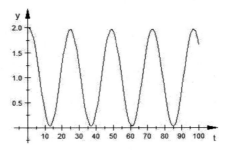

10. $\dfrac{dP}{dt} = (a - bP)P$의 양변을 t로 미분하면

$$\frac{d^2 P}{dt^2} = \frac{d}{dt}(a - bP)\cdot P + (a - bP)\frac{dP}{dt} = -bP\frac{dP}{dt} + (a - bP)\frac{dP}{dt} = (a - 2bP)\frac{dP}{dt} = 0$$

에서 $P = \dfrac{a}{2b}$ 이다. 한편 식 (1.5.9)를 이용하면

$$P(t) = \frac{aP_0}{bP_0 + (a - bP_0)e^{-at}} = \frac{a}{2b}$$

에서 $t = \dfrac{1}{a}\ln\left(\dfrac{a - bP_0}{bP_o}\right)$ 이므로 변곡점은 $\left(\dfrac{1}{a}\ln\left(\dfrac{a - bP_0}{bP_o}\right), \dfrac{a}{2b}\right)$ 이다.

$\dfrac{d^2 P}{dt^2} = (a - 2bP)\dfrac{dP}{dt}$ 에서 $\dfrac{dP}{dt} > 0$ 이므로 $P < \dfrac{a}{2b}$ 이면 $\dfrac{d^2 P}{dt^2} > 0$, $P > \dfrac{a}{2b}$ 이면 $\dfrac{d^2 P}{dt^2} < 0$ 이다.

11. 문제의 초기값 문제는 식 (1.5.7)과 비교하여 $a = 1$, $b = 0.0005$, $P_0 = 1$인 경우이므로 식 (1.5.9)에 의해 해는 $C(t) = \dfrac{1}{0.0005 + (1 - 0.0005)e^{-t}}$ 이다. 따라서

$$C(10) = (0.0005 + 0.9995\,e^{-10})^{-1} \simeq 1{,}834.$$

12. (1) $0.1\dfrac{di}{dt} + 2i = 100$, $i(0) = 0$

$$\frac{di}{dt} + 20i = 1000,\ \ \mu(t) = e^{\int 20dt} = e^{20t}$$

$$\frac{d}{dt}\big(e^{20t}i\big) = 1000e^{20t},\ \ e^{20t}i = 1000\int e^{20t}dt = 50e^{20t} + c,\ \ i(t) = 50 + ce^{-20t}$$

초기조건 $i(0) = 50 + c = 0$ 에서 $c = -50$ $\qquad \therefore\ i(t) = 50\big(1 - e^{-20t}\big)$

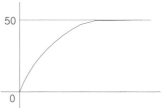

(2) $0.1\dfrac{di}{dt} + 2i = 100\sin(120\pi t)$, $i(0) = 0$

$$\frac{di}{dt} + 20i = 1000\sin(120\pi t),\ \ \frac{d}{dt}\big(e^{20t}i\big) = 1000e^{20t}\sin(120\pi t)$$

$$e^{20t}i = 1000\int e^{20t}\sin(120\pi t)\,dt = \cdots$$

$$= 1000 \cdot \frac{1}{20(1 + 36\pi^2)}\,e^{20t}\big[\sin(120\pi t) - 6\pi\cos(120\pi t)\big] + c$$

$$i(t) = \frac{50}{1 + 36\pi^2}\big[\sin(120\pi t) - 6\pi\cos(120\pi t)\big] + ce^{-20t}$$

초기조건 $i(0) = \dfrac{50}{1 + 36\pi^2}(0 - 6\pi) + c = 0$ 에서 $c = \dfrac{300\pi}{1 + 36\pi^2}$.

$$i(t) = \frac{50}{1 + 36\pi^2}\big[\sin(120\pi t) - 6\pi\cos(120\pi t)\big] + \frac{300\pi}{1 + 36\pi^2}e^{-20t}$$

$$= \frac{50}{\sqrt{1 + 36\pi^2}}\,\sin(120\pi t - \theta) + \frac{300\pi}{1 + 36\pi^2}e^{-20t}\ :\ \theta = \tan^{-1}6\pi = 1.518$$

$$= 2.649\sin(120\pi t - 1.518) + 2.645e^{-20t}$$

13. (1) $5\dfrac{dq}{dt}+100q=100$, $\dfrac{dq}{dt}+20q=20$, $\mu(t)=e^{\int 20dt}=e^{20t}$, $\dfrac{d}{dt}\left(e^{20t}q\right)=20e^{20t}$

$e^{20t}q=20\displaystyle\int e^{20t}dt=e^{20t}+c$, $q(t)=1+ce^{-20t}$, $i(t)=\dfrac{dq}{dt}=ce^{-20t}$

초기조건 $i(0)=c=20$ $\therefore$ $i(t)=20e^{-20t}$

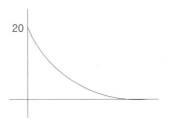

(2) $5\dfrac{dq}{dt}+100q=100\sin(120\pi t)$, $\dfrac{dq}{dt}+20q=20\sin(120\pi t)$ 적분인자를 곱하면

$\dfrac{d}{dt}\left(e^{20t}q\right)=20e^{20t}\sin(120\pi t)$

$e^{20t}q=20\displaystyle\int e^{20t}\sin(120\pi t)dt=\cdots=\dfrac{1}{1+36\pi^2}e^{20t}\left[\sin(120\pi t)-6\pi\cos(120\pi t)\right]+c$

$q(t)=\dfrac{1}{1+36\pi^2}\left[\sin(120\pi t)-6\pi\cos(120\pi t)\right]+ce^{-20t}$

$i(t)=\dfrac{dq}{dt}=\dfrac{120\pi}{1+36\pi^2}\left[\cos(120\pi t)+6\pi\sin(120\pi t)\right]+ce^{-20t}$

초기조건을 적용하면 $i(0)=\dfrac{120\pi}{1+36\pi^2}+c=20$, $c=20-\dfrac{120\pi}{1+36\pi^2}$

$\therefore$ $i(t)=\dfrac{120\pi}{1+36\pi^2}\left[\cos(120\pi t)+6\pi\sin(120\pi t)\right]+\left(20-\dfrac{120\pi}{1+36\pi^2}\right)e^{-20t}$

$=\dfrac{120\pi}{\sqrt{1+36\pi^2}}\sin(120\pi t+\theta)+\left(20-\dfrac{120\pi}{1+36\pi^2}\right)e^{-20t}$: $\theta=\tan^{-1}\dfrac{1}{6\pi}\simeq 0.053$

$\approx 19.97\sin(120\pi t+0.053)+18.94e^{-20t}$

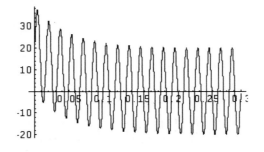

2장

2계 및 고계 상미분방정식

2.1 미분방정식의 기초

1. (1) $W[\sin mx, \cos mx] = \begin{vmatrix} \sin mx & \cos mx \\ m\cos mx & -m\sin mx \end{vmatrix} = -m(\sin^2 mx + \cos^2 mx) = -m \neq 0$.

$\therefore$ 구간 $(-\infty, \infty)$에서 선형독립

(2) $W[e^x, xe^x] = \begin{vmatrix} e^x & xe^x \\ e^x & (1+x)e^x \end{vmatrix} = e^{2x} \neq 0$ $\therefore$ 구간 $(-\infty, \infty)$에서 선형독립

(3) $W[x, x^2, 4x-3x^2] = \begin{vmatrix} x & x^2 & 4x-3x^2 \\ 1 & 2x & 4-6x \\ 0 & 2 & -6 \end{vmatrix} = 0$ $\therefore$ 구간 $(-\infty, \infty)$에서 선형종속

(4) $W[x, x\ln x, x^2\ln x] = \begin{vmatrix} x & x\ln x & x^2\ln x \\ 1 & 1+\ln x & x+2x\ln x \\ 0 & 1/x & 3+2\ln x \end{vmatrix} = x(2+\ln x) \neq 0$

$\therefore$ $x = e^{-2}$을 제외한 모든 $x > 0$에서 선형독립

2. (1) 비제차 선형 미방 $y' = 1$: $y = x$는 $y' = 1$을 만족하므로 해이다. 하지만 $y = cx$는 $y' = c$이므로 $c \neq 1$일 때 $y' = 1$을 만족하지 않으므로 해가 아니다.

(2) 제차 비선형 미방 $y'' = 2y^3$: $y = \dfrac{1}{x}$은 $y'' = \dfrac{2}{x^3} = 2y^3$을 만족하므로 해이다. 하지만 $y = \dfrac{c}{x}$

는 $y'' = \dfrac{2c}{x^3} \neq 2y^3 = \dfrac{2c^3}{x^3}$ $(c \neq 0, c \neq \pm 1)$이므로 해가 아니다.

3. (1) $y_1 = 1$, $y' = 0$, $y'' = 0$: $y'' + (y')^2 = (1)'' + [(1)']^2 = 0 + 0^2 = 0$ $\therefore$ 해

$y_2 = \ln x$, $y' = \dfrac{1}{x}$, $y'' = -\dfrac{1}{x^2}$: $y'' + (y')^2 = -\dfrac{1}{x^2} + \left(\dfrac{1}{x}\right)^2 = 0$ $\therefore$ 해

(2) $y = y_1 + y_2 = 1 + \ln x$, $y' = \dfrac{1}{x}$, $y'' = -\dfrac{1}{x^2}$: $y'' + (y')^2 = -\dfrac{1}{x^2} + \left(\dfrac{1}{x}\right)^2 = 0$ $\therefore$ 해

(3) $y = c_1 y_1 + c_2 y_2 = c_1 + c_2 \ln x$, $y' = \dfrac{c_2}{x}$, $y'' = -\dfrac{c_2}{x^2}$:

$y'' + (y')^2 = -\dfrac{c_2}{x^2} + \left(\dfrac{c_2}{x}\right)^2 = \dfrac{-c_2 + c_2^2}{x^2} \neq 0$, $(c_2 \neq 0, c_2 \neq 1)$ $\therefore$ 해아님. 비선형 미방.

4. (1) $y'' - 4y = (\cosh 2x)'' - 4\cosh 2x = 0$, $y'' - 4y = (\sinh 2x)'' - 4\sinh 2x = 0$.

$W[\cosh 2x, \sinh 2x] = \begin{vmatrix} \cosh 2x & \sinh 2x \\ 2\sinh 2x & 2\cosh 2x \end{vmatrix} = 2(\cosh^2 2x - \sinh^2 2x) = 2 \cdot 1 = 2 \neq 0$

$\therefore$ $(-\infty, \infty)$에서 선형독립이므로 일반해는 $y = c_1 \cosh 2x + c_2 \sinh 2x$.

(2) $x^2 y'' - 6xy' + 12y = x^2(x^3)'' - 6x(x^3)' + 12(x^3) = x^2 \cdot 6x - 6x \cdot 3x^2 + 12x^3 = 0$

$x^2 y'' - 6xy' + 12y = x^2(x^4)'' - 6x(x^4)' + 12(x^4) = x^2 \cdot 12x^2 - 6x \cdot 4x^3 + 12x^4 = 0$

$$W\left[x^3, x^4\right] = \begin{vmatrix} x^3 & x^4 \\ 3x^2 & 4x^3 \end{vmatrix} = x^6 \neq 0$$

$\therefore$ $(0, \infty)$ 에서 선형독립이므로 일반해는 $y = c_1 x^3 + c_2 x^4$.

5. $y_1 = e^{2x}$, $y_2 = e^{5x}$, $y_p = 6e^x$ 로 놓으면

$$y_1'' - 7y_1' + 10y_1 = (e^{2x})'' - 7(e^{2x})' + 10(e^{2x}) = 0$$

$$y_2'' - 7y_2' + 10y_2 = (e^{5x})'' - 7(e^{5x})' + 10(e^{5x}) = 0$$

을 만족하고

$$W\left[y_1, y_2\right] = \begin{vmatrix} e^{2x} & e^{5x} \\ 2e^{2x} & 5e^{5x} \end{vmatrix} = 3e^{7x} \neq 0$$

에서 y_1, y_2가 구간 $(-\infty, \infty)$에서 선형독립이므로 제차해는

$$y_h = c_1 e^{2x} + c_2 e^{5x}.$$

한편

$$y_p'' - 7y_p' + 10y_p = (6e^x)'' - 7(6e^x)' + 10(6e^x) = 24e^x$$

이므로 $y_p = 6e^x$ 는 특수해. 따라서 일반해는

$$y = y_h + y_p = c_1 e^{2x} + c_2 e^{5x} + 6e^x.$$

6. 입력 g_1에 대한 출력이 y_1이므로

$$a_2 y_1'' + a_1 y_1' + a_0 y_1 = g_1 \quad \text{-- (a)}$$

이다. (a)의 양변에 상수 c를 곱하면

$$c\left(a_2 y_1'' + a_1 y_1' + a_0 y_1\right) = a_2\left(c y_1''\right) + a_1\left(c y_1'\right) + a_0\left(c y_1\right)$$

$$= a_2\left(c y_1\right)'' + a_1\left(c y_1\right)' + a_0\left(c y_1\right) = c g_1$$

이 성립하므로 입력 cg_1의 출력은 cy_1이다.

(별해) $D(y) = a_2 \dfrac{d^2 y}{dx^2} + a_1 \dfrac{dy}{dx} + a_0 y$일 때 $D(y_1) = g_1$이면

$$D(c y_1) = a_2 \frac{d^2}{dx^2}(c y_1) + a_1 \frac{d}{dx}(c y_1) + a_0(c y_1)$$

$$= c\left(a_2 \frac{d^2 y_1}{dx^2} + a_1 \frac{dy_1}{dx} + a_0 y_1\right) = c D(y_1) = c g_1$$

$$\therefore \text{입력 } cg_1\text{의 출력은 } cy_1\text{이다.}$$

7. $y = c_1 e^x + c_2 e^{-x}$, $y' = c_1 e^x - c_2 e^{-x}$

(1) $y(0) = 0 = c_1 + c_2$, $y'(0) = c_1 - c_2 = 1$ $\rightarrow$ $c_1 = 1/2$, $c_2 = -1/2$ $\therefore$ $y = \dfrac{1}{2}(e^x - e^{-x})$

(2) $y(0) = 0 = c_1 + c_2$, $y(1) = c_1 e + c_2 e^{-1} = 1$ $\rightarrow$ $c_1 = \dfrac{e}{e^2 - 1}$, $c_2 = -\dfrac{e}{e^2 - 1}$

$$\therefore \ y = \frac{e}{e^2 - 1}(e^x - e^{-x})$$

2.2 아는 해를 이용하여 모르는 해를 구하는 방법

1. (1) $y'' + 5y' = 0$; $y_1 = 1$

(i) $y_2 = uy_1 = u \cdot 1 = u$, $y_2{}' = u'$, $y_2{}'' = u''$ 을 미방에 대입하면

$$y_2{}'' + 5y_2{}' = u'' + 5u' = 0 \text{이고} \ w = u' \text{로 놓으면} \ w' + 5w = 0 \ \rightarrow \ w = c_1 e^{-5x}$$

$$u = \int w dx = c_1 \int e^{-5x} dx = -\frac{c_1}{5} e^{-5x} + c_2$$

에서 $c_1 = -5$, $c_2 = 0$ 으로 놓으면 $u = e^{-5x}$.

$$\therefore \ y_2 = uy_1 = e^{-5x} \cdot 1 = e^{-5x}$$

(ii) $y_2 = y_1 \int \frac{e^{-\int p dx}}{y_1^2} dx = 1 \int \frac{e^{-\int 5 dx}}{1^2} dx = \int e^{-5x} dx = -\frac{1}{5} e^{-5x} \quad \therefore \ y_2 = e^{-5x}$

(2) $y'' + 16y = 0$; $y_1 = \cos 4x$

(i) $y_2 = uy_1 = u \cos 4x$, $y_2{}' = u' \cos 4x - 4u \sin 4x$,

$$y_2{}'' = u'' \cos 4x - 4u' \sin 4x - 4u' \sin 4x - 16u \cos 4x$$

$$= u'' \cos 4x - 8u' \sin 4x - 16u \cos 4x$$

을 미방에 대입하면

$$y_2{}'' + 16y_2 = u'' \cos 4x - 8u' \sin 4x - 16u \cos 4x + 16u \cos 4x$$

$$= u'' \cos 4x - 8u' \sin 4x = 0$$

$w = u'$ 로 놓으면 $(\cos 4x) w' - (8 \sin 4x) w = 0$

$$\frac{dw}{w} = 8 \tan 4x dx, \ \ln|w| = 8 \int \tan 4x dx = 8 \left[-\frac{1}{4} \ln|\cos 4x| \right] + c \ \rightarrow \ w = c_1 \sec^2 4x$$

$$u = c_1 \int \sec^2 4x dx = \frac{c_1}{4} \tan 4x + c_2 \text{에서} \ c_1 = 4, \ c_2 = 0 \text{로 놓으면} \ u = \tan 4x.$$

$$\therefore \ y_2 = uy_1 = \tan 4x \cos 4x = \sin 4x$$

(ii) $y_2 = y_1 \int \frac{e^{-\int p dx}}{y_1^2} dx = \cos 4x \int \frac{e^{-\int 0 dx}}{\cos^2 4x} dx = \cos 4x \int \sec^2 4x dx = \cos 4x \left(\frac{1}{4} \tan 4x \right)$

$$= \frac{1}{4} \sin 4x \qquad \therefore \ y_2 = \sin 4x$$

2. (1) $xy'' + y' = 0$; $y_1 = \ln x$

$$y_2 = y_1 \int \frac{e^{-\int p dx}}{y_1^2} dx = \ln x \int \frac{e^{-\int 1/x dx}}{(\ln x)^2} dx = \ln x \int \frac{e^{-\ln x}}{(\ln x)^2} dx$$

$$= \ln x \int \frac{1}{x(\ln x)^2} dx \quad ; \quad \ln x = t \, \text{로 치환}$$

$$= \ln x \int \frac{1}{t^2} dt = \ln x \left(-\frac{1}{t} \right) = \ln x \left(-\frac{1}{\ln x} \right) = -1 \qquad \therefore \; y_2 = 1$$

(2) $x^2 y'' - xy' + 2y = 0 \; ; \; y_1 = x \sin(\ln x)$

$$y_2 = y_1 \int \frac{e^{-\int p dx}}{y_1^2} dx = x \sin(\ln x) \int \frac{e^{-\int(-1/x)dx}}{x^2 \sin^2(\ln x)} dx = x \sin(\ln x) \int \frac{e^{\ln x}}{x^2 \sin^2(\ln x)} dx$$

$$= x \sin(\ln x) \int \frac{1}{x \sin^2(\ln x)} dx \quad ; \quad \ln x = t \, \text{로 치환}$$

$$= x \sin(\ln x) \int \frac{1}{\sin^2 t} dt = x \sin(\ln x) \int \csc^2 t \, dt = x \sin(\ln x)(-\cot t)$$

$$= -x \sin(\ln x)\cot(\ln x) = -x \cos(\ln x) \qquad \therefore \; y_2 = x \cos(\ln x)$$

3. $y_2 = c_1^* y_1 \int \dfrac{e^{-\int p dx}}{y_1^2} dx + c_2^* y_1$:

$$y = c_1 y_1 + c_2 y_2 = c_1 y_1 + c_2 \left(c_1^* y_1 \int \frac{e^{-\int p dx}}{y_1^2} dx + c_2^* y_1 \right) = (c_1 + c_2 c_2^*) y_1 + c_1^* c_2 y_1 \int \frac{e^{-\int p dx}}{y_1^2} dx$$

여기서 $c_1 + c_2 c_2^* = c_1$, $c_1^* c_2 = c_2$로 놓으면

$$y = c_1 y_1 + c_2 \left(y_1 \int \frac{e^{-\int p dx}}{y_1^2} dx \right)$$

로 식 (2.2.3)을 사용한 경우와 같다.

2.3 상수계수 2계 미분방정식

1. (1) $y_1 = e^{m_1 x}$, $y_2 = xe^{m_1 x}$

$$W[y_1, y_2] = \begin{vmatrix} e^{m_1 x} & xe^{m_1 x} \\ m_1 e^{m_1 x} & (1 + m_1 x)e^{m_1 x} \end{vmatrix} = e^{2m_1 x}(1 + m_1 x - m_1 x) = e^{2m_1 x} \neq 0$$

$$\therefore \text{모든 } x \text{ 에서 선형독립}$$

(2) $y_1 = e^{\alpha x}\cos\beta x$, $y_2 = e^{\alpha x}\sin\beta x$

$$W[y_1, y_2] = \begin{vmatrix} e^{\alpha x}\cos\beta x & e^{\alpha x}\sin\beta x \\ e^{\alpha x}(\alpha\cos\beta x - \beta\sin\beta x) & e^{\alpha x}(\alpha\sin\beta x + \beta\cos\beta x) \end{vmatrix}$$

$$= e^{2\alpha x}(\alpha\cos\beta x \sin\beta x + \beta\cos^2\beta x - \alpha\cos\beta x \sin\beta x + \beta\sin^2\beta x) = \beta e^{2\alpha x} \neq 0$$

$$\therefore \text{모든 } x \text{ 에서 선형독립}$$

2. (1) $4y'' + 4y' - 3y = 0$: $4m^2 + 4m - 3 = (2m-1)(2m+3) = 0$, $m = 1/2$, $-3/2$

$$\therefore \ y = c_1 e^{x/2} + c_2 e^{-3x/2}$$

(2) $2y'' - 9y' = 0$: $2m^2 - 9m = m(2m-9) = 0$, $m = 0$, $9/2$

$$\therefore \ y = c_1 + c_2 e^{9x/2}$$

(3) $y'' + 2ky' + k^2 y = 0$: $m^2 + 2km + k^2 = (m+k)^2 = 0$, $m = -k$ (중근)

$$\therefore \ y = c_1 e^{-kx} + c_2 x e^{-kx}$$

(4) $y'' + 2.2y' + 1.17y = 0$: $m^2 + 2.2m + 1.17 = (m+0.9)(m+1.3) = 0$, $m = -0.9$, -1.3

$$\therefore \ y = c_1 e^{-0.9x} + c_2 e^{-1.3x}$$

(5) $\dfrac{d^2 x}{dt^2} + 4\dfrac{dx}{dt} + (4+\omega^2)x = 0$: $m^2 + 4m + (4+\omega^2) = 0$, $m = -2 \pm i\omega$

$$\therefore \ x(t) = e^{-2t}(c_1 \cos\omega t + c_2 \sin\omega t)$$

(6) $y'' + 2ky' + (k^2 + k^{-2})y = 0$: $m^2 + 2km + (k^2 + k^{-2}) = 0$, $m = -k \pm i/k$

$$\therefore \ y = e^{-kx}\left(c_1 \cos\frac{x}{k} + c_2 \sin\frac{x}{k}\right)$$

3. (1) $y'' + 4y' + 4y = 0$, $y(0) = 1$, $y'(0) = 1$: $m^2 + 4m + 4 = (m+2)^2 = 0$, $m = -2$ (중근)

$y = c_1 e^{-2x} + c_2 x e^{-2x}$. 초기조건에서 $c_1 = 1$, $c_2 = 3$ $\therefore$ $y = e^{-2x} + 3x e^{-2x}$

(2) $4y'' + 16y' + 17y = 0$, $y(0) = -0.5$, $y'(0) = 1$: $4m^2 + 16m + 17 = 0$, $m = -2 \pm i/2$

$y = e^{-2x}[c_1 \cos(x/2) + c_2 \sin(x/2)]$. 초기조건에서 $c_1 = -0.5$, $c_2 = 0$

$$\therefore \ y = -0.5 e^{-2x} \cos(x/2)$$

4. (1) $y'' - y = 0$, $y(0) = 1$, $y(\infty) = 0$: $m^2 - 1 = (m-1)(m+1) = 0$, $m = \pm 1$

$y = c_1 e^x + c_2 e^{-x}$. 경계조건에서 $c_1 = 0$, $c_2 = 1$ $\therefore$ $y = e^{-x}$

또는 $y = c_1 \cosh x + c_2 \sinh x$ 에 경계조건을 적용하면

$c_1 = 1$, $c_2 = -1$ $\therefore$ $y = \cosh x - \sinh x = e^{-x}$

(2) $y'' + y = 0$, $y'(0) = 0$, $y'(\pi/2) = 2$: $m^2 + 1 = 0$, $m = \pm i$

$y = c_1 \cos x + c_2 \sin x$. 경계조건에서 $c_1 = -2$, $c_2 = 0$ $\therefore$ $y = -2\cos x$

5. 영역 I과 영역 III에서 $U_0 > E$이므로 슈뢰딩거 방정식 $-\dfrac{\hbar^2}{2m}\dfrac{d^2\psi}{dx^2} + U_0\psi = E\psi$는

$\omega^2 = 2m(U_0 - E)/\hbar^2 > 0$일 때

$$\frac{d^2\psi}{dx^2} - \omega^2\psi = 0$$

이고, 이는 예제 2의 (3)에 해당하므로 해는

$$\psi(x) = c_1 e^{\omega x} + c_2 e^{-\omega x}$$

이다. $x \to \pm\infty$일 때 입자의 존재 확률이 0, 즉 $\lim\limits_{x \to \pm\infty} \psi(x) = 0$ 이어야 하므로 $x < 0$인 영역 I에서는 $c_2 = 0$이어야 하고, $x > L$인 영역 III에서는 $c_1 = 0$이어야 한다. 따라서

$$\psi_I = c_1 e^{\omega x} \ (x < 0), \ \psi_{III} = c_2 e^{-\omega x} \ (x > L)$$

이다. 이는 모두 $x \to \pm\infty$일 때 지수적으로 감소하며 유한한 x에 대해 $\psi_I \neq 0$, $\psi_{III} \neq 0$이므로 우물 밖에서도 입자가 존재함.

6. $T = 2\pi/\omega = 2\pi\sqrt{\dfrac{l}{g}}$ 이므로 l, g 만 주기에 영향을 미친다. 질량 m, 초기각도 θ_0 는 주기에 영향을 미치지 않는다. 달의 중력가속도는 지구의 중력가속도보다 작으므로 달에서는 지구에서 보다 추시계의 주기가 길어지므로 시간이 느리게 간다.

2.4 코시–오일러 미분방정식

1. (1) $y_1 = x^{m_1}$, $y_2 = x^{m_1}\ln x$

$$W[y_1, y_2] = \begin{vmatrix} x^{m_1} & x^{m_1}\ln x \\ m_1 x^{m_1-1} & (m_1\ln x + 1)x^{m_1-1} \end{vmatrix} = x^{2m_1-1}(m_1\ln x + 1 - m_1\ln x) = x^{2m_1-1} \neq 0$$

$$\therefore \ x > 0 \text{에서 선형독립}$$

(2) $y_1 = x^\alpha \cos(\beta\ln x)$, $y_2 = x^\alpha \sin(\beta\ln x)$, $\beta \neq 0$

$$W[y_1, y_2] = \begin{vmatrix} x^\alpha \cos(\beta\ln x) & x^\alpha \sin(\beta\ln x) \\ x^{\alpha-1}[\alpha\cos(\beta\ln x) - \beta\sin(\beta\ln x)] & x^{\alpha-1}[\alpha\sin(\beta\ln x) + \beta\cos(\beta\ln x)] \end{vmatrix}$$

$$= x^{2\alpha-1}[\alpha\cos(\beta\ln x)\sin(\beta\ln x) + \beta\cos^2(\beta\ln x) - \alpha\cos(\beta\ln x)\sin(\beta\ln x) + \beta\sin^2(\beta\ln x)]$$

$$= \beta x^{2\alpha-1} \neq 0 \ \therefore \ x > 0 \text{에서 선형독립}$$

2. (1) $xy'' + 2y' = 0$: $m(m-1) + 2m = m(m+1) = 0$, $m = 0, -1$ $\ \therefore \ y = c_1 + c_2 x^{-1}$

(2) $10x^2y'' + 46xy' + 32.4y = 0$: $10m(m-1) + 46m + 32.4 = 10(m+1.8)^2 = 0$

$$m = -1.8 \ (\text{중근}) \ \therefore \ y = c_1 x^{-1.8} + c_2 x^{-1.8}\ln x$$

(3) $x^2y'' - xy' + 2y = 0$: $m(m-1) - m + 2 = 0$, $m = 1 \pm i$ $\ \therefore \ y = x[c_1\cos(\ln x) + c_2\sin(\ln x)]$

3. (1) $x^2y'' - 2xy' + 2y = 0$, $y(1) = 1.5$, $y'(1) = 1$:

$$m(m-1) - 2m + 2 = (m-1)(m-2) = 0, \ m = 1, 2$$

$$\therefore \ y = c_1 x + c_2 x^2, \ y' = c_1 + 2c_2 x$$

$$y(1) = 1.5 = c_1 + c_2, \ y'(1) = 1 = c_1 + 2c_2 \ \to \ c_1 = 2, \ c_2 = -\frac{1}{2} \ \therefore \ y = 2x - \frac{1}{2}x^2$$

(2) $4x^2y'' + 24xy' + 25y = 0$, $y(1) = 2$, $y'(1) = -6$:

$$4m(m-1)+24m+25 = (2m+5)^2 = 0 \,, m = -5/2 \,(\text{중근})$$

$$\therefore\ y = c_1 x^{-5/2} + c_2 x^{-5/2}\ln x \,,\ y' = -\frac{5}{2}c_1 x^{-7/2} + c_2\left(-\frac{5}{2}x^{-7/2}\ln x + x^{-7/2}\right)$$

$$y(1) = 2 = c_1 \,,\ y'(1) = -6 = -\frac{5}{2}c_1 + c_2\ \rightarrow\ c_1 = 2 \,,\ c_2 = -1$$

$$\therefore\ y = 2x^{-5/2} - x^{-5/2}\ln x$$

(3) $x^2 y'' + xy' + 9y = 0 \,,\ y(1) = 2 \,,\ y'(1) = 0 :\ m(m-1) + m + 9 = m^2 + 9 = 0 \,,\ m = \pm 3i$

$$y = c_1\cos(3\ln x) + c_2\sin(3\ln x) \,,\ y' = \frac{-3c_1}{x}\sin(3\ln x) + \frac{3c_2}{x}\cos(3\ln x)$$

$$y(1) = 2 = c_1 \,,\ y'(1) = 0 = 3c_2\ \rightarrow\ c_1 = 2 \,,\ c_2 = 0\ \therefore\ y = 2\cos(3\ln x)$$

4. $x^2\dfrac{d^2 y}{dx^2} - x\dfrac{dy}{dx} + y = 0 :\ x = e^t$에서 $\dfrac{dx}{dt} = e^t$ 또는 $\dfrac{dt}{dx} = e^{-t}$를 이용하면

$$\frac{dy}{dx} = \frac{dy}{dt}\frac{dt}{dx} = e^{-t}\frac{dy}{dt} \,,$$

$$\frac{d^2 y}{dx^2} = \frac{d}{dx}\left(\frac{dy}{dx}\right) = \frac{d}{dt}\left(e^{-t}\frac{dy}{dt}\right)\frac{dt}{dx} = e^{-t}\left(-e^{-t}\frac{dy}{dt} + e^{-t}\frac{d^2 y}{dt^2}\right) = -e^{-2t}\frac{dy}{dt} + e^{-2t}\frac{d^2 y}{dt^2}$$

이므로

$$x^2\frac{d^2 y}{dx^2} - x\frac{dy}{dx} + y = e^{2t}\left(-e^{-2t}\frac{dy}{dt} + e^{-2t}\frac{d^2 y}{dt^2}\right) - e^t\left(e^{-t}\frac{dy}{dt}\right) + y = \frac{d^2 y}{dt^2} - 2\frac{dy}{dt} + y = 0 \,,$$

즉 상수계수 미분방정식

$$\frac{d^2 y}{dt^2} - 2\frac{dy}{dt} + y = 0$$

이 된다. 따라서 $m^2 - 2m + 1 = (m-1)^2 = 0 \,,\ m = 1(\text{중근})$이므로

$$y = c_1 e^t + c_2 t e^t = c_1 x + c_2 x\ln x \,.$$

5. (1) (b)의 우변 첫째항을 미분하면 $[(fg)' = f'g + fg'$ 이용]

$$\frac{1}{\rho^2}\frac{\partial}{\partial\rho}\left(\rho^2\frac{\partial V}{\partial\rho}\right) = \frac{1}{\rho^2}\left(2\rho\frac{\partial V}{\partial\rho} + \rho^2\frac{\partial^2 V}{\partial\rho^2}\right) = \frac{d^2 V}{d\rho^2} + \frac{2}{\rho}\frac{dV}{d\rho}$$

으로 (a)의 우변 처음 두 항과 같고, (b)의 우변 셋째 항을 미분하면

$$\frac{1}{\rho^2\sin\phi}\frac{\partial}{\partial\phi}\left(\sin\phi\frac{\partial V}{\partial\phi}\right) = \frac{1}{\rho^2\sin\phi}\left(\cos\phi\frac{\partial V}{\partial\phi} + \sin\phi\frac{\partial^2 V}{\partial\phi^2}\right) = \frac{1}{\rho^2}\frac{d^2 V}{d\phi^2} + \frac{\cot\phi}{\rho^2}\frac{dV}{d\phi}$$

로 (a)의 마지막 두 항과 같다. 따라서 (a)와 (b)는 동일하다.

(2) (a) 사용 : V가 ρ 만의 함수이므로 구좌표계의 라플라스 방정식 (a)는 2계 상미분방정식

$$\frac{d^2 V}{d\rho^2} + \frac{2}{\rho}\frac{dV}{d\rho} = 0 \tag{$\star$}$$

이 되고 이는 코시-오일러 방정식이다. 따라서 특성방정식 $m(m-1) + 2m = m(m+1) = 0 \,,$
$m = 0 \,,\ -1$에 의해 해는

$$V(\rho) = c_1 + \frac{c_2}{\rho}$$

이다. 경계조건 $V(1) = 0$, $V(2) = 20$ 에서 $c_1 = 40$, $c_2 = -40$ 이므로 특수해는 분수함수

$$V(\rho) = 40\left(1 - \frac{1}{\rho}\right)$$

이다. $\rho = 1.5$ 에서는

$$V(1.5) = 40\left(1 - \frac{1}{1.5}\right) = 13.3 \,[\text{V}].$$

(3) (b) 사용 : V가 ρ 만의 함수이므로 구좌표계의 라플라스 방정식 (b)는 2계 상미분방정식

$$\frac{1}{\rho^2} \frac{d}{d\rho}\left(\rho^2 \frac{dV}{d\rho}\right) = 0 \qquad\qquad (\star\star)$$

이 된다. 양변에 ρ^2을 곱하면 $\dfrac{d}{d\rho}\left(\rho^2 \dfrac{dV}{d\rho}\right) = 0$ 에서

$$\rho^2 \frac{dV}{d\rho} = c_1{}^* \quad (c_1{}^* \text{는 임의의 상수})$$

이다. 양변을 ρ^2으로 나누면 $\dfrac{dV}{d\rho} = \dfrac{c_1{}^*}{\rho^2}$ 이고, 다시 양변을 적분하여 $V(\rho) = -\dfrac{c_1{}^*}{\rho} + c_2{}^*$가 되는데,

$-c_1{}^* = c_2$, $c_2{}^* = c_1$로 놓으면

$$V(\rho) = c_1 + \frac{c_2}{\rho}$$

가 되고, 이후는 (2)의 풀이와 같다.

2.5 상수계수 비제차 미분방정식: 미정계수법

1. (1) $y'' + 3y' = 28\cosh 4x$

$\quad\quad m^2 + 3m = m(m+3) = 0$, $m = 0, -3$ $\therefore$ $y_h = c_1 + c_2 e^{-3x}$

$\quad\quad y_p = A\cosh 4x + B\sinh 4x$ 로 놓으면

$\quad\quad y_p'' + 3y_p' = \cdots = (16A + 12B)\cosh 4x + (12A + 16B)\sinh 4x = 28\cosh 4x$

$\quad\quad\quad\quad 16A + 12B = 28$, $12A + 16B = 0$ $\to$ $A = 4$, $B = -3$

$\quad\quad\quad\quad\quad \therefore$ $y_p = 4\cosh 4x - 3\sinh 4x$ $\Rightarrow$ $y = c_1 + c_2 e^{-3x} + 4\cosh 4x - 3\sinh 4x$

(2) $y'' + 2y' + 10y = 25x^2 + 3$

$\quad\quad m^2 + 2m + 10 = 0$, $m = -1 \pm 3i$ $\therefore$ $y_h = e^{-x}[c_1\cos 3x + c_2\sin 3x]$

$\quad\quad y_p = Ax^2 + Bx + C$로 놓으면

$\quad\quad y_p'' + 2y_p' + 10y_p = \cdots = 10Ax^2 + (4A + 10B)x + (2A + 2B + 10C) = 25x^2 + 3$

$\quad\quad 10A = 25$, $4A + 10B = 0$, $2A + 2B + 10C = 3$ $\to$ $A = \dfrac{5}{2}$, $B = -1$, $C = 0$

$$\therefore \ y_p = \frac{5}{2}x^2 - x \ \Rightarrow \ y = e^{-x}(c_1\cos3x + c_2\sin3x) + \frac{5}{2}x^2 - x$$

(3) $y'' + 2y' - 35y = 12e^{5x} + 37\sin5x$

$$m^2 + 2m - 35 = (m-5)(m+7) = 0, \ m = 5, -7 \ \therefore \ y_h = c_1e^{5x} + c_2e^{-7x}$$

$y_p = Axe^{5x} + B\sin5x + C\cos5x$ 로 놓으면

$$y_p'' + 2y_p' - 35y_p = \cdots = 12Ae^{5x} + (-60B - 10C)\sin5x + (10B - 60C)\cos5x$$
$$= 12e^{5x} + 37\sin5x$$

$$12A = 12, \ -60B - 10C = 37, \ 10B - 60C = 0 \ \rightarrow \ A = 1, \ B = -\frac{6}{10}, \ C = -\frac{1}{10}$$

$$\therefore \ y_p = xe^{5x} - \frac{6}{10}\sin5x - \frac{1}{10}\cos5x$$

$$\Rightarrow \ y = c_1e^{5x} + c_2e^{-7x} + xe^{5x} - \frac{6}{10}\sin5x - \frac{1}{10}\cos5x$$

(4) $y'' + 10y' + 25y = e^{-5x}$

$$m^2 + 10m + 25 = (m+5)^2 = 0, \ m = -5 \ (중근) \ \therefore \ y_h = c_1e^{-5x} + c_2xe^{-5x}$$

$y_p = Ax^2e^{-5x}$ 로 놓으면

$$y_p'' + 10y_p' + 25y_p = \cdots = 2Ae^{-5x} = e^{-5x} \ \rightarrow \ A = \frac{1}{2}$$

$$\therefore \ y_p = \frac{1}{2}x^2e^{-5x} \ \Rightarrow \ y = c_1e^{-5x} + c_2xe^{-5x} + \frac{1}{2}x^2e^{-5x}$$

2. (1) $y'' - 4y = e^{-2x} - 2x$, $y(0) = 0$, $y'(0) = 0$

$$m^2 - 4 = (m-2)(m+2) = 0, \ m = 2, -2 \ \therefore \ y_h = c_1e^{2x} + c_2e^{-2x}$$

$y_p = Axe^{-2x} + Bx$ 로 놓으면 (1계 미분항이 없으므로 상수항은 불필요)

$$y_p'' - 4y_p = \cdots = -4Ae^{-2x} - 4Bx = e^{-2x} - 2x \ \rightarrow \ A = -\frac{1}{4}, \ B = \frac{1}{2}$$

$$\therefore \ y_p = -\frac{1}{4}xe^{-2x} + \frac{1}{2}x \ \Rightarrow \ y = c_1e^{2x} + c_2e^{-2x} - \frac{1}{4}xe^{-2x} + \frac{1}{2}x$$

$$y(0) = 0 = c_1 + c_2, \ y'(0) = 0 = 2c_1 - 2c_2 - \frac{1}{4} + \frac{1}{2} \ \rightarrow \ c_1 = -\frac{1}{16}, \ c_2 = \frac{1}{16}$$

$$\therefore \ y = -\frac{1}{16}e^{2x} + \frac{1}{16}e^{-2x} - \frac{1}{4}xe^{-2x} + \frac{1}{2}x$$

(2) $y'' + 1.2y' + 0.36y = 4e^{-0.6x}$, $y(0) = 0$, $y'(0) = 1$

$$m^2 + 1.2m + 0.36 = \frac{1}{100}(10m + 6)^2 = 0, m = -0.6 \ (중근) \ \therefore \ y_h = c_1e^{-0.6x} + c_2xe^{-0.6x}$$

$y_p = Ax^2e^{-0.6x}$ 로 놓으면

$$y_p'' + 1.2y_p' + 0.36y_p = \cdots = 2Ae^{-0.6x} = 4e^{-0.6x} \ \rightarrow \ A = 2 \ \therefore \ y_p = 2x^2e^{-0.6x}$$

$$\Rightarrow \ y = c_1e^{-0.6x} + c_2xe^{-0.6x} + 2x^2e^{-0.6x},$$

$$y(0) = 0 = c_1, \ y'(0) = 1 = -0.6c_1 + c_2 \ \rightarrow \ c_1 = 0, \ c_2 = 1 \ \therefore \ y = xe^{-0.6x} + 2x^2 e^{-0.6x}$$

3. $\dfrac{dy}{dt} + y = 0 \ : \ \dfrac{dy}{y} = -dt, \ \displaystyle\int \dfrac{dy}{y} = -\int dt, \ \ln|y| = -t + c_1, \ |y| = e^{-t+c_1} = c_2 e^{-t} \ (c_2 > 0)$

에서 $y = ce^{-t}$. $y(0) = 0$일 때 $y = 0$, $y(0) = 1$일 때 $y = e^{-t}$, $y(0) = 2$일 때 $y = 2e^{-t}$.

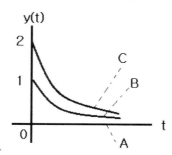

입력이 0이므로 A, B, C 모두 각각의 초기 상태에서 시작하여 0으로 가까이 간다.

2.6 비제차 미분방정식: 매개변수변환법

1. (1) $y'' - 4y' + 4y = \dfrac{e^{2x}}{x}$

$m^2 - 4m + 4 = (m-2)^2 = 0$, $m = 2$ (중근) $\therefore \ y_h = c_1 y_1 + c_2 y_2$ 여기서 $y_1 = e^{2x}$, $y_2 = xe^{2x}$.

$$W = \begin{vmatrix} e^{2x} & xe^{2x} \\ 2e^{2x} & (1+2x)e^{2x} \end{vmatrix} = e^{4x}, \ W_1 = \begin{vmatrix} 0 & xe^{2x} \\ \dfrac{e^{2x}}{x} & (1+2x)e^{2x} \end{vmatrix} = -e^{4x}, \ W_2 = \begin{vmatrix} e^{2x} & 0 \\ 2e^{2x} & \dfrac{e^{2x}}{x} \end{vmatrix} = \dfrac{e^{4x}}{x}$$

$$y_p = y_1 \int \dfrac{W_1}{W} dx + y_2 \int \dfrac{W_2}{W} dx$$

$$= e^{2x} \int (-1) dx + xe^{2x} \int \dfrac{1}{x} dx = -xe^{2x} + x\ln|x|e^{2x}$$

에서 $-xe^x$ 는 제차해에 포함되므로 $y_p = x\ln|x|e^{2x}$.

$$\therefore \ y = y_h + y_p = c_1 e^{2x} + c_2 xe^{2x} + x\ln|x|e^{2x} = e^{2x}(c_1 + c_2 x + x\ln|x|)$$

(2) $y'' + 2y' + y = e^{-x}\cos x$

$m^2 + 2m + 1 = (m+1)^2 = 0$, $m = -1$ (중근) $\therefore \ y_h = c_1 e^{-x} + c_2 xe^{-x}$

$$W = \begin{vmatrix} e^{-x} & xe^{-x} \\ -e^{-x} & (1-x)e^{-x} \end{vmatrix} = e^{-2x}, \ W_1 = \begin{vmatrix} 0 & xe^{-x} \\ e^{-x}\cos x & (1-x)e^{-x} \end{vmatrix} = -xe^{-2x}\cos x$$

$$W_2 = \begin{vmatrix} e^{-x} & 0 \\ -e^{-x} & e^{-x}\cos x \end{vmatrix} = e^{-2x}\cos x$$

$$y_p = e^{-x} \int (-x\cos x) dx + xe^{-x} \int \cos x \, dx$$

$$=-e^{-x}(\cos x+x\sin x)+xe^{-x}(\sin x)=-e^{-x}\cos x$$

$$\therefore y=c_1e^{-x}+c_2xe^{-x}-e^{-x}\cos x$$

(3) $x^2y''-4xy'+6y=21x^{-4}$ 또는 $y''-\dfrac{4}{x}y'+\dfrac{6}{x^2}y=21x^{-6}$.

$m(m-1)-4m+6=(m-2)(m-3)=0$, $m=2,3$, $y_h=c_1x^2+c_2x^3$

$$W=\begin{vmatrix}x^2 & x^3\\2x & 3x^2\end{vmatrix}=x^4,\ W_1=\begin{vmatrix}0 & x^3\\21x^{-6} & 3x^2\end{vmatrix}=-21x^{-3},\ W_2=\begin{vmatrix}x^2 & 0\\2x & 21x^{-6}\end{vmatrix}=21x^{-4}$$

$$y_p=x^2\int(-21x^{-7})dx+x^3\int(21x^{-8})dx$$

$$=x^2\left(\frac{21}{6}x^{-6}\right)+x^3\left(-\frac{21}{7}x^{-7}\right)=\frac{21}{6}x^{-4}-\frac{21}{7}x^{-4}=\frac{1}{2}x^{-4}$$

$$\therefore\ y=c_1x^2+c_2x^3+\frac{1}{2}x^{-4}$$

(4) $(D^2+2D+2)y=4e^{-x}\sec^3x$

$m^2+2m+2=0$, $m=-1\pm i$

$y_h=e^{-x}[c_1\cos x+c_2\sin x]$, $y_1=e^{-x}\cos x$, $y_2=e^{-x}\sin x$

$$W=\begin{vmatrix}e^{-x}\cos x & e^{-x}\sin x\\-e^{-x}(\cos x+\sin x) & e^{-x}(\cos x-\sin x)\end{vmatrix}=e^{-2x}$$

$$W_1=\begin{vmatrix}0 & e^{-x}\sin x\\4e^{-x}\sec^3x & e^{-x}(\cos x-\sin x)\end{vmatrix}=-4e^{-2x}\sin x\sec^3x$$

$$W_2=\begin{vmatrix}e^{-x}\cos x & 0\\-e^{-x}(\cos x+\sin x) & 4e^{-x}\sec^3x\end{vmatrix}=4e^{-2x}\sec^2x$$

$$y_p=e^{-x}\cos x\int(-4\sin x\sec^3x)dx+e^{-x}\sin x\int4\sec^2xdx$$

$$=e^{-x}\cos x\cdot\left(\frac{-2}{\cos^2x}\right)+e^{-x}\sin x\cdot4\tan x=2e^{-x}\left(\frac{2\sin^2x-1}{\cos x}\right)=-2e^{-x}\cdot\frac{\cos2x}{\cos x}$$

$$\therefore\ y=c_1e^{-x}\cos x+c_2e^{-x}\sin x-2e^{-x}\left(\frac{\cos2x}{\cos x}\right)$$

[참고] $\displaystyle\int\sin x\sec^3xdx=\int\frac{\sin x}{\cos^3x}dx$; $\cos x=t$, $-\sin xdx=dt$

$$=-\int\frac{dt}{t^3}=\frac{1}{2t^2}+c=\frac{1}{2\cos^2x}+c$$

또는

$$\int\sin x\sec^3xdx=\int\sec^2x\tan xdx\ ;\ \tan x=t,\ \sec^2xdx=dt$$

$$=\int tdt=\frac{1}{2}t^2+c_1=\frac{1}{2}\tan^2x+c_1=\frac{\sin^2x}{2\cos^2x}+c_1=\frac{1-\cos^2x}{2\cos^2x}+c_1$$

$$=\frac{1}{2\cos^2x}-\frac{1}{2}+c_1=\frac{1}{2\cos^2x}+c\ ;\ c=-\frac{1}{2}+c_1$$

2. 1계 비제차 미분방정식의 제차해는 하나이고, 이를 y_1이라 하면 $W = |y_1| = y_1$, $W_1 = |r| = r$ 이므로 $y_p = y_1 \int \dfrac{W_1}{W} dx = y_1 \int \dfrac{r}{y_1} dx$ 이다.

3. (1) $u'y_1 + v'y_2 = f(x)$ -- (★) 이면
$$y_p{'} = uy_1{'} + vy_2{'} + f, \quad y_p{''} = u'y_1{'} + uy_1{''} + v'y_2{'} + vy_2{''} + f'$$
에서
$$y_p{''} + py_p{'} + qy_p = (u'y_1{'} + uy_1{''} + v'y_2{'} + vy_2{''} + f') + p(uy_1{'} + vy_2{'} + f) + q(uy_1 + vy_2)$$
$$= u(y_1{''} + py_1{'} + qy_1) + v(y_2{''} + py_2{'} + qy_2) + u'y_1{'} + v'y_2{'} + f' + pf = r.$$
$y_1{''} + py_1{'} + qy_1 = 0$, $y_2{''} + py_2{'} + qy_2 = 0$이므로
$$u'y_1{'} + v'y_2{'} = r - f' - pf. \quad \text{--- (★★)}$$
식 (★)와 식 (★★)는
$$\begin{bmatrix} y_1 & y_2 \\ y_1{'} & y_2{'} \end{bmatrix} \begin{bmatrix} u' \\ v' \end{bmatrix} = \begin{bmatrix} f \\ r - f' - pf \end{bmatrix}$$
를 이루므로
$$u' = \frac{W_1}{W}, \quad v' = \frac{W_2}{W}$$
이고, 여기서
$$W = \begin{vmatrix} y_1 & y_2 \\ y_1{'} & y_2{'} \end{vmatrix}, \quad W_1 = \begin{vmatrix} f & y_2 \\ r - f' - pf & y_2{'} \end{vmatrix}, \quad W_2 = \begin{vmatrix} y_1 & f \\ y_1{'} & r - f' - pf \end{vmatrix}$$

(2) $f(x) = x$, $f'(x) = 1$이고 예제 1에서 $p(x) = 0$, $r(x) = x - 1$ 이므로 $r - f' - pf = x - 2$.
$$W = \begin{vmatrix} y_1 & y_2 \\ y_1{'} & y_2{'} \end{vmatrix} = \begin{vmatrix} e^x & e^{-x} \\ e^x & -e^{-x} \end{vmatrix} = -2$$
$$W_1 = \begin{vmatrix} f & y_2 \\ r - f' - pf & y_2{'} \end{vmatrix} = \begin{vmatrix} x & e^{-x} \\ x - 2 & -e^{-x} \end{vmatrix} = -2(x-1)e^{-x}$$
$$W_2 = \begin{vmatrix} y_1 & f \\ y_1{'} & r - f' - pf \end{vmatrix} = \begin{vmatrix} e^x & x \\ e^x & x - 2 \end{vmatrix} = -2e^x.$$
따라서 특수해는
$$y_p = y_1 \int \frac{W_1}{W} dx + y_2 \int \frac{W_2}{W} dx = e^x \int (x-1)e^{-x} dx + e^{-x} \int e^x dx = -x + 1.$$

2.7 고계 미분방정식

1. (1) $y^{(4)} - 16y = 0$: $m^4 - 16 = (m+2)(m-2)(m^2+4) = 0$, $m = \pm 2$, $\pm 2i$
$$\therefore y = c_1 e^{2x} + c_2 e^{-2x} + c_3 \cos 2x + c_4 \sin 2x$$

(2) $y''' + 9y'' + 27y' + 27y = 0$: $m^3 + 9m^2 + 27m + 27 = (m+3)^3 = 0$, $m = -3$ (3중근)
$$\therefore y = c_1 e^{-3x} + c_2 x e^{-3x} + c_3 x^2 e^{-3x}$$

(3) $(D^3 - D^2 - D + 1)y = 0$: $m^3 - m^2 - m + 1 = (m+1)(m-1)^2 = 0$, $m = -1$, 1 (중근)
$$\therefore y = c_1 e^{-x} + c_2 e^x + c_3 x e^x$$

(4) $y^{(4)} = 0$, $y(0) = 1$, $y'(0) = 16$, $y''(0) = -4$, $y'''(0) = 24$: $m^4 = 0$, $m = 0$ (4중근)
$$\therefore y = c_1 + c_2 x + c_3 x^2 + c_4 x^3$$
$$y' = c_2 + 2c_3 x + 3c_4 x^2, \ y'' = 2c_3 + 6c_4 x, \ y''' = 6c_4$$
$$y(0) = 1 = c_1, \ y'(0) = 16 = c_2, \ y''(0) = -4 = 2c_3, \ y'''(0) = 24 = 6c_4$$
$$\rightarrow c_1 = 1, \ c_2 = 16, \ c_3 = -2, \ c_4 = 4 \ \ \therefore y = 1 + 16x - 2x^2 + 4x^3$$

(5) $(D^4 + 10D^2 + 9)y = 0$, $y(0) = 0$, $y'(0) = 0$, $y''(0) = 32$, $y'''(0) = 0$
$$m^4 + 10m^2 + 9 = (m^2 + 1)(m^2 + 9) = 0, \ m = \pm i, \pm 3i$$
$$y = c_1 \cos x + c_2 \sin x + c_3 \cos 3x + c_4 \sin 3x$$
$$y' = -c_1 \sin x + c_2 \cos x - 3c_3 \sin 3x + 3c_4 \cos 3x$$
$$y'' = -c_1 \cos x - c_2 \sin x - 9c_3 \cos 3x - 9c_4 \sin 3x$$
$$y''' = c_1 \sin x - c_2 \cos x + 27c_3 \sin 3x - 27c_4 \cos 3x$$
$$y(0) = 0 = c_1 + c_3, \ y'(0) = 0 = c_2 + 3c_4, \ y''(0) = 32 = -c_1 - 9c_3, \ y'''(0) = -c_2 - 27c_4$$
$$\rightarrow c_1 = 4, \ c_2 = 0, \ c_3 = -4, \ c_4 = 0 \ \ \therefore \ y = 4\cos x - 4\cos 3x$$

2. (1) $y''' + 3y'' + 3y' + y = 8e^x + x + 3$
$$m^3 + 3m^2 + 3m + 1 = (m+1)^3 = 0, \ m = -1 \text{ (삼중근)} \ y_h = c_1 e^{-x} + c_2 x e^{-x} + c_3 x^2 e^{-x}$$
$y_p = Ae^x + Bx + C$로 놓으면
$$y_p''' + 3y_p'' + 3y_p' + y_p = 8Ae^x + Bx + (3B + C) = 8e^x + x + 3$$
$$A = 1, \ B = 1, \ C = 0, \ y_p = e^x + x \ \ \therefore \ y = c_1 e^{-x} + c_2 x e^{-x} + c_3 x^2 e^{-x} + e^x + x$$

(2) $y^{(4)} + 10y'' + 9y = 40\sinh x$, $y(0) = 0$, $y'(0) = 6$, $y''(0) = 0$, $y'''(0) = -26$
$$m^4 + 10m^2 + 9 = (m^2 + 1)(m^2 + 9) = 0, \ m = \pm i, \pm 3i$$
$$y_h = c_1 \cos x + c_2 \sin x + c_3 \cos 3x + c_4 \sin 3x$$
특수해를 $y_p = A\sinh x$ (3계 및 1계 미분항이 없으므로)로 놓으면
$$y_p^{(4)} + 10y_p'' + 9y_p = 20A\sinh x = 40\sinh x, \ A = 2, \ y_p = 2\sinh x$$
$$\therefore \ y = y_h + y_p = c_1 \cos x + c_2 \sin x + c_3 \cos 3x + c_4 \sin 3x + 2\sinh x$$
$$y(0) = c_1 + c_3 = 0, \ y'(0) = c_2 + 3c_4 + 2 = 6,$$
$$y''(0) = -c_1 + 9c_3 = 0, \ y'''(0) = -c_2 - 27c_4 + 2 = -26$$
$$\rightarrow c_1 = 0, \ c_2 = 1, \ c_3 = 0, \ c_4 = 1 \ \ \therefore \ y = \sin x + \sin 3x + 2\sinh x$$

3. (1) 문제 2(1)에서 $y_h = c_1 e^{-x} + c_2 x e^{-x} + c_3 x^2 e^{-x}$

$$W=\begin{vmatrix} e^{-x} & xe^{-x} & x^2e^{-x} \\ -e^{-x} & (1-x)e^{-x} & (2x-x^2)e^{-x} \\ e^{-x} & (-2+x)e^{-x} & (2-4x+x^2)e^{-x} \end{vmatrix}=2e^{-3x}$$

$$W_1=\begin{vmatrix} 0 & xe^{-x} & x^2e^{-x} \\ 0 & (1-x)e^{-x} & (2x-x^2)e^{-x} \\ 8e^x+x+3 & (-2+x)e^{-x} & (2-4x+x^2)e^{-x} \end{vmatrix}=(8e^x+x+3)x^2e^{-2x}$$

$$W_2=\begin{vmatrix} e^{-x} & 0 & x^2e^{-x} \\ -e^{-x} & 0 & (2x-x^2)e^{-x} \\ e^{-x} & 8e^x+x+3 & (2-4x+x^2)e^{-x} \end{vmatrix}=-(8e^x+x+3)2xe^{-2x}$$

$$W_3=\begin{vmatrix} e^{-x} & xe^{-x} & 0 \\ -e^{-x} & (1-x)e^{-x} & 0 \\ e^{-x} & (-2+x)e^{-x} & 8e^x+x+3 \end{vmatrix}=(8e^x+x+3)e^{-2x}$$

$$y_p=y_1\int\frac{W_1}{W}dx+y_2\int\frac{W_2}{W}dx+y_3\int\frac{W_3}{W}dx$$

$$=e^{-x}\int\frac{1}{2}x^2e^x(8e^x+x+3)dx+xe^{-x}\int-xe^x(8e^x+x+3)dx$$

$$+x^2e^{-x}\int\frac{1}{2}e^x(8e^x+x+3)dx$$

$$=\frac{1}{2}e^{-x}\left(8\int x^2e^{2x}dx+\int x^3e^xdx+3\int x^2e^xdx\right)$$

$$-xe^{-x}\left(8\int xe^{2x}dx+\int x^2e^xdx+3\int xe^xdx\right)$$

$$+\frac{1}{2}x^2e^{-x}\left(8\int e^{2x}dx+\int xe^xdx+3\int e^xdx\right)$$

여기서

$$\int xe^{ax}dx=x\cdot\frac{1}{a}e^{ax}-\frac{1}{a}\int e^{ax}dx=\frac{1}{a}xe^{ax}-\frac{1}{a^2}e^{ax}=\frac{1}{a^2}(ax-1)e^{ax}$$

$$\int x^2e^{ax}dx=x^2\cdot\frac{1}{a}e^{ax}-\frac{2}{a}\int xe^{ax}dx=\frac{1}{a}x^2e^{ax}-\frac{2}{a}\frac{1}{a^2}(ax-1)e^{ax}$$

$$=\frac{1}{a^3}(a^2x^2-2ax+2)e^{ax}$$

$$\int x^3e^{ax}dx=x^3\cdot\frac{1}{a}e^{ax}-\frac{3}{a}\int x^2e^{ax}dx=\frac{1}{a}x^3e^{ax}-\frac{3}{a}\frac{1}{a^3}(a^2x^2-2ax+2)e^{ax}$$

$$=\frac{1}{a^4}(a^3x^3-3a^2x^2+6ax-6)e^{ax}$$

이므로

$$y_p=\frac{1}{2}\left[8\cdot\frac{1}{8}(4x^2-4x+2)e^{2x}+(x^3-3x^2+6x-6)e^x+3(x^2-2x+2)e^x\right]$$

$$-xe^{-x}\left[8\cdot\frac{1}{4}(2x-1)e^{2x}+(x^2-2x+2)e^x+3(x-1)e^x\right]$$

$$+\frac{1}{2}x^2e^{-x}\left[8\cdot\frac{1}{2}e^{2x}+(x-1)e^x+3e^x\right]=e^x+x$$

$$\therefore \ y = y_h + y_p = c_1 e^{-x} + c_2 x e^{-x} + c_3 x^2 e^{-x} + e^x + x$$

(2) $x^3 y''' + x^2 y'' - 2xy' + 2y = x^{-2}$, $y''' + \dfrac{1}{x} y'' - \dfrac{2}{x^2} y' + \dfrac{2}{x^3} y = x^{-5}$

$$m(m-1)(m-2) + m(m-1) - 2m + 2 = (m-1)(m+1)(m-2) = 0 , \ m = \pm 1, \ 2$$

$$y_h = c_1 x + c_2 x^{-1} + c_3 x^2$$

$$W = \begin{vmatrix} x & x^{-1} & x^2 \\ 1 & -x^{-2} & 2x \\ 0 & 2x^{-3} & 2 \end{vmatrix} = -6x^{-1} , \qquad W_1 = \begin{vmatrix} 0 & x^{-1} & x^2 \\ 0 & -x^{-2} & 2x \\ x^{-5} & 2x^{-3} & 2 \end{vmatrix} = 3x^{-5}$$

$$W_2 = \begin{vmatrix} x & 0 & x^2 \\ 1 & 0 & 2x \\ 0 & x^{-5} & 2 \end{vmatrix} = -x^{-3} , \qquad W_3 = \begin{vmatrix} x & x^{-1} & 0 \\ 1 & -x^{-2} & 0 \\ 0 & 2x^{-3} & x^{-5} \end{vmatrix} = -2x^{-6}$$

$$y_p = y_1 \int \frac{W_1}{W} dx + y_2 \int \frac{W_2}{W} dx + y_3 \int \frac{W_3}{W} dx$$

$$= x \int -\frac{1}{2} x^{-4} dx + x^{-1} \int \frac{1}{6} x^{-2} dx + x^2 \int \frac{1}{3} x^{-5} dx$$

$$= x \left(\frac{1}{6} x^{-3} \right) + x^{-1} \left(-\frac{1}{6} x^{-1} \right) + x^2 \left(-\frac{1}{12} x^{-4} \right) = -\frac{1}{12} x^{-2}$$

$$\therefore \ y = c_1 x + \frac{c_2}{x} + c_3 x^2 - \frac{1}{12x^2}$$

(3) $x^3 y''' - 3x^2 y'' + 6xy' - 6y = 24x^5$, $y(1) = 1$, $y'(1) = 3$, $y''(1) = 14$

$$y''' - \frac{3}{x} y'' + \frac{6}{x^2} y' - \frac{6}{x^3} y = 24x^2$$

$$m(m-1)(m-2) - 3m(m-1) + 6m - 6 = (m-1)(m-2)(m-3) = 0 , \ m = 1, \ 2, \ 3$$

$$y_h = c_1 x + c_2 x^2 + c_3 x^3$$

$$W = \begin{vmatrix} x & x^2 & x^3 \\ 1 & 2x & 3x^2 \\ 0 & 2 & 6x \end{vmatrix} = 2x^3 , \qquad W_1 = \begin{vmatrix} 0 & x^2 & x^3 \\ 0 & 2x & 3x^2 \\ 24x^2 & 2 & 6x \end{vmatrix} = 24x^6$$

$$W_2 = \begin{vmatrix} x & 0 & x^3 \\ 1 & 0 & 3x^2 \\ 0 & 24x^2 & 6x \end{vmatrix} = -48x^5 , \qquad W_3 = \begin{vmatrix} x & x^2 & 0 \\ 1 & 2x & 0 \\ 0 & 2 & 24x^2 \end{vmatrix} = 24x^4$$

$$y_p = y_1 \int \frac{W_1}{W} dx + y_2 \int \frac{W_2}{W} dx + y_3 \int \frac{W_3}{W} dx$$

$$= x \int 12x^3 dx + x^2 \int -24x^2 dx + x^3 \int 12x dx = 3x^5 - 8x^5 + 6x^5 = x^5$$

$$\therefore \ y = c_1 x + c_2 x^2 + c_3 x^3 + x^5$$

$y(1) = c_1 + c_2 + c_3 + 1 = 1$, $y'(1) = c_1 + 2c_2 + 3c_3 + 5 = 3$, $y''(1) = 2c_2 + 6c_3 + 20 = 14$ 에서

$$c_1 = 1 , \ c_2 = 0 , \ c_3 = -1 \ \therefore \ y = x - x^3 + x^5$$

4. $(D-1)(D-4)y = 8e^x$ 의 양변에 $(D-1)$을 수행하면 $(D-1)^2 (D-4)y = 0$. 따라서

$$y = c_1 e^x + c_2 x e^x + c_3 e^{4x}. \ 이때 \ (D-1)(D-4)y = (D^2 - 5D + 4)y = -3c_2 e^x = 8e^x$$

이어야 하므로 $c_2 = -8/3$. $\therefore$ $y_p = -\dfrac{8}{3}xe^x$

5. $(D^2+1)\sin x = 0$이므로 주어진 미분방정식의 양변에 D^2+1을 수행하면 $(D^2+1)^2 y = 0$ 이다. 4계 제차 미분방정식의 특성방정식의 근이 $\pm i$(중근)이므로 일반해는

$$y = c_1 \cos x + c_2 \sin x + c_3 x \cos x + c_4 x \sin x$$

이다. 이를 다시 $(D^2+1)y = \sin x$에 대입하면 $c_3 = -\dfrac{1}{2}$, $c_4 = 0$ 이므로

$$y(x) = c_1 \cos x + c_2 \sin x - \frac{1}{2} x \cos x.$$

6. (1) 2.7절 예제 7에서 $y = y_h + y_p = c_1 + c_2 x + c_3 x^2 + c_4 x^3 + x^4$이므로

$$y' = c_2 + 2c_3 x + 3c_4 x^2 + 4x^3,\ y'' = 2c_3 + 6c_4 x + 12x^2.$$

경계조건에서

$$y(0) = c_1 = 0,\ y''(0) = 2c_3 = 0,\ c_3 = 0$$
$$y(1) = c_2 + c_4 + 1 = 0,\ y''(1) = 6c_4 + 12 = 0,\ c_4 = -2,\ c_2 = 1$$
$$\therefore\ y = x - 2x^3 + x^4$$

$y' = x - 6x^2 + 4x^3 = 0$에서 $x = \dfrac{1}{2}$, $\dfrac{1 \pm \sqrt{3}}{2}$. 따라서 최대변위는

$$y(1/2) = \frac{1}{2} - 2\left(\frac{1}{2}\right)^3 + \left(\frac{1}{2}\right)^4 = \frac{5}{16} = 0.3125.$$

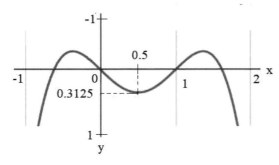

(2) 2.7절 예제 7에서 $y = y_h + y_p = c_1 + c_2 x + c_3 x^2 + c_4 x^3 + x^4$이므로

$$y' = c_2 + 2c_3 x + 3c_4 x^2 + 4x^3,\ y'' = 2c_3 + 6c_4 x + 12x^2,\ y''' = 6c_4 + 24x$$

경계조건에서

$$y(0) = c_1 = 0,\ y'(0) = c_2 = 0$$
$$y''(0) = 2c_3 = 0,\ c_3 = 0$$
$$y''(1) = 2c_3 + 6c_4 + 12 = 0,\ y'''(1) = 6c_4 + 24 = 0\ \rightarrow\ c_3 = 6,\ c_4 = -4.$$
$$\therefore\ y = 6x^2 - 4x^3 + x^4$$

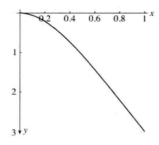

2.8 선형 연립미분방정식

1. (1) $(D-1)x - y = 0$ --- ① $-x + (D+1)y = 0$ --- ②

① + $(D-1)$② : $(D^2-2)y = 0$ → $y(t) = c_1\cosh\sqrt{2}\,t + c_2\sinh\sqrt{2}\,t$

② : $x(t) = (D+1)y = (c_1 + \sqrt{2}\,c_2)\cosh\sqrt{2}\,t + (\sqrt{2}\,c_1 + c_2)\sinh\sqrt{2}\,t$

(2) $D^2 x - 4y = e^t$ --- ① $x - D^2 y = e^t$ --- ②

① $- D^2$②:$(D^4 - 4)y = (D^2 - 2)(D^2 + 2)y = 0$

$\rightarrow y(t) = c_1 e^{\sqrt{2}\,t} + c_2 e^{-\sqrt{2}\,t} + c_3\cos\sqrt{2}\,t + c_4\sin\sqrt{2}\,t$

② : $x(t) = D^2 y + e^t = 2c_1 e^{\sqrt{2}\,t} + 2c_2 e^{-\sqrt{2}\,t} - 2c_3\cos\sqrt{2}\,t - 2c_4\sin\sqrt{2}\,t + e^t$,

(3) $D^2 x - 2D(D+1)y = \sin t$ --- ① $x + Dy = 0$ --- ②

②에서 $x = -Dy$ 이므로 이를 ①에 대입하면

$D(D^2 + 2D + 2)y = -\sin t \rightarrow y(t) = y_h + y_p = c_1 + e^{-t}(c_2\cos t + c_3\sin t) + \dfrac{1}{5}\cos t + \dfrac{2}{5}\sin t$

따라서

$$x(t) = -Dy = e^{-t}\left[(c_2 - c_3)\cos t + (c_2 + c_3)\sin t\right] + \frac{1}{5}\sin t - \frac{2}{5}\cos t$$

초기조건 $x(0) = 0$, $x'(0) = 1/5$, $y(0) = 0$ 로부터 $c_1 = -\dfrac{3}{5}$, $c_2 = \dfrac{2}{5}$, $c_3 = 0$.

$$\therefore\ x(t) = \frac{2}{5}e^{-t}(\cos t + \sin t) + \frac{1}{5}\sin t - \frac{2}{5}\cos t$$

$$y(t) = -\frac{3}{5} + \frac{2}{5}e^{-t}\cos t + \frac{1}{5}\cos t + \frac{2}{5}\sin t$$

(4) $Dx = y$, $Dy = z$, $Dz = x$; $x(0) = 3$, $y(0) = \sqrt{3}$, $z(0) = -\sqrt{3}$

$x = Dz = D^2 y = D^3 x$ 이므로 $(D^3 - 1)x = (D-1)(D^2 + D + 1)x = 0$

$$\therefore \; x(t) = c_1 e^t + e^{-t/2}\left(c_2 \cos\frac{\sqrt{3}}{2}t + c_3 \sin\frac{\sqrt{3}}{2}t\right)$$

$$y(t) = Dx = c_1 e^t + e^{-t/2}\left[\left(\frac{\sqrt{3}}{2}c_2 - \frac{1}{2}c_3\right)\cos\frac{\sqrt{3}}{2}t + \left(-\frac{1}{2}c_2 - \frac{\sqrt{3}}{2}c_3\right)\sin\frac{\sqrt{3}}{2}t\right]$$

$$z(t) = Dy = c_1 e^t + e^{-t/2}\left[\left(-\frac{\sqrt{3}}{2}c_2 - \frac{1}{2}c_3\right)\cos\frac{\sqrt{3}}{2}t + \left(-\frac{1}{2}c_2 + \frac{\sqrt{3}}{2}c_3\right)\sin\frac{\sqrt{3}}{2}t\right]$$

초기조건 $x(0) = 3$, $y(0) = \sqrt{3}$, $z(0) = -\sqrt{3}$ 에서 $c_1 = 1$, $c_2 = 2$, $c_3 = 2$, 따라서

$$x(t) = e^t + 2e^{-t/2}\left(\cos\frac{\sqrt{3}}{2}t + \sin\frac{\sqrt{3}}{2}t\right),$$

$$y(t) = e^t + e^{-t/2}\left[(\sqrt{3}-1)\cos\frac{\sqrt{3}}{2}t - (\sqrt{3}+1)\sin\frac{\sqrt{3}}{2}t\right],$$

$$z(t) = e^t + e^{-t/2}\left[-(\sqrt{3}+1)\cos\frac{\sqrt{3}}{2}t + (\sqrt{3}-1)\sin\frac{\sqrt{3}}{2}t\right]$$

2. 예제 3의 (a)에 $y_2 = 100 - y_1$을 대입하면

$$\left(D + \frac{1}{20}\right)y_1 - \frac{1}{20}(100 - y_1) = 0$$

또는 1계 선형미분방정식

$$y_1' + \frac{1}{10}y_1 = 5$$

이 된다. 양변에 적분인자 $e^{\int 1/10\, dt} = e^{t/10}$를 곱하면

$$\frac{d}{dt}\left(e^{t/10}y_1\right) = 5e^{t/10}.$$

적분에 의해

$$e^{t/10}y_1 = 5\int e^{t/10}\, dt = 50e^{t/10} + c \;\rightarrow\; y_1 = 50 + ce^{-t/10}.$$

초기조건 $y_1(0) = 50 + c = 100$에서 $c = 50$. 그러므로

$$y_1 = 50\left(1 + e^{-t/10}\right), \; y_2 = 100 - y_1 = 50\left(1 - e^{-t/10}\right).$$

3. (1) 수조 1에서 소금의 유입률은

$$(3\,\text{m}^3/\text{min})(0\,\text{kg/m}^3) + (1\,\text{m}^3/\text{min})\left(\frac{y_2}{50}\,\text{kg/m}^3\right) = \frac{1}{50}y_2\,\text{kg/min}$$

이고 유출률은

$$(4\,\text{m}^3/\text{min})\left(\frac{y_1}{50}\,\text{kg/m}^3\right) = \frac{4}{50}y_1\,\text{kg/min}$$

이다. 수조 2에도 마찬가지 방법을 적용하여

$$\frac{dy_1}{dt} = \frac{1}{50}y_2 - \frac{4}{50}y_1, \; \frac{dy_2}{dt} = \frac{4}{50}y_1 - \frac{4}{50}y_2$$

을 구한다. 따라서 연립미분방정식은

$$\left(D+\frac{4}{50}\right)y_1-\frac{1}{50}y_2=0\ ,\ \ -\frac{4}{50}y_1+\left(D+\frac{4}{50}\right)y_2=0$$

이다. 적절히 y_2 를 소거하면 $\left[\left(D+\frac{4}{50}\right)^2-\left(\frac{4}{50}\right)\left(\frac{1}{50}\right)\right]y_1=0$, 즉 $(50D+2)(50D+6)y_1=0$ 이

되어 해 $y_1(t)=c_1e^{-t/25}+c_2e^{-3t/25}$ 를 구하고 $y_2=50\left(D+\frac{4}{50}\right)y_1$ 에서

$$y_2(t)=2c_1e^{-t/25}-2c_2e^{-3t/25}$$

를 얻는다. 여기에 초기조건 $y_1(0)=50$, $y_2(0)=0$ 을 적용하면 $c_1=c_2=25$ 이므로

$$y_1(t)=25(e^{-t/25}+e^{-3t/25})\ ,\ y_2(t)=50(e^{-t/25}-e^{-3t/25}).$$

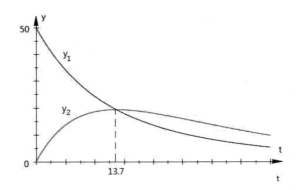

(2) $y_1=y_2$ 에서 $e^{2t/25}=3$ 이므로 $t=\frac{25}{2}\ln 3\simeq 13.7$ 분. $\frac{dy_2}{dt}=0$ 에서도 마찬가지. 수조1의 소금

은 시간이 지나며 감소하고 수조2의 소금은 증가하다가 수조2의 소금 농도가 수조1의 소금 농

도와 같아지는 순간부터 감소한다.

(3) 이후로는 수조2의 소금물 유입률이 수조1의 소금물 유입률 보다 크므로 수조2의 소금량이 수

조1의 소금량 보다 큰 상태를 유지하며 감소한다.

(4) $y_1(\infty)=y_2(\infty)=0$ 이므로 시간이 충분히 지나면 두 수조 안의 소금이 모두 사라지는데 이는

외부에서 순수한 물이 계속 유입되고 소금물은 계속 유출되기 때문이다.

4. $L\dfrac{di_1}{dt}+Ri_2=E(t)$, $RC\dfrac{di_2}{dt}+i_2-i_1=0$ 에 $E=60$, $L=1$, $R=50$, $C=10^{-4}$ 를 대입하면

$$\frac{di_1}{dt}+50i_2=60\quad,\quad\frac{di_2}{dt}+200(i_2-i_1)=0\ ,\ i_1(0)=i_2(0)=0.$$

즉

$$Di_1+50i_2=60\ \ \text{-- (a)},\ \ 200i_1-(D+200)i_2=0\ \ \text{-- (b)}$$

이다. (a)의 양변에 $(D+200)$ 을 취하고 (b)의 양변에 50을 곱하여 더하면 비제차 미방

$$[D(D+200)+10000]i_1=(D+100)^2i_1=12000$$

이다$(200\cdot 60=12000)$. 따라서

$$i_{1h}=c_1e^{-100t}+c_2te^{-100t}$$

이고 특수해를 $i_{1p}=A$ 로 가정하면 $10000A=12000$ 에서 $A=6/5$ 이므로

$$i_1(t) = i_{1h} + i_{1p} = c_1 e^{-100t} + c_2 t e^{-100t} + \frac{6}{5}.$$

(a)에서 $i_2 = \frac{1}{50}(60 - D i_1)$을 계산하면

$$i_2(t) = \frac{6}{5} + \left(2c_1 - \frac{1}{50}c_2\right)\frac{6}{5}e^{-100t} + 2c_2 t e^{-100t}.$$

초기조건 $i_1(0) = i_2(0) = 0$에서 $c_1 = -\frac{6}{5}$, $c_2 = -60$ 이므로

$$i_1(t) = \frac{6}{5} - \frac{6}{5}e^{-100t} - 60t e^{-100t},\ \ i_2(t) = \frac{6}{5} - \frac{6}{5}e^{-100t} - 120t e^{-100t}.$$

5. (1) 방정식을

$$(D + \lambda_1)N_1 = 0\ \ \text{-- (a)},\ \ -\lambda_1 N_1 + (D + \lambda_2)N_2 = 0\ \ \text{-- (b)}$$

로 쓰고 N_1을 소거하면 $(D + \lambda_1)(D + \lambda_2)N_2 = 0$에서

$$N_2(t) = c_1 e^{-\lambda_1 t} + c_2 e^{-\lambda_2 t}$$

를 얻는다. (b)에서 $N_1 = \frac{1}{\lambda_1}(D + \lambda_2)N_2$임을 이용하면

$$N_1(t) = \frac{\lambda_2 - \lambda_1}{\lambda_1}c_1 e^{-\lambda_1 t}.$$

초기조건 $N_1(0) = \frac{\lambda_2 - \lambda_1}{\lambda_1}c_1 = N_{10}$, $N_2(0) = c_1 + c_2 = 0$에서

$$c_1 = \frac{\lambda_1}{\lambda_2 - \lambda_1}N_{10},\ c_2 = -\frac{\lambda_1}{\lambda_2 - \lambda_1}N_{10}.$$

$$\therefore\ N_1(t) = N_{10}e^{-\lambda_1 t},\ N_2(t) = \frac{\lambda_1}{\lambda_2 - \lambda_1}N_{10}\left(e^{-\lambda_1 t} - e^{-\lambda_2 t}\right).$$

$N_3(t)$는 N_{10}에서 다른 원소로 변환된 양 N_1과 N_2를 빼면 되므로

$$N_3(t) = N_{10} - N_1(t) - N_2(t).$$

(2) 식(1.5.3)에 의해 (a)의 해는

$$N_1(t) = N_{10}e^{-\lambda_1 t}$$

이므로 (b)는

$$\frac{dN_2}{dt} + \lambda_2 N_2 = \lambda_1 N_{10} e^{-\lambda_1 t}\ \ \text{-- (c)}$$

가 된다. (c)의 양변에 적분인자 $e^{\int \lambda_2 dt} = e^{\lambda_2 t}$를 곱하여 계산하면

$$N_2(t) = -\frac{\lambda_1}{\lambda_1 - \lambda_2}N_{10}e^{-\lambda_1 t} + c e^{-\lambda_2 t}$$

이고 $N_2(0) = 0$에서 $c = \frac{\lambda_1}{\lambda_1 - \lambda_2}N_{10}$. 따라서

$$N_2(t) = \frac{\lambda_1}{\lambda_2 - \lambda_1}N_{10}\left(e^{-\lambda_1 t} - e^{-\lambda_2 t}\right)$$

이고

$$N_3(t) = N_{10} - N_1(t) - N_2(t).$$

(3)

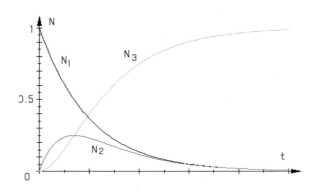

6. $y_1{}'' = y_2 - 2y_1$, $y_2{}'' = y_1 - 2y_2$; $y_1(0) = 1$, $y_1{}'(0) = \sqrt{3}$, $y_2(0) = 1$, $y_2{}'(0) = -\sqrt{3}$,

$$(D^2 + 2)y_1 - y_2 = 0 , \ -y_1 + (D^2 + 2)y_2 = 0$$

이다. 적절히 y_2 를 소거하면 $\left[(D^2 + 2)^2 - 1 \right] y_1 = (D^2 + 3)(D^2 + 1)y_1 = 0$ 이므로

$$y_1(t) = c_1 \cos \sqrt{3}\, t + c_2 \sin \sqrt{3}\, t + c_3 \cos t + c_4 \sin t$$

이다. 또한 $y_2 = (D^2 + 2)y_1$ 에서

$$y_2(t) = -c_1 \cos \sqrt{3}\, t - c_2 \sin \sqrt{3}\, t + c_3 \cos t + c_4 \sin t$$

이다. $y_1(0) = 1$, $y_1{}'(0) = \sqrt{3}$, $y_2(0) = 1$, $y_2{}'(0) = -\sqrt{3}$ 에서 $c_1 = c_4 = 0$, $c_2 = c_3 = 1$

$$\therefore \ y_1(t) = \sin \sqrt{3}\, t + \cos t , \ y_2(t) = -\sin \sqrt{3}\, t + \cos t .$$

2.9 질량-용수철계

1. $k = \dfrac{F}{s} = \dfrac{60}{1/2} = 120$ [N/m]

$$\frac{d^2 y}{dt^2} + \omega^2 y = 0 \ \rightarrow \ y = c_1 \cos \omega t + c_2 \sin \omega t , \ \text{주기} = 1 \ \sec = \frac{2\pi}{\omega} \ \therefore \ \omega = 2\pi \, / \sec$$

$$\omega = \sqrt{\frac{k}{m}} \ \text{에서} \ m = \frac{k}{\omega^2} = \frac{120}{(2\pi)^2} = 3.04 \, \text{kg이므로}$$

무게는 $3.04\,\text{kgf}$ 또는 $3.04\,\text{kg} \times 9.8\,\text{m/s2} = 29.8$ N

2. $my'' + ky = 0$ 의 양변에 y' 을 곱하여 적분하면

$$m \int y'' y' \, dt + k \int y y' \, dt = E_0 \ \ (\text{적분상수} \ E_0)$$

$$I_1 = \int y''y'dt = (y')^2 - \int y'y''dt = (y')^2 - I_1 \rightarrow I_1 = \frac{1}{2}(y')^2 = \frac{1}{2}v^2$$

$$I_2 = \int yy'dt = y^2 - \int yy'dt = y^2 - I_2 \rightarrow I_2 = \frac{1}{2}y^2$$

$$\therefore \ \frac{1}{2}mv^2 + \frac{1}{2}ky^2 = E_0$$

3. $m = W/g = 10/10 = 1$, $k = W/x = 10/1 = 10$이므로 자유감쇠운동방정식은

$$\frac{d^2y}{dt^2} + \beta\frac{dy}{dt} + 10y = 0.$$

특성방정식 $m^2 + \beta m + 10 = 0$ 의 근이 $m = \dfrac{-\beta \pm \sqrt{\beta^2 - 40}}{2}$ 인데 과감쇠, 즉 서로 다른 두 실근을 가지려면 $\beta^2 - 40 > 0$ 인데 $\beta > 0$ 이므로 $\beta > \sqrt{40}$.

4. $k = 16$, $m = 1$, $\beta = 10$: $\dfrac{d^2y}{dt^2} + 10\dfrac{dy}{dt} + 16y = 0$

$\ \ \ m^2 + 10m + 16 = (m+2)(m+8) = 0$, $m = -2$, -8 $\Rightarrow$ $y(t) = c_1 e^{-2t} + c_2 e^{-8t}$

(1) $y(0) = 1$, $\left.\dfrac{dy}{dt}\right|_{t=0} = 0$

$\ \ \ y(0) = 1 = c_1 + c_2$, $y'(0) = 0 = -2c_1 - 8c_2$ $\rightarrow$ $c_1 = \dfrac{4}{3}$, $c_2 = -\dfrac{1}{3}$

$$\therefore y(t) = \frac{4}{3}e^{-2t} - \frac{1}{3}e^{-8t}$$

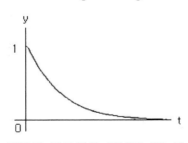

질량은 평형점을 지나지 않는다.

(2) $y(0) = 1$, $\left.\dfrac{dy}{dt}\right|_{t=0} = -12$

$\ \ \ $(1)과 유사한 방법으로 $y(t) = -\dfrac{2}{3}e^{-2t} + \dfrac{5}{3}e^{-8t}$ 이고

$$y'(t) = \frac{4}{3}e^{-2t} - \frac{40}{3}e^{-8t} = 0 \text{ 에서 } t = \frac{1}{6}\ln(10) \simeq 0.384 \text{ 이다.}$$

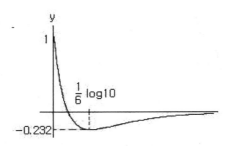

평형점 통과후 최대 거리 : $y\left(\dfrac{1}{6}\ln 10\right) = -0.232$

5. $m = \dfrac{W}{g} = \dfrac{0.98}{9.8} = 0.1 \,[\text{kg}]$, $k = \dfrac{F}{s} = \dfrac{2}{1} = 2 \,[\text{N/m}]$, $\beta = 0.4$

$0.1\dfrac{d^2y}{dt^2} + 0.4\dfrac{dy}{dt} + 2y = 0$ 또는 $\dfrac{d^2y}{dt^2} + 4\dfrac{dy}{dt} + 20y = 0$, $y(0) = 1$, $y'(0) = 0$

$m^2 + 4m + 20 = 0$, $m = -2 \pm 4i$, $y(t) = e^{-2t}\,[c_1\cos 4t + c_2\sin 4t]$

초기조건 $y(0) = c_1 = 1$, $y'(0) = -2c_1 + 4c_2 = 0$ 에서 $c_2 = \dfrac{1}{2}$.

$\therefore\; y(t) = e^{-2t}\left(\dfrac{1}{2}\sin 4t + \cos 4t\right) = \dfrac{\sqrt{5}}{2}e^{-2t}\sin(4t + 1.107)$, $(\because\; \tan^{-1}2 = 1.107)$

따라서 질량은 $4t + 1.107 = \pi,\ 2\pi,\cdots$ 일 때 평형점을 통과하며 처음 아래 방향(그래프에서는 $+y$ 방향)으로 통과하는 시간은 $4t + 1.107 = 2\pi$ 에서

$$t = \dfrac{1}{4}(2\pi - 1.107) \simeq 1.294.$$

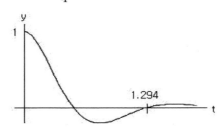

6. $\dfrac{d^2y}{dt^2} + 2\dfrac{dy}{dt} + 6y = \sin 2t + 2\cos 2t$, $y(0) = 1$, $y'(0) = 0$

$m^2 + 2m + 6 = 0$, $m = -1 \pm \sqrt{5}\,i$ $\rightarrow$ $y_h = e^{-t}(c_1\cos\sqrt{5}\,t + c_2\sin\sqrt{5}\,t)$

$y_p = A\sin 2t + B\cos 2t$ 로 놓으면

$y_p'' + 2y_p' + 6y_p = (-2A - 4B)\sin 2t + (4A + 2B)\cos 2t = \sin 2t + 2\cos 2t$

$\rightarrow A = \dfrac{1}{2}$, $B = 0$ $\therefore$ $y_p = \dfrac{1}{2}\sin 2t$

따라서, $y = e^{-t}(c_1\cos\sqrt{5}\,t + c_2\sin\sqrt{5}\,t) + \dfrac{1}{2}\sin 2t$.

$$y(0) = c_1 = 1 \ , \ y'(0) = (-c_1 + \sqrt{5}\,c_2)\cos\sqrt{5}\,t + (-\sqrt{5}\,c_1 - c_2)\sin\sqrt{5}\,t + \cos 2t \Big|_{t=0}$$

$$= -c_1 + \sqrt{5}\,c_2 + 1 = 0 \ \rightarrow \ c_2 = 0 \ \ \therefore \ y(t) = e^{-t}\cos\sqrt{5}\,t + \frac{1}{2}\sin 2t$$

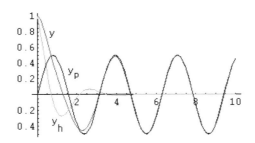

7. $0.125\dfrac{d^2y}{dt^2} + 1.125y = \cos t - 4\sin t \ \text{ or } \ \dfrac{d^2y}{dt^2} + 9y = 8\cos t - 32\sin t, \ y(0) = y'(0) = 0$

$m^2 + 9 = 0, m = \pm 3i, \ y_h = c_1\cos 3t + c_2\sin 3t$

$y_p = A\cos t + B\sin t$ 로 놓으면

$\quad y_p{}'' + 9y_p = 8A\cos t + 8B\sin t = 8\cos t - 32\sin t \ \ \therefore \ y_p = \cos t - 4\sin t$

따라서, $\quad y = c_1\cos 3t + c_2\sin 3t + \cos t - 4\sin t \quad$ 이고 $\quad$ 초기조건 $\quad y(0) = c_1 + 1 = 0,$

$y'(0) = 3c_2 - 4 = 0$ 에서 $c_1 = -1$, $c_2 = \dfrac{4}{3}$. $\quad \therefore \ y(t) = -\cos 3t + \dfrac{4}{3}\sin 3t + \cos t - 4\sin t$

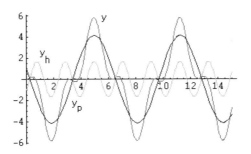

8. $0.125\dfrac{d^2y}{dt^2} + 1.125y = \cos 3t, \ y(0) = y'(0) = 0 \ ;$

$\quad \dfrac{d^2y}{dt^2} + 9y = 8\cos 3t, \ y_h = c_1\cos 3t + c_2\sin 3t$ 이고 $\quad y_p = At\sin 3t$ 로 놓으면

$y_p{}'' + 9y_p = A(6\cos 3t - 9t\sin 3t) + 9At\sin 3t = 6A\cos 3t = 8\cos 3t, \ A = \dfrac{4}{3} \ \ \therefore \ y_p = \dfrac{4}{3}t\sin 3t$

따라서, $y = c_1\cos 3t + c_2\sin 3t + \dfrac{4}{3}t\sin t$ 이고

$\quad y(0) = c_1 = 0, \ y'(0) = 3c_2 = 0$ 에서 $y = \dfrac{4}{3}t\sin 3t$: 순수공진

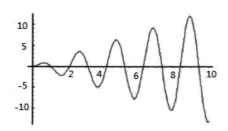

9. $\gamma \to \omega$ 일 때 극한값을 로피탈 정리를 사용하여 구한다.

$$y(t) = \lim_{\gamma \to \omega} \frac{F}{\omega(\omega^2 - \gamma^2)}(\omega \sin\gamma t - \gamma \sin\omega t)$$

$$= F \lim_{\gamma \to \omega} \frac{\frac{d}{d\gamma}(\omega \sin\gamma t - \gamma \sin\omega t)}{\frac{d}{d\gamma}\omega(\omega^2 - \gamma^2)} = F \lim_{\gamma \to \omega} \frac{\omega t \cos\gamma t - \sin\omega t}{-2\omega\gamma}$$

$$= F\left(\frac{\omega t \cos\omega t - \sin\omega t}{-2\omega^2}\right) = \frac{F}{2\omega^2}(\sin\omega t - \omega t \cos\omega t).$$

2.10 전기회로

1. RLC 회로에서 정상해(특수해)는

$$i_p(t) = \frac{E_0}{Z}\sin(\omega t - \theta), \text{ 여기서 } Z = \sqrt{R^2 + X^2}, \ X = \omega L - \frac{1}{\omega C}$$

이다. 진폭 E_0/Z이 최대가 되려면 $X = \omega L - \frac{1}{\omega C} = 0$ $\therefore LC = \frac{1}{\omega^2}$.

2. $\dfrac{d^2 q}{dt^2} + 3\dfrac{dq}{dt} + 2q = 0$:

$$m^2 + 3m + 2 = (m+1)(m+2) = 0, \ m = -1, -2 \text{ (서로 다른 두 실근 → 과감쇠)}$$

$$\therefore \ q(t) = c_1 e^{-t} + c_2 e^{-2t}, \ \ i(t) = \frac{dq}{dt} = -c_1 e^{-t} - 2c_2 e^{-2t}$$

$$q(0) = c_1 + c_2 = 1, \ i(0) = -2c_1 - 2c_2 = 0 \to c_1 = 2, \ c_2 = -1, \text{ 따라서}$$

$$q(t) = 2e^{-t} - e^{-2t}, \ \ i(t) = -2e^{-t} + 2e^{-2t}.$$

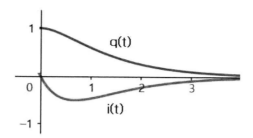

시간이 지나면서 전하와 전류는 0으로 수렴한다.
[질량-용수철계의 자유감쇠(과감쇠)에 해당함]

3. (1) $E = 100$: $2\dfrac{d^2q}{dt^2} + 8\dfrac{dq}{dt} + 10q = 100$ 또는 $\dfrac{d^2q}{dt^2} + 4\dfrac{dq}{dt} + 5q = 50$

$m^2 + 4m + 5$, $m = -2 \pm i$ (허근 → 미감쇠) $\therefore$ $q_h(t) = e^{-2t}(c_1\cos t + c_2\sin t)$

$q_p(t) = A$ 로 놓으면 $q_p'' + 4q_p' + 5q_p = 5A = 50$ $\rightarrow$ $A = 10$ $\therefore$ $q_p(t) = 10$

따라서 $q(t) = q_h + q_p = e^{-2t}(c_1\cos t + c_2\sin t) + 10$이고 이를 미분하면

$$i(t) = \frac{dq}{dt} = e^{-2t}[(-2c_1 + c_2)\cos t + (-c_1 - 2c_2)\sin t].$$

$q(0) = c_1 + 13 = 0$, $i(0) = -2c_1 + c_2 = 0$ $\rightarrow$ $c_1 = -10$, $c_2 = -20$

$$\therefore \ q(t) = -10e^{-2t}(\cos t + 2\sin t) + 10, \quad i(t) = 50e^{-2t}\sin t$$

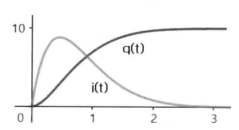

[질량-용수철계의 강제감쇠(미감쇠)에 해당하지만 과도해(제차해)의 진폭이 급격히 줄어
미감쇠 효과가 보이지 않음]

(2) $E(t) = 100\cos 2t$: $2\dfrac{d^2q}{dt^2} + 8\dfrac{dq}{dt} + 10q = 100\cos 2t$ 또는 $\dfrac{d^2q}{dt^2} + 4\dfrac{dq}{dt} + 5q = 50\cos 2t$

제차해는 (1)에서와 같고 $q_p(t) = A\cos 2t + B\sin 2t$ 로 놓으면

$$q_p'' + 4q_p' + 5q_p = (A + 8B)\cos 2t + (-8A + B)\sin 2t = 50\cos 2t$$

$A + 8B = 50$, $-8A + B = 0$ $\rightarrow$ $A = 10/13$, $B = 80/13$ $\therefore$ $q_p(t) = \dfrac{10}{13}\cos 2t + \dfrac{80}{13}\sin 2t$

따라서 $q(t) = q_h(t) + q_p(t) = e^{-2t}(c_1\cos t + c_2\sin t) + \dfrac{10}{13}\cos 2t + \dfrac{80}{13}\sin 2t$ 이고

$$i(t) = \frac{dq}{dt} = e^{-2t}[(-2c_1 + c_2)\cos t + (-c_1 - 2c_2)\sin t] - \frac{20}{13}\sin 2t + \frac{160}{13}\cos 2t$$

$$q(0) = c_1 + \frac{10}{13} = 0 \;,\; i(0) = -2c_1 + c_2 + \frac{160}{13} = 0 \;\rightarrow\; c_1 = -\frac{10}{13} \;,\; c_2 = -\frac{180}{13}$$

$$\therefore\; q(t) = -\frac{10}{13} e^{-2t}(\cos t + 18\sin t) + \frac{10}{13}(\cos 2t + 8\sin 2t)$$

$$i(t) = -\frac{10}{13} e^{-2t}(16\cos t - 37\sin t) + \frac{20}{13}(8\cos 2t - \sin 2t)$$

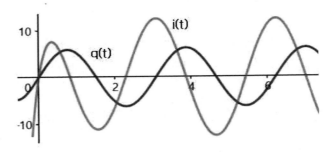

[질량-용수철계의 강제감쇠(미감쇠)에 해당하지만 제차해에 포함된
지수함수 e^{-2t}가 급격히 감소하여 아래의 문제 4의 (1)과 같이 서로 다른
진동수의 중첩이 여기에서는 제대로 나타나지 않음.)

4. (1) $E(t) = 220\sin 4t$: $2\dfrac{d^2 q}{dt^2} + \dfrac{1}{0.005} q = 220\sin 4t$ 또는 $\dfrac{d^2 q}{dt^2} + 100q = 110\sin 4t$

$m^2 + 100 = 0$, $m = \pm 10i$ $\therefore$ $q_h = c_1\cos 10t + c_2\sin 10t$

$q_p = A\sin 4t$ 로 놓으면 $q_p'' + 100q_p = -16A\sin 4t + 100A\sin 4t = 84A\sin 4t = 110\sin 4t$

$$\rightarrow A = \frac{110}{84} \;\therefore\; q_p = \frac{110}{84}\sin 4t$$

$$q = q_h + q_p = c_1\cos 10t + c_2\sin 10t + \frac{110}{84}\sin 4t \,,$$

$$i = \frac{dq}{dt} = -10c_1\sin 10t + 10c_2\cos 10t + \frac{110}{21}\cos 4t$$

$$q(0) = c_1 = 0 \;,\; i(0) = 10c_2 + \frac{110}{21} = 0 \;\rightarrow\; c_1 = 0,\; c_2 = -\frac{110}{210}$$

$$\therefore\; i(t) = -\frac{110}{21}\cos 10t + \frac{110}{21}\cos 4t = \frac{110}{21}(\cos 4t - \cos 10t)$$

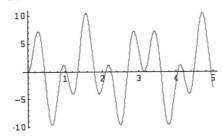

(2) $E(t) = 220\sin 10t$: $\dfrac{d^2 q}{dt^2} + 100q = 110\sin 10t$. $y_p = At\cos 10t$ 로 놓으면

$$q_p'' + 100q_p = A(-20\sin10t - 100t\cos10) + 100At\cos10t = -20A\sin10t = 110\sin10t$$

$$\rightarrow A = -\frac{11}{2} \quad \therefore \quad q_p = -\frac{11}{2}t\cos10t$$

(1)의 q_h 를 이용하여 $q(t) = q_h + q_p = c_1\cos10t + c_2\sin10t - \frac{11}{2}t\cos10t$,

$$i(t) = -10c_1\sin10t + 10c_2\cos10t - \frac{11}{2}\cos10t + 55t\sin10t.$$

$q(0) = c_1 = 0$, $i(0) = 10c_2 - \frac{11}{2} = 0 \rightarrow c_1 = 0$, $c_2 = \frac{11}{20}$

$$\therefore \quad i(t) = \frac{11}{2}\cos10t - \frac{11}{2}\cos10t + 55t\sin10t = 55t\sin10t \quad : \text{순수공진}$$

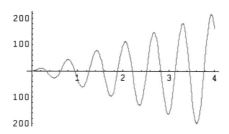

5. (1) $L\dfrac{d^2q}{dt^2} + R\dfrac{dq}{dt} + \dfrac{1}{C}q = E_0\cos\omega t$:

교재와 같이 $q_p(t) = A\cos\omega t + B\sin\omega t$로 가정하여 위의 미방에 대입하면 교재 내용과 유사하게

$$\begin{bmatrix} \dfrac{1}{C} - \omega^2 L & \omega R \\[2mm] -\omega R & \dfrac{1}{C} - \omega^2 L \end{bmatrix} \begin{bmatrix} A \\[2mm] B \end{bmatrix} = \begin{bmatrix} E_0 \\[2mm] 0 \end{bmatrix}$$

이고, 크라머 정리에 의해

$$A = \frac{\left(\dfrac{1}{\omega C} - \omega L\right)E_0}{\omega\left[\left(\dfrac{1}{\omega C} - \omega L\right)^2 + R^2\right]}, \quad B = \frac{RE_0}{\omega\left[\left(\dfrac{1}{\omega C} - \omega L\right)^2 + R^2\right]}$$

이다. $X = \omega L - \dfrac{1}{\omega C}$, $z = \sqrt{X^2 + R^2}$ 로 놓으면

$$A = -\frac{XE_0}{\omega z^2}, \quad B = \frac{RE_0}{\omega z^2}.$$

따라서

$$q_p(t) = -\frac{XE_0}{\omega z^2}\cos\omega t + \frac{RE_0}{\omega z^2}\sin\omega t = \frac{E_0}{\omega z^2}(-X\cos\omega t + R\sin\omega t) = \frac{E_0}{\omega z}\sin(\omega t - \theta)$$

이고, 여기서 $\theta = \tan^{-1}\left(\dfrac{X}{R}\right)$이다. 양변을 미분하면

$$i_p(t) = \frac{E_0}{z}\cos(\omega t - \theta).$$

(2) $L\dfrac{di}{dt}+Ri+\dfrac{1}{C}q=E_0\cos\omega t$:

우변에서 $E_0\cos\omega t=\mathrm{Re}\big(E_0 e^{j\omega t}\big)$이므로 $i_p(t)=\mathrm{Re}\big(A e^{j\omega t}\big)$로 가정하면

$$L\,\mathrm{Re}\big(j\omega A e^{j\omega t}\big)+R\,\mathrm{Re}\big(A e^{j\omega t}\big)+\dfrac{1}{C}\,\mathrm{Re}\left(\dfrac{A}{j\omega}e^{j\omega t}\right)=\mathrm{Re}\big(E_0 e^{j\omega t}\big)$$

이고, 이를 정리하면 $A\left(j\omega L+R+\dfrac{1}{j\omega C}\right)=E_0$이므로

$$A=\dfrac{E_0}{R+j\left(\omega L-\dfrac{1}{\omega C}\right)}=\dfrac{E_0}{z}$$

이다. 여기서 $X=\omega L-\dfrac{1}{\omega C}$, $z=R+jX$이다.

$$|z|=\sqrt{R^2+X^2}\,,\quad \theta=\mathrm{Arg}(z)=\tan^{-1}\left(\dfrac{X}{R}\right)$$

이므로 z를 극형식으로 나타내어 $z=|z|e^{j\theta}$로 쓸 수 있다. 따라서

$$A=\dfrac{E_0}{|z|e^{j\theta}}=\dfrac{E_0}{|z|}e^{-j\theta}$$

이고

$$i_p(t)=\mathrm{Re}\left(\dfrac{E_0}{|z|}e^{-j\theta}e^{j\omega t}\right)=\mathrm{Re}\left(\dfrac{E_0}{|z|}e^{j(\omega t-\theta)}\right)=\dfrac{E_0}{|z|}\cos(\omega t-\theta).$$

3장
라플라스 변환과 미적분방정식

3.1 라플라스 변환

1. (1) $\mathcal{L}[2t+3] = 2\mathcal{L}[t] + 6\mathcal{L}[1] = \dfrac{2}{s^2} + \dfrac{3}{s}$

(2) $\mathcal{L}[e^{a-bt}] = e^a \mathcal{L}[e^{-bt}] = \dfrac{e^a}{s+b}$

(3) $\mathcal{L}[\cos^2\omega t] = \mathcal{L}\left[\dfrac{1+\cos 2\omega t}{2}\right] = \dfrac{1}{2s} + \dfrac{1}{2}\dfrac{s}{s^2+4\omega^2} = \dfrac{1}{2}\left(\dfrac{1}{s} + \dfrac{s}{s^2+4\omega^2}\right)$

(4) $\mathcal{L}[t^{-1/2}] = \dfrac{\Gamma(1/2)}{s^{1/2}} = \sqrt{\dfrac{\pi}{s}}$

(5) $\mathcal{L}[(t-1)^3] = \mathcal{L}[t^3 - 3t^2 + 3t - 1]$

$\qquad = \mathcal{L}[t^3] - 3\mathcal{L}[t^2] + 3\mathcal{L}[t] - \mathcal{L}[1] = \dfrac{6}{s^4} - \dfrac{6}{s^3} + \dfrac{3}{s^2} - \dfrac{1}{s}$

(6) $\mathcal{L}[\sin t \cos t] = \mathcal{L}\left[\dfrac{1}{2}\sin 2t\right] = \dfrac{1}{2}\mathcal{L}[\sin 2t] = \dfrac{1}{s^2+4}$

(7) $\mathcal{L}[e^t \sinh t] = \mathcal{L}\left[e^t \cdot \dfrac{e^t - e^{-t}}{2}\right] = \dfrac{1}{2}\mathcal{L}[e^{2t}] - \mathcal{L}[1/2] = \dfrac{1}{2}\left(\dfrac{1}{s-2} - \dfrac{1}{s}\right)$

(8) $\mathcal{L}\left[\displaystyle\sum_{m=1}^{M} e^{mt}\right] = \displaystyle\sum_{m=1}^{M}\mathcal{L}[e^{mt}] = \displaystyle\sum_{m=1}^{M}\dfrac{1}{s-m}$

(9) $f(t) = \begin{cases} b, & 0 \le t < a \\ 0, & t \ge a \end{cases}$

$\qquad \mathcal{L}[f(t)] = \displaystyle\int_0^\infty e^{-st} f(t)dt = \int_0^a b e^{-st} dt = -\dfrac{b}{s}e^{-st}\Big|_0^a = \dfrac{b}{s}(1 - e^{-as})$

(10) $f(t) = \begin{cases} \sin t, & 0 \le t \le \pi \\ 0, & t > \pi \end{cases}$

$\qquad \mathcal{L}[f(t)] = \displaystyle\int_0^\infty e^{-st} f(t)dt = \int_0^\pi e^{-st}\sin t\, dt = -\dfrac{1}{s}e^{-st}\sin t\Big|_0^\pi - \int_0^\pi\left(-\dfrac{1}{s}e^{-st}\right)\cos t\, dt$

$\qquad = \dfrac{1}{s}\displaystyle\int_0^\pi e^{-st}\cos t\, dt = \dfrac{1}{s}\left[-\dfrac{1}{s}e^{-st}\cos t\Big|_0^\pi - \int_0^\pi\left(-\dfrac{1}{s}e^{-st}\right)(-\sin t)dt\right]$

$\qquad = \dfrac{1}{s}\left[\dfrac{1}{s}(1 + e^{-\pi s}) - \dfrac{1}{s}\displaystyle\int_0^\pi e^{-st}\sin t\, dt\right] = \dfrac{1}{s^2}(1 + e^{-\pi s}) - \dfrac{1}{s^2}\mathcal{L}[f(t)]$

$\qquad \therefore\ \mathcal{L}[f(t)] = \dfrac{\dfrac{1}{s^2}(1 + e^{-\pi s})}{1 + \dfrac{1}{s^2}} = \dfrac{1 + e^{-\pi s}}{s^2 + 1}$

2. (1) $\mathcal{L}^{-1}\left[\dfrac{1}{s^5}\right] = \mathcal{L}^{-1}\left[\dfrac{1}{4!}\dfrac{4!}{s^5}\right] = \dfrac{1}{24}t^4$

(2) $\mathcal{L}^{-1}\left[\dfrac{1}{s^2-64}\right]=\mathcal{L}^{-1}\left[\dfrac{1}{8}\dfrac{8}{s^2-8^2}\right]=\dfrac{1}{8}\sinh 8t$

(3) $\mathcal{L}^{-1}\left[\dfrac{1}{s^2}-\dfrac{1}{s}+\dfrac{1}{s-1}\right]=\mathcal{L}^{-1}\left[\dfrac{1}{s^2}\right]-\mathcal{L}^{-1}\left[\dfrac{1}{s}\right]+\mathcal{L}^{-1}\left[\dfrac{1}{s-1}\right]=t-1+e^t$

(4) $\mathcal{L}^{-1}\left[\dfrac{(s+1)^3}{s^4}\right]=\mathcal{L}^{-1}\left[\dfrac{s^3+3s^2+3s+1}{s^4}\right]$

$=\mathcal{L}^{-1}\left[\dfrac{1}{s}+\dfrac{3}{s^2}+\dfrac{3}{s^3}+\dfrac{1}{s^4}\right]=1+3t+\dfrac{3}{2}t^2+\dfrac{1}{6}t^3$

(5) $\mathcal{L}\left[\dfrac{2}{s^2+2s}\right]=\mathcal{L}\left[\dfrac{2}{s(s+2)}\right]=\mathcal{L}\left[\dfrac{1}{s}-\dfrac{1}{s+2}\right]=1-e^{-2t}$

(6) $\mathcal{L}^{-1}\left[\dfrac{3s+5}{s^2+7}\right]=\mathcal{L}^{-1}\left[\dfrac{3s}{s^2+7}+\dfrac{5}{s^2+7}\right]=\mathcal{L}^{-1}\left[3\dfrac{s}{s^2+7}+\dfrac{5}{\sqrt{7}}\dfrac{\sqrt{7}}{s^2+7}\right]$

$=3\cos\sqrt{7}\,t+\dfrac{5}{\sqrt{7}}\sin\sqrt{7}\,t$

(7) $\mathcal{L}^{-1}\left[\dfrac{s}{(s^2+4)(s+2)}\right]=\dfrac{1}{4}\mathcal{L}^{-1}\left[\dfrac{s}{s^2+4}+\dfrac{2}{s^2+4}-\dfrac{1}{s+2}\right]=\dfrac{1}{4}\left(\cos 2t+\sin 2t-e^{-2t}\right)$

(8) $\mathcal{L}^{-1}\left[\dfrac{1}{(s-1)(s+2)(s+4)}\right]=\mathcal{L}^{-1}\left[\dfrac{1}{15}\dfrac{1}{s-1}-\dfrac{1}{6}\dfrac{1}{s+2}+\dfrac{1}{10}\dfrac{1}{s+4}\right]$

$=\dfrac{1}{15}e^t-\dfrac{1}{6}e^{-2t}+\dfrac{1}{10}e^{-4t}$

(9) $\mathcal{L}^{-1}\left[\dfrac{s}{L^2s^2+n^2\pi^2}\right]=\mathcal{L}^{-1}\left[\dfrac{1}{L^2}\cdot\dfrac{s}{s^2+\left(\dfrac{n\pi}{L}\right)^2}\right]=\dfrac{1}{L^2}\cos\dfrac{n\pi}{L}t$

(10) $\mathcal{L}^{-1}\left[\displaystyle\sum_{m=1}^{n}\dfrac{a_m}{s+m^2}\right]=\sum_{m=1}^{n}a_m\mathcal{L}^{-1}\left[\dfrac{1}{s+m^2}\right]=\sum_{m=1}^{n}a_m e^{-m^2t}$

3. $\mathcal{L}[f(t)]=\displaystyle\int_0^\infty e^{-st}f(t)dt=\int_0^\infty e^{-st}t\,dt=-\dfrac{1}{s}e^{-st}t\Big|_0^\infty-\int_0^\pi\left(-\dfrac{1}{s}e^{-st}\right)dt$

$=\dfrac{1}{s}\displaystyle\int_0^\infty e^{-st}dt=\dfrac{1}{s}\left[-\dfrac{1}{s}e^{-st}\Big|_0^\infty\right]=\dfrac{1}{s^2}$

4. $\mathcal{L}\left[e^{iat}\right]=\dfrac{1}{s-ia}=\dfrac{s+ia}{(s-ia)(s+ia)}=\dfrac{s}{s^2+a^2}+i\dfrac{a}{s^2+a^2}$

이고, 오일러 공식에 의해 $\mathcal{L}\left[e^{iat}\right]=\mathcal{L}\left[\cos at+i\sin at\right]=\mathcal{L}\left[\cos at\right]+i\mathcal{L}\left[\sin at\right]$ 이므로

$$\mathcal{L}\left[\cos at\right]=\dfrac{s}{s^2+a^2},\qquad \mathcal{L}\left[\sin at\right]=\dfrac{a}{s^2+a^2}$$

5. $\mathcal{L}\left[\sinh at\right]=\mathcal{L}\left[\dfrac{e^{at}-e^{-at}}{2}\right]=\dfrac{1}{2}\left(\mathcal{L}\left[e^{at}\right]-\mathcal{L}\left[e^{-at}\right]\right)=\dfrac{1}{2}\left(\dfrac{1}{s-a}-\dfrac{1}{s+a}\right)=\dfrac{a}{s^2-a^2}$

$$\mathcal{L}\left[\cosh at\right] = \mathcal{L}\left[\frac{e^{at} + e^{-at}}{2}\right] = \frac{1}{2}\left(\mathcal{L}\left[e^{at}\right] + \mathcal{L}\left[e^{-at}\right]\right) = \frac{1}{2}\left(\frac{1}{s-a} + \frac{1}{s+a}\right) = \frac{s}{s^2 - a^2}$$

3.2 라플라스 변환의 성질 (1)

1. (1) $\mathcal{L}\left[e^{3t}t^3\right] = \mathcal{L}\left[t^3\right]_{s \to s-3} = \left.\frac{3!}{s^4}\right|_{s \to s-3} = \frac{6}{(s-3)^4}$

(2) $\mathcal{L}\left[(t+1)^2 e^t\right] = \mathcal{L}\left[(t^2 + 2t + 1)e^t\right] = \left.\frac{2}{s^3} + \frac{2}{s^2} + \frac{1}{s}\right|_{s \to s-1} = \frac{2}{(s-1)^3} + \frac{2}{(s-1)^2} + \frac{1}{s-1}$

(3) $\mathcal{L}\left[t(e^t + e^{2t})\right] = \mathcal{L}\left[te^t\right] + \mathcal{L}\left[te^{2t}\right] = \mathcal{L}\left[t\right]_{s \to s-1} + \mathcal{L}\left[t\right]_{s \to s-2} = \frac{1}{(s-1)^2} + \frac{1}{(s-2)^2}$

(4) $\mathcal{L}\left[e^{3t}\left(9 - 4t + 10\sin\frac{t}{2}\right)\right] = 9\mathcal{L}\left[e^{3t}\right] - 4\mathcal{L}\left[e^{3t}t\right] + 10\mathcal{L}\left[e^{3t}\sin t/2\right]$

$$= \frac{9}{(s-3)} - \frac{4}{(s-2)^2} + \frac{5}{(s-3)^2 + 1/4}$$

2. (1) $\mathcal{L}^{-1}\left[\frac{1}{(s-1)^3}\right] = \mathcal{L}^{-1}\left[\frac{1}{2!}\frac{2!}{(s-1)^3}\right] = \frac{1}{2}e^t t^2$

(2) $\mathcal{L}^{-1}\left[\frac{3}{s^2 + 6s + 18}\right] = \mathcal{L}^{-1}\left[\frac{3}{(s+3)^2 + 3^2}\right] = \sin 3t \, e^{-3t}$

(3) $\mathcal{L}^{-1}\left[\frac{s}{(s+1)^2}\right] = \mathcal{L}^{-1}\left[\frac{1}{s+1} - \frac{1}{(s+1)^2}\right] = e^{-t} - te^{-t}$

(4) $\mathcal{L}^{-1}\left[\frac{s}{(s+1/2)^2 + 1}\right] = \mathcal{L}^{-1}\left[\frac{s+1/2}{(s+1/2)^2 + 1} - \frac{1}{2}\cdot\frac{1}{(s+1/2)^2 + 1}\right]$

$$= \cos t \, e^{-t/2} - \frac{1}{2}\sin t \, e^{-t/2} = e^{-t/2}\left(\cos t - \frac{1}{2}\sin t\right)$$

3. (1) $\mathcal{L}^{-1}\left[\frac{1}{s^2 + 2s - 8}\right] = \mathcal{L}^{-1}\left[\frac{1}{(s+1)^2 - 9}\right] = \mathcal{L}^{-1}\left[\frac{1}{3}\frac{3}{(s+1)^2 - 9}\right] = \frac{1}{3}e^{-t}\sinh 3t$

(2) $\mathcal{L}^{-1}\left[\frac{1}{s^2 + 2s - 8}\right] = \mathcal{L}^{-1}\left[\frac{1}{(s-2)(s+4)}\right] = \mathcal{L}^{-1}\left[\frac{1}{6}\left(\frac{1}{s-2} - \frac{1}{s+4}\right)\right] = \frac{1}{6}(e^{2t} - e^{-4t})$

(3) $\frac{1}{3}e^{-t}\sinh 3t = \frac{1}{3}e^{-t}\left(\frac{e^{3t} - e^{-3t}}{2}\right) = \frac{1}{6}(e^{2t} - e^{-4t})$

4. (1) $f(t) = g(t)[U(t-a) - U(t-b)]$

(2) $E(t) = 20t[1 - U(t-5)]$

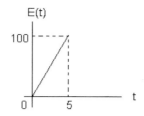

5. $\mathcal{L}\left[U(t-a)\right] = \mathcal{L}\left[(1)\,U(t-a)\right] = e^{-as}\,\mathcal{L}\left[1\right] = e^{-as}\dfrac{1}{s} = \dfrac{e^{-as}}{s}$

6. (1) $\mathcal{L}\left[1-2\,U(t-3)\right] = \dfrac{1}{s} - \dfrac{2e^{-3s}}{s}$

(2) $\mathcal{L}\left[U(t-a)-U(t-b)\right] = \dfrac{e^{-as}}{s} - \dfrac{e^{-bs}}{s}$

(3) $\mathcal{L}\left[(t-1)\,U(t-1)\right] = e^{-s}\,\mathcal{L}\left[t\right] = \dfrac{e^{-s}}{s^2}$

(4) $\mathcal{L}\left[(t-1)^3 e^{t-1}\,U(t-1)\right] = e^{-s}\,\mathcal{L}\left[t^3 e^t\right] = \dfrac{6e^{-s}}{(s-1)^4}$

(5) $\mathcal{L}\left[e^t\,U(t-2)\right] = e^2\,\mathcal{L}\left[e^{t-2}\,U(t-2)\right] = e^2\dfrac{e^{-2s}}{s-1} = \dfrac{e^{-2(s-1)}}{s-1}$

(6) $\mathcal{L}\left[t^2\,U(t-1)\right] = \mathcal{L}\left[\{(t-1)^2 + 2(t-1) + 1\}\,U(t-1)\right]$

$\qquad\qquad = e^{-s}\,\mathcal{L}\left[t^2 + 2t + 1\right] = e^{-s}\left(\dfrac{2}{s^3} + \dfrac{2}{s^2} + \dfrac{1}{s}\right)$

(7) $f(t) = 4\,U(t-\pi)\cos t = -4\cos(t-\pi)\,U(t-\pi)$

$\qquad \mathcal{L}\left[f(t)\right] = e^{-\pi s}\,\mathcal{L}\left[-4\cos t\right] = e^{-\pi s}\left(\dfrac{-4s}{s^2+1}\right) = -\dfrac{4se^{-\pi s}}{s^2+1}$

(8) $f(t) = e^t\left[U(t)-U(t-1)\right] = e^t\,U(t) - e\cdot e^{t-1}\,U(t-1)$

$\qquad \mathcal{L}\left[f(t)\right] = \dfrac{e^{0s}}{s-1} - e\cdot\dfrac{e^{-s}}{s-1} = \dfrac{1-e^{1-s}}{s-1}$

7. (1) $\mathcal{L}^{-1}\left[\dfrac{1}{s^3}\right] = \dfrac{1}{2}t^2$ 이므로 $\mathcal{L}^{-1}\left[\dfrac{e^{-3s}}{s^3}\right] = \dfrac{1}{2}(t-3)^2\,U(t-3)$

(2) $\mathcal{L}^{-1}\left[\dfrac{s}{s^2+\pi^2}\right] = \cos\pi t$ 이므로

$\qquad\qquad \mathcal{L}^{-1}\left[\dfrac{s}{s^2+\pi^2}e^{-2s}\right] = \cos\pi(t-2)\,U(t-2) = \cos\pi t\,U(t-2)$

(3) $\mathcal{L}^{-1}\left[\dfrac{e^{-s}}{s(s+1)}\right] = \mathcal{L}^{-1}\left[\dfrac{e^{-s}}{s} - \dfrac{e^{-s}}{(s+1)}\right] = U(t-1) - e^{-(t-1)}\,U(t-1)$

3.3 라플라스 변환의 성질 (2)

1. (1) $\mathcal{L}[te^t] = -\dfrac{d}{ds}\mathcal{L}[e^t] = -\dfrac{d}{ds}\left(\dfrac{1}{s-1}\right) = \dfrac{1}{(s-1)^2}$

(2) $\mathcal{L}[t^2\cosh\pi t] = \dfrac{d^2}{ds^2}\mathcal{L}[\cosh\pi t] = \dfrac{d^2}{ds^2}\left(\dfrac{s}{s^2-\pi}\right) = \dfrac{2s(s^2+3\pi^2)}{(s^2-\pi^2)^3}$

(3) $\mathcal{L}[te^{-t}\sin t] = -\dfrac{d}{ds}\mathcal{L}[e^{-t}\sin t] = -\dfrac{d}{ds}\dfrac{1}{(s+1)^2+1} = \dfrac{2(s+1)}{[(s+1)^2+1]^2}$

(4) $\dfrac{1}{(s-1)^2} = -\dfrac{d}{ds}\left(\dfrac{1}{s-1}\right)$ 이므로 $\mathcal{L}^{-1}\left[\dfrac{1}{(s-1)^2}\right] = t\,\mathcal{L}^{-1}\left[\dfrac{1}{s-1}\right] = te^t$

(5) $\dfrac{1}{(s-1)^3} = \dfrac{1}{2}\dfrac{d^2}{ds^2}\left(\dfrac{1}{s-1}\right)$ 이므로 $\mathcal{L}^{-1}\left[\dfrac{1}{(s-1)^3}\right] = \dfrac{1}{2}t^2\mathcal{L}^{-1}\left[\dfrac{1}{s-1}\right] = \dfrac{1}{2}t^2e^t$

2. $\mathcal{L}[2(1-\cosh at)] = 2\left(\dfrac{1}{s} - \dfrac{s}{s^2-a^2}\right) = \left(\dfrac{2}{s} - \dfrac{1}{s-a} - \dfrac{1}{s+a}\right)$ 이므로

$$\mathcal{L}\left[\dfrac{2(1-\cosh at)}{t}\right] = \int_s^\infty \mathcal{L}[2(1-\cosh at)]\,ds = \int_s^\infty \left(\dfrac{2}{s} - \dfrac{1}{s-a} - \dfrac{1}{s+a}\right)ds$$

$$= \lim_{c\to\infty}\int_s^c \left(\dfrac{2}{s} - \dfrac{1}{s-a} - \dfrac{1}{s+a}\right)ds = \lim_{c\to\infty}[2\ln s - \ln(s-a) - \ln(s+a)]_s^c$$

$$= \lim_{c\to\infty}\left[\ln\dfrac{s^2}{s^2-a^2}\right]_s^c = \lim_{c\to\infty}\left[\ln\dfrac{c^2}{c^2-a^2} - \ln\dfrac{s^2}{s^2-a^2}\right] = -\ln\dfrac{s^2}{s^2-a^2} = \ln\dfrac{s^2-a^2}{s^2}$$

3. (1) $\dfrac{d}{ds}\left[\ln\dfrac{s^2+1}{(s-1)^2}\right] = \dfrac{(s-1)^2}{s^2+1}\cdot\dfrac{2s(s-1)^2-(s^2+1)2(s-1)}{(s-1)^4}$

$$= \dfrac{-2s-2}{(s-1)(s^2+1)} = -\dfrac{2}{s-1} + \dfrac{2s}{s^2+1} \text{ 이므로 } \ln\dfrac{s^2+1}{(s-1)^2} = \int_s^\infty\left(\dfrac{2}{s-1} - \dfrac{2s}{s^2+1}\right)ds.$$

$$\therefore \mathcal{L}^{-1}\left[\ln\dfrac{s^2+1}{(s-1)^2}\right] = \mathcal{L}^{-1}\left[\int_s^\infty\left(\dfrac{2}{s-1} - \dfrac{2s}{s^2+1}\right)ds\right] = \dfrac{1}{t}\mathcal{L}\left[\dfrac{2}{s-1} - \dfrac{2s}{s^2+1}\right]$$

$$= \dfrac{2}{t}(e^t - \cos t)$$

(2) $(\cot^{-1}x)' = -\dfrac{1}{1+x^2}$ 에서 $\dfrac{d}{ds}\cot^{-1}\dfrac{s}{\pi} = -\dfrac{1/\pi}{1+(s/\pi)^2} = -\dfrac{\pi}{s^2+\pi^2}$ 이므로

$$\cot^{-1}\dfrac{s}{\pi} = \int_s^\infty\dfrac{\pi}{s^2+\pi^2}\,ds \quad : \lim_{s\to\infty}\cot^{-1}\dfrac{s}{\pi} = 0$$

$$\therefore \mathcal{L}^{-1}\left[\cot^{-1}\dfrac{s}{\pi}\right] = \mathcal{L}^{-1}\left[\int_s^\infty\dfrac{\pi}{s^2+\pi^2}\,ds\right] = \dfrac{1}{t}\mathcal{L}^{-1}\left[\dfrac{\pi}{s^2+\pi^2}\right] = \dfrac{1}{t}\sin\pi t$$

4. $\mathcal{L}[f(t)] = \dfrac{1}{1-e^{-2s}} \displaystyle\int_0^2 e^{-st}f(t)dt = \dfrac{1}{1-e^{-2s}}\left[\displaystyle\int_0^1 e^{-st}\cdot 1dt + \displaystyle\int_1^2 e^{-st}\cdot 0dt\right]$

$\qquad = \dfrac{1}{1-e^{-2s}}\displaystyle\int_0^1 e^{-st}dt = \dfrac{1}{1-e^{-2s}}\cdot\dfrac{1-e^s}{s} = \dfrac{1}{s(1+e^{-s})}$

3.4 라플라스 변환을 이용한 초기값 문제의 풀이

1. (1) $y' + 3y = 10\sin t$, $y(0) = 0$;

$\qquad sY(s) - y(0) + 3Y(s) = \dfrac{10}{s^2+1}$, $(s+3)Y(s) = \dfrac{10}{s^2+1}$

$\qquad Y(s) = \dfrac{10}{(s+3)(s^2+1)} = \dfrac{1}{s+3} - \dfrac{s}{s^2+1} + \dfrac{3}{s^2+1}$

$\qquad \therefore\ y(t) = e^{-3t} - \cos t + 3\sin t$

(2) $y'' + y = 2\cos t$, $y(0) = 3$, $y'(0) = 0$;

$\qquad s^2Y(s) - sy(0) - y'(0) + Y(s) = \dfrac{2s}{s^2+1}$

$\qquad (s^2+1)Y(s) = \dfrac{2s}{s^2+1} + 3s$, $Y(s) = \dfrac{2s}{(s^2+1)^2} + \dfrac{3s}{s^2+1}$

$\qquad$ 여기서 $\dfrac{d}{ds}\left(\dfrac{1}{s^2+1}\right) = -\dfrac{2s}{(s^2+1)^2}$ 이므로 $y(t) = t\sin t + 3\cos t$.

(3) $y^{(4)} - y = 0$, $y(0) = 1$, $y'(0) = 0$, $y''(0) = -1$, $y'''(0) = 0$;

$\qquad s^4Y(s) - s^3y(0) - s^2y'(0) - sy''(0) - y'''(0) - Y(s) = 0$, $Y(s) = \dfrac{s^3-s}{s^4-1} = \dfrac{s}{s^2+1}$

$\qquad \therefore\ y(t) = \mathcal{L}^{-1}[Y(s)] = \cos t$

(4) $y'' + 9y = f(t)$, $y(0) = 0$, $y'(0) = 4$;

$\qquad f(t) = 8\sin t[1 - U(t-\pi)] = 8\sin t + 8\sin(t-\pi)\,U(t-\pi)$

$\qquad s^2Y(s) - sy(0) - y'(0) + 9Y(s) = \dfrac{8}{s^2+1} + \dfrac{8}{s^2+1}e^{-\pi s}$

$\qquad (s^2+9)Y(s) = \dfrac{8}{s^2+1}(1+e^{-\pi s}) + 4$

$\qquad Y(s) = \dfrac{8}{(s^2+1)(s^2+9)}(1+e^{-\pi s}) + \dfrac{4}{(s^2+9)}$

$\qquad\qquad = \left(\dfrac{1}{s^2+1} - \dfrac{1}{s^2+9}\right)(1+e^{-\pi s}) + \dfrac{4}{s^2+9}$

$\qquad \therefore\ y(t) = \sin t - \dfrac{1}{3}\sin 3t + \left[\sin(t-\pi) - \dfrac{1}{3}\sin 3(t-\pi)\right]U(t-\pi) + \dfrac{4}{3}\sin 3t$

$$= \begin{cases} \sin t + \sin 3t, \, 0 \le t < \pi \\ \dfrac{4}{3}\sin 3t, \qquad t \ge \pi \end{cases}$$

2. $R\left[sI(s) - \dfrac{V_0}{R} \right] + \dfrac{1}{C}I(s) = 0 \;\rightarrow\; I(s) = \dfrac{V_0}{Rs + 1/C} = \dfrac{V_0}{R}\dfrac{1}{s + 1/RC} \quad \therefore\; i(t) = \dfrac{V_0}{R}e^{-t/RC}$

$$i(1) = \dfrac{10}{10}e^{-1/(10)(0.1)} = e^{-1}$$

3. $\tau = t - \pi/4$ 로 놓으면 새로운 초기값 문제

$$y''(\tau) + y(\tau) = 2(\tau + \pi/4), \; y(0) = \pi/2, \; y'(0) = 2 - \sqrt{2}$$

이 된다. 여기서 $\mathcal{L}\left[y(\tau)\right] = Y(s)$로 놓고 라플라스 변환하면

$$s^2 Y(s) - s \cdot \dfrac{\pi}{2} - (2 - \sqrt{2}) + Y(s) = \dfrac{2}{s^2} + \dfrac{\pi}{2}\dfrac{1}{s}.$$

$$(s^2 + 1)Y(s) = \dfrac{2}{s^2} + \dfrac{\pi}{2}\dfrac{1}{s} + \dfrac{\pi}{2}s + 2 - \sqrt{2}$$

$$\begin{aligned} Y(s) &= \dfrac{2}{s^2(s^2+1)} + \dfrac{\pi}{2}\dfrac{1}{s(s^2+1)} + \dfrac{\pi}{2}\dfrac{s}{s^2+1} + \dfrac{2 - \sqrt{2}}{s^2+1} \\ &= 2\left(\dfrac{1}{s^2} - \dfrac{1}{s^2+1}\right) + \dfrac{\pi}{2}\left(\dfrac{1}{s} - \dfrac{s}{s^2+1}\right) + \dfrac{\pi}{2}\dfrac{s}{s^2+1} + \dfrac{2 - \sqrt{2}}{s^2+1} \\ &= \dfrac{2}{s^2} - \dfrac{\sqrt{2}}{s^2+1} + \dfrac{\pi}{2}\dfrac{1}{s}. \end{aligned}$$

라플라스 역변환하면

$$y(\tau) = \mathcal{L}^{-1}\left[Y(s)\right] = 2\tau - \sqrt{2}\sin\tau + \pi/2$$

이므로

$$y(t) = 2(t - \pi/4) - \sqrt{2}\sin(t - \pi/4) + \pi/2 = 2t - \sin t + \cos t.$$

4. $W(x)$를 단위계단함수로 나타내면 $W(x) = U(x - 1/3) - U(x - 2/3)$이므로 미분방정식은

$$\dfrac{d^4 y}{dx^4} = 24\left[U(x - 1/3) - U(x - 2/3)\right].$$

$\mathcal{L}\left[y(x)\right] = Y(s)$라 하고 양변을 라플라스 변환하면

$$s^4 Y(s) - s^3 y(0) - s^2 y'(0) - s y''(0) - y'''(0) = \dfrac{24}{s}\left(e^{-s/3} - e^{-2s/3}\right)$$

이다. $c_1 = y''(0)$, $c_2 = y'''(0)$으로 놓으면

$$Y(s) = \dfrac{c_1}{s^3} + \dfrac{c_2}{s^4} + \dfrac{24}{s^5}\left(e^{-s/3} - e^{-2s/3}\right)$$

이다. 제2이동정리에 의해

$$y(x) = \dfrac{c_1}{2}x^2 + \dfrac{c_2}{6}x^3 + \left(x - \dfrac{1}{3}\right)^4 U\left(x - \dfrac{1}{3}\right) - \left(x - \dfrac{2}{3}\right)^4 U\left(x - \dfrac{2}{3}\right),$$

$$y'(x) = c_1 x + \frac{c_2}{2}x^2 + 4\left(x - \frac{1}{3}\right)^3 U\left(x - \frac{1}{3}\right) - 4\left(x - \frac{2}{3}\right)^3 U\left(x - \frac{2}{3}\right)$$

이다. $x = 1$에서의 경계조건에 의해

$$y(1) = \frac{c_1}{2} + \frac{c_2}{6} + \left(\frac{2}{3}\right)^4 - \left(\frac{1}{3}\right)^4 = 0, \ y'(1) = c_1 + \frac{c_2}{2} + 4\left(\frac{2}{3}\right)^3 - 4\left(\frac{1}{3}\right)^3 = 0$$

에서 $c_1 = 26/27$, $c_2 = -4$. 따라서

$$y(x) = \frac{13}{27}x^2 - \frac{2}{3}x^3 + \left(x - \frac{1}{3}\right)^4 U\left(x - \frac{1}{3}\right) - \left(x - \frac{2}{3}\right)^4 U\left(x - \frac{2}{3}\right)$$

$$= \begin{cases} \dfrac{13}{27}x^2 - \dfrac{2}{3}x^3, \ 0 \le x < 1/3 \\ \dfrac{13}{27}x^2 - \dfrac{2}{3}x^3 + \left(x - \dfrac{1}{3}\right)^4, \ 1/3 \le x < 2/3 \\ \dfrac{13}{27}x^2 - \dfrac{2}{3}x^3 + \left(x - \dfrac{1}{3}\right)^4 - \left(x - \dfrac{2}{3}\right)^4, \ 2/3 \le x \le 1 \end{cases}$$

이고

$$y_{\max} = y\left(\frac{1}{2}\right) = \frac{13}{27}\left(\frac{1}{2}\right)^2 - \frac{2}{3}\left(\frac{1}{2}\right)^3 + \left(\frac{1}{2} - \frac{1}{3}\right)^4 = \frac{49}{6^4} = 0.0378.$$

5. $ty'' - ty' - y = 0$, $y(0) = 0$, $y'(0) = 1$:

$\mathcal{L}[y(t)] = Y(s)$로 놓으면

$$\mathcal{L}[ty'] = -\frac{d}{ds}\mathcal{L}[y'] = -\frac{d}{ds}[sY(s) - y(0)] = -Y(s) - sY'(s),$$

$$\mathcal{L}[ty''] = -\frac{d}{ds}\mathcal{L}[y''] = -\frac{d}{ds}[s^2 Y(s) - sy(0) - y'(0)]$$

$$= -2sY(s) - s^2 Y'(s) - y(0) = -2sY(s) - s^2 Y'(s)$$

를 이용하여 변수계수 미분방정식을 라플라스 변환하면

$$-2sY(s) - s^2 Y'(s) + Y(s) + sY'(s) - Y(s) = 0 \ \text{또는} \ (s - 1)Y'(s) + 2Y(s) = 0.$$

변수분리하면 $\dfrac{Y'(s)}{Y} = -\dfrac{2}{s-1}$ 에서 $\displaystyle\int \frac{Y'(s)}{Y}ds = -\int \frac{2}{s-1}ds$

또는 $\ln|Y(s)| = -2\ln|s-1| + \ln c = \ln\dfrac{c}{(s-1)^2}$ 이므로 $Y(s) = \dfrac{c}{(s-1)^2}$.

그러므로 $y(t) = \mathcal{L}^{-1}[Y(s)] = cte^t$이고 초기조건에서 $y'(0) = c(e^t + te^t)|_{t=0} = c = 1.$

$$\therefore \ y(t) = te^t$$

3.5 라플라스 변환을 이용한 선형 연립미분방정식의 풀이

1. (1) $y_1' = 2y_1 - 4y_2 + U(t-1)e^t$, $y_2' = y_1 - 3y_2 + U(t-1)e^t$; $y_1(0) = 3$, $y_2(0) = 0$

$$s\,Y_1 - 3 = 2\,Y_1 - 4\,Y_2 + \frac{e^{1-s}}{s-1}\;,\;\; s\,Y_2 = Y_1 - 3\,Y_2 + \frac{e^{1-s}}{s-1}$$

또는

$$(s-2)\,Y_1 + 4\,Y_2 = \frac{e^{1-s}}{s-1} + 3\;,\;\; Y_1 - (s+3)\,Y_2 = -\frac{e^{1-s}}{s-1}$$

$$Y_1 = \frac{\begin{vmatrix} \dfrac{e^{1-s}}{s-1}+3 & 4 \\[2mm] -\dfrac{e^{1-s}}{s-1} & -(s+3) \end{vmatrix}}{\begin{vmatrix} s-2 & 4 \\ 1 & -(s+3) \end{vmatrix}} = \frac{-(s+3)\left(\dfrac{e^{1-s}}{s-1}+3\right)+4\left(\dfrac{e^{1-s}}{s-1}\right)}{-(s-2)(s+3)-4} = \frac{(s+3)[e^{1-s}+3(s-1)]-4e^{1-s}}{(s-1)^2(s+2)}$$

$$= \frac{3(s+3)(s-1)+(s-1)e^{1-s}}{(s-1)^2(s+2)} = \frac{3(s+3)+e^{1-s}}{(s-1)(s+2)} = \left(\frac{4}{s-1}-\frac{1}{s+2}\right)+\frac{e}{3}\left(\frac{1}{s-1}-\frac{1}{s+2}\right)e^{-s}$$

$$\therefore\;\; y_1(t) = 4e^t - e^{-2t} + \frac{e}{3}[e^{t-1}-e^{-2(t-1)}]\,U(t-1) = 4e^t - e^{-2t} + \frac{1}{3}(e^t - e^{-2t+3})\,U(t-1)$$

$$Y_2 = \frac{\begin{vmatrix} s-2 & \dfrac{e^{1-s}}{s-1}+3 \\[2mm] 1 & -\dfrac{e^{1-s}}{s-1} \end{vmatrix}}{\begin{vmatrix} s-2 & 4 \\ 1 & -(s+3) \end{vmatrix}} = \frac{-(s-2)\left(\dfrac{e^{1-s}}{s-1}\right)-\dfrac{e^{1-s}}{s-1}-3}{-(s-2)(s+3)-4} = \frac{3(s-1)+(s-1)e^{1-s}}{(s-1)^2(s+2)}$$

$$= \frac{3+e^{1-s}}{(s-1)(s+2)} = \left(\frac{1}{s-1}-\frac{1}{s+2}\right)+\frac{e}{3}\left(\frac{1}{s-1}-\frac{1}{s+2}\right)e^{-s}$$

$$\therefore\;\; y_2(t) = e^t - e^{-2t} + \frac{e}{3}[e^{t-1}-e^{-2(t-1)}]\,U(t-1) = e^t - e^{-2t} + \frac{1}{3}(e^t - e^{-2t+3})\,U(t-1)$$

(2) $y_1' + y_2' = 2\sinh t = e^t - e^{-t}\;,\;\; y_2' + y_3' = e^t\;,\;\; y_3' + y_1' = 2e^t + e^{-t}$

$$y_1(0) = y_2(0) = 1\;,\;\; y_3(0) = 0$$

$$s\,Y_1 + s\,Y_2 = \frac{1}{s-1}-\frac{1}{s+1}+2\;,$$

$$s\,Y_2 + s\,Y_3 = \frac{1}{s-1}+1\;,$$

$$s\,Y_3 + s\,Y_1 = \frac{2}{s-1}+\frac{1}{s+1}+1$$

또는

$$Y_1 + Y_2 = \frac{1}{s(s-1)}-\frac{1}{s(s+1)}+\frac{2}{s} = \frac{1}{s-1}-\frac{1}{s+1} \quad (1)$$

$$Y_2 + Y_3 = \frac{1}{s(s-1)}+\frac{1}{s} = \frac{1}{s-1}-\frac{1}{s}+\frac{1}{s} = \frac{1}{s-1} \quad (2)$$

$$Y_3 + Y_1 = \frac{2}{s(s-1)}+\frac{1}{s(s+1)}+\frac{1}{s} = \frac{2}{s-1}-\frac{1}{s+1} \quad (3)$$

[(1)+(2)+(3)]/2 :

$$Y_1 + Y_2 + Y_3 = \frac{2}{s-1} \qquad (4)$$

(4)-(1) : $Y_3 = \dfrac{1}{s-1} - \dfrac{1}{s+1}$ $\therefore y_3(t) = e^t - e^{-t}$

(4)-(2) : $Y_1 = \dfrac{1}{s-1}$ $\therefore y_1(t) = e^t$

(4)-(3) : $Y_2 = \dfrac{1}{s+1}$ $\therefore y_2(t) = e^{-t}$

(3) $x'' + y'' = t^2$, $x'' - y'' = 4t$; $x(0) = 8$, $x'(0) = 0$, $y(0) = 0$, $y'(0) = 0$

두 미방을 더하면 $x'' = \dfrac{1}{2}t^2 + 2t$ 이므로

$$s^2 X - 8s = \frac{1}{s^3} + \frac{2}{s^2} \, , \quad X = \frac{8}{s} + \frac{1}{s^5} + \frac{2}{s^4} \text{ 에서 } x(t) = 8 + \frac{1}{24}t^4 + \frac{1}{3}t^3 .$$

두 미방을 빼면 $y'' = \dfrac{1}{2}t^2 - 2t$ 이므로

$$s^2 Y = \frac{1}{s^3} - \frac{2}{s^2} \, , \quad Y = \frac{81}{s^5} - \frac{2}{s^4} \text{ 에서 } y(t) = \frac{1}{24}t^4 - \frac{1}{3}t^3 .$$

2. $L\dfrac{di_1}{dt} + Ri_2 = E(t)$, $RC\dfrac{di_2}{dt} + i_2 - i_1 = 0$ 에 $E = 60$, $L = 1$, $R = 50$, $C = 10^{-4}$ 를 대입하면

$$\frac{di_1}{dt} + 50i_2 = 60 \, , \quad \frac{di_2}{dt} + 200(i_2 - i_1) = 0 \, , \quad i_1(0) = i_2(0) = 0$$

라플라스 변환하여 정리하면

$$s I_1(s) + 50 I_2(s) = \frac{60}{s}$$

$$-200 I_1(s) + (s+200) I_2(s) = 0$$

$$I_1(s) = \frac{60s + 12000}{s(s+100)^2} = \frac{6}{5}\frac{1}{s} - \frac{6}{5}\frac{1}{s+100} - \frac{60}{(s+100)^2}$$

$$I_2(s) = \frac{12000}{s(s+100)^2} = \frac{6}{5}\frac{1}{s} - \frac{6}{5}\frac{1}{s+100} - \frac{120}{(s+100)^2}$$

$$\therefore i_1(t) = \frac{6}{5} - \frac{6}{5}e^{-100t} - 60te^{-100t} \, , \quad i_2(t) = \frac{6}{5} - \frac{6}{5}e^{-100t} - 120te^{-100t}$$

3. $\dfrac{dN_1}{dt} = -\lambda_1 N_1$ --- (a), $\dfrac{dN_2}{dt} = \lambda_1 N_1 - \lambda_2 N_2$ --- (b)

초기조건 $N_1(0) = N_{10}$, $N_2(0) = 0$ 을 이용하여 (a), (b)를 라플라스 변환하면

$$s N_1(s) - N_{10} = -\lambda_1 N_1(s) \text{ --- (c)}, \quad s N_2(s) = \lambda_1 N_1(s) - \lambda_2 N_2(s) \text{ --- (d)}$$

(c)에서 $N_1(s) = \dfrac{N_{10}}{s + \lambda_1}$ 이므로 역변환하면 $N_1(t) = N_{10}e^{-\lambda_1 t}$.

(d)에서 $N_2(s) = \dfrac{\lambda_1}{s + \lambda_2}N_1(s) = \lambda_1 N_{10}\dfrac{1}{(s+\lambda_1)(s+\lambda_2)} = \dfrac{\lambda_1}{\lambda_2 - \lambda_1}N_{10}\left(\dfrac{1}{s+\lambda_1} - \dfrac{1}{s+\lambda_2}\right)$

이므로 역변환하면 $N_2(t) = \dfrac{\lambda_1}{\lambda_2 - \lambda_1} N_{10}\left(e^{-\lambda_1 t} - e^{-\lambda_2 t}\right)$, $N_3(t) = N_{10} - N_1(t) - N_2(t)$

3.6 디락-델타 함수와 합성곱

1. $\mathcal{L}\left[\delta(t-a)\right] = \displaystyle\int_0^\infty e^{-st}\delta(t-a)dt = e^{-as}$: 성질 (2) 사용

2. (1) $y' + y = \delta(t-1)$, $y(0) = 1$: $sY(s) - y(0) + Y(s) = e^{-s}$ 에서

$$Y(s) = \frac{1}{s+1} + \frac{e^{-s}}{s+1} \;\rightarrow\; y(t) = e^{-t} + e^{-(t-1)}U(t-1) = \begin{cases} e^{-t}, & 0 \le t < 1 \\ (1+e)e^{-t}, & t \ge 1 \end{cases}$$

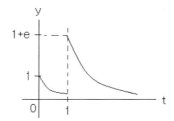

(2) $y'' - y = \delta(t-\pi)$, $y(0) = 0$, $y'(0) = 0$: $s^2 Y(s) - sy(0) - y'(0) - Y(s) = e^{-\pi s}$ 에서

$$Y(s) = \frac{e^{-\pi s}}{s^2 - 1} \;\rightarrow\; y(t) = \sinh(t-\pi)U(t-\pi) = \begin{cases} 0, & 0 \le t < \pi \\ \sinh(t-\pi), & t \ge \pi \end{cases}$$

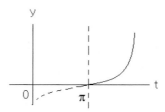

3. (1) $e^t * \sin t = \displaystyle\int_0^t e^\tau \sin(t-\tau)d\tau = \left[e^\tau \sin(t-\tau)\right]_0^t - \int_0^t e^\tau\left[-\cos(t-\tau)\right]d\tau$

$$= -\sin t + \int_0^t e^\tau \cos(t-\tau)d\tau = -\sin t + \left[e^\tau \cos(t-\tau)\right]_0^t - \int_0^t e^\tau \sin(t-\tau)d\tau$$

$$= -\sin t + e^t - \cos t - e^t * \sin t \text{ 이므로}$$

$$e^t * \sin t = \frac{1}{2}(-\sin t + e^t - \cos t)$$

(2) $\mathcal{L}\left[e^t * \sin t\right] = \dfrac{1}{2}\mathcal{L}\left[-\sin t + e^t - \cos t\right] = \dfrac{1}{2}\left(-\dfrac{1}{s^2+1} + \dfrac{1}{s-1} - \dfrac{s}{s^2+1}\right) = \dfrac{1}{(s-1)(s^2+1)}$

(3) $\mathcal{L}\left[e^t * \sin t\right] = \mathcal{L}\left[e^t\right]\mathcal{L}\left[\sin t\right] = \left(\dfrac{1}{s-1}\right)\left(\dfrac{1}{s^2+1}\right) = \dfrac{1}{(s-1)(s^2+1)}$

4. (1) $\mathcal{L}\left[1*t^3\right] = \mathcal{L}\left[1\right]\mathcal{L}\left[t^3\right] = \dfrac{1}{s}\cdot\dfrac{3!}{s^4} = \dfrac{6}{s^5}$

(2) $\mathcal{L}\left[\displaystyle\int_0^t \tau e^{t-\tau}d\tau\right] = \mathcal{L}\left[t*e^t\right] = \mathcal{L}\left[t\right]\mathcal{L}\left[e^t\right] = \dfrac{1}{s^2}\cdot\dfrac{1}{s-1}$

(3) 적분의 라플라스 변환과 제1이동정리를 사용하면

$$\mathcal{L}\left[\int_{\alpha=0}^{t} e^{-\alpha}\cos\alpha\, d\alpha\right] = \frac{1}{s}\mathcal{L}\left[e^{-t}\cos t\right] = \frac{1}{s}\cdot\frac{s+1}{(s+1)^2+1}$$

(4) $\mathcal{L}\left[t\displaystyle\int_0^t \sin\tau\, d\tau\right] = -\dfrac{d}{ds}\mathcal{L}\left[\int_0^t \sin\tau\, d\tau\right] = -\dfrac{d}{ds}\left\{\dfrac{1}{s}\mathcal{L}\left[\sin t\right]\right\}$

$$= -\frac{d}{ds}\left(\frac{1}{s}\cdot\frac{1}{s^2+1}\right) = \frac{3s^2+1}{s^2(s^2+1)^2}$$

5. (1) $\mathcal{L}^{-1}\left[\dfrac{1}{(s+1)^2}\right] = \mathcal{L}^{-1}\left[\dfrac{1}{s+1}\cdot\dfrac{1}{s+1}\right] = e^t*e^t = \displaystyle\int_0^t e^{-\tau}e^{-(t-\tau)}d\tau = e^{-t}\int_0^t d\tau = te^{-t}$

(2) $\mathcal{L}^{-1}\left[\dfrac{1}{s^2+a^2}\right] = \dfrac{1}{a}\sin at$ 이므로

$$\mathcal{L}^{-1}\left[\frac{1}{(s^2+a^2)^2}\right] = \frac{1}{a}\sin at * \frac{1}{a}\sin at = \int_0^t \frac{1}{a}\sin a\tau\cdot\frac{1}{a}\sin a(t-\tau)d\tau$$

$$= \frac{1}{a^2}\int_0^t \sin a\tau\sin a(t-\tau)d\tau = -\frac{1}{2a^2}\int_0^t [\cos at - \cos a(2\tau-t)]d\tau$$

$$= -\frac{1}{2a^2}\left[\tau\cdot\cos at - \frac{1}{2a}\sin a(2\tau-t)\right]_0^t = -\frac{1}{2a^2}\left(t\cos at - \frac{1}{2a}\sin at - \frac{1}{2a}\sin at\right)$$

$$= \frac{1}{2a^2}\left(\frac{1}{a}\sin at - t\cos at\right)$$

(3) $\mathcal{L}^{-1}\left[\dfrac{1}{s^2+4s}\right] = \mathcal{L}^{-1}\left[\dfrac{1}{s}\cdot\dfrac{1}{s+4}\right] = \displaystyle\int_0^t e^{-4\tau}d\tau = \dfrac{1}{4}(1-e^{-4t})$

(4) $\mathcal{L}^{-1}\left[\dfrac{9}{s(s^2+9)}\right] = 3\displaystyle\int_0^t \sin 3\tau\, d\tau = 1-\cos 3t$,

$\mathcal{L}^{-1}\left[\dfrac{9}{s^2(s^2+9)}\right] = \mathcal{L}^{-1}\left[\dfrac{9}{s\cdot s(s^2+9)}\right] = \displaystyle\int_0^t (1-\cos 3\tau)d\tau = t - \dfrac{1}{3}\sin 3t$

를 이용하면

$$\mathcal{L}^{-1}\left[\frac{9}{s^2}\cdot\frac{s+1}{s^2+9}\right] = \mathcal{L}^{-1}\left[\frac{9}{s(s^2+9)} + \frac{9}{s^2(s^2+9)}\right] = 1-\cos 3t + t - \frac{1}{3}\sin 3t$$

6. $\dfrac{d^4y}{dx^4} = 24\delta\left(x-\dfrac{1}{2}\right)$ 이므로 $s^4Y(s) - s^3y(0) - s^2y'(0) - sy''(0) - y'''(0) = 24e^{-s/2}$.

$c_1 = y''(0)$, $c_2 = y'''(0)$ 으로 놓으면 $Y(s) = \dfrac{c_1}{s^3} + \dfrac{c_2}{s^4} + \dfrac{24}{s^4}e^{-s/2}$. 따라서

$$y(x) = \frac{c_1}{2}x^2 + \frac{c_2}{6}x^3 + 4\left(x - \frac{1}{2}\right)^3 U\left(x - \frac{1}{2}\right),$$

$$y'(x) = c_1 x + \frac{c_2}{2}x^2 + 12\left(x - \frac{1}{2}\right)^2 U\left(x - \frac{1}{2}\right).$$

$x = 1$에서의 경계조건에 의해

$$y(1) = \frac{c_1}{2} + \frac{c_2}{6} + \frac{1}{2} = 0, \ y'(1) = c_1 + \frac{c_2}{2} + 3 = 0 \ \rightarrow \ c_1 = 3, \ c_2 = -12$$

$$y(x) = \frac{3}{2}x^2 - 2x^3 + 4\left(x - \frac{1}{2}\right)^3 U\left(x - \frac{1}{2}\right)$$

$$= \begin{cases} \dfrac{3}{2}x^2 - 2x^3, \ 0 \le x < 1/2 \\[2mm] \dfrac{3}{2}x^2 - 2x^3 + 4\left(x - \dfrac{1}{2}\right)^3, \ 1/2 \le x \le 1 \end{cases}$$

$$y_{\max} = y\left(\frac{1}{2}\right) = \frac{3}{2}\left(\frac{1}{2}\right)^2 - 2\left(\frac{1}{2}\right)^3 = \frac{1}{8} = 0.125.$$

7. $f(t) = 3t^2 - e^{-t} - \displaystyle\int_0^t f(\tau)e^{(t-\tau)}d\tau = 3t^2 - e^{-t} - f(t)*e^t$ 의 양변을 라플라스 변환하면

$$F(s) = \frac{6}{s^3} - \frac{1}{s+1} - F(s) \cdot \frac{1}{s-1} \ \text{에서} \ F(s) = \frac{6}{s^3} - \frac{6}{s^4} + \frac{1}{s} - \frac{2}{s+1}.$$

$$\therefore \ f(t) = 3t^2 - t^3 + 1 - 2e^{-t}$$

8. (1) 주어진 값을 이용하면

$$0.1\frac{di}{dt} + 2i + 10\int_0^t i(\tau)d\tau = t - t\,U(t-1)$$

또는

$$\frac{di}{dt} + 20i + 100\int_0^t i(\tau)d\tau = 10\left[t - (t-1)\,U(t-1) - U(t-1)\right]$$

이다. $\mathcal{L}\,[i(t)] = I(s)$로 놓고 라플라스 변환하면

$$sI + 20I + 100\frac{I}{s} = 10\left(\frac{1}{s^2} - \frac{e^{-s}}{s^2} - \frac{e^{-s}}{s}\right)$$

이다. 양변에 s를 곱하면 $(s^2 + 20s + 100)I(s) = 10\left(\dfrac{1}{s} - \dfrac{e^{-s}}{s} - e^{-s}\right)$이므로

$$I(s) = 10\left[\frac{1}{s(s+10)^2} - \frac{e^{-s}}{s(s+10)^2} - \frac{e^{-s}}{(s+10)^2}\right]$$

$$= 10\left[\frac{1}{100}\frac{1}{s} - \frac{1}{100}\frac{1}{s+10} - \frac{1}{10}\frac{1}{(s+10)^2} - \frac{1}{100}\frac{e^{-s}}{s}\right.$$

$$\left. + \frac{1}{100}\frac{e^{-s}}{(s+10)} - \frac{9}{10}\frac{e^{-s}}{(s+10)^2}\right]$$

이다. 역변환하면

$$i(t) = \frac{1}{10} - \frac{1}{10}e^{-10t} - te^{-10t} - \frac{1}{10}U(t-1) + \frac{1}{10}e^{-10(t-1)}U(t-1)$$

$$- 9(t-1)e^{-10(t-1)}U(t-1)$$

$$= \begin{cases} \dfrac{1}{10}[1 - (1+10t)e^{-10t}], & 0 \le t < 1 \\ -\dfrac{1}{10}(1+10t)e^{-10t} + \dfrac{1}{10}(91-90t)e^{-10(t-1)}, & t \ge 1 \end{cases}$$

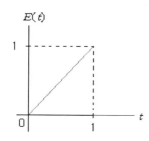 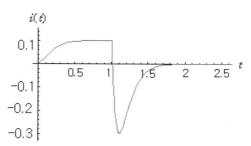

9. $x(t)*h(t) = \displaystyle\int_{\tau=0}^{t} x(\tau)h(t-\tau)d\tau \ : \ u = t - \tau, \ du = -d\tau$

$$= \int_{u=t}^{0} x(t-u)h(u)(-du) = \int_{u=0}^{t} h(u)x(t-u)du = h(t)*x(t)$$

3.7 라플라스 변환과 계

1. 전류를 $i(t)$로 놓으면 $i(t) = \dfrac{r(t)}{R_1 + R_2} = \dfrac{y(t)}{R_2}$ 에서 $y(t) = \dfrac{R_2}{R_1 + R_2}r(t)$

(i) $y_1(t) = \dfrac{R_2}{R_1 + R_2}r_1(t)$, $y_2(t) = \dfrac{R_2}{R_1 + R_2}r_2(t)$일 때

$$c_1 y_1(t) + c_2 y_2(t) = c_1 \frac{R_2}{R_1 + R_2}r_1(t) + c_2 \frac{R_2}{R_1 + R_2}r_2(t)$$

$$= \frac{R_2}{R_1 + R_2}\left[c_1 r_1(t) + c_2 r_2(t)\right] \quad \therefore \text{선형}$$

(ii) $w(t) = \dfrac{R_2}{R_1 + R_2}r(t-t_0)$, $y(t-t_0) = \dfrac{R_2}{R_1 + R_2}r(t-t_0)$에서 $w(t) = y(t-t_0)$ $\therefore$ 시불변

2. (1) $y(t) = e^{r(t)}$:

(i) $y_1(t) = e^{r_1(t)}$, $y_2(t) = e^{r_2(t)}$일 때

$$c_1 y_1(t) + c_2 y_2(t) = c_1 e^{r_1(t)} + c_2 e^{r_2(t)} \ne e^{c_1 r_1(t) + c_2 r_2(t)} \quad \therefore \text{비선형}$$

(ii) $w(t) = e^{r(t-t_0)}$, $y(t-t_0) = e^{r(t-t_0)}$에서 $w(t) = y(t-t_0)$ $\therefore$ 시불변

(2) $y(t) = k \dfrac{dr(t)}{dt}$:

(i) $y_1(t) = k\dfrac{dr_1(t)}{dt}$, $y_2(t) = k\dfrac{dr_2(t)}{dt}$ 일 때

$$c_1 y_1(t) + c_2 y_2(t) = c_1\left[k\frac{dr_1(t)}{dt}\right] + c_2\left[k\frac{dr_2(t)}{dt}\right] = k\frac{d}{dt}\left[c_1 r_1(t) + c_2 r_2(t)\right] \quad \therefore \text{ 선형}$$

(ii) $w(t) = k\dfrac{dr}{dt}\bigg|_{t = t - t_0}$, $y(t - t_0) = k\dfrac{dr}{dt}\bigg|_{t = t - t_0}$ 에서 $w(t) = y(t - t_0)$ $\therefore$ 시불변

(3) $y(t) = k\displaystyle\int_0^t r(\tau)d\tau$ $(t < 0$에서 $r(t) = 0)$:

(i) $y_1(t) = k\displaystyle\int_0^t r_1(\tau)d\tau$, $y_2(t) = k\displaystyle\int_0^t r_2(\tau)d\tau$일 때

$$c_1 y_1(t) + c_2 y_2(t) = c_1\left[k\int_0^t r_1(\tau)d\tau\right] + c_2\left[k\int_0^t r_2(\tau)d\tau\right] = k\int_0^t \left[c_1 r_1(t) + c_2 r_2(t)\right]d\tau$$

$$= k\int_0^t \left[c_1 r_1(t) + c_2 r_2(t)\right]d\tau \quad \therefore \text{ 선형}$$

(ii) $w(t) = k\displaystyle\int_{\tau = 0}^t r(\tau - t_0)d\tau$: $u = \tau - t_0$

$$= k\int_{u = -t_0}^{t - t_0} r(u)du = k\int_{\tau = -t_0}^{t - t_0} r(\tau)d\tau = k\int_{\tau = 0}^{t - t_0} r(\tau)d\tau$$

$$y(t - t_0) = k\int_{\tau = 0}^{t - t_0} r(\tau)d\tau \text{ 에서 } w(t) = y(t - t_0) \quad \therefore \text{ 시불변}$$

3. $\dfrac{dp(t)}{dt} + 2p = r(t)$

(1) $sP(s) + 2P(s) = R(s)$에서 $H(s) = \dfrac{P(s)}{R(s)} = \dfrac{1}{s + 2}$

(2) $R(s) = \mathcal{L}[U(t)] = \dfrac{1}{s}$, $P(s) = R(s)H(s) = \dfrac{1}{s}\dfrac{1}{s + 2} = \dfrac{1}{2}\left(\dfrac{1}{s} - \dfrac{1}{s + 2}\right)$

$\therefore p(t) = \mathcal{L}^{-1}[P(s)] = \dfrac{1}{2}(1 - e^{-2t})$

(3) 비제차 미방이므로 제차해 $p_h(t)$와 특수해(미정계수법 사용) $p_p(t)$를 구하면 $p_h(t) = ce^{-2t}$, $p_p(t) = \dfrac{1}{2}$. 따라서 $p(t) = p_h(t) + p_p(t) = ce^{-2t} + \dfrac{1}{2}$이고 초기조건 $p(0) = c + \dfrac{1}{2} = 0$에서 $c = -\dfrac{1}{2}$이므로 $p(t) = \dfrac{1}{2}(1 - e^{-2t})$

4. $y'' - y = t$, $y(0) = y'(0) = 1$

(1) $a = 0$, $b = -1$이므로 식 (3.7.4)에서 $H(s) = \dfrac{1}{s^2 - 1}$이고, $R(s) = \mathcal{L}[t] = \dfrac{1}{s^2}$, $K_0 = K_1 = 1$

이므로 식 (3.7.5)에서

$$Y(s) = \frac{1}{s^2(s^2-1)} + \frac{s}{s^2-1} + \frac{1}{s^2-1} = \frac{1}{s^2(s^2-1)} + \frac{s+1}{s^2-1}$$

$$= \left(\frac{1}{s^2-1} - \frac{1}{s^2}\right) + \frac{1}{s-1} \quad \text{---} \ (\star)$$

$$y(t) = \mathcal{L}^{-1}[Y(s)] = \sinh t - t + e^t = \frac{e^t - e^{-t}}{2} - t + e^t = \frac{3}{2}e^t - \frac{1}{2}e^{-t} - t$$

(2) 제차해 y_h는 $y'' - y = 0$의 해이므로 $y_h = c_1 e^t + c_2 e^{-t}$이고 특수해를 $y_p(t) = At + B$로
가정하여 미정계수법을 사용하면 $y_p(t) = -t$이다. 따라서 $y = y_h + y_p = c_1 e^t + c_2 e^{-t} - t$.
여기에 초기조건을 적용하면 $c_1 = 3/2$, $c_2 = -1/2$이므로

$$y = \frac{3}{2}e^t - \frac{1}{2}e^{-t} - t$$

로 (1)의 결과와 같다.

(3) (1)에서 식$(\star)$의 첫째항은 입력의 영향으로 $\sinh t - t$, 즉 $\frac{1}{2}e^t - \frac{1}{2}e^{-t}$를 출력한다. 반면에

둘째 항은 초기조건의 영향으로 e^t를 출력한다. (2)에서 제차해는 $\frac{3}{2}e^t - \frac{1}{2}e^{-t}$, 특수해는

$-t$이므로 제차해는 초기조건과 입력 모두의 영향을 받고 특수해는 입력의 영향만 받는다.

5. 예제 3에서 $H(s) = \dfrac{10s}{(s+10)^2}$ 이고

$$E(t) = t - t\,U(t-1) = t - (t-1)\,U(t-1) - U(t-1) \text{ 이므로}$$

$$E(s) = \frac{1}{s^2} - \frac{e^{-s}}{s^2} - \frac{e^{-s}}{s} .$$

$$I(s) = E(s)H(s) = \left(\frac{1}{s^2} - \frac{e^{-s}}{s^2} - \frac{e^{-s}}{s}\right)\frac{10s}{(s+10)^2} = 10\left[\frac{1}{s(s+10)^2} - \frac{e^{-s}}{s(s+10)^2} - \frac{e^{-s}}{(s+10)^2}\right]$$

이하는 3.6절 연습문제 8의 풀이와 동일.

6. $\dfrac{dh(t)}{dt} + 2h(t) = \delta(t)$의 양변을 라플라스 변환하면 $sH(s) + 2H(s) = 1$. $\therefore\ H(s) = \dfrac{1}{s+2}$.
문제 3의 (1) 결과와 같다.

4장

무한급수와 미분방정식

4.1 수열과 급수

1. A : $\dfrac{1}{2}+\dfrac{1}{8}+\dfrac{1}{32}+\cdots=\dfrac{1/2}{1-1/4}=\dfrac{2}{3}$, $900\times\dfrac{2}{3}=600$원

B : $\dfrac{1}{4}+\dfrac{1}{16}+\dfrac{1}{64}+\cdots=\dfrac{1/4}{1-1/4}=\dfrac{1}{3}$, $900\times\dfrac{1}{3}=300$원

2. $f(x)=\sin x$ 에서

$$f'(x)=\cos x,\ f''(x)=-\sin x,\ f'''(x)=-\cos x,\ f^{(4)}(x)=\sin x,\ f^{(5)}(x)=\cos x$$

이므로 $f(0)=0$, $f'(0)=1$, $f''(0)=0$, $f'''(0)=-1$, $f^{(4)}(0)=0$, $f^{(5)}(0)=1$. 따라서

$$\sin x=\sum_{m=0}^{\infty}\frac{f^{(m)}(0)}{m!}x^m=x-\frac{x^3}{3!}+\frac{x^5}{5!}-\cdots\ .$$

$x=0.1$ 일 때, $\sin 0.1=0.1-\dfrac{0.1^3}{3!}+\cdots=0.100\cdots$.

3. (1) $f(x)=\cosh x$ 에서

$$f(x)=f''(x)=\cdots=f^{(2n)}(x)=\cdots=\cosh x$$
$$f'(x)=f'''(x)=\cdots=f^{(2n+1)}(x)=\cdots=\sinh x,$$

이므로

$$f(0)=f''(0)=\cdots=f^{(2n)}(0)=\cdots=\cosh 0=1.$$
$$f'(0)=f'''(0)=\cdots=f^{(2n+1)}(0)=\cdots=\sinh 0=0.$$

따라서

$$f(x)=\cosh x=\sum_{m=0}^{\infty}\frac{f^{(m)}(0)}{m!}x^m=\sum_{n=0}^{\infty}\frac{f^{(2n)}(0)}{(2n)!}x^{2n}+\sum_{n=0}^{\infty}\frac{f^{(2n+1)}(0)}{(2n+1)!}x^{2n+1}$$
$$=\sum_{n=0}^{\infty}\frac{1}{(2n)!}x^{2n}+\sum_{n=0}^{\infty}\frac{0}{(2n+1)!}x^{2n+1}$$

즉,

$$\cosh x=\sum_{m=0}^{\infty}\frac{x^{2m}}{(2m)!}=1+\frac{x^2}{2!}+\frac{x^4}{4!}+\cdots\ .$$

(2) $f(x)=\ln(1+x)$, $(|x|<1)$에서

$$f'(x)=\frac{1}{1+x}\ ,\ f''(x)=-\frac{1}{(1+x)^2}\ ,\ f'''(x)=\frac{2!}{(1+x)^3}\ ,\ \cdots$$

즉, $m\geq 1$일 때 $f^{(m)}(x)=(-1)^{m-1}\dfrac{(m-1)!}{(1+x)^m}$ 이므로

$$f(0)=0\ \ f'(0)=1\ ,\ f''(0)=-1\ ,\ f'''(0)=2!\ ,\ \cdots,\ f^{(m)}(0)=(-1)^{m-1}(m-1)!\ .$$

이다. 따라서

$$\ln(1+x)=\sum_{m=0}^{\infty}\frac{f^{(m)}(0)}{m!}x^m=f(0)+\sum_{m=1}^{\infty}\frac{(-1)^{m-1}(m-1)!}{m!}x^m=0+\sum_{m=1}^{\infty}(-1)^{m-1}\frac{x^m}{m}$$

$$= \sum_{m=1}^{\infty} (-1)^{m-1} \frac{x^m}{m} = x - \frac{x^2}{2} + \frac{x^3}{3} - \cdots \ , \ (|x| < 1).$$

(3) $f(x) = \dfrac{1}{1-x}$ 에서

$$f'(x) = \frac{1}{(1-x)^2}, \ f''(x) = \frac{2}{(1-x)^3}, \ \cdots, \ f^{(m)}(x) = \frac{m!}{(1-x)^{m+1}}$$

이므로

$$f(0) = 1 = 0! \ \ f'(0) = 1 = 1!, \ f''(0) = 2 = 2!, \ \cdots, \ f^{(m)}(0) = m!.$$

따라서,

$$\frac{1}{1-x} = \sum_{m=0}^{\infty} \frac{m!}{m!} x^m = \sum_{m=0}^{\infty} x^m = 1 + x + x^2 + \cdots \ , \ (|x| < 1)$$

4. $f(x) = x^2$ 이므로 $f'(x) = 2x$, $f''(x) = 2$, $f'''(x) = f^{(4)}(x) = \cdots = 0$ 에서

$$f(0) = 0, \ f'(0) = 0, \ f''(0) = 2, \ f'''(0) = f^{(4)}(0) = \cdots = 0$$

따라서,

$$f(x) = \sum_{m=0}^{\infty} \frac{f^{(m)}(0)}{m!} x^m = f(0) + f'(0)x + \frac{f''(0)}{2!} x^2 + \frac{f'''(0)}{3!} x^3 + \cdots = x^2.$$

함수 $f(x)$ 가 이미 유한한 항을 갖는 다항식이므로 이의 매클로린 급수도 $f(x)$ 와 같다.

5.

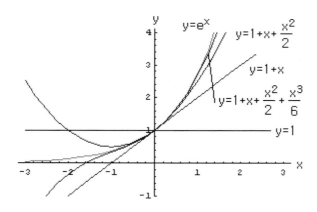

4.2 미분방정식의 급수해법

1. $y = \displaystyle\sum_{m=0}^{\infty} a_m x^m$ 라 하면

$$y' = \sum_{m=1}^{\infty} m a_m x^{m-1} = a_1 + 2a_2 x + 3a_3 x^2 + \cdots = 0 \ \text{에서} \ a_1 = a_2 = a_3 = \cdots = 0.$$

따라서

$$y = \sum_{m=0}^{\infty} a_m x^m = a_0 + a_1 x + a_2 x^2 + a_3 x^3 + \cdots = a_0 .$$

2. $y' = 3y$;

(1) $\dfrac{dy}{y} = 3dx$ 의 양변을 적분하여 $\ln|y| = 3x + c$ 또는 $y = ce^{3x}$.

(2) $y = \sum_{m=0}^{\infty} a_m x^m$ 이면

$$y' - 3y = \sum_{m=1}^{\infty} m a_m x^{m-1} - 3\sum_{m=0}^{\infty} a_m x^m = \sum_{s=0}^{\infty} [(s+1)a_{s+1} 3a_s]x^s = 0$$

$$a_{s+1} = \frac{3a_s}{s+1} , \ s = 0,1,\cdots$$

$$s = 0 : \ a_1 = \frac{3a_0}{0+1} = 3a_0$$

$$s = 1 : \ a_2 = \frac{3a_1}{1+1} = \frac{3}{2}a_1 = \frac{3^2}{2!}a_0$$

$$s = 2 : \ a_3 = \frac{3a_2}{2+1} = \frac{3}{3}a_2 = \frac{3}{3}\frac{3^2}{2!}a_0 = \frac{3^3}{3!}a_0$$

$$\therefore \ y = a_0\left[1 + 3x + \frac{(3x)^2}{2!} + \frac{(3x)^2}{3!} + \cdots\right] = a_0 e^{3x}$$

3. $y'' = 4y$;

(1) 두 번 미분하여 원래 함수의 4배가 되는 함수는 e^{2x}와 e^{-2x}이므로 $y = c_1 e^{2x} + c_2 e^{-2x}$. $y = c_1 \cosh 2x + c_2 \sinh 2x$도 마찬가지이다.

(2) $y'' - 4y = 0$ 의 특성방정식 $m^2 - 4 = (m-2)(m+2) = 0$ 에서 $m = \pm 2$ 이므로

$$y = c_1 e^{2x} + c_2 e^{-2x} \ \text{또는} \ y = c_1 \cosh 2x + c_2 \sinh 2x .$$

(3) $$y'' - 4y = \sum_{m=2}^{\infty} m(m-1)a_m x^{m-2} - 4\sum_{m=0}^{\infty} a_m x^m$$

$$= \sum_{s=0}^{\infty} (s+2)(s+1)a_{s+2}x^s - 4\sum_{s=0}^{\infty} a_s x^s$$

$$= \sum_{s=0}^{\infty} [(s+2)(s+1)a_{s+2} - 4a_s]x^s = 0$$

$$\therefore \ a_{s+2} = \frac{2^2}{(s+2)(s+1)}a_s , \ s = 0,1,...$$

$$s = 0 : \ a_2 = \frac{2^2}{2\cdot 1}a_0 = \frac{2^2}{2!}a_0$$

$$s = 1 : \ a_3 = \frac{2^2}{3\cdot 2}a_1 = \frac{2^2}{3!}a_1$$

$$s = 2 : \quad a_4 = \frac{2^2}{4 \cdot 3} a_2 = \frac{2^2}{4 \cdot 3} \frac{2^2}{2!} a_0 = \frac{2^4}{4!} a_0$$

$$s = 3 : \quad a_5 = \frac{2^2}{5 \cdot 4} a_3 = \frac{2^2}{5 \cdot 4} \frac{2^2}{3!} a_1 = \frac{2^4}{5!} a_1$$

$$\vdots$$

$$\therefore \ y = \sum_{m=0}^{\infty} a_m x^m = a_0 \left(1 + \frac{2^2}{2!} x^2 + \frac{2^4}{4!} x^4 + \cdots \right) + a_1 \left(x + \frac{2^2}{3!} x^3 + \frac{2^4}{5!} x^5 + \cdots \right)$$

$$= a_0 \left(1 + \frac{(2x)^2}{2!} + \frac{(2x)^4}{4!} x^4 + \cdots \right) + \frac{a_1}{2} \left(2x + \frac{(2x)^3}{3!} + \frac{(2x)^5}{5!} + \cdots \right)$$

$$= a_0 \cosh 2x + \frac{a_1}{2} \sinh 2x$$

이고, $c_1 = a_0$, $c_2 = a_1/2$로 놓으면 $y = c_1 \cosh 2x + c_2 \sinh 2x$ 이다. 또한

$$y = c_1^* \cosh 2x + c_2^* \sinh 2x = c_1^* \left(\frac{e^{2x} + e^{-2x}}{2} \right) + c_2^* \left(\frac{e^{2x} - e^{-2x}}{2} \right) = \frac{1}{2} (c_1^* + c_2^*) e^{2x} + \frac{1}{2} (c_1^* - c_2^*) e^{-2x}$$

에서 $c_1 = \dfrac{1}{2}(c_1^* + c_2^*)$, $c_2 = \dfrac{1}{2}(c_1^* - c_2^*)$로 놓으면 $y = c_1 e^{2x} + c_2 e^{-2x}$ 도 해이다.

4. (1) $(1-x)y' = y$;

$$(1-x)y' - y = (1-x) \sum_{m=1}^{\infty} m a_m x^{m-1} - \sum_{m=0}^{\infty} a_m x^m$$

$$= \sum_{m=1}^{\infty} m a_m x^{m-1} - \sum_{m=1}^{\infty} m a_m x^m - \sum_{m=0}^{\infty} a_m x^m$$

$$= \sum_{s=0}^{\infty} (s+1) a_{s+1} x^s - \sum_{s=1}^{\infty} s a_s x^s - \sum_{s=0}^{\infty} a_s x^s$$

$$= (a_1 - a_0) + \sum_{s=1}^{\infty} [(s+1) a_{s+1} - (s+1) a_s] x^s = 0$$

$$a_1 = a_0 , \ a_{s+1} = a_s \ \rightarrow \ a_0 = a_1 = a_2 = \cdots$$

$$\therefore \ y = \sum_{m=0}^{\infty} a_m x^m = a_0 \sum_{m=0}^{\infty} x^m = \frac{a_0}{1-x} = \frac{c}{1-x} \ , \ |x| < 1$$

(2) $(1+x)y' = y$;

$$(1+x)y' - y = (1+x) \sum_{m=1}^{\infty} m a_m x^{m-1} - \sum_{m=0}^{\infty} a_m x^m$$

$$= \sum_{m=1}^{\infty} m a_m x^{m-1} + \sum_{m=1}^{\infty} m a_m x^m - \sum_{m=0}^{\infty} a_m x^m$$

$$= \sum_{s=0}^{\infty} (s+1) a_{s+1} x^s + \sum_{s=1}^{\infty} s a_s x^s - \sum_{s=0}^{\infty} a_s x^s$$

$$= (a_1 - a_0) + \sum_{s=1}^{\infty} [(s+1) a_{s+1} + (s-1) a_s] x^s$$

$$a_1 = a_0, \ a_{s+1} = -\frac{s-1}{s+1}a_s, \ s = 1, 2, \ldots$$

$$s = 1: \ a_2 = -\frac{1-1}{1+1}a_1 = 0$$

$$s = 2: \ a_3 = -\frac{2-1}{2+1}a_2 = -\frac{2}{3}\cdot 0 = 0$$

$$\therefore \ y = \sum_{m=0}^{\infty} a_m x^m = a_0 + a_0 x = a_0(1+x) = c(1+x)$$

(3) $y' = 3x^2 y$;

$$y' - 3x^2 y = \sum_{m=1}^{\infty} m a_m x^{m-1} - 3x^2 \sum_{m=0}^{\infty} a_m x^m = \sum_{m=1}^{\infty} m a_m x^{m-1} - 3\sum_{m=0}^{\infty} a_m x^{m+2}$$

$$= \sum_{s=0}^{\infty} (s+1) a_{s+1} x^s - 3\sum_{s=2}^{\infty} a_{s-2} x^s$$

$$= a_1 + 2a_2 x + \sum_{s=2}^{\infty} [(s+1)a_{s+1} - 3a_{s-2}]x^s = 0$$

$$\therefore \ a_1 = 0, \ a_2 = 0, \ a_{s+1} = \frac{3}{s+1}a_{s-2}, \ s = 2, 3, \ldots$$

$$s = 2: \ a_3 = \frac{3}{2+1}a_0 = a_0$$

$$s = 3: \ a_4 = \frac{3}{3+1}a_1 = 0$$

$$s = 4: \ a_5 = \frac{3}{4+1}a_2 = 0$$

$$s = 5: \ a_6 = \frac{3}{5+1}a_3 = \frac{a_0}{2!}$$

마찬가지로 $a_7 = a_8 = 0, \ a_9 = \frac{3}{8+1}a_6 = \frac{1}{3}\cdot\frac{a_0}{2!} = \frac{a_0}{3!}$

$$\therefore \ y = \sum_{m=1}^{\infty} a_m x^m = a_0\left(1 + x^3 + \frac{x^6}{2!} + \frac{x^9}{3!} + \cdots\right) = a_0 e^{x^3} = c e^{x^3}$$

(4) $y'' + 4y = 0$;

$$y'' + 4y = \sum_{m=2}^{\infty} m(m-1) a_m x^{m-2} + 4\sum_{m=0}^{\infty} a_m x^m = \sum_{s=0}^{\infty} [(s+2)(s+1)a_{s+2} + 4a_s]x^s = 0$$

$$a_{s+2} = -\frac{2^2}{(s+2)(s+1)}a_s, \ s = 0, 1, \cdots$$

$$s = 0: \ a_2 = -\frac{2^2}{2\cdot 1}a_0 = -\frac{2^2}{2!}a_0$$

$$s = 1: \ a_3 = -\frac{2^2}{3\cdot 2}a_1 = -\frac{2^2}{3!}a_1$$

$$s = 2: \ a_4 = -\frac{2^2}{4\cdot 3}a_2 = -\frac{2^2}{4\cdot 3}\left(-\frac{2^2}{2!}a_0\right) = \frac{2^4}{4!}a_0$$

$$s = 3: \quad a_5 = -\frac{2^2}{5\cdot 4}a_3 = -\frac{2^2}{5\cdot 4}\left(-\frac{2^2}{3!}a_1\right) = \frac{2^4}{5!}a_1$$

$$\therefore \ y = \sum_{m=0}^{\infty} a_m x^m = a_0\left(1 - \frac{2^2}{2!}x^2 + \frac{2^4}{4!}x^4 - \cdots\right) + a_1\left(x - \frac{2^2}{3!}x^3 + \frac{2^4}{5!}x^5 - \cdots\right)$$

$$= a_0\left[1 - \frac{(2x)^2}{2!} + \frac{(2x)^4}{4!} - \cdots\right] + \frac{a_1}{2}\left[(2x) - \frac{(2x)^3}{3!} + \frac{(2x)^5}{5!} - \cdots\right]$$

$$= a_0\cos 2x + \frac{a_1}{2}\sin 2x = c_1\cos 2x + c_2\sin 2x$$

5. $y'' - 4xy' - 4y = e^x$:

$$y = \sum_{m=0}^{\infty} a_m x^m \text{ 로 놓고 } e^x = \sum_{m=0}^{\infty}\frac{x^m}{m!} = 1 + x + \frac{x^2}{2!} + \cdots \text{ 를 사용하면}$$

$$y'' - 4xy' - 4y = \sum_{m=2}^{\infty} m(m-1)a_m x^{m-2} - 4\sum_{m=1}^{\infty} ma_m x^{m-1} - 4\sum_{m=0}^{\infty} a_m x^m$$

$$= 2a_2 - 4a_0 + \sum_{s=1}^{\infty}\left[(s+2)(s+1)a_{s+2} - 4(s+1)a_s\right]x^s$$

$$= e^x = \sum_{s=0}^{\infty}\frac{x^s}{s!} = 1 + \sum_{s=1}^{\infty}\frac{x^s}{s!}$$

에서 $2a_2 - 4a_0 = 1$, $(s+2)(s+1)a_{s+2} - 4(s+1)a_s = \dfrac{1}{s!}$ 이므로

$$a_2 = \frac{1}{2} + 2a_0, \quad a_{s+2} = \frac{1}{(s+2)!} + \frac{4}{s+2}a_s, \quad s = 1, 2, \cdots$$

$$s = 1 : \quad a_3 = \frac{1}{3!} + \frac{4}{3}a_1 = \frac{1}{6} + \frac{4}{3}a_1$$

$$s = 2 : \quad a_4 = \frac{1}{4!} + \frac{4}{4}a_2 = \frac{1}{4!} + \frac{1}{2} + 2a_0 = \frac{13}{24} + 2a_0$$

이므로

$$y = \sum_{m=0}^{\infty} a_m x^m = a_0 + a_1 x + a_2 x^2 + a_3 x^3 + a_4 x^4 + \cdots$$

$$= a_0 + a_1 x + \left(\frac{1}{2} + 2a_0\right)x^2 + \left(\frac{1}{6} + \frac{4}{3}a_1\right)x^3 + \left(\frac{13}{24} + 2a_0\right)x^4 + \cdots$$

$$= a_0(1 + 2x^2 + 2x^4 + \cdots) + a_1\left(x + \frac{4}{3}x^3 + \cdots\right) + \frac{1}{2}x^2 + \frac{1}{6}x^3 + \frac{13}{24}x^4 + \cdots$$

6. $y'' - xy = 0$:

(1) $y = \sum_{m=0}^{\infty} a_m x^m$, $y'' = \sum_{m=2}^{\infty} m(m-1)a_m x^{m-2}$

$$y'' - xy = \sum_{m=2}^{\infty} m(m-1)a_m x^{m-2} - x\sum_{m=0}^{\infty} a_m x^m$$

$$= \sum_{m=2}^{\infty} m(m-1)a_m x^{m-2} - \sum_{m=0}^{\infty} a_m x^{m+1}$$

$$= \sum_{s=0}^{\infty}(s+2)(s+1)a_{s+2}x^s - \sum_{s=1}^{\infty}a_{s-1}x^s$$

$$= 2a_2 + \sum_{s=1}^{\infty}\big[(s+2)(s+1)a_{s+2} - a_{s-1}\big]x^s = 0, \quad \text{따라서 } a_2 = 0 \text{ 그리고}$$

$$a_{s+2} = \frac{a_{s-1}}{(s+1)(s+2)}$$

$$s=1 \; : \; a_3 = \frac{a_0}{2\cdot 3}$$

$$s=2 \; : \; a_4 = \frac{a_1}{3\cdot 4}$$

$$s=3 \; : \; a_5 = \frac{a_2}{4\cdot 5} = 0 \quad (a_2 = 0)$$

$$s=4 \; : \; a_6 = \frac{a_3}{5\cdot 6} = \frac{1}{5\cdot 6}\left(\frac{a_0}{2\cdot 3}\right) = \frac{a_0}{2\cdot 3\cdot 5\cdot 6}$$

$$s=5 \; : \; a_7 = \frac{a_4}{6\cdot 7} = \frac{1}{6\cdot 7}\left(\frac{a_1}{3\cdot 4}\right) = \frac{a_1}{3\cdot 4\cdot 6\cdot 7}$$

$$s=6 \; : \; a_8 = \frac{a_5}{7\cdot 8} = 0$$

$$s=7 \; : \; a_9 = \frac{a_6}{8\cdot 9} = \frac{1}{8\cdot 9}\left(\frac{a_0}{2\cdot 3\cdot 5\cdot 6}\right) = \frac{a_0}{2\cdot 3\cdot 5\cdot 6\cdot 8\cdot 9}$$

$$s=8 \; : \; a_{10} = \frac{a_7}{9\cdot 10} = \frac{1}{9\cdot 10}\left(\frac{a_1}{3\cdot 4\cdot 6\cdot 7}\right) = \frac{a_1}{3\cdot 4\cdot 6\cdot 7\cdot 9\cdot 10}$$

$$s=9 \; : \; a_{11} = \frac{a_8}{10\cdot 11} = 0$$

$$y = a_0 + a_1 x + a_2 x^2 + a_3 x^3 + a_4 x^4 + a_5 x^5 + a_6 x^6 + a_7 x^7$$
$$+ a_8 x^8 + a_9 x^9 + a_{10}x^{10} + a_{11}x^{11} + \cdots$$

$$= a_0 + a_1 x + 0x^2 + \frac{a_0}{2\cdot 3}x^3 + \frac{a_1}{3\cdot 4}x^4 + 0x^5 + \frac{a_0}{2\cdot 3\cdot 5\cdot 6}x^6 + \frac{a_1}{3\cdot 4\cdot 6\cdot 7}x^7$$
$$+ 0x^8 + \frac{a_0}{2\cdot 3\cdot 5\cdot 6\cdot 8\cdot 9}x^9 + \frac{a_1}{3\cdot 4\cdot 6\cdot 7\cdot 9\cdot 10}x^{10} + 0x^{11} + \cdots$$

$$\therefore \; y = a_0 y_1(x) + a_1 y_2(x), \text{ 여기서}$$

$$y_1 = 1 + \sum_{m=1}^{\infty}\frac{x^{3m}}{2\cdot 3\cdots(3m-1)(3m)}, \; y_2 = x + \sum_{m=1}^{\infty}\frac{x^{3m+1}}{3\cdot 4\cdots(3m)(3m+1)}$$

(2) (1)의 경우에 x 대신 $-x$를 대입하면 $y = a_0 y_1 + a_1 y_2$, 여기서

$$y_1 = 1 + \sum_{m=1}^{\infty}\frac{(-1)^m x^{3m}}{2\cdot 3\cdots(3m-1)(3m)}, \; y_2 = x + \sum_{m=1}^{\infty}\frac{(-1)^m x^{3m+1}}{3\cdot 4\cdots(3m)(3m+1)}$$

7. $ty'' - ty' - y = 0,\; y(0) = 0,\; y'(0) = 1 \; : \; y = \sum_{m=0}^{\infty}a_m t^m$ 으로 놓으면

$$ty'' - ty' - y = t\sum_{m=2}^{\infty} m(m-1)a_m t^{m-2} - t\sum_{m=1}^{\infty} ma_m t^{m-1} - \sum_{m=0}^{\infty} a_m t^m$$

$$= \sum_{m=2}^{\infty} m(m-1)a_m t^{m-1} - \sum_{m=1}^{\infty} ma_m t^m - \sum_{m=0}^{\infty} a_m t^m$$

$$= \sum_{s=1}^{\infty} (s+1)sa_{s+1} t^s - \sum_{s=1}^{\infty} sa_s t^s - \sum_{s=0}^{\infty} a_s t^s$$

$$= -a_0 + \sum_{s=1}^{\infty} \left[(s+1)sa_{s+1} - (s+1)a_s \right] t^s = 0$$

에서 $a_0 = 0$, $a_{s+1} = \dfrac{a_s}{s}$ $(s = 1, 2, \cdots)$

$$s = 1 \; : \; a_2 = \frac{a_1}{1}$$

$$s = 2 \; : \; a_3 = \frac{a_2}{2} = \frac{a_1}{2 \cdot 1} = \frac{a_1}{2!}$$

$$s = 3 \; : \; a_4 = \frac{a_3}{3} = \frac{a_1}{3 \cdot 2!} = \frac{a_1}{3!}$$

$$\vdots$$

$$\therefore \; a_m = \frac{a_1}{(m-1)!} \; , \; m = 1, 2, \cdots$$

따라서 $y = \displaystyle\sum_{m=0}^{\infty} a_m t^m = \sum_{m=1}^{\infty} a_m t^m \; (\because \; a_0 = 0)$

$$= \sum_{m=1}^{\infty} \frac{a_1}{(m-1)!} t^m = a_1 t \sum_{m=1}^{\infty} \frac{t^{m-1}}{(m-1)!} = a_1 t e^t \; \text{이다.}$$

$y'(t) = a_1(te^t + e^t)$이므로 $y'(0) = a_1 = 1$ $\therefore \; y(t) = te^t$.

8. $xy' - y = x$, $0 < x \le 2$:

(1) $y = \displaystyle\sum_{m=0}^{\infty} a_m x^m$ 이면, $y' = \displaystyle\sum_{m=1}^{\infty} ma_m x^{m-1}$ 이고

$$xy' - y = x\sum_{m=1}^{\infty} ma_m x^{m-1} - \sum_{m=0}^{\infty} a_m x^m = \sum_{m=1}^{\infty} ma_m x^m - \sum_{m=0}^{\infty} a_m x^m$$

$$= -a_0 + \sum_{m=1}^{\infty} (m-1)a_m x^m = -a_0 + a_2 x^2 + 2a_3 x^3 + \cdots \ne x \, .$$

(2) $y = \displaystyle\sum_{m=0}^{\infty} a_m (x-1)^m$ 에서 $x - 1 = t$ 로 놓으면 $y = \displaystyle\sum_{m=0}^{\infty} a_m t^m$ 이고 $\dfrac{dy}{dx} = \dfrac{dy}{dt}\dfrac{dt}{dx} = \dfrac{dy}{dt}$ 이므로

$$x\frac{dy}{dx} - y(x) - x = (t+1)\frac{dy}{dt} - y(t) - t - 1$$

$$= (t+1)\sum_{m=1}^{\infty} ma_m t^{m-1} - \sum_{m=0}^{\infty} a_m t^m - t - 1$$

$$= \sum_{m=1}^{\infty} m a_m t^m + \sum_{m=1}^{\infty} m a_m t^{m-1} - \sum_{m=0}^{\infty} a_m t^m - t - 1$$

$$= \sum_{s=1}^{\infty} s a_s t^s + \sum_{s=0}^{\infty} (s+1) a_{s+1} t^s - \sum_{s=0}^{\infty} a_s t^s - t - 1$$

$$= (a_1 - a_0 - 1) + (a_1 + 2 a_2 - a_1 - 1) t + \sum_{s=2}^{\infty} [s a_s + (s+1) a_{s+1} - a_s] t^s = 0$$

$a_1 = a_0 + 1$, $a_2 = \dfrac{1}{2}$, $a_{s+1} = -\dfrac{s-1}{s+1} a_s$, $s = 2, 3, \dots$ 에서

$$a_{s+1} = \left(-\frac{s-1}{s+1} \right) \left(-\frac{s-2}{s} \right) \left(-\frac{s-3}{s-1} \right) \cdots \left(-\frac{3}{5} \right) \left(-\frac{2}{4} \right) \left(-\frac{1}{3} \right) a_2 \; 이고, \; a_2 = \frac{1}{2} \; 이므로$$

$$a_{s+1} = (-1)^{s+1} \frac{1}{(s+1) s} \; 이다. \; (분모, \; 분자 \; 약분에 \; 주의)$$

따라서, $a_s = (-1)^{s-2} \dfrac{1}{s(s-1)} = (-1)^s \left(\dfrac{1}{s-1} - \dfrac{1}{s} \right)$.

또는
$$a_{s+1} = -\frac{s-1}{s+1} a_s \;,\; s = 2, 3, \dots$$

$$s = 2 \; ; \; a_3 = -\frac{1}{3} a_2 = -\frac{1}{3} \cdot \frac{1}{2}$$

$$s = 3 \; ; \; a_4 = -\frac{2}{4} a_3 = \frac{2}{4} \cdot \frac{1}{3} \cdot \frac{1}{2}$$

$$s = 4 \; ; \; a_5 = -\frac{3}{5} a_4 = -\frac{3}{5} \cdot \frac{2}{4} \cdot \frac{1}{3} \cdot \frac{1}{2}$$

$$\dots$$

$$a_s = (-1)^s \frac{(s-2)!}{s!} = (-1)^s \frac{1}{s(s-1)} = (-1)^s \left(\frac{1}{s-1} - \frac{1}{s} \right)$$

$$\therefore \; y(t) = \sum_{m=0}^{\infty} a_m t^m = a_0 + (a_0 + 1) t + \sum_{s=2}^{\infty} (-1)^{s-2} \left(\frac{1}{s-1} - \frac{1}{s} \right) t^s$$

$$= a_0 (1+t) + t + \sum_{s=2}^{\infty} (-1)^{s-2} \frac{t^s}{s-1} - \sum_{s=2}^{\infty} (-1)^{s-2} \frac{t^s}{s}$$

$$= a_0 (1+t) + t \sum_{s=2}^{\infty} (-1)^{s-2} \frac{t^{s-1}}{s-1} - \sum_{s=1}^{\infty} (-1)^{s-2} \frac{t^s}{s}$$

$$= a_0 (1+t) + t \sum_{m=1}^{\infty} (-1)^{m-1} \frac{t^m}{m} + \sum_{m=1}^{\infty} (-1)^{m-1} \frac{t^m}{m}$$

한편, $\displaystyle \sum_{m=1}^{\infty} \frac{(-1)^{m-1}}{m} t^m = t - \frac{t^2}{2} + \frac{t^3}{3} - \cdots = \ln(1+t)$ $(-1 < t \leq 1)$이므로

$$y(t) = a_0 (1+t) + t \ln(1+t) + \ln(1+t) = a_0 (1+t) + (1+t) \ln(1+t)$$

이고 $1 + t = x$ 로 놓으면

$$y(x) = a_0 x + x \ln x \quad (0 < x \leq 2).$$

4.3 급수해법의 이론

1. (1) $\displaystyle\sum_{m=0}^{\infty} m(m+1)x^m$; $\displaystyle\frac{1}{R}=\lim_{m\to\infty}\left|\frac{a_{m+1}}{a_m}\right|=\lim_{m\to\infty}\left|\frac{(m+1)(m+2)}{m(m+1)}\right|=\lim_{m\to\infty}\frac{m+2}{m}=1$

∴ $R=1$ 이고 수렴구간은 $|x|<1$.

(2) $\displaystyle\sum_{m=0}^{\infty}\frac{(x-3)^m}{3^m}$; $\displaystyle\frac{1}{R}=\lim_{m\to 0}\left|\frac{a_{m+1}}{a_m}\right|=\lim_{m\to 0}\left|\frac{\dfrac{1}{3^{m+1}}}{\dfrac{1}{3^m}}\right|=\frac{1}{3}$

∴ $R=3$ 이고 수렴구간은 $|x-3|<3$.

(3) $\displaystyle\sum_{m=0}^{\infty}\frac{x^{2m}}{m!}$; 주어진 급수를 $a_m=\dfrac{1}{m!}$ 인 $t=x^2$ 의 급수로 보면

$$\frac{1}{R}=\lim_{m\to\infty}\left|\frac{a_{m+1}}{a_m}\right|=\lim_{m\to\infty}\left|\frac{\dfrac{1}{(m+1)!}}{\dfrac{1}{m!}}\right|=\lim_{m\to\infty}\frac{1}{m+1}=0$$

∴ $R=\infty$ 이고 수렴구간은 $x^2<\infty$, 즉 $|x|<\infty$.

(4) $\displaystyle\sum_{m=0}^{\infty}\frac{(x-1)^{2m}}{2^m}$; 주어진 급수를 $t=(x-1)^2$ 의 급수로 보면

$$\frac{1}{R}=\lim_{m\to\infty}\left|\frac{a_{m+1}}{a_m}\right|=\lim_{m\to\infty}\left|\frac{\dfrac{1}{2^{m+1}}}{\dfrac{1}{2^m}}\right|=\frac{1}{2}$$

∴ $R=2$ 이고 수렴구간은 $(x-1)^2<2$, 즉 $|x-1|<\sqrt{2}$.

(참고) $\sqrt[m]{|a_m|}=\sqrt[m]{\dfrac{1}{2^m}}=\dfrac{1}{2}$ 로 구할 수도 있다.

2. $\sinh x=\displaystyle\sum_{m=0}^{\infty}\frac{x^{2m+1}}{(2m+1)!}=x+\frac{x^3}{3!}+\frac{x^5}{5!}-\cdots$ 를 항별 미분하면

$$(\sinh x)'=\cosh x=\sum_{m=0}^{\infty}\frac{x^{2m}}{(2m)!}=1+\frac{x^2}{2!}+\frac{x^4}{4!}-\cdots$$

이고 항별 적분하면

$$\int_0^x \sinh t\,dt=\cosh x-1=\sum_{m=0}^{\infty}\frac{x^{2m+2}}{(2m+2)!}=\frac{x^2}{2!}+\frac{x^4}{4!}+\cdots$$

즉 $\cosh x=1+\dfrac{x^2}{2!}+\dfrac{x^4}{4!}-\cdots$ 이다.

3. (1) 무한급수

$$\frac{1}{1+x^2} = 1 - x^2 + x^4 - x^6 + \cdots = \sum_{m=0}^{\infty} (-1)^m x^{2m} , \ |x| < 1$$

을 항별로 적분하면

$$\int_0^x \frac{1}{1+t^2} dt = \tan^{-1} x = x - \frac{x^3}{3} + \frac{x^5}{5} - \frac{x^7}{7} + \cdots = \sum_{m=0}^{\infty} \frac{(-1)^m}{2m+1} x^{2m+1} .$$

$x = 1$ 일 때 $1 - \frac{1}{3} + \frac{1}{5} - \frac{1}{7} + \cdots$, $x = -1$ 일 때 $-1 + \frac{1}{3} - \frac{1}{5} + \frac{1}{7} + \cdots$ 모두 교대급수의 수렴성에 의해 수렴하므로 수렴구간은 $|x| \leq 1$ 이다.

(2) $\tan^{-1} x = x - \frac{x^3}{3} + \frac{x^5}{5} - \frac{x^7}{7} + \cdots$ 에 $x = 1$ 을 대입하면

$$\tan^{-1} 1 = \frac{\pi}{4} = 1 - \frac{1}{3} + \frac{1}{5} - \frac{1}{7} + \cdots$$

이므로

$$\pi = 4\left(1 - \frac{1}{3} + \frac{1}{5} - \frac{1}{7} + \cdots\right).$$

4. $(1-x^2)y' = 2xy$;

(1) $(1-x^2)y' - 2xy = 0$ 의 양변을 $1-x^2$ 으로 나누면 $y' - \frac{2x}{1-x^2} y = 0$ 이다. 여기서

$$\frac{2x}{1-x^2} = 2x(1 + x^2 + x^4 + \cdots)$$

가 $|x^2| < 1$, 즉 $|x| < 1$ 에서 수렴하는 급수이므로 미분방정식도 같은 구간에서 중심이 0인 급수해를 갖는다. 따라서 $y = \sum_{m=0}^{\infty} a_m x^m$ 으로 놓으면

$$(1-x^2)y' - 2xy = (1-x^2)\sum_{m=1}^{\infty} m a_m x^{m-1} - 2x\sum_{m=1}^{\infty} a_m x^m$$

$$= \sum_{m=1}^{\infty} m a_m x^{m-1} - \sum_{m=1}^{\infty} m a_m x^{m+1} - 2\sum_{m=0}^{\infty} a_m x^{m+1}$$

$$= \sum_{s=0}^{\infty} (s+1)a_{s+1} x^s - \sum_{s=2}^{\infty} (s-1)a_{s-1} x^s - 2\sum_{s=1}^{\infty} a_{s-1} x^s$$

$$= a_1 + [2a_2 - 2a_0]x + \sum_{s=2}^{\infty} [(s+1)a_{s+1} - (s+1)a_{s-1}]x^s = 0$$

$$\therefore \ a_1 = 0 , \ a_2 = a_0 , \ a_{s+1} = a_{s-1} , \ s = 2,3,\ldots$$
$$s = 2 \ : \ a_3 = a_1 = 0$$
$$s = 3 \ : \ a_4 = a_2 = a_0$$
$$s = 4 \ : \ a_5 = a_3 = 0$$

$$s = 5 \; : \; a_6 = a_4 = a_0$$

$$a_1 = a_3 = a_5 = ... = 0 \; , \; a_2 = a_4 = a_6 = ... = a_0$$

$$\therefore \; y = \sum_{m=0}^{\infty} a_m x^m = a_0 (1 + x^2 + x^4 + ...)$$

이고, 이는 $|x| < 1$ 에서 $y = \dfrac{a_0}{1 - x^2}$ 로 수렴한다.

(2) $(1 - x^2)y' = 2xy$ 를 변수분리하여 적분하면 $\displaystyle \int \frac{dy}{y} = \int \frac{2x}{1-x^2} dx \; : \; 1 - x^2 = t$ 로 치환

따라서 $\ln|y| = -\ln|1 - x^2| + \ln c$ 또는 $y = \dfrac{c}{1-x^2}$, $|x| < 1$ 이다.

5. $xy' - y = x$ 을 다시 쓰면 $y' - \dfrac{1}{x}y = 1$. 여기서, $\dfrac{1}{x}$ 은 $x = 0$ 에서 해석적이 아니므로 중심이 0 인 거듭제곱급수로 나타나지 않는다. 따라서 $y = \sum_{m=0}^{\infty} a_m x^m$ 과 같은 중심이 0인 급수해를 갖지 않는다.

4.4 르장드르 방정식

1. (1) $(1 - x^2)y'' - 2xy' = 0$ 에서 $y' = z$ 로 치환하면

$$(1 - x^2)z' - 2xz = 0 \; \text{또는} \; \frac{dz}{z} = \frac{2x}{1-x^2} dx \; .$$

$|x| < 1$ 에서 $1 - x^2 > 0$ 이므로 양변을 적분하면

$$\ln|z| = -\ln(1 - x^2) + \ln c_3 = \ln\left(\frac{c_3}{1-x^2}\right), \; c_3 > 0$$

에서 임의의 상수 c_2 에 대해

$$z = y' = \frac{c_2}{1-x^2} = \frac{c_2}{2}\left(\frac{1}{1-x} + \frac{1}{1+x}\right),$$

다시 양변을 적분하면

$$y = \frac{c_2}{2}\left[-\ln(1-x) + \ln(1+x)\right] + c_1 = \frac{c_2}{2}\ln\left(\frac{1+x}{1-x}\right) + c_1 \; .$$

즉 $y = c_1 y_1 + c_2 y_2$ 일 때, $y_1(x) = 1$ 이고 $y_2(x) = \dfrac{1}{2}\ln\dfrac{1+x}{1-x}$ 이다.

(2) 식(4.4.3)에서 $n = 0$ 이면 $y_1(x) = 1$ 이고,

$$\ln(1+x) = \sum_{m=1}^{\infty} \frac{(-1)^{m-1}}{m} x^m = x - \frac{x^2}{2} + \frac{x^3}{3} - \frac{x^4}{4} + ...$$

$$\ln(1-x) = -\sum_{m=1}^{\infty} \frac{x^m}{m} = -x - \frac{x^2}{2} - \frac{x^3}{3} - \frac{x^4}{4} - \cdots$$

이므로

$$\frac{1}{2}\ln\frac{1+x}{1-x} = \frac{1}{2}[\ln(1+x) - \ln(1-x)]$$

$$= \frac{1}{2}\left[\left(x - \frac{x^2}{2} + \frac{x^3}{3} - \frac{x^2}{4} + \cdots\right) + \left(x + \frac{x^2}{2} + \frac{x^3}{3} + \frac{x^4}{4} + \cdots\right)\right]$$

$$= x + \frac{x^3}{3} + \frac{x^5}{5} + \cdots$$

이 되는데 이는 식(4.4.4)에서 $n=0$ 일 때

$$y_2(x) = x - \frac{(n-1)(n+2)}{3!}x^3 + \frac{(n-3)(n-1)(n+2)(n+4)}{5!}x^5 - \cdots$$

$$= x - \frac{(0-1)(0+2)}{3!}x^3 + \frac{(0-3)(0-1)(0+2)(0+4)}{5!}x^5 - \cdots$$

$$= x + \frac{x^3}{3} + \frac{x^5}{5} + \cdots .$$

와 같다.

2. (1) $P_n(x) = \sum_{m=0}^{[n/2]} (-1)^m \frac{(2n-2m)!}{2^n m!(n-m)!(n-2m)!} x^{n-2m}$ 에서

$$P_0(x) = \sum_{m=0}^{[0/2]} (-1)^m \frac{(2 \cdot 0 - 2m)!}{2^0 m!(0-m)!(0-2m)!} x^{0-2m}$$

$$= (-1)^0 \frac{(2 \cdot 0 - 2 \cdot 0)!}{2^0 0!(0-0)!(0-2 \cdot 0)!} x^{0-2 \cdot 0} = 1$$

$$P_1(x) = \sum_{m=0}^{[1/2]} (-1)^m \frac{(2 \cdot 1 - 2m)!}{2^1 m!(1-m)!(1-2m)!} x^{1-2m}$$

$$= (-1)^0 \frac{(2 \cdot 1 - 2 \cdot 0)!}{2^1 0!(1-0)!(1-2 \cdot 0)!} x^{1-2 \cdot 0} = x$$

$$P_2(x) = \sum_{m=0}^{[2/2]} (-1)^m \frac{(2 \cdot 2 - 2m)!}{2^2 m!(2-m)!(2-2m)!} x^{2-2m}$$

$$= (-1)^0 \frac{(2 \cdot 2 - 2 \cdot 0)!}{2^2 0!(2-0)!(2-2 \cdot 0)!} x^{2-2 \cdot 0} + (-1)^1 \frac{(2 \cdot 2 - 2 \cdot 1)!}{2^2 1!(2-1)!(2-2 \cdot 1)!} x^{2-2 \cdot 1}$$

$$= \frac{3}{2}x^2 - \frac{1}{2} = \frac{1}{2}(3x^2 - 1)$$

(2) $$(1-x^2)P_0^{''} - 2xP_0^{'} = (1-x^2)(1)^{''} - 2x(1)^{'} = 0$$

$$(1-x^2)P_1^{''} - 2xP_1^{'} + 2P_1 = (1-x^2)(x)^{''} - 2x(x)^{'} + 2(x) = -2x + 2x = 0$$

$$(1-x^2)P_2^{''} - 2xP_2^{'} + 6P_2 = (1-x^2)\left(\frac{3x^2-1}{2}\right)^{''} - 2x\left(\frac{3x^2-1}{2}\right)^{'} + 6\left(\frac{3x^2-1}{2}\right)$$

$$= (1-x^2)(3) - 2x(3x) + 6\left(\frac{3x^2-1}{2}\right) = 0$$

3. $a_{s+2} = -\dfrac{(n-s)(n+s+1)}{(s+2)(s+1)} a_s$ 에서

$$\lim_{s \to \infty} \left| \frac{a_{s+2}}{a_s} \right| = \lim_{s \to \infty} \left| \frac{(n-s)(n+s+1)}{(s+2)(s+1)} \right| = 1 \quad \therefore \ R = 1 \ \ \text{즉} \ |x| < 1 \ .$$

4. $\dfrac{d}{dx}\left[(1-x^2)\dfrac{dy}{dx} \right] + n(n+1)y = 0$; 좌변의 미분을 수행하면

$$-2x\frac{dy}{dx} + (1-x^2)\frac{d^2y}{dx^2} + n(n+1)y = 0 \ \to (1-x^2)y'' - 2xy' + n(n+1)y = 0 \ .$$

5. (1) $z = \cos\phi$ 로 놓으면 $\dfrac{dz}{d\phi} = -\sin\phi$ 이므로

$$\frac{du}{d\phi} = \frac{du}{dz}\frac{dz}{d\phi} = -\sin\phi\frac{du}{dz}$$

$$\frac{d^2u}{d\phi^2} = \frac{d}{d\phi}\left(\frac{du}{d\phi} \right) = \frac{d}{d\phi}\left(-\sin\phi\frac{du}{dz} \right) = -\cos\phi\frac{du}{dz} - \sin\phi\frac{d}{d\phi}\left(\frac{du}{dz} \right)$$

$$= -\cos\phi\frac{du}{dz} - \sin\phi\frac{d}{dz}\left(\frac{du}{dz} \right)\frac{dz}{d\phi} = -\cos\phi\frac{du}{dz} + \sin^2\phi\frac{d^2u}{dz^2}$$

따라서, $\sin\phi\dfrac{d^2u}{d\phi^2} + \cos\phi\dfrac{du}{d\phi} + n(n+1)\sin\phi\, u = 0$ 은

$$\sin\phi\left[-\cos\phi\frac{du}{dz} + \sin^2\phi\frac{d^2u}{dz^2} \right] + \cos\phi\left[-\sin\phi\frac{du}{dz} \right] + n(n+1)\sin\phi\, u$$

$$= \sin^2\phi\frac{d^2u}{dz^2} - 2\cos\phi\frac{du}{dz} + n(n+1)u$$

$$= (1-\cos^2\phi)\frac{d^2u}{dz^2} - 2\cos\phi\frac{du}{dz} + n(n+1)u = 0$$

$$\therefore \ (1-z^2)\frac{d^2u}{dz^2} - 2z\frac{du}{dz} + n(n+1)u = 0 : n \text{ 계 르장드르 미분방정식}$$

(2) $u = u(\phi)$ 이므로 $\nabla^2 u(\phi) = \dfrac{1}{\rho^2}\dfrac{d^2u}{d\phi^2} + \dfrac{\cot\phi}{\rho^2}\dfrac{du}{d\phi} = 0$ 에서 $\dfrac{d^2u}{d\phi^2} + \cot\phi\dfrac{du}{d\phi} = 0$ 또는

$$\sin\phi\frac{d^2u}{d\phi^2} + \cos\phi\frac{du}{d\phi} = 0$$

이다. 이는 (1)에서 $n = 0$ 인 경우이므로 0계 르장드르 방정식이다.

4.5 프로베니우스 해법

1. $(x+1)^2 y'' + (x+1)y' - y = 0$: $x+1 = t$ 로 치환하면 $y'(x) = y'(t)$, $y''(x) = y''(t)$ 이므로

$t^2 y'' + ty' - y = 0$, 즉 코시-오일러 미분방정식이다..

(1) $y = \sum\limits_{m=0}^{\infty} a_m t^{m+r}$ 로 놓으면

$$t^2 y'' + ty - y = t^2 \sum_{m=0}^{\infty} (m+r)(m+r-1)a_m t^{m+r-2} - t\sum_{m=0}^{\infty}(m+r)a_m t^{m+r-1} - \sum_{m=0}^{\infty} a_m t^{m+r}$$

$$= \sum_{m=0}^{\infty}(m+r)(m+r-1)a_m t^{m+r} - \sum_{m=0}^{\infty}(m+r)a_m t^{m+r} - \sum_{m=0}^{\infty} a_m t^{m+r}$$

$$= \sum_{m=0}^{\infty}[(m+r)(m+r-1)+(m+r)-1]a_m t^{m+r}$$

$$= \sum_{m=0}^{\infty}(m+r+1)(m+r-1)a_m t^{m+r}$$

$$= (r+1)(r-1)a_0 t^r + \sum_{m=1}^{\infty}(m+r+1)(m+r-1)a_m t^{m+r} = 0$$

지표방정식: $(r+1)(r-1)=0$, $r = \pm 1$ (정수 차이), $a_m = 0$ $(m=1,2,\cdots)$

(i) $r=1$: $y_1(t) = \sum\limits_{m=0}^{\infty} a_m t^{m+1} = a_0 t$, $a_0 = 1$ 로 놓으면 $y_1(t) = t$ 즉, $y_1(x) = x+1$

(ii) $r=-1$: $y_2(t) = \sum\limits_{m=0}^{\infty} a_m t^{m-1} = \dfrac{a_0}{t}$, $a_0 = 1$ 로 놓으면 $y_2(t) = \dfrac{1}{t}$ 즉, $y_2(x) = \dfrac{1}{x+1}$

y_1, y_2 는 선형독립이므로 일반해는 $y = c_1(x+1) + \dfrac{c_2}{x+1}$

(2) $y = t^m$ 으로 놓으면 $m(m-1)+m-1=0$, $m = \pm 1$ 이므로 $y = c_1 t + \dfrac{c_2}{t}$ 또는

$$y = c_1(x+1) + \frac{c_2}{x+1}$$

이 되어 (1), (2)의 결과가 같다.

2. (1) $x(1-x)y'' + 2(1-2x)y' - 2y = 0$: $y = \sum\limits_{m=0}^{\infty} a_m x^{m+r}$

$$\text{미방} = \sum_{m=0}^{\infty}(m+r)(m+r-1)a_m x^{m+r-1} - \sum_{m=0}^{\infty}(m+r)(m+r-1)a_m x^{m+r}$$

$$+ 2\sum_{m=0}^{\infty}(m+r)a_m x^{m+r-1} - 4\sum_{m=0}^{\infty}(m+r)a_m x^{m+r} - 2\sum_{m=0}^{\infty} a_m x^{m+r}$$

$$= \sum_{s=-1}^{\infty}(s+r+1)(s+r)a_{s+1}x^{s+r} - \sum_{s=0}^{\infty}(s+r)(s+r-1)a_s x^{s+r}$$

$$+ 2\sum_{s=-1}^{\infty}(s+r+1)a_{s+1}x^{s+r} - 4\sum_{s=0}^{\infty}(s+r)a_s x^{s+r} - 2\sum_{s=0}^{\infty} a_s x^{s+r}$$

$$= [r(r-1)+2r]a_0 x^{r-1} + \sum_{s=0}^{\infty}[(s+r+1)(s+r+2)a_{s+1}$$

$$-\{(s+r)(s+r-1)+4(s+r)+2\}a_s]x^{s+r}=0$$

지표방정식: $r(r-1)+2r=r(r+1)=0$, $r=0,-1$ (정수 차이)

(i) $r=0$: $(s+1)(s+2)a_{s+1}=(s+1)(s+2)a_s$, $a_{s+1}=a_s$, $s=0,1,\cdots$

$a_0=1$ 로 놓으면 $y_1=\displaystyle\sum_{m=0}^{\infty}a_m x^{m+0}=\sum_{m=0}^{\infty}x^m=\frac{1}{1-x}$ $(|x|<1)$

(ii) $r=-1$: $s(s+1)a_{s+1}=s(s+1)a_s$, $a_{s+1}=a_s$, $s=1,2,\cdots$

$a_0=1$, $a_1=1$ 로 놓으면

$$y_2=\sum_{m=0}^{\infty}a_m x^{m-1}=\sum_{m=0}^{\infty}x^{m-1}=\frac{1}{x}+\sum_{m=1}^{\infty}x^{m-1}=\frac{1}{x}+\frac{1}{1-x}$$

여기서 $\dfrac{1}{1-x}$ 는 y_1 과 같으므로 $y_2=\dfrac{1}{x}$. 따라서 $y=\dfrac{c_1}{1-x}+\dfrac{c_2}{x}$.

(참고) 두 번째 해를 구하는 공식 $y_2=y_1\displaystyle\int\frac{e^{-\int pdx}}{y_1^2}dx$ 을 사용하는 경우는

$$\int pdx=\int\frac{2(1-2x)}{x(1-x)}dx=\int\left(\frac{2}{x}-\frac{2}{1-x}\right)dx=2\ln x+2\ln(1-x)\text{ , 즉}$$

$e^{-\int pdx}=\dfrac{1}{x^2(1-x)^2}$ 이므로

$$y_2=y_1\int\frac{e^{-\int pdx}}{y_1^2}dx=\frac{1}{1-x}\int\frac{1}{x^2}dx=\frac{1}{1-x}\left(-\frac{1}{x}\right)=-\frac{1}{1-x}-\frac{1}{x}\quad\therefore\ y_2=\frac{1}{x}$$

(2) $xy''+2y'+xy=0$: $y=\displaystyle\sum_{m=0}^{\infty}a_m x^{m+r}$

$xy''+2y'+xy$

$$=x\sum_{m=0}^{\infty}(m+r)(m+r-1)a_m x^{m+r-2}+2\sum_{m=0}^{\infty}(m+r)a_m x^{m+r-1}+x\sum_{m=0}^{\infty}a_m x^{m+r}$$

$$=\sum_{m=0}^{\infty}(m+r)(m+r-1)a_m x^{m+r-1}+2\sum_{m=0}^{\infty}(m+r)a_m x^{m+r-1}+\sum_{m=0}^{\infty}a_m x^{m+r+1}$$

$$=\sum_{s=-1}^{\infty}(s+r+1)(s+r)a_{s+1}x^{s+r}+2\sum_{s=-1}^{\infty}(s+r+1)a_{s+1}x^{s+r}+\sum_{s=1}^{\infty}a_{s-1}x^{s+r}$$

$$=[r(r-1)+2r]a_0 x^{r-1}+[(r+1)r+2(r+1)]a_1 x^r$$

$$+\sum_{s=1}^{\infty}[(s+r+1)(s+r)a_{s+1}+2(s+r+1)a_{s+1}+a_{s-1}]x^{s+r}$$

$$=r(r+1)a_0 x^{r-1}+(r+1)(r+2)a_1 x^r$$

$$+\sum_{s=1}^{\infty}[(s+r+1)(s+r+2)a_{s+1}+a_{s-1}]x^{s+r}=0$$

지표방정식 $r(r+1)=0$ 에서 $r=0,\ -1$

(i) $r=0$ 일 때

x^r 의 계수식에서 $a_1=0$ 이고 x^{s+r} 의 계수식에서

$$a_{s+1} = -\frac{a_{s-1}}{(s+2)(s+1)} \quad (s = 1, 2, \cdots).$$

$$s = 1: \ a_2 = -\frac{a_0}{3 \cdot 2} = -\frac{a_0}{3!}$$

$$s = 2: \ a_3 = -\frac{a_1}{4 \cdot 3} = -\frac{0}{4 \cdot 3} = 0$$

$$s = 3: \ a_4 = -\frac{a_2}{5 \cdot 4} = -\frac{1}{5 \cdot 4}\left(-\frac{a_0}{3!}\right) = \frac{a_0}{5!}$$

$$\cdots$$

에서 $a_{2n+1} = 0$, $a_{2n} = \dfrac{(-1)^n}{(2n+1)!}a_0 \ (n = 0, 1, \cdots)$ 이다. $a_0 = 1$ 로 택하면

$$y_1 = \sum_{m=0}^{\infty} a_m x^{m+0} = \sum_{n=0}^{\infty} a_{2n} x^{2n} + \sum_{n=0}^{\infty} a_{2n+1} x^{2n+1}$$

$$= \sum_{n=0}^{\infty} \frac{(-1)^n}{(2n+1)!} x^{2n} + \sum_{n=0}^{\infty} 0 \cdot x^{2n+1} = \frac{1}{x}\sum_{n=0}^{\infty} \frac{(-1)^n}{(2n+1)!} x^{2n+1} = \frac{\sin x}{x}$$

(ii) $r = -1$ 일 때

x^r 의 계수식에서 $a_1 = 0$ 이고 x^{s+r} 의 계수식에서

$$a_{s+1} = -\frac{a_{s-1}}{(s+1)s} \quad (s = 1, 2, \cdots).$$

$$s = 1: \ a_2 = -\frac{a_0}{2 \cdot 1} = -\frac{a_0}{2!}$$

$$s = 2: \ a_3 = -\frac{a_1}{3 \cdot 2} = -\frac{0}{3 \cdot 2} = 0$$

$$s = 3: \ a_4 = -\frac{a_2}{4 \cdot 3} = -\frac{1}{4 \cdot 3}\left(-\frac{a_0}{2!}\right) = \frac{a_0}{4!}$$

$$\cdots$$

에서 $a_{2n+1} = 0$, $a_{2n} = \dfrac{(-1)^n}{(2n)!}a_0 \ (n = 0, 1, \cdots)$ 이다. $a_0 = 1$ 로 택하면

$$y_2 = \sum_{m=0}^{\infty} a_m x^{m-1} = \frac{1}{x}\left(\sum_{n=0}^{\infty} a_{2n} x^{2n} + \sum_{n=0}^{\infty} a_{2n+1} x^{2n+1}\right)$$

$$= \frac{1}{x}\left[\sum_{n=0}^{\infty} \frac{(-1)^n}{(2n)!} x^{2n} + \sum_{n=0}^{\infty} 0 \cdot x^{2n+1}\right] = \frac{1}{x}\sum_{n=0}^{\infty} \frac{(-1)^n}{(2n)!} x^{2n} = \frac{\cos x}{x}$$

따라서 $y = c_1 \dfrac{\sin x}{x} + c_2 \dfrac{\cos x}{x}$.

[참고] $p = \dfrac{2}{x}$ 이므로 $e^{-\int p\,dx} = e^{-\int 2/x\,dx} = e^{-2\ln x} = \dfrac{1}{x^2}$

$$y_2 = y_1 \int \frac{e^{-\int p\,dx}}{y_1^2}dx = \frac{\sin x}{x}\int \frac{1}{x^2}\frac{x^2}{\sin^2 x}dx = \frac{\sin x}{x}\int \frac{dx}{\sin^2 x}$$

$$= \frac{\sin x}{x}(-\cot x) = -\frac{\cos x}{x} \quad \text{또는} \quad y_2 = \frac{\cos x}{x} \text{ 로 구해도 된다.}$$

(3) $xy'' + (1-2x)y' + (x-1)y = 0$: $y = \sum_{m=0}^{\infty} a_m x^{m+r}$

$$\sum_{m=0}^{\infty}(m+r)(m+r-1)a_m x^{m+r-1} + \sum_{m=0}^{\infty}(m+r)a_m x^{m+r-1}$$

$$-2\sum_{m=0}^{\infty}(m+r)a_m x^{m+r} + \sum_{m=0}^{\infty}a_m x^{m+r+1} - \sum_{m=0}^{\infty}a_m x^{m+r} = 0$$

$$\sum_{s=-1}^{\infty}(s+r+1)(s+r)a_{s+1}x^{s+r} + \sum_{s=-1}^{\infty}(s+r+1)a_{s+1}x^{s+r}$$

$$-2\sum_{s=0}^{\infty}(s+r)a_s x^{s+r} + \sum_{s=1}^{\infty}a_{s-1}x^{s+r} - \sum_{s=0}^{\infty}a_s x^{s+r} = 0$$

$$[r(r-1)+r]a_0 x^{r-1} + [(r+1)ra_1 + (r+1)a_1 - 2ra_0 - a_0]x^r$$

$$+ \sum_{s=1}^{\infty}[(s+r+1)(s+r)a_{s+1} + (s+r+1)a_{s+1} - 2(s+r)a_s + a_{s-1} - a_s]x^{s+r} = 0$$

지표방정식 : $r(r-1)+r = r^2 = 0 \rightarrow r = 0$ (중근)

(i) $r = 0$ 일 때

x^r 의 계수에서 $a_1 = a_0$ 이고 x^{s+r} 의 계수는

$(s+1)s\,a_{s+1} + (s+1)a_{s+1} - 2s\,a_s + a_{s-1} - a_s = 0$ 이므로

$$(s+1)^2 a_{s+1} - (2s+1)a_s + a_{s-1} = 0 \quad (s=1,2,\cdots)$$

또는

$$(s+1)^2 a_{s+1} - (s+1)a_s = s\,a_s - a_{s-1}$$

이다. 이를

$$(s+1)[(s+1)a_{s+1} - a_s] = s\,a_s - a_{s-1}$$

로 나타내고 $b_s = s\,a_s - a_{s-1}$ 로 놓으면 위 식은

$$(s+1)b_{s+1} = b_s \quad \text{또는} \quad b_{s+1} = \frac{b_s}{s+1}$$

이다. $b_1 = a_1 - a_0 = 0$ 이므로 $b_s = 0$ 즉, $b_s = s\,a_s - a_{s-1} = 0$, $(s=1,2,\cdots)$ 이다.

$$\therefore \ a_s = \frac{a_{s-1}}{s} \ \text{에서} \quad a_m = \frac{a_0}{m!} \ (m=0,1,\cdots) \text{ 이다. } a_0 = 1 \text{ 로 놓으면}$$

$$y_1 = \sum_{m=0}^{\infty} a_m x^{m+0} = \sum_{m=0}^{\infty} \frac{x^m}{m!} = e^x$$

(ii) $p = \dfrac{1-2x}{x} = \dfrac{1}{x} - 2$, $\displaystyle\int p\,dx = \int\left(\dfrac{1}{x} - 2\right)dx = \ln x - 2x$, $e^{-\int p\,dx} = e^{-\ln x + 2x} = \dfrac{1}{x}e^{2x}$ 에서

$$y_2 = y_1 \int \frac{e^{-\int p\,dx}}{y_1^2}dx = e^x \int \frac{\dfrac{1}{x}e^{2x}}{e^{2x}}dx = e^x \int \frac{dx}{x} = e^x \ln x.$$

$$\therefore \ y = c_1 e^x + c_2 e^x \ln x.$$

3. (1) $2xy'' + 5y' + xy = 0$; $y = \sum_{m=0}^{\infty} a_m x^{m+r}$

$2xy'' + 5y' + xy$

$$= 2x \sum_{m=0}^{\infty} (m+r)(m+r-1)a_m x^{m+r-2} + 5 \sum_{m=0}^{\infty} (m+r)a_m x^{m+r-1} + x \sum_{m=0}^{\infty} a_m x^{m+r}$$

$$= 2 \sum_{s=-1}^{\infty} (s+r+1)(s+r)a_{s+1} x^{s+r} + 5 \sum_{s=-1}^{\infty} (s+r+1)a_{s+1} x^{s+r} + \sum_{s=1}^{\infty} a_{s-1} x^{s+r}$$

$$= [2r(r-1) + 5r]a_0 x^{r-1} + [2(r+1)r + 5(r+1)]a_1 x^r$$

$$+ \sum_{s=1}^{\infty} \left\{ [2(s+r+1)(s+r) + 5(s+r+1)] a_{s+1} + a_{s-1} \right\} x^{s+r}$$

$$= r(2r+3)a_0 x^{r-1} + (2r^2 + 7r + 5)a_1 x^r$$

$$+ \sum_{s=1}^{\infty} \left[(s+r+1)(2s+2r+5)a_{s+1} + a_{s-1} \right] x^{s+r} = 0 .$$

$a_0 \neq 0$ 이므로 $r(2r+3) = 0$ 에서 $r = 0$, $-3/2$ 이고 $(2r^2 + 7r + 5)a_1 = 0$ 에서 $a_1 = 0$,

$$a_{s+1} = -\frac{a_{s-1}}{(s+r+1)(2s+2r+5)} , \quad (s = 1, 2, \cdots) .$$

(i) $r = 0$ 일 때

$$a_{s+1} = -\frac{a_{s-1}}{(s+1)(2s+5)} , \quad (s = 1, 2, \cdots)$$

$s = 1 : a_2 = -\dfrac{a_0}{2 \cdot 7}$

$s = 2 : a_3 = -\dfrac{a_1}{3 \cdot 9} = \dfrac{0}{3 \cdot 9} = 0$

$s = 3 : a_4 = -\dfrac{a_2}{4 \cdot 11} = -\dfrac{1}{4 \cdot 11}\left(-\dfrac{a_0}{2 \cdot 7}\right) = \dfrac{a_0}{(2 \cdot 4)(7 \cdot 11)}$

$s = 4 : a_5 = -\dfrac{a_3}{5 \cdot 13} = -\dfrac{0}{5 \cdot 13} = 0$

$$\cdots$$

$a_0 = 1$ 로 택하면

$$a_{2n} = \frac{(-1)^n}{(2 \cdot 4 \cdot \cdots \cdot 2n)[7 \cdot 11 \cdot \cdots \cdot (4n+3)]} , \quad (n = 1, 2, \cdots) ,$$

$$a_{2n+1} = 0 , \quad (n = 0, 1, \cdots)$$

$$\therefore \ y_1(x) = \sum_{m=0}^{\infty} a_m x^{m+0} = a_0 + \sum_{n=0}^{\infty} a_{2n+1} x^{2n+1} + \sum_{n=1}^{\infty} a_{2n} x^{2n}$$

$$= 1 + 0 + \sum_{n=1}^{\infty} \frac{(-1)^n}{(2 \cdot 4 \cdot \cdots \cdot 2n)[7 \cdot 11 \cdot \cdots \cdot (4n+3)]} x^{2n} = 1 - \frac{x^2}{14} + \frac{x^4}{616} - \cdots$$

(ii) $r = -3/2$ 일 때

$$a_{s+1} = -\frac{a_{s-1}}{(s-1/2)(2s+2)} = -\frac{a_{s-1}}{(s+1)(2s-1)} , \ (s=1,2,\cdots)$$

$$s=1: \ a_2 = -\frac{a_0}{2\cdot 1}$$

$$s=2: \ a_3 = -\frac{a_1}{3\cdot 3} == -\frac{0}{3\cdot 3} = 0$$

$$s=3: \ a_4 = -\frac{a_2}{4\cdot 5} = -\frac{1}{4\cdot 5}\left(-\frac{a_0}{2\cdot 1}\right) = \frac{a_0}{(2\cdot 4)(1\cdot 5)}$$

$$s=4: \ a_5 = -\frac{a_3}{5\cdot 7} = -\frac{0}{5\cdot 7} = 0$$

$$\cdots$$

$a_0 = 1$ 로 택하면 $\quad a_{2n} = \dfrac{(-1)^n}{(2\cdot 4\cdot \cdots \cdot 2n)[1\cdot 5\cdot \cdots \cdot (4n-3)]} , \ (n=1,2,\cdots)$

$$a_{2n+1} = 0 , \ (n=0,1,\cdots)$$

$$\therefore \ y_2(x) = \sum_{m=0}^{\infty} a_m x^{m-3/2} = x^{-3/2}\left(a_0 + \sum_{n=0}^{\infty} a_{2n+1}x^{2n+1} + \sum_{n=1}^{\infty} a_{2n}x^{2n}\right)$$

$$= x^{-3/2}\left(1+0+\sum_{n=1}^{\infty}\frac{(-1)^n}{(2\cdot 4\cdot \cdots \cdot 2n)[1\cdot 5\cdot \cdots \cdot (4n-3)]}x^{2n}\right)$$

$$= x^{-3/2}\left(1-\frac{x^2}{2}+\frac{x^4}{40}-\cdots\right)$$

일반해는 $y = c_1 y_1 + c_2 y_2$.

(2) $xy'' + y = 0$; $y = \sum\limits_{m=0}^{\infty} a_m x^{m+r}$

$$xy'' + y = x\sum_{m=0}^{\infty}(m+r)(m+r-1)a_m x^{m+r-2} + \sum_{m=0}^{\infty}a_m x^{m+r}$$

$$= \sum_{m=0}^{\infty}(m+r)(m+r-1)a_m x^{m+r-1} + \sum_{m=0}^{\infty}a_m x^{m+r}$$

$$= \sum_{s=-1}^{\infty}(s+r+1)(s+r)a_{s+1} x^{s+r} + \sum_{s=0}^{\infty}a_s x^{s+r}$$

$$= r(r-1)a_0 x^{r-1} + \sum_{s=0}^{\infty}\left[(s+r+1)(s+r)a_{s+1} + a_s\right]x^{s+r} = 0$$

이다. $a_0 \neq 0$ 이므로 $r(r-1) = 0$ 에서 $r=0, \ 1$ 이고

$$a_{s+1} = -\frac{a_s}{(s+r+1)(s+r)} , \ (s=0,1,\cdots).$$

$r=1$ 일 때 $a_{s+1} = -\dfrac{a_s}{(s+2)(s+1)}$

$$s=0: \ a_1 = -\frac{a_0}{2\cdot 1} = -\frac{a_0}{2!\cdot 1!}$$

$$s = 1 : \ a_2 = -\frac{a_1}{3 \cdot 2} = -\frac{1}{3 \cdot 2}\left(-\frac{a_0}{2! \cdot 1!}\right) = \frac{a_0}{3! \cdot 2!}$$

$$s = 2 : \ a_3 = -\frac{a_2}{4 \cdot 3} = -\frac{1}{4 \cdot 3}\left(\frac{a_0}{3! \cdot 2!}\right) = -\frac{a_0}{4! \cdot 3!}$$

$$s = 3 : \ a_4 = -\frac{a_3}{5 \cdot 4} = -\frac{1}{5 \cdot 4}\left(-\frac{a_0}{4! \cdot 3!}\right) = \frac{a_0}{5! \cdot 4!}$$

$$\cdots$$

$a_0 = 1$ 로 택하면 $a_m = \dfrac{(-1)^m}{(m+1)!m!}$, $(n = 1, 2, \cdots)$

$$\therefore \ y_1(x) = \sum_{m=0}^{\infty} a_m x^{m+1} = \sum_{m=0}^{\infty} \frac{(-1)^m}{(m+1)!m!} x^{m+1}$$

$$= x - \frac{1}{2}x^2 + \frac{1}{12}x^3 - \frac{1}{144}x^4 + \frac{1}{2880}x^5 - \cdots$$

두 번째 해는

$$y_2 = y_1 \int \frac{e^{-\int p dx}}{y_1^2}dx = y_1 \int \frac{e^{-\int 0 dx}}{y_1^2}dx = y_1 \int \frac{dx}{y_1^2}dx$$

$$= y_1 \int \frac{dx}{\left(x - \frac{1}{2}x^2 + \frac{1}{12}x^3 - \frac{1}{144}x^4 + \frac{1}{2880}x^5 - \cdots\right)^2}$$

$$= y_1 \int \frac{dx}{x^2 - x^3 + \frac{5}{12}x^4 - \frac{7}{72}x^5 + \cdots} = y_1 \int \frac{dx}{x^2\left(1 - x + \frac{5}{12}x^2 - \frac{7}{72}x^3 + \cdots\right)}$$

$$= y_1 \int \frac{1}{x^2}\left(1 + x + \frac{7}{12}x^2 + \frac{19}{72}x^3 + \cdots\right)dx = y_1 \int \left(\frac{1}{x^2} + \frac{1}{x} + \frac{7}{12} + \frac{19}{72}x + \cdots\right)dx$$

$$= y_1\left(-\frac{1}{x} + \ln x + \frac{7}{12}x + \frac{19}{144}x^2 + \cdots\right)$$

일반해는 $y = c_1 y_1 + c_2 y_1\left(-\dfrac{1}{x} + \ln x + \dfrac{7}{12}x + \dfrac{19}{144}x^2 + \cdots\right).$

4.6 베셀 방정식

1. (1) $x^2 y'' + xy' + \left(x^2 - \dfrac{1}{9}\right)y = 0$;

$$y = c_1 J_{1/3}(x) + c_2 J_{-1/3}(x) \ \ \text{또는} \ \ y = c_1 J_{1/3}(x) + c_2 Y_{1/3}(x)$$

(2) $x^2 y'' + xy' + (x^2 - 25)y = 0$; $y = c_1 J_5(x) + c_2 Y_5(x)$

(3) $4x^2 y'' + 4xy' + (100x^2 - 9)y = 0$;

양변을 4로 나누면 매개변수형 베셀방정식 $x^2 y'' + xy' + \left(25x^2 - \dfrac{9}{4}\right)y = 0$

$$\therefore \ y = c_1 J_{3/2}(5x) + c_2 Y_{3/2}(5x).$$

(4) $\dfrac{d}{dx}\left(x\dfrac{dy}{dx}\right)+\left(x-\dfrac{4}{x}\right)y=0$;

좌변의 미분을 수행하면 $y'+xy''+\left(x-\dfrac{4}{x}\right)=0$ 이고 양변에 x 를 곱하면 $\nu=2$ 인 베셀 미방

$$x^2y''+xy'+(x^2-4)y=0 \quad\therefore\quad y=c_1J_2(x)+c_2Y_2(x)$$

(5) $xy''+y'+\dfrac{1}{4}y=0$ (치환 $z^2=x$ 사용) ; $z^2=x$ 에서 $2z\dfrac{dz}{dx}=1$ 이므로

$$\frac{dy}{dx}=\frac{dy}{dz}\frac{dz}{dx}=\frac{1}{2z}\frac{dy}{dz}$$

$$\frac{d^2y}{dx^2}=\frac{d}{dx}\left(\frac{dy}{dx}\right)=\frac{d}{dz}\left(\frac{1}{2z}\frac{dy}{dz}\right)\frac{dz}{dx}=\left(-\frac{1}{2z^2}\frac{dy}{dz}+\frac{1}{2z}\frac{d^2y}{dz^2}\right)\frac{1}{2z}$$

$$=-\frac{1}{4z^3}\frac{dy}{dz}+\frac{1}{4z^2}\frac{d^2y}{dz^2}$$

따라서, 주어진 미방은

$$z^2\left(-\frac{1}{4z^3}\frac{dy}{dz}+\frac{1}{4z^2}\frac{d^2y}{dz^2}\right)+\frac{1}{2z}\frac{dy}{dz}+\frac{1}{4}y=0 \quad\text{또는}\quad z^2\frac{d^2y}{dz^2}+z\frac{dy}{dz}+z^2y=0$$

$$\rightarrow\ y(z)=c_1J_0(z)+c_2Y_0(z) \qquad \therefore\ y(x)=c_1J_0(\sqrt{x})+c_2Y_0(\sqrt{x})$$

(6) $xy''+5y'+xy=0$ (치환 $y=u/x^2$ 사용) ;

$$y'=\frac{dy}{dx}=\frac{u'x^2-u\cdot 2x}{x^4}=\frac{xu'-2u}{x^3}$$

$$y''=\left(\frac{xu'-2u}{x^3}\right)'=\frac{(u'+xu''-2u')x^3-(xu'-2u)3x^2}{x^6}=\frac{x^2u''-4xu'+6u}{x^4}$$

이므로 주어진 미방은

$$x\cdot\left(\frac{x^2u''-4xu'+6u}{x^4}\right)+5\left(\frac{xu'-2u}{x^3}\right)+x\left(\frac{u}{x^2}\right)=0 \quad\text{또는}\quad x^2u''+xu'+(x^2-4)u=0$$

$$\rightarrow\ u=c_1J_2(x)+c_2Y_2(x) \quad\therefore\ y=x^{-2}[c_1J_2(x)+c_2Y_2(x)]$$

2. 베셀함수의 성질 (5)의 $\left[x^{-\nu}J_\nu(x)\right]'=-x^{-\nu}J_{\nu+1}(x)$ 에서 $\nu=0$ 이면

$$J_0'(x)=-J_1(x).$$

베셀함수의 성질 (6)의 $J_{\nu-1}(x)-J_{\nu+1}(x)=2J_\nu'(x)$ 에서 $\nu=2$ 이면

$$J_1(x)-J_3(x)=2J_2'(x) \quad\text{또는}\quad J_2'(x)=\frac{1}{2}[J_1(x)-J_3(x)].$$

3. $J_0(x)=\displaystyle\sum_{m=0}^{\infty}\frac{(-1)^m}{2^{2m}(m!)^2}x^{2m}$, $J_1(x)=\displaystyle\sum_{m=0}^{\infty}\frac{(-1)^m}{2^{2m+1}(m!)(m+1)!}x^{2m+1}$ 에서

$$J_0'(x)=\sum_{m=1}^{\infty}\frac{(-1)^m2m}{2^{2m}(m!)^2}x^{2m-1}=\sum_{m=1}^{\infty}\frac{(-1)^m}{2^{2m-1}m!(m-1)!}x^{2m-1}$$

여기서 $m-1=s$ 로 놓으면

$$J_0{}'(x) = \sum_{s=0}^{\infty} \frac{(-1)^{s+1}}{2^{2s+1} s!(s+1)!} x^{2s+1} = -\sum_{s=0}^{\infty} \frac{(-1)^s}{2^{2s+1} s!(s+1)!} x^{2s+1} = -J_1(x)$$

4. $J_n(x) = x^n \displaystyle\sum_{m=0}^{\infty} \frac{(-1)^m}{2^{2m+n} m!(n+m)!} x^{2m}$ 에서

$$\left| \frac{a_{m+1}}{a_m} \right| = \frac{\dfrac{1}{2^{2(m+1)+n} (m+1)!(n+m+1)!}}{\dfrac{1}{2^{2m+n} m!(n+m)!}} = \frac{1}{4(m+1)(n+m+1)}$$

$$\frac{1}{R} = \lim_{m \to \infty} \left| \frac{a_{m+1}}{a_m} \right| = 0 \qquad \therefore R = \infty$$

5. 베셀함수의 성질 (5)의 $\left[x^\nu J_\nu(x) \right]' = x^\nu J_{\nu-1}(x)$ 에 $\nu = 1$ 을 적용하면 $\left[x J_1(x) \right]' = x J_0(x)$ 이므로

$$\int_0^b x J_0(x)\, dx = x J_1(x) \Big|_0^b = b J_1(b).$$

6. (1)
$$\Gamma\left(0 + \frac{3}{2}\right) = \frac{1}{2}\Gamma\left(\frac{1}{2}\right) = \frac{1}{2}\sqrt{\pi} = \frac{1!}{2^1 0!}\sqrt{\pi}$$

$$\Gamma\left(1 + \frac{3}{2}\right) = \frac{3}{2}\Gamma\left(\frac{3}{2}\right) = \frac{3}{2}\frac{1!}{2^1 0!}\sqrt{\pi} = \frac{3}{2}\frac{2}{2 \cdot 1}\frac{1!}{2^1 0!}\sqrt{\pi} = \frac{3!}{2^3 1!}\sqrt{\pi}$$

$$\Gamma\left(2 + \frac{3}{2}\right) = \frac{5}{2}\Gamma\left(\frac{5}{2}\right) = \frac{5}{2}\frac{3!}{2^3 1!}\sqrt{\pi} = \frac{5}{2}\frac{4}{2 \cdot 2}\frac{3!}{2^3 1!}\sqrt{\pi} = \frac{5!}{2^5 2!}\sqrt{\pi}$$

$$\Gamma\left(3 + \frac{3}{2}\right) = \frac{7}{2}\Gamma\left(\frac{7}{2}\right) = \frac{7}{2}\frac{5!}{2^5 2!}\sqrt{\pi} = \frac{7}{2}\frac{6}{2 \cdot 3}\frac{5!}{2^5 2!}\sqrt{\pi} = \frac{7!}{2^7 3!}\sqrt{\pi}$$

일반적으로

$$\Gamma(m + 3/2) = \frac{(2m+1)!}{2^{2m+1} m!}\sqrt{\pi}.$$

(2) $J_{1/2}(x) = \displaystyle\sum_{m=0}^{\infty} \frac{(-1)^m}{2^{2m+1/2} m!\Gamma(m+3/2)} x^{2m+1/2}$ 에 $\Gamma(m+3/2) = \dfrac{(2m+1)!}{2^{2m+1} m!}\sqrt{\pi}$ 를 대입하면

$$J_{1/2}(x) = \sum_{m=0}^{\infty} \frac{(-1)^m}{2^{2m+1/2} m!\Gamma(m+3/2)} x^{2m+1/2}$$

$$= \sum_{m=0}^{\infty} \frac{(-1)^m}{2^{2m+1/2} m! \dfrac{(2m+1)!}{2^{2m+1} m!}\sqrt{\pi}} x^{2m+1/2}$$

$$= \sqrt{\frac{2}{\pi x}} \sum_{m=0}^{\infty} \frac{(-1)^m}{(2m+1)!} x^{2m+1} = \sqrt{\frac{2}{\pi x}} \sin x$$

7. (1) 변형 베셀방정식 $x^2 y'' + xy' - (x^2 + \nu^2)y = 0$ 은 $x^2 y'' + xy' + [(ix)^2 - \nu^2]y = 0$ 로 나타낼 수 있으며 이는 $\lambda = i$ 인 매개변수형 베셀 방정식이므로 하나의 해는 $J_\nu(ix)$ 이다. $I_\nu(x) = i^{-\nu} J_\nu(ix)$ 는 $J_\nu(ix)$ 의 상수배이므로 $I_\nu(x)$ 도 해이다.

(2) $\displaystyle I_\nu(x) = i^{-\nu} J_\nu(ix) = i^{-\nu} \sum_{m=0}^{\infty} \frac{(-1)^m}{2^{2m+\nu} m! \, \Gamma(m+\nu+1)} (ix)^{2m+\nu}$

$$= \sum_{m=0}^{\infty} \frac{(-1)^m}{2^{2m+\nu} m! \, \Gamma(m+\nu+1)} x^{2m+\nu} i^{2m}$$

여기서, $i^{2m} = (-1)^m$ 이고, $(-1)^m (-1)^m = (-1)^{2m} = 1$ 이므로

$$I_\nu(x) = \sum_{m=0}^{\infty} \frac{x^{2m+\nu}}{2^{2m+\nu} m! \, \Gamma(m+\nu+1)} \ .$$

5장

초기값 문제의 수치해법

5.1 수치해석 기초

5.2 초기값 문제의 수치해법

5.1 수치해석 기초

1. 수렴한다. 컴퓨터는 유한한 자릿수로 수를 표현하므로 큰 m에 대해 $1/m$을 0으로 취급한다. 따라서 조화급수 $\sum_{m=1}^{\infty} \frac{1}{m}$ 을 계산하는 경우 $1/N$이 0이되는 유한한 자연수 N에 대해

$$\sum_{m=1}^{\infty} \frac{1}{m} = \frac{1}{1} + \frac{1}{2} + \cdots + \frac{1}{N} + 0 + 0 + \cdots = \sum_{m=1}^{N} \frac{1}{m}$$

로 수렴한다.

2. (1) FORTRAN 프로그램의 예

```
    integer n1, n2, nsum
    read(*,*) n1, n2
    nsum=0
10  nsum=nsum+n1
    n1=n1+1
    if(n1.gt. n2) goto 20
    goto 10
20  write(*,*) 'n1=', ' n2=', ' nsum=', n1, n2, nsum
    stop
    end
```
결과 : n1=1 n2=100 nsum=5050

(2) C++ 프로그램의 예

```
    #include<iostream>
    using namespace std;
    int main() {int n1, n2, sum=0;
    cout<<"Enter two integers (n1 and n2):";cin >>n1>>n2;
    for (int i = n1; i<=n2'i++ {sum+=i;
    }
    cout<<"The sum of all integers from" << n1 <<"to" << n2 << "is:"<<sum <<endl:
    return 0;
    }
```

3. $f(x) = x - \cos x = 0$, $\epsilon = 10^{-4}$

(1) $a = 0$, $b = \pi/2$. $p_1 = (a+b)/2 = (0 + \pi/2)/2 = \pi/4 = 0.7853$,

$$|f(p_1)| = |p_1 - \cos p_1| = |0.07829| > 10^{-4},$$

$$f(a)f(p_1) = f(0)f(0.7853) = (-1)(0.07829) < 0, \ a = 0, \ b = 0.7853$$

(2) $a = 0$, $b = 0.7853$. $p_2 = (a+b)/2 = (0+0.7853)/2 = 0.3927$,

$$|f(p_2)| = |p_2 - \cos p_2| = |-0.5311| > 10^{-4},$$

$$f(a)f(p_2) = f(0)f(0.3927) = (-1)(-0.5311) > 0, \ a = 0.3927, \ b = 7853$$

$$\vdots$$

반복계산 14회이면 $p = 0.7391$.

4. (1) 역행렬 이용 : $AX = B$ 에서

$$A = \begin{bmatrix} 10 & -1 & 0 \\ -1 & 10 & -2 \\ 0 & -2 & 8 \end{bmatrix}.$$

$$\det A = \begin{vmatrix} 10 & -1 & 0 \\ -1 & 10 & -2 \\ 0 & -2 & 8 \end{vmatrix} = 950, \ \text{adj}A = \begin{bmatrix} 96 & 10 & 2 \\ 10 & 100 & 20 \\ 2 & 20 & 99 \end{bmatrix} \text{이므로}$$

$$A^{-1} = \frac{\text{adj}A}{\det A} = -\frac{1}{950} \begin{bmatrix} 96 & 10 & 2 \\ 10 & 100 & 20 \\ 2 & 20 & 99 \end{bmatrix}.$$

$$\therefore \ X = A^{-1}B = \frac{1}{950} \begin{bmatrix} 96 & 10 & 2 \\ 10 & 100 & 20 \\ 2 & 20 & 99 \end{bmatrix} \begin{bmatrix} 9 \\ 7 \\ 8 \end{bmatrix} = \begin{bmatrix} 1 \\ 1 \\ 1 \end{bmatrix}$$

(2) 가우스-사이델 법 이용:

$$x_1^{(\ell)} = \frac{1}{10}(9 + x_2^{(\ell-1)})$$

$$x_2^{(\ell)} = \frac{1}{10}(7 + x_1^{(\ell)} + 2x_3^{(\ell-1)})$$

$$x_3^{(\ell)} = \frac{1}{10}(8 + 2x_2^{(\ell)})$$

$$\ell = 1: \quad x_1^{(1)} = \frac{1}{10}(9 + 0) = 0.9$$

$$x_2^{(1)} = \frac{1}{10}(7 + 0.9 + 2 \cdot 0) = 0.79$$

$$x_3^{(1)} = \frac{1}{10}(8 + 2 \cdot 0.79) = 0.958$$

$$\vdots$$

x_i ＼ ℓ	0	1	2	3	4
x_1	0	0.9000	0.9790	0.9990	0.9999
x_2	0	0.7900	0.9895	0.9995	1.000
x_3	0	0.9580	0.9979	0.9999	1.000

5. $y'' - 4y = 0$, $y(0) = 0$, $y(1) = 5$

$$\frac{y_{i+1} - 2y_i + y_{i-1}}{h^2} - 4y_i = 0 \ \text{or} \ y_{i-1} - 2.25y_i + y_{i+1} = 0$$

$$i = 1 : \quad y_0 - 2.25y_1 + y_2 = 0$$
$$i = 2 : \quad y_1 - 2.25y_2 + y_3 = 0$$
$$i = 3 : \quad y_2 - 2.25y_3 + y_4 = 0$$

경계조건 $y_0 = 0$, $y_4 = 5$를 이용하면 위 식들은 선형계

$$\begin{bmatrix} -2.25 & 1 & 0 \\ 1 & -2.25 & 1 \\ 0 & 1 & -2.25 \end{bmatrix} \begin{bmatrix} y_1 \\ y_2 \\ y_3 \end{bmatrix} = \begin{bmatrix} 0 \\ 0 \\ -5 \end{bmatrix}$$

를 이루고, 해는

$$y_1 = 0.7256, \ y_2 = 1.6327, \ y_3 = 2.9479$$

이다. 주어진 미방의 일반해는 2.3절에서

$$y = c_1 \cosh 2x + c_2 \sinh 2x$$

이고 경계조건 $y(0) = c_1 = 0$, $y(1) = c_2 \sinh 2 = 5$ 에서 $c_2 = \dfrac{5}{\sinh 2}$ 이므로 특수해는

$$y = \frac{5}{\sinh 2} \sinh 2x$$

이다. 따라서

$$y_1 = y(0.25) = \frac{5}{\sinh 2} \sinh(2 \cdot 0.25) = 0.7184$$

$$y_2 = y(0.5) = \frac{5}{\sinh 2} \sinh(2 \cdot 0.5) = 1.620$$

$$y_3 = y(0.75) = \frac{5}{\sinh 2} \sinh(2 \cdot 0.75) = 2.935$$

이고 이들을 위의 수치해와 비교하면

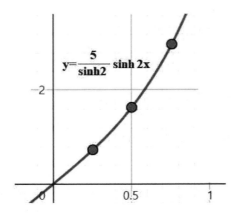

5.2 초기값 문제의 수치해법

1. $y' = 2xy, \ y(1) = 1$:

미방의 일반해는 변수분리에 의해 $\dfrac{dy}{y} = 2xdx$의 양변을 적분하면 $\ln|y| = x^2 + c_1$에서

$$y = ce^{x^2}$$

이고 초기조건 $y(1) = ce^1 = 1$에서 $c = e^{-1}$이므로 특수해는 $y(x) = e^{x^2 - 1}$.

(1) 호인법

식 (5.2.18)에 $x_0 = 1$, $y_0 = 1$, $h = 0.1$을 사용하면

$$y_1 = y_0 + \frac{1}{4}(k_1 + 3k_2), \ k_1 = hf(x_0, y_0), \ k_2 = hf\left(x_0 + \frac{2}{3}h, y_0 + \frac{2}{3}k_1\right), \ y_1 = 1.231333375$$

$$y_2 = y_1 + \frac{1}{4}(k_1 + 3k_2), \ k_1 = hf(x_1, y_1), \ k_2 = hf\left(x_1 + \frac{2}{3}h, y_1 + \frac{2}{3}k_1\right), \ y_2 = 1.546144366$$

$$y_3 = y_2 + \frac{1}{4}(k_1 + 3k_2), \ k_1 = hf(x_2, y_2), \ k_2 = hf\left(x_2 + \frac{2}{3}h, y_2 + \frac{2}{3}k_1\right), \ y_3 = 1.979683280$$

$$y_4 = y_3 + \frac{1}{4}(k_1 + 3k_2), \ k_1 = hf(x_3, y_3), \ k_2 = hf\left(x_3 + \frac{2}{3}h, y_3 + \frac{2}{3}k_1\right), \ y_4 = 2.584542513$$

$$y_5 = y_0 + \frac{1}{4}(k_1 + 3k_2), \ k_1 = hf(x_4, y_4), \ k_2 = hf\left(x_4 + \frac{2}{3}h, y_4 + \frac{2}{3}k_1\right), \ y_5 = 3.440198421$$

$$\therefore \ y(1.5) = 3.440198421$$

x_i	M-Euler	Heun's	RK order 4	Exact
1.0	1.000000	1.000000	1.000000	1.0000000
1.1	1.232000	1.23133	1.233674	1.233678
1.2	1.547885	1.546144	1.552695	1.552707
1.3	1.983150	1.979683	1.993687	1.993716
1.4	2.590787	2.584542	2.611633	2.611697
1.5	3.450929	3.440198	3.490211	3.490344

(2) 4계 RK법

식 (5.2.19)를 이용하여 (1)과 유사하게 푼다. 결과는 교재의 답을 참고하라.

2. $y' - y = -t^2 + 1$, $y(0) = 0.5$

적분인자 $e^{\int (-1)dt} = e^{-t}$를 양변에 곱하면 $\dfrac{d}{dt}(e^{-t}y)' = e^t(-t^2 + 1)$에서

$$e^{-t}y = \int e^{-t}(-t^2 + 1)dt = t^2 e^{-t} + 2te^{-t} + e^{-t} + c$$

이고 다시 양변을 적분인자로 나누면

$$y = t^2 + 2t + 1 + ce^t$$

이다. 초기조건에서 $y(0) = 1 + c = \dfrac{1}{2}$에서 $c = -\dfrac{1}{2}$이므로 특수해는 $y = t^2 + 2t + 1 - \dfrac{1}{2}e^t$.

$$\therefore \ y(0.5) = 1.42563936.$$

t_i	Euler	M-Euler	RK order 4	Exact
0.0	0.5000000	0.5000000	0.5000000	0.5000000
0.1	0.6554982	0.6573085	0.6574144	0.6574145
0.2	0.8253385	0.8290777	0.8292983	0.8292986
0.3	1.0089334	1.0147253	1.0150701	1.0150706
0.4	1.2056345	1.2136078	1.2140869	1.2140877
0.5	1.4147264	1.4250139	1.4256384	1.4256394
Error at 0.5	7.65×10^{-3}	4.37×10^{-4}	1.04×10^{-6}	$-$

위의 결과를 보면 같은 20회의 함수계산으로 4계 RK법이 가장 정확하다.

3. $2i_1 + 6(i_1 - i_2) + 2\dfrac{di_1}{dt} = 12$ --- (a) $\dfrac{1}{0.5}\displaystyle\int i_2 dt + 4i_2 + 6(i_2 - i_1) = 0$ --- (b)

시 (a)를 $i'(t)$에 대해 정리하면

$$i_1' = f_1(i_1, i_2) = -4i_1 + 3i_2 + 6$$

이고, 식 (b)의 양변을 미분하여 정리하면

$$i_2'(t) = f_2(i_1, i_2) = -2.4i_1 + 1.6i_2 + 3.6 .$$

를 구한다. $i_{10} = i_{20} = 0$ 을 이용하여 식 (5.12.19)를 계산하면 $t = 0.1$일 째

$k_{11} = hf_1(i_{10}, i_{20}) = h[-4i_{10} + 3i_{20} + 6] = 0.1[-4 \cdot 0 + 3 \cdot 0 + 6] = 0.6$

$k_{21} = hf_2(i_{10}, i_{20}) = h[-2.4i_{10} + 1.6i_{20} + 3.6] = 0.1[-2.4 \cdot 0 + 1.6 \cdot 0 + 3.6] = 0.36$

$k_{12} = hf_1(i_{10} + k_{11}/2, i_{20} + k_{21}/2) = 0.1[-4(0 + 0.6/2) + 3(0 + 0.36/2) + 6] = 0.534$

$k_{22} = hf_2(i_{10} + k_{11}/2, i_{20} + k_{21}/2) = 0.1[-2.4(0 + 0.6/2) + 1.6(0 + 0.36/2) + 3.6] = 0.3168$

$k_{13} = hf_1(i_{10} + k_{12}/2, i_{20} + k_{22}/2) = 0.1[-4(0 + 0.534/2) + 3(0 + 0.3168/2) + 6] = 0.5407$

$k_{23} = hf_2(i_{10} + k_{12}/2, i_{20} + k_{22}/2) = 0.1[-2.4(0 + 0.534/2) + 1.6(0 + 0.3168/2) + 3.6] = 0.321264$

$k_{14} = hf_1(i_{10} + k_{13}, i_{20} + k_{23}) = 0.1[-4(0 + 0.54072) + 3(0 + 0.32164) + 6] = 0.480091$

$k_{24} = hf_2(i_{10} + k_{13}, i_{20} + k_{23}) = 0.1[-2.4(0 + 0.54072) + 1.6(0 + 0.321264) + 3.6] = 0.281629$

$$i_{11} = i_{10} + \frac{1}{6}(k_{11} + 2k_{12} + 2k_{13} + 2k_{14})$$

$$= 0 + \frac{1}{6}(0.6 + 2 \cdot 0.534 + 2 \cdot 0.54072 + 0.4800912) = 0.538255$$

$$i_{21} = i_{20} + \frac{1}{6}(k_{21} + 2k_{22} + 2k_{23} + 2k_{24})$$

$$= 0 + \frac{1}{6}(0.36 + 2 \cdot 0.3168 + 2 \cdot 0.321264 + 0.28162944) = 0.319626$$

마찬가지 방법으로 $t = 0.2$까지 계산하면

$$i_1(0.2) = i_{12} = 0.968498 , \quad i_2(0.2) = i_{22} = 0.568782 .$$

이다. 해석해를 구하기 위해 $\mathcal{L}[i_1(t)] = I_1(s)$, $\mathcal{L}[i_2(t)] = I_2(s)$로 놓고 식 (a), (b)의 양변을 라플라스 변환하면

$$2I_1 + 6(I_1 - I_2) + 2sI_1 = \frac{12}{s}, \ \ 2I_2 + 4sI_2 + 6(sI_2 - sI_1) = 0$$

$$I_1 = \frac{3}{2}\frac{1}{s} - \frac{27}{8}\frac{1}{(s+2)} + \frac{15}{8}\frac{1}{(s+2/5)}, \ \ I_2 = -\frac{9}{4}\frac{1}{(s+2)} + \frac{9}{4}\frac{1}{(s+2/5)}.$$

이므로 라플라스 역변환에 의해

$$i_1(t) = -3.375e^{-2t} + 1.875e^{-0.4t} + 1.5, \ \ i_2(t) = 2.25(e^{-0.4t} - e^{-2t})$$

이다. 따라서 $t = 0.2$에서 해는

$$i_1(0.2) = -3.375e^{-2(0.2)} + 1.875e^{-0.4(0.2)} + 1.5 = 0.968513$$

$$i_2(0.2) = 2.25\left[e^{-0.4(0.2)} - e^{-2(0.2)}\right] = 0.568792$$

이다.

6장

벡터와 벡터공간

6.1 벡터의 기초

1. 원점으로부터 거리가 5인 점은 반지름이 5인 원 위의 모든 점을 나타내고, $r = 3i + 4j$ 는 $|r| = 5$ 의 크기와 $\tan\theta = 4/3$ 인 방향을 갖는 점 P의 정확한 위치를 나타낸다.

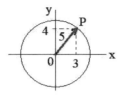

2. $W = T_1\cos\theta_1 + T_2\cos\theta_2 \leq T_1 + T_2 \quad \therefore T_1 + T_2 \geq W$

3. 속도는 벡터이므로 도착시간은 각 θ 에 따라 다름. 도착시간을 t 라 하면
$$t_A = \frac{120}{6\cos30°} = 23.1\,[\text{초}], \ t_B = \frac{120}{5} = 24\,[\text{초}]$$
이므로 A가 먼저 도착함.

4.
$$2a = 2[-2,1,-1] = [-4,2,-2]$$
$$a + b = [-2,1,-1] + [1,0,-3] = [-1,1,-4]$$
$$a - b = [-2,1,-1] - [1,0,-3] = [-3,1,2]$$
$$|a + b| = \sqrt{(-1)^2 + (1)^2 + (-4)^2} = \sqrt{18}$$
$$|a - b| = \sqrt{(-3)^2 + (1)^2 + (2)^2} = \sqrt{14}$$

5. $P_1P_2 = OP_2 - OP_1 = [2,3,1] - [-1,1,0] = [3,2,1]$

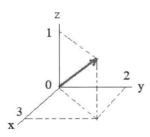

6. $OP_1 = [x,y]$ 라 하면, $OP_2 = [-3,10]$ 이므로

$P_1P_2 = OP_2 - OP_1 = [-3,10] - [x,y] = [-3-x, 10-y] = [4,8]$ 에서

$x = -7$, $y = 2$. 따라서 $OP_1 = [-7,2]$, 즉 $P_1 = (-7,2)$.

7. $2a - 3b = [-5, 4]$, $|2a - 3b| = \sqrt{(-5)^2 + 4^2} = \sqrt{41}$ $\therefore$ $c = \dfrac{1}{\sqrt{41}}[-5, 4]$

8. $a = [-2, -3] = c_1 b + c_2 c = c_1[1, 1] + c_2[1, -1] = [c_1 + c_2, c_1 - c_2]$ 에서

$$c_1 = -5/2, \ c_2 = 1/2 \qquad \therefore \ a = -\frac{5}{2}b + \frac{1}{2}c$$

9. $y'(2) = \dfrac{x}{2}\bigg|_{x=2} = 1$ 이므로 접선의 방정식은 $y - 2 = 1(x - 2)$ 또는 $y = x$ 이다.

단위접선벡터를 $T = [a, a]$ 라 하면 $|T| = \sqrt{a^2 + a^2} = \sqrt{2}|a| = 1$ 에서 $a = \pm 1/\sqrt{2}$.

따라서, $T = \dfrac{1}{\sqrt{2}}[1, 1]$ 또는 $T = -\dfrac{1}{\sqrt{2}}[1, 1]$.

10. $a = \dfrac{\triangle V}{\triangle t}$ 이므로 크기는 $|a| = \dfrac{|\triangle V|}{\triangle t} = \dfrac{|V_B - V_A|}{\triangle t} = \dfrac{10}{2} = 5$ $[\text{m/s}^2]$,

방향은 $\triangle V$ 와 같은 위쪽.

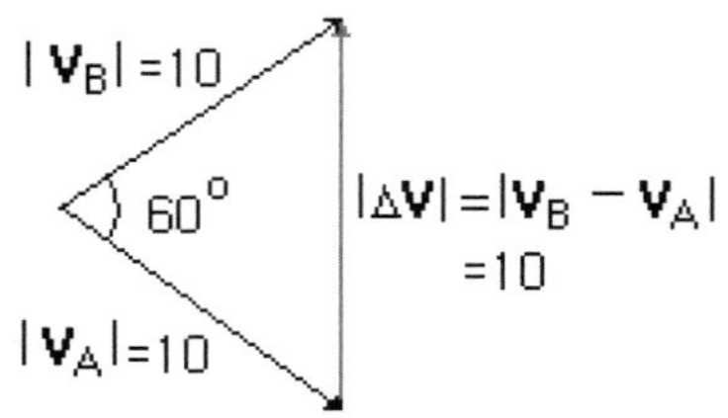

11. 그림과 같이 추를 원점으로 하면 $W = [0, -100]$ 이고

$$T_1 = [-T_1 \sin 45°, T_1 \cos 45°] = \left[-\frac{1}{\sqrt{2}}T_1, \frac{1}{\sqrt{2}}T_1\right],$$

$$T_2 = [T_2 \sin 30°, T_2 \cos 30°] = \left[\frac{1}{2}T_2, \frac{\sqrt{3}}{2}T_2\right]$$

이다. 따라서

$$T_1 + T_2 + W = \left[-\frac{1}{\sqrt{2}}T_1, \frac{1}{\sqrt{2}}T_1\right] + \left[\frac{1}{2}T_2, \frac{\sqrt{3}}{2}T_2\right] + [0, -100]$$

$$= \left[-\frac{1}{\sqrt{2}}T_1 + \frac{1}{2}T_2, \frac{1}{\sqrt{2}}T_1 + \frac{\sqrt{3}}{2}T_2 - 100\right] = [0, 0, 0]$$

에서

$$T_1 = \frac{100\sqrt{2}}{\sqrt{3} + 1}, \ T_2 = \frac{200}{\sqrt{3} + 1}.$$

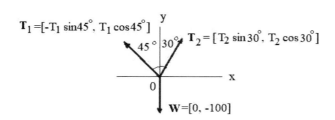

12. 분열 전 운동량이 0이었으므로 쪼개진 두 원자핵의 운동량은 크기가 같고 방향이 반대이다.

6.2 벡터의 내적

1. 본문의 코사인 제2법칙 $|a||b|\cos\theta = \dfrac{1}{2}\left(|a|^2 + |b|^2 - |c|^2\right)$ 에

$$a = [a_1, a_2, a_3],\ \ a = [b_1, b_2, b_3],\ \ c = [a_1 - b_1, a_2 - b_2, a_3 - b_3]$$

를 대입하면 좌변이 $a \cdot b$ 이므로

$$a \cdot b = \frac{1}{2}\left[a_1^2 + a_2^2 + a_3^2 + b_1^2 + b_2^2 + b_3^2 - (a_1 - b_1)^2 - (a_2 - b_2)^2 - (a_3 - b_3)^2 \right]$$

$$= a_1 b_1 + a_2 b_2 + a_3 b_3.$$

2. (1) 두 벡터의 내적이므로 스칼라
(2) 벡터의 스칼라곱이므로 벡터
(3) 정의되지 않음.

3. $a \cdot b = |a||b|\cos\theta = 8 \cdot 3 \cdot \cos\dfrac{\pi}{6} = 12\sqrt{3}$

4. (1) $|a|^2 = 2^2 + (-3)^2 + 4^2 = 29$
  (2) $a \cdot a = |a|^2 = 29$
  (3) $a \cdot b = [2, -3, 4] \cdot [-1, 2, 5] = 12$
  (4) $b \cdot c = [-1, 2, 5] \cdot [3, 6, -1] = 4$ $\therefore$ $(b \cdot c)a = 4a = [8, -12, 16]$

5. $a \cdot b = 6 - 2c + 12 = 0$ 에서 $c = 9$

6. $a \cdot v = 3v_1 + v_2 - 1 = 0$ 과 $b \cdot v = -3v_1 + 2v_2 + 2 = 0$ 에서 $v_1 = 4/9$, $v_2 = -1/3$

7. $|a| = \sqrt{2}$, $|b| = 1$, $|b - a| = \sqrt{5}$ 이므로
  $|b - a|^2 = |b|^2 - 2a \cdot b + |a|^2$ 에서 $\vec{a} \cdot \vec{b} = -1$

$$\cos\theta = \frac{a \cdot b}{|a||b|} = \frac{-1}{\sqrt{2} \cdot 1} = -\frac{1}{\sqrt{2}} \ , \ \theta = \cos^{-1}\left(-\frac{1}{\sqrt{2}}\right) = \frac{3}{4}\pi = 135°$$

8. $|a+b|^2 + |a-b|^2 = |a|^2 - 2a \cdot b + |b|^2 + |a|^2 + 2a \cdot b + |b|^2 = 2\left(|a|^2 + |b|^2\right)$

9. 점 A 를 원점으로 하면 $AC = [1,1,0]$, $AE = [1/2,1/2,1]$ 이므로

$$\cos\theta = \frac{AC \cdot AE}{|AC||AE|} = \frac{1}{\sqrt{2} \cdot \frac{\sqrt{3}}{\sqrt{2}}} = \frac{1}{\sqrt{3}} \quad \therefore \ \theta = \cos^{-1}\frac{1}{\sqrt{3}} = 0.955 = 54.7°$$

10. (1) $a = [5,7,4]$, $|a| = \sqrt{5^2 + 7^2 + 4^2} = 3\sqrt{10}$

$$\cos\alpha = \frac{a_1}{|a|} = \frac{5}{3\sqrt{10}} \ , \ \alpha = \cos^{-1}\frac{5}{3\sqrt{10}} \simeq 58.19°$$

$$\cos\beta = \frac{a_2}{|a|} = \frac{7}{3\sqrt{10}} \ , \ \beta = \cos^{-1}\frac{7}{3\sqrt{10}} \simeq 42.45°$$

$$\cos\gamma = \frac{a_3}{|a|} = \frac{4}{3\sqrt{10}} \ , \ \gamma = \cos^{-1}\frac{4}{3\sqrt{10}} \simeq 65.06°$$

(2) a 와 b 가 수직이므로 $a \cdot b = 0$ 이다. $a = [a_1, a_2, a_3]$, $b = [b_1, b_2, b_3]$ 라 하면

$$\cos\alpha_1\cos\alpha_2 + \cos\beta_1\cos\beta_2 + \cos\gamma_1\cos\gamma_2 = \frac{a_1}{|a|}\frac{b_1}{|b|} + \frac{a_2}{|a|}\frac{b_2}{|b|} + \frac{a_3}{|a|}\frac{b_3}{|b|}$$

$$= \frac{a_1b_1 + a_2b_2 + a_3b_3}{|a||b|} = \frac{a \cdot b}{|a||b|} = 0$$

11. $W = Fd\cos\theta = (3 \cdot 9.8)(10)\cos60° = 147 \ [\text{Nm}]$

12. 그림에서 $\text{Proj}_a \text{c} + \text{Proj}_b \text{c} = \text{c}$ 가 성립한다.

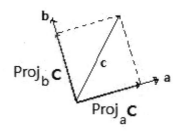

$|a|^2 = 9$, $a \cdot c = 15$ 이므로

$$\text{Proj}_a c = \frac{a \cdot c}{|a|^2}a = \frac{5}{3}[2,1,2]$$

$$\text{Proj}_b c = c - \text{Proj}_a c = [3,-1,5] - \frac{5}{3}[2,1,2] = [-1/3,-8/3,5/3]$$

13. (1) $n \cdot P_0P_2 = [a,b] \cdot [x_2-x_0, y_2-y_0] = a(x_2-x_0) + b(y_2-y_0)$
$$= ax_2 + by_2 - (ax_0 + by_0) = -c + c = 0$$

(2) $s = |P_0Q| \cos\theta = \dfrac{|n \cdot P_0Q|}{|n|} = \dfrac{|[a,b] \cdot [x_1-x_0, y_1-y_0]|}{\sqrt{a^2+b^2}}$
$$= \frac{|a(x_1-x_0) + b(y_1-y_0)|}{\sqrt{a^2+b^2}} = \frac{|ax_1 + by_1 - (ax_0 + by_0)|}{\sqrt{a^2+b^2}} = \frac{|ax_1 + by_1 + c|}{\sqrt{a^2+b^2}}$$

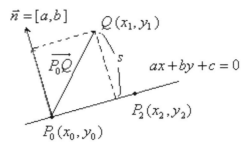

6.3 벡터의 외적

1. $a \times b = \begin{vmatrix} i & j & k \\ 2 & -1 & 2 \\ -1 & 3 & -1 \end{vmatrix} = -5i + 5k = [-5, 0, 5]$, $|\vec{a} \times \vec{b}| = \sqrt{(-5)^2 + 0^2 + 5^2} = 5\sqrt{2}$

2. $P_1P_2 = [0,1,1]$, $P_1P_3 = [1,2,2]$. $P_1P_2 \times P_1P_3 = \begin{vmatrix} i & j & k \\ 0 & 1 & 1 \\ 1 & 2 & 2 \end{vmatrix} = j - k = [0, 1, -1]$

3. $c = a \times b = \begin{vmatrix} i & j & k \\ -1 & -2 & 4 \\ 4 & -1 & 0 \end{vmatrix} = [4, 16, 9]$. $|c| = \sqrt{4^2 + 16^2 + 9^2} = \sqrt{353}$

$\therefore c = \pm \dfrac{1}{\sqrt{353}} [4, 16, 9]$

4. $AB = [-1, 3, 0]$, $DC = [-1, 3, 0]$

$AB = DC$ 이므로 $\overline{AB} \,//\, \overline{DC}$ 즉, 도형 ABCD는 평행사변형.

$AD = [-1, -3, 4]$ 이므로 $AB \times AD = \begin{vmatrix} i & j & k \\ -1 & 3 & 0 \\ -1 & -3 & 4 \end{vmatrix} = [12, 4, 6]$.

넓이 $= |AB \times AC| = \sqrt{12^2 + 4^2 + 6^2} = 14$

5. $P_1P_2 = [0,1,2]$, $P_1P_3 = [2,2,0]$. $P_1P_2 \times P_1P_3 = \begin{vmatrix} i & j & k \\ 0 & 1 & 2 \\ 2 & 2 & 0 \end{vmatrix} = [-4, 4, -2]$

넓이 $= \frac{1}{2}|P_1P_2 \times P_1P_3| = \frac{1}{2}\sqrt{(-4)^2 + 4^2 + (-2)^2} = 3$

6. $a \times b = \begin{vmatrix} i & j & k \\ 4 & 6 & 0 \\ -2 & 6 & -6 \end{vmatrix} = [-36, 24, 36]$. $(a \times b) \cdot c = [-36, 24, 36] \cdot [5/2, 3, 1/2] = 0$

즉 a, b 는 $a \times b$ 에 수직이고 c 도 $a \times b$ 에 수직이므로 a, b, c 는 같은 평면 위의 벡터이다.

7. $a = [a_1, a_2, a_3]$, $b = [b_1, b_2, b_3]$, $c = [c_1, c_2, c_3]$ 라 하면

$$a \times (b+c) = \begin{vmatrix} i & j & k \\ a_1 & a_2 & a_3 \\ b_1 + c_1 & b_2 + c_2 & b_3 + c_3 \end{vmatrix}$$

$$= [a_2(b_3 + c_3) - a_3(b_2 + c_2)]i - [a_1(b_3 + c_3) - a_3(b_1 + c_1)]j + [a_1(b_2 + c_2) - a_3(b_1 + c_1)]k$$

$$= (a_2 b_3 - a_3 b_2)i - (a_1 b_3 - a_3 b_1)j + (a_1 b_3 - a_3 b_1)k$$

$$+ (a_2 c_3 - a_3 c_2)i - (a_1 c_3 - a_3 c_1)j + (a_1 c_3 - a_3 c_1)k = a \times b + a \times c$$

8. (1) 막대를 원점으로 하여 그림과 같이 배열하자. 그림에서 L의 지면의 바깥쪽을 향하고 $|r|\sin\theta = d$를 이용하면 크기는

$$|L| = |r \times p| = |r||p|\sin(\pi - \theta) = |r||p|\sin\theta = |p|d = mvd$$

이다. 즉 각운동량의 크기가 θ에 관계없이 d에만 의존한다. 즉 여성이 직선운동 하는 동안 여성의 막대에 대한 각운동량은 일정하다.

(2) 예제 3에서 $r = d$인 경우로 각운동량이 mvd이다. 회전 전후에 각운동량이 보존된다.

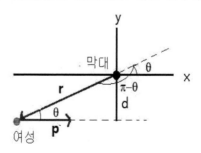

9. 고정점을 원점으로 하여 그림과 같이 배열하면

$$r = [0.1, 0, 0], \quad F = [10\cos30°, 10\sin30°, 0] = [5\sqrt{3}, 5, 0]$$

이므로

$$\tau = r \times F = \begin{vmatrix} i & j & k \\ 0.1 & 0 & 0 \\ 5\sqrt{3} & 5 & 0 \end{vmatrix} = [0, 0, 0.5].$$

따라서 $|\tau| = 0.5$ Nm, τ의 방향은 지면 안쪽이다.

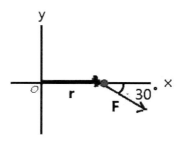

10. $(\boldsymbol{a}\ \boldsymbol{b}\ \boldsymbol{c}) = \begin{vmatrix} 2 & 0 & 3 \\ 0 & 6 & 2 \\ 3 & 3 & 0 \end{vmatrix} = -66$. 따라서 부피는 $66/6 = 11$.

11. $\boldsymbol{F}_B = -e\boldsymbol{V} \times \boldsymbol{B}$ $(q = -e)$이므로 오른손 법칙에 의해 자기력은 음의 z축 방향이고, 크기는

$$|\boldsymbol{F}_B| = evB\sin\theta = (1.6 \times 10^{-19}\,\text{C})(8.0 \times 10^6\,\text{m/s})(0.025\,\text{T})\sin 60° = 2.8 \times 10^{-14}\,\text{N}$$

이므로

$$\boldsymbol{F}_B = [0, 0, -2.8 \times 10^{-14}].$$

[별해] $\boldsymbol{F}_B = -e\boldsymbol{V} \times \boldsymbol{B} = -e \begin{vmatrix} \boldsymbol{i} & \boldsymbol{j} & \boldsymbol{k} \\ v & 0 & 0 \\ B\cos 60° & B\sin 60° & 0 \end{vmatrix} = [0, 0, -evB\sin 60°]$

$$= [0, 0, -2.8 \times 10^{-14}].$$

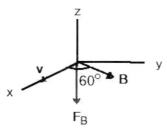

6.4 직선과 평면

1. $\boldsymbol{n}_1 = [3, 1]$, $\boldsymbol{n}_2 = [2, -1]$. $\cos\theta = \dfrac{\boldsymbol{n}_1 \cdot \boldsymbol{n}_2}{|\boldsymbol{n}_1||\boldsymbol{n}_2|} = \dfrac{5}{\sqrt{10}\,\sqrt{5}} = \dfrac{1}{\sqrt{2}}$. $\therefore \theta = \pi/4$.

2. 직선 $x + y + 1 = 0$의 법선벡터는 $\boldsymbol{n}_1 = [1, 1]$. 구하는 직선의 방정식을 $ax + by = 0$로 놓으면 법선벡터는 $\boldsymbol{n}_2 = [a, b]$. $\boldsymbol{n}_1 \cdot \boldsymbol{n}_2 = a + b = 0$에서 $b = -a$. 따라서, 구하는 직선의 방정식은 $ax - ay = 0$ 또는 $x - y = 0$.

3. 직선 $y = 2x + 1$ 은 $2x - y + 1 = 0$ 이므로 $n = [2, -1]$, $|n| = \sqrt{5}$. 직선 위에 점 $P(0,1)$을 택하면 $PQ = [1,0]$ 이므로 $n \cdot PQ = [2,-1] \cdot [1,0] = 2$. 따라서 $s = \dfrac{|n \cdot PQ|}{|n|} = \dfrac{2}{\sqrt{5}}$.

4. (1) $n = [4, -2, 0]$ 이므로 $4x - 2y + 0z + d = 0$. $(1,2,5)$를 포함하므로

$$4x - 2y = 0 \text{ 또는 } 2x - y = 0 .$$

(2) 평면 위의 두 벡터는 $a = [2-3, 3-5, 1-2] = [-1, -2, -1]$, $b = [-4, -6, 2]$이므로

$$n = a \times b = \begin{vmatrix} i & j & k \\ -1 & -2 & -1 \\ -4 & -6 & 2 \end{vmatrix} = [-10, 6, -2]$$

따라서, 평면의 방정식은 $-10x + 6y - 2z + d = 0$ 이고, 점 $(3,5,2)$를 포함하므로 $d = 4$.

$$-10x + 6y - 2z + 4 = 0 \text{ 또는 } 5x - 3y + z - 2 = 0 .$$

(3) $5x - y + z - d = 0$ 에서 $(0,0)$을 포함하므로 $5x - y + z = 0$.

(4) $j = [0,1,0]$에 수직인 평면은 $y + d = 0$ 이고 $(-7, -5, 18)$을 포함하므로 $y = -5$.

(5) $n = [1,2,3]$ 이므로 $x + 2y + 3z + d = 0$ 이고 $(3, 1, -1)$을 포함하므로

$x + 2y + 3z - 2 = 0$

5. $n = [1,1,1]$ 이므로 평면의 방정식은 $x + y + z + d = 0$. 평면 위의 임의의 점 $P(-d, 0, 0)$을 택하면 $Q(0,0,0)$일 때 $PQ = [d, 0, 0]$.

$$n \cdot PQ = [1,1,1] \cdot [d, 0, 0] = d , \quad s = \frac{|n \cdot PQ|}{|n|} = \frac{|d|}{\sqrt{3}} = 5$$

에서 $d = \pm 5\sqrt{3}$. 따라서 구하는 평면의 방정식은 $x + y + z \pm 5\sqrt{3} = 0$.

6. (1) $r_0 = [0,0,0]$, $u = [5,9,4]$, $r(t) = r_0 + tu = [0,0,0] + t[5,9,4] = [5t, 9t, 4t]$

또는 $x = 5t$, $y = 9t$, $z = 4t$ 에서 $\dfrac{x}{5} = \dfrac{y}{9} = \dfrac{z}{4}$

(2) $r_0 = [1,2,1]$, $u = [3-1, 5-2, -2-1] = [2, 3, -3]$

$r(t) = r_0 + tu = [1,2,1] + t[2,3,-3] = [1 + 2t, 2 + 3t, 1 - 3t]$

또는 $x = 1 + 2t$, $y = 2 + 3t$, $z = 1 - 3t$ 에서 $\dfrac{x-1}{2} = \dfrac{y-2}{3} = \dfrac{1-z}{3}$

7. xz-평면과 yz-평면에 평행한 벡터를 $k = [0,0,1]$로 놓으면

$$r(t) = [2, -2, 15] + t[0,0,1] = [2, -2, 15 + t] , \text{ 즉, } x = 2 , \ y = -2 , \ z = 15 + t$$

이므로 직선의 방정식은 $x = 2$, $y = -2$, $-\infty < z < \infty$

8. xy-평면$(z = 0)$: $z = 9 + 3t = 0$, $t = -3 \rightarrow x = 10$, $y = -5$ $\therefore$ $(10, -5, 0)$

yz-평면$(x = 0)$: $x = 4 - 2t = 0$, $t = 2 \rightarrow y = 5$, $z = 15$ $\therefore$ $(0, 5, 15)$

zx-평면$(y = 0)$: $y = 1 + 2t = 0$, $t = -1/2 \rightarrow x = 5$, $z = 15/2$ $\therefore$ $(5, 0, 15/2)$

9. (1) $4 + t = 6 + 2s$, $5 + t = 11 + 4s$, $-1 + 2t = -3 + s \rightarrow t = s = -2$ $\therefore$ $(2, 3, -5)$

(2) $2-t=4+s$, $3+t=1+s$, $1+t=1-s$ 를 만족하는 t, s 가 없으므로 교차하지 않음.

10. 첫 번째 직선은 $\dfrac{x-4}{-1}=\dfrac{y-3}{2}=\dfrac{z}{-2}$ 이므로 방향벡터는 $\boldsymbol{u}_1=[-1,2,-2]$ 이고

두 번째 직선은 $\dfrac{x-5}{2}=\dfrac{y-1}{3}=\dfrac{z-5}{-6}$ 이므로 방향벡터는 $\boldsymbol{u}_2=[2,3,-6]$

따라서 두 직선이 이루는 각은

$$\cos\theta=\frac{\boldsymbol{u}_1\cdot\boldsymbol{u}_2}{|\boldsymbol{u}_1||\boldsymbol{u}_2|}=\frac{16}{3\cdot 7}=\frac{16}{21}\text{ 에서 } \theta=\cos^{-1}\frac{16}{21}=40.37°$$

11. 평면 $x+y+z-7=0$ 의 법선벡터는 $\boldsymbol{n}=[1,1,1]$. 구하려는 평면에 포함된 직선에 평행한 벡터가 $\boldsymbol{u}=[3,-1,5]$ 이므로 구하려는 평면의 법선벡터는

$$\boldsymbol{n}\times\boldsymbol{u}=\begin{vmatrix} \boldsymbol{i} & \boldsymbol{j} & \boldsymbol{k} \\ 1 & 1 & 1 \\ 3 & -1 & 5 \end{vmatrix}=[6,-2,-4] \text{ 또는 } [3,-1,-2].$$

따라서, 평면의 방정식은 $3x-y-2z+d=0$ 인데 직선의 방정식에서 $t=0$ 일 때 점 $(4,0,1)$을 지나므로 $d=-10$. 따라서 구하는 평면의 방정식은 $3x-y-2z-10=0$.

12. $z=t$ 로 놓으면 $2x-3y=1-4t$, $x-y=5+t$ 에서 $x=14+7t$, $y=9+6t$ 이므로

교선의 매개 방정식 : $x=14+7t$, $y=9+6t$, $z=t$

벡터 방정식 : $\boldsymbol{r}(t)=[14,9,0]+t[7,6,1]=[14+7t,9+6t,t]$ 이다.

대칭 방정식 : $\dfrac{x-14}{7}=\dfrac{y-9}{6}=z$

13. $x-1=\dfrac{y+2}{2}=\dfrac{z}{4}=t$ 로 놓으면 $x=1+t$, $y=-2+2t$, $z=4t$. 이를 평면의 방정식 $3x-2y+z=-5$ 에 대입하면 $3(1+t)-2(-2+2t)+(4t)=-5$ 에서 $t=-4$ 이므로 $x=1+t=-3$, $y=-10$, $z=-16$ 이므로 교점은 $(-3,-10,-16)$.

14. 직선에 평행한 벡터는 $\boldsymbol{u}=[2,-1,1]$ 이므로 $|\boldsymbol{u}|=\sqrt6$ $t=0$ 일 때 $x=y=z=0$ 이므로 직선 위의 임의의 점을 $P(0,0,0)$ 로 택하면 $\boldsymbol{PQ}=[0,0,3]$

$$\boldsymbol{PQ}\times\boldsymbol{u}=\begin{vmatrix} \boldsymbol{i} & \boldsymbol{j} & \boldsymbol{k} \\ 0 & 0 & 3 \\ 2 & -1 & 1 \end{vmatrix}=[3,6,0], \ |\boldsymbol{PQ}|=\sqrt{45}$$

따라서, $s=\dfrac{|\boldsymbol{PQ}\times\boldsymbol{u}|}{|\boldsymbol{u}|}=\dfrac{\sqrt{45}}{\sqrt6}=\sqrt{15/2}$.

15. 직선 위에 임의의 점 $P(x_0,y_0)$ 를 택하면 점 $Q(x_1,y_1)$ 과 직선 사이의 거리는 $|\boldsymbol{PQ}|\sin\theta$ 와 같다. 벡터 외적에서 $|\boldsymbol{PQ}\times\boldsymbol{u}|=|\boldsymbol{PQ}||\boldsymbol{u}|\sin\theta$ 이므로 $\boldsymbol{PQ}=[x_1-x_0,y_1-y_0]$, $\boldsymbol{u}=[-b,a]$ 에서

$$PQ \times u = \begin{vmatrix} i & j & k \\ x_1 - x_0 & y_1 - y_0 & 0 \\ -b & a & 0 \end{vmatrix} = [0, \ 0, \ a(x_1 - x_0) + b(y_1 - y_0)],$$

$$|PQ \times u| = |a(x_1 - x_0) + b(y_1 - y_0)| = |ax_1 + by_1 + c|.$$

따라서, $s = |PQ|\sin\theta = \dfrac{|PQ||u|\sin\theta}{|u|} = \dfrac{|PQ \times u|}{|u|} = \dfrac{|ax_1 + by_1 + c|}{\sqrt{a^2 + b^2}}.$

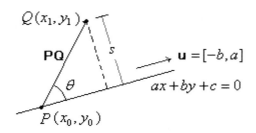

16. 아래 그림에서

$$r(t) = r_0 + tu \quad (-\infty < t < \infty).$$

위 식에 $r = [x, y]$, $r_0 = [x_0, y_0]$, $u = [a, b]$ 를 대입하면

$$[x, y] = [x_0, y_0] + t[a, b] = [x_0 + ta, \ y_0 + tb]$$

에서

$$x = x_0 + ta, \ y = y_0 + tb$$

이고, 두 식에서 t 를 소거하면

$$\frac{x - x_0}{a} = \frac{y - y_0}{b} \quad \text{또는} \quad y - y_0 = \frac{b}{a}(x - x_0)$$

가 되어 기울기가 b/a 이고 점 (x_0, y_0) 를 지나는 직선의 방정식이 된다. 여기서 벡터 $u = [a, b]$ 의 기울기는 당연히 b/a 이다.

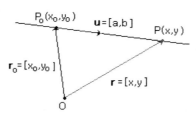

6.5 벡터공간

1. (1) 벡터공간. $a = [a, -a]$, $b = [b, -b]$일 때

  $c = k_1 a + k_2 b = k_1[a, -a] + k_2[b, -b] = [k_1 a + k_2 b, \ -k_1 a - k_2 b] = [c_1, c_2]$ 에서

  $c_1 + c_2 = 0$을 만족하는 등 10가지 공리를 모두 만족.

(2) 아님. 공리 (i) 불만족. $\boldsymbol{a} = [a_1, a_2]$ $(a_2 = 3a_1 + 1)$, $\boldsymbol{b} = [b_1, b_2]$ $(b_2 = 3b_1 + 1)$일 때,

$\boldsymbol{a} + \boldsymbol{b} = [a_1 + b_1, a_2 + b_2]$에서

$$a_2 + b_2 = (3a_1 + 1) + (3b_1 + 1) = 3(a_1 + b_1) + 2 \neq 3(a_1 + b_1) + 1$$

(3) 아님. 공리 (vi) 불만족. $k\boldsymbol{a} = [ka_1, ka_2]$에서 $ka_1 \geq 0$, $ka_2 \geq 0$이 성립하지 않음.

(4) 벡터공간

2. (1) 부분공간. $f(1) = 0$, $g(1) = 0$일 때, $f(1) + g(1) = 0 + 0 = 0$, $kf(1) = k \cdot 0 = 0$
이므로 닫힘공리 (i)과 (vi) 만족.

(2) 아님. 공리 (i) 불만족. $f(0) + g(0) = 1 + 1 = 2 \neq 1$

(3) 아님. 공리 (vi) 불만족. $f(x) \geq 0$일 때 $kf(x) \geq 0$이 성립하지 않음.

(4) 부분공간

3. (1) 부분공간

(2) 아님. 공리 (i), (vi) 불만족. $|\boldsymbol{a}| = 1$, $|\boldsymbol{b}| = 1$일 때, $|\boldsymbol{a} + \boldsymbol{b}| \neq 1$이고

$$k \neq 1 \text{인 스칼라 } k \text{에 대해 } |k\boldsymbol{a}| = k|\boldsymbol{a}| = k \neq 1.$$

(3) 부분공간. Q_1, Q_2를 1차 이하의 다항식이라 할 때,

$$p_1(x) = (x-2)Q_1(x), \quad p_2(x) = (x-2)Q_2(x)$$

이면 $p_1 + p_2 = (x-2)(Q_1 + Q_2)$, $kp_1 = k(x-2)Q_1$이고 $Q_1 + Q_2$와 kQ_1도 1차 이하 다항식이므로 공리 (i), (vi)을 만족.

(4) 부분공간. $\displaystyle\int_a^b f(x)dx = 0$, $\displaystyle\int_a^b g(x)dx = 0$일 때,

$$\int_a^b f(x)dx + \int_a^b g(x)dx = 0 + 0 = 0, \quad k\int_a^b f(x)dx = k \cdot 0 = 0.$$

4. (1) 선형종속   (2) 선형종속   (3) 선형독립   (4) 선형종속

5. (1) $c_1\boldsymbol{u}_1 + c_2\boldsymbol{u}_2 + c_3\boldsymbol{u}_3 = c_1[1,0,0] + c_2[1,1,0] + c_3[1,1,1]$

$= [c_1 + c_2 + c_3, c_2 + c_3, c_3] = [0,0,0]$에서 $c_1 = c_2 = c_3 = 0$ $\therefore$ 선형독립

(2) $c_1 + c_2 + c_3 = 3$, $c_2 + c_3 = 4$, $c_3 = -8$에서 $c_1 = -1$, $c_2 = 4$, $c_3 = -8$

$\therefore$ $\boldsymbol{a} = -\boldsymbol{u}_1 + 12\boldsymbol{u}_2 - 8\boldsymbol{u}_3$

6. (1) $c_1 p_1 + c_2 p_2 = c_1(x+1) + c_2(x-1) = (c_1 + c_2)x + (c_1 - c_2) = 0$에서

$c_1 + c_2 = 0$, $c_1 - c_2 = 0 \to c_1 = c_2 = 0$ $\therefore$ 선형독립

(2) $c_1 + c_2 = 5$, $c_1 - c_2 = 2$에서 $c_1 = 7/2$, $c_2 = 3/2$. $\therefore$ $p(x) = \dfrac{7}{2}p_1 + \dfrac{3}{2}p_2$

7. 10가지 공리를 모두 만족하므로 벡터공간. 두 벡터를 $\cos x$, $\sin x$라 하면 $c_1\cos x + c_2\sin x = 0$에서 $x = 0$일 때 $c_1 = 0$, $x = \pi/2$일 때 $c_2 = 0$이므로 선형독립. 차원은

2, 기저는 $\cos x$, $\sin x$.

8. 특성방정식 $m^2 - 3m - 10 = (m+2)(m-5) = 0$에서 $m = -2, 5$.

따라서 해의 기저는 $\{e^{-2x}, e^{5x}\}$, 해공간의 차원은 2이다. 일반해는 $y = c_1 e^{-2x} + c_2 e^{5x}$.

7장

행렬과 응용

7.1 행렬의 기초

1. $x^2 = 9$, $y = 4x$ 에서 $x = \pm 3$, $y = \pm 12$

2. $\frac{1}{2}A = \begin{bmatrix} 1/2 & -1/2 \\ 1 & 1 \end{bmatrix}$, $A + B = \begin{bmatrix} 0 & 0 \\ 2 & -1 \end{bmatrix}$, $A - B = \begin{bmatrix} 2 & -2 \\ 2 & 5 \end{bmatrix}$, $(A - B)^T = \begin{bmatrix} 2 & 2 \\ -2 & 5 \end{bmatrix}$

3. $AB = \begin{bmatrix} 1 & 2 \\ 3 & -1 \end{bmatrix} \begin{bmatrix} 2 & 0 \\ 1 & 1 \end{bmatrix} = \begin{bmatrix} 4 & 2 \\ 5 & -1 \end{bmatrix}$, $BA = \begin{bmatrix} 2 & 0 \\ 1 & 1 \end{bmatrix} \begin{bmatrix} 1 & 2 \\ 3 & -1 \end{bmatrix} = \begin{bmatrix} 2 & 4 \\ 4 & 1 \end{bmatrix}$, $AB \neq BA$

4. $A = \begin{bmatrix} 2 & 1 \\ 6 & 3 \\ 2 & 5 \end{bmatrix}$, $A^T = \begin{bmatrix} 2 & 6 & 2 \\ 1 & 3 & 5 \end{bmatrix}$. $AA^T = \begin{bmatrix} 2 & 1 \\ 6 & 3 \\ 2 & 5 \end{bmatrix} \begin{bmatrix} 2 & 6 & 2 \\ 1 & 3 & 5 \end{bmatrix} = \begin{bmatrix} 5 & 15 & 9 \\ 15 & 45 & 27 \\ 9 & 27 & 29 \end{bmatrix}$ ∴ 대칭행렬

5. $L = \begin{bmatrix} 1 & 0 \\ l_{21} & 1 \end{bmatrix}$, $U = \begin{bmatrix} u_{11} & u_{12} \\ 0 & u_{22} \end{bmatrix}$ 로 놓으면

$$A = LU = \begin{bmatrix} 1 & 0 \\ l_{21} & 1 \end{bmatrix} \begin{bmatrix} u_{11} & u_{12} \\ 0 & u_{22} \end{bmatrix} = \begin{bmatrix} u_{11} & u_{12} \\ l_{21}u_{11} & l_{21}u_{12} + u_{22} \end{bmatrix} = \begin{bmatrix} 1 & 1 \\ 2 & -3 \end{bmatrix}$$

에서 $u_{11} = 1$, $u_{12} = 1$, $l_{21} = 2$, $u_{22} = -5$ 이므로

$$L = \begin{bmatrix} 1 & 0 \\ 2 & 1 \end{bmatrix}, \quad U = \begin{bmatrix} 1 & 1 \\ 0 & -5 \end{bmatrix}.$$

6. 첫 해 : $[0.9 \quad 0.002] \begin{bmatrix} 1,200 \\ 98,800 \end{bmatrix} = [1,278]$

　둘째 해 : $[0.9 \quad 0.002] \begin{bmatrix} 1,278 \\ 98,722 \end{bmatrix} = [1,348]$

　셋째 해 : $[0.9 \quad 0.002] \begin{bmatrix} 1,348 \\ 98,652 \end{bmatrix} = [1,411]$

7. 직접 계산하면

$$(A - B)^2 = \begin{bmatrix} 16 & -9 \\ 0 & 1 \end{bmatrix}, \quad A^2 - AB - BA + B^2 = \begin{bmatrix} 16 & -9 \\ 0 & 1 \end{bmatrix}, \quad A^2 - 2AB + B^2 = \begin{bmatrix} 19 & -13 \\ 5 & -2 \end{bmatrix}$$

$$\therefore (A - B)^2 = A^2 - AB - BA + B^2 \neq A^2 - 2AB + B^2$$

8. (1) $\begin{bmatrix} y_1 \\ y_2 \end{bmatrix} = \begin{bmatrix} \cos\theta & -\sin\theta \\ \sin\theta & \cos\theta \end{bmatrix} \begin{bmatrix} x_1 \\ x_2 \end{bmatrix}$ 에서

$$y_1 = x_1\cos\theta - x_2\sin\theta , \quad y_2 = x_1\sin\theta + x_2\cos\theta$$

이다. 그림과 같이 점 (x_1, x_2)를 원점을 기준으로 반시계 방향으로 회전시킨 점이 (y_1, y_2)이면

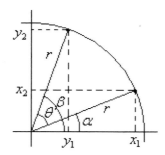

$\cos\alpha = \dfrac{x_1}{r}$, $\sin\alpha = \dfrac{x_2}{r}$, $\cos\beta = \dfrac{y_1}{r}$, $\sin\beta = \dfrac{y_2}{r}$ 이고, $\beta = \alpha + \theta$ 이므로

$$y_1 = r\cos\beta = r\cos(\alpha+\theta) = r(\cos\alpha\cos\theta - \sin\alpha\sin\theta) = r\left(\dfrac{x_1}{r}\cos\theta - \dfrac{x_2}{r}\sin\theta\right)$$

$$= x_1\cos\theta - x_2\sin\theta$$

$$y_2 = r\sin\beta = r\sin(\alpha+\theta) = r(\sin\alpha\cos\theta + \cos\alpha\sin\theta) = r\left(\dfrac{x_2}{r}\cos\theta + \dfrac{x_1}{r}\sin\theta\right)$$

$$= x_1\sin\theta + x_2\cos\theta .$$

가 성립한다.

(2) $\boldsymbol{B} = \begin{bmatrix} \cos(-45°) & -\sin(-45°) \\ \sin(-45°) & \cos(-45°) \end{bmatrix} = \begin{bmatrix} 1/\sqrt{2} & 1/\sqrt{2} \\ -1/\sqrt{2} & 1/\sqrt{2} \end{bmatrix} = \dfrac{1}{\sqrt{2}}\begin{bmatrix} 1 & 1 \\ -1 & 1 \end{bmatrix}$

(3) 수학적 귀납법을 사용한다.

$n = 1$ 일 때 $\boldsymbol{A}^1 = \begin{bmatrix} \cos\theta & -\sin\theta \\ \sin\theta & \cos\theta \end{bmatrix}$ 이고,

$\boldsymbol{A}^n = \begin{bmatrix} \cos n\theta & -\sin n\theta \\ \sin n\theta & \cos n\theta \end{bmatrix}$ 이 성립한다고 가정하면

$$\boldsymbol{A}^{n+1} = \boldsymbol{A}^n\boldsymbol{A} = \begin{bmatrix} \cos n\theta & -\sin n\theta \\ \sin n\theta & \cos n\theta \end{bmatrix}\begin{bmatrix} \cos\theta & -\sin\theta \\ \sin\theta & \cos\theta \end{bmatrix}$$

$$= \begin{bmatrix} \cos n\theta\cos\theta - \sin n\theta\sin\theta & -\cos n\theta\sin\theta - \sin n\theta\cos\theta \\ \sin n\theta\cos\theta + \cos n\theta\sin\theta & -\sin n\theta\sin\theta + \cos n\theta\cos\theta \end{bmatrix}$$

$$= \begin{bmatrix} \cos(n+1)\theta & -\sin(n+1)\theta \\ \sin(n+1)\theta & \cos(n+1)\theta \end{bmatrix}$$

이므로 모든 자연수 n 에 대해 성립한다. $\boldsymbol{Y} = \boldsymbol{A}^n\boldsymbol{X}$ 　$n\theta$ 회전하는 1차 변환으로 θ 씩 n 번 회전하는 것과 같다.

9. $\boldsymbol{A} = [a_{ij}]_{m\times p}$, $\boldsymbol{B} = [b_{ij}]_{p\times q}$, $\boldsymbol{C} = [c_{ij}]_{q\times n}$ 라 하면

$$\boldsymbol{A}(\boldsymbol{BC}) = [a_{ij}]_{m\times p}([b_{ij}]_{p\times q}[c_{ij}]_{q\times n}) = [a_{ij}]_{m\times p}[d_{ij}]_{p\times n} = [e_{ij}]_{m\times n}$$

이 되는데, 여기서 $d_{ij} = \displaystyle\sum_{k=1}^{q} b_{ik}c_{kj}$, $e_{ij} = \displaystyle\sum_{k=1}^{p} a_{ik}d_{kj}$ 이다. 마찬가지로

$$(\boldsymbol{AB})\boldsymbol{C} = ([a_{ij}]_{m\times p}[b_{ij}]_{p\times q})[c_{ij}]_{q\times n} = [f_{ij}]_{m\times q}[c_{ij}]_{q\times n} = [g_{ij}]_{m\times n}$$

이고, 여기서 $f_{ij} = \displaystyle\sum_{k=1}^{p} a_{ik}b_{kj}$, $g_{ij} = \displaystyle\sum_{k=1}^{q} f_{ik}c_{kj}$ 이다. 그런데

$$e_{ij} = \sum_{k=1}^{p} a_{ik}d_{kj} = a_{i1}d_{1j} + a_{i2}d_{2j} + \cdots + a_{ip}d_{pj}$$

$$= a_{i1}\left(\sum_{k=1}^{q} b_{1k}c_{kj}\right) + a_{i2}\left(\sum_{k=1}^{q} b_{2k}c_{kj}\right) + \cdots + a_{ip}\left(\sum_{k=1}^{q} b_{pk}c_{kj}\right)$$

$$= a_{i1}(b_{11}c_{1j} + b_{12}c_{2j} + \cdots + b_{1q}c_{qj}) + a_{i2}(b_{21}c_{1j} + b_{22}c_{2j} + \cdots + b_{2q}c_{qj}) + \cdots$$
$$+ a_{ip}(b_{p1}c_{1j} + b_{p2}c_{2j} + \cdots + b_{pq}c_{qj})$$

$$= (a_{i1}b_{11} + a_{i2}b_{21} + \cdots + a_{ip}b_{p1})c_{1j} + (a_{i1}b_{12} + a_{i2}b_{22} + \cdots + a_{ip}b_{p2})c_{2j} + \cdots$$
$$+ (a_{i1}b_{1q} + a_{i2}b_{2q} + \cdots + a_{ip}b_{pq})c_{qj}$$

$$= \left(\sum_{k=1}^{p} a_{ik}b_{k1}\right)c_{1j} + \left(\sum_{k=1}^{p} a_{ik}b_{k2}\right)c_{2j} + \cdots + \left(\sum_{k=1}^{p} a_{ik}b_{kq}\right)c_{qj}$$

$$= f_{i1}c_{1j} + f_{i2}c_{2j} + \cdots + f_{iq}c_{qj} = \sum_{k=1}^{q} f_{ik}c_{kj} = g_{ij}$$

이므로 $A(BC) = (AB)C$ 이다.

10. $A = \begin{bmatrix} a_{11}\ a_{12}\ a_{13} \\ a_{21}\ a_{22}\ a_{23} \\ a_{31}\ a_{32}\ a_{33} \end{bmatrix}$, $B = \begin{bmatrix} b_{11}\ b_{12}\ b_{13} \\ b_{21}\ b_{22}\ b_{23} \\ b_{31}\ b_{32}\ b_{33} \end{bmatrix}$

$$(AB)^T = \begin{bmatrix} a_{11}b_{11} + a_{12}b_{21} + a_{13}b_{31} & a_{11}b_{12} + a_{12}b_{22} + a_{13}b_{32} & a_{11}b_{13} + a_{12}b_{23} + a_{13}b_{33} \\ a_{21}b_{11} + a_{22}b_{21} + a_{23}b_{31} & a_{21}b_{12} + a_{22}b_{22} + a_{23}b_{32} & a_{21}b_{13} + a_{22}b_{23} + a_{23}b_{33} \\ a_{31}b_{11} + a_{32}b_{21} + a_{33}b_{31} & a_{31}b_{12} + a_{32}b_{22} + a_{33}b_{32} & a_{31}b_{13} + a_{32}b_{23} + a_{33}b_{33} \end{bmatrix}$$

$$B^T A^T = \begin{bmatrix} b_{11}\ b_{21}\ b_{31} \\ b_{12}\ b_{22}\ b_{32} \\ b_{13}\ b_{23}\ b_{33} \end{bmatrix} \begin{bmatrix} a_{11}\ a_{21}\ a_{31} \\ a_{12}\ a_{22}\ a_{32} \\ a_{13}\ a_{23}\ a_{33} \end{bmatrix}$$

$$= \begin{bmatrix} a_{11}b_{11} + a_{12}b_{21} + a_{13}b_{31} & a_{11}b_{12} + a_{12}b_{22} + a_{13}b_{32} & a_{11}b_{13} + a_{12}b_{23} + a_{13}b_{33} \\ a_{21}b_{11} + a_{22}b_{21} + a_{23}b_{31} & a_{21}b_{12} + a_{22}b_{22} + a_{23}b_{32} & a_{21}b_{13} + a_{22}b_{23} + a_{23}b_{33} \\ a_{31}b_{11} + a_{32}b_{21} + a_{33}b_{31} & a_{31}b_{12} + a_{32}b_{22} + a_{33}b_{32} & a_{31}b_{13} + a_{32}b_{23} + a_{33}b_{33} \end{bmatrix}$$

$$\therefore (AB)^T = B^T A^T$$

11. (1) $A_{2 \leftrightarrow 3} = E_{2 \leftrightarrow 3}A = \begin{bmatrix} 1\ 0\ 0 \\ 0\ 0\ 1 \\ 0\ 1\ 0 \end{bmatrix} \begin{bmatrix} -2 & 2 & -6 \\ 5 & 0 & 1 \\ 1 & -2 & 2 \end{bmatrix} = \begin{bmatrix} -2 & 2 & -6 \\ 1 & -2 & 2 \\ 5 & 0 & 1 \end{bmatrix}$

(2) $A_{2 \times 1} = E_{2 \times 1}A = \begin{bmatrix} 2\ 0\ 0 \\ 0\ 1\ 0 \\ 0\ 0\ 1 \end{bmatrix} \begin{bmatrix} -2 & 2 & -6 \\ 5 & 0 & 1 \\ 1 & -2 & 2 \end{bmatrix} = \begin{bmatrix} -4 & 4 & -12 \\ 5 & 0 & 1 \\ 1 & -2 & 2 \end{bmatrix}$

(3) $A_3 = E_{32}E_{31}E_{21}A = \begin{bmatrix} 1 & 0 & 0 \\ 0 & 1 & 0 \\ 0 & 1/5 & 1 \end{bmatrix} \begin{bmatrix} 1 & 0 & 0 \\ 0 & 1 & 0 \\ 1/2 & 0 & 1 \end{bmatrix} \begin{bmatrix} 1 & 0 & 0 \\ 5/2 & 1 & 0 \\ 0 & 0 & 1 \end{bmatrix} \begin{bmatrix} -2 & 2 & -6 \\ 5 & 0 & 1 \\ 1 & -2 & 2 \end{bmatrix}$

$$= \begin{bmatrix} 1 & 0 & 0 \\ 0 & 1 & 0 \\ 0 & 1/5 & 1 \end{bmatrix} \begin{bmatrix} 1 & 0 & 0 \\ 0 & 1 & 0 \\ 1/2 & 0 & 1 \end{bmatrix} \begin{bmatrix} -2 & 2 & -6 \\ 0 & 5 & -14 \\ 1 & -2 & 2 \end{bmatrix} = \begin{bmatrix} 1 & 0 & 0 \\ 0 & 1 & 0 \\ 0 & 1/5 & 1 \end{bmatrix} \begin{bmatrix} -2 & 2 & -6 \\ 0 & 5 & -14 \\ 0 & -1 & -1 \end{bmatrix}$$

$$= \begin{bmatrix} -2 & 2 & -6 \\ 0 & 5 & -14 \\ 0 & 0 & -19/5 \end{bmatrix}$$

에서

$$E = E_{32}E_{31}E_{21} = \begin{bmatrix} 1 & 0 & 0 \\ 0 & 1 & 0 \\ 0 & 1/5 & 1 \end{bmatrix} \begin{bmatrix} 1 & 0 & 0 \\ 0 & 1 & 0 \\ 1/2 & 0 & 1 \end{bmatrix} \begin{bmatrix} 1 & 0 & 0 \\ 5/2 & 1 & 0 \\ 0 & 0 & 1 \end{bmatrix} = \begin{bmatrix} 1 & 0 & 0 \\ 5/2 & 1 & 0 \\ 1 & 1/5 & 1 \end{bmatrix}$$

이면

$$A_3 = EA = \begin{bmatrix} 1 & 0 & 0 \\ 5/2 & 1 & 0 \\ 1 & 1/5 & 1 \end{bmatrix} \begin{bmatrix} -2 & 2 & -6 \\ 5 & 0 & 1 \\ 1 & -2 & 2 \end{bmatrix} = \begin{bmatrix} -2 & 2 & -6 \\ 0 & 5 & -14 \\ 0 & 0 & -19/5 \end{bmatrix}$$

이다.

12. $\displaystyle\sum_{k=1}^{n} k^2 = \frac{n(n+1)(2n+1)}{6}$ --- ① 의 증명

(1) $n=1$ 일 때, 식①의 좌변은 $1^2 = 1$ 이고 우변도 $\dfrac{(1)(1+1)(2 \cdot 1+1)}{6} = 1$ 이므로 식①은 성립한다.

(2) $n=k$ 일 때 식①이 성립한다고 가정하면,

$$1^2 + 2^2 + \cdots + k^2 = \frac{k(k+1)(2k+1)}{6} \qquad \text{②}$$

이다. 식②의 양변에 $(k+1)^2$ 을 더하면

$$1^2 + 2^2 + \cdots + k^2 + (k+1)^2 = \frac{k(k+1)(2k+1)}{6} + (k+1)^2 = \frac{(k+1)(k+2)[2(k+1)+1]}{6}$$

이므로 $n=k+1$ 일 때도 성립한다. 따라서 (1), (2)에 의해 식①은 모든 자연수 n 에 대하여 성립한다.

7.2 행렬식

1. (1) $|-7| = -7$

(2) $\begin{vmatrix} 3 & 5 \\ -1 & 4 \end{vmatrix} = 3 \cdot 4 - (-1) \cdot 5 = 17$

(3) 첫 번째 행을 기준으로 계산하면

$$\begin{vmatrix} 1 & 1 & 1 \\ x & y & z \\ 2 & 3 & 4 \end{vmatrix} = \begin{vmatrix} y & z \\ 3 & 4 \end{vmatrix} - \begin{vmatrix} x & z \\ 2 & 4 \end{vmatrix} + \begin{vmatrix} x & y \\ 2 & 3 \end{vmatrix} = 4y - 3z - 4x + 2z + 3x - 2y = -x + 2y - z$$

(4) 첫 번째 열을 기준으로 계산하면

$$\begin{vmatrix} 3 & 2 & 2 \\ 2 & 2 & 2 \\ 4 & 2 & 2 \end{vmatrix} = 3 \begin{vmatrix} 2 & 2 \\ 2 & 2 \end{vmatrix} - 2 \begin{vmatrix} 2 & 2 \\ 2 & 2 \end{vmatrix} + 4 \begin{vmatrix} 2 & 2 \\ 2 & 2 \end{vmatrix} = 0$$

(5) 첫 번째 열을 기준으로 계산하면

$$\begin{vmatrix} 3 & 2 & -1 \\ 2 & 2 & -1 \\ 4 & 2 & -1 \end{vmatrix} = 3\begin{vmatrix} 2 & -1 \\ 2 & -1 \end{vmatrix} - 2\begin{vmatrix} 2 & -1 \\ 2 & -1 \end{vmatrix} + 4\begin{vmatrix} 2 & -1 \\ 2 & -1 \end{vmatrix} = 0$$

(6) 네 번째 열을 기준으로 계산하면

$$\begin{vmatrix} 1 & 1 & -3 & 0 \\ 1 & 5 & 3 & 2 \\ 1 & -2 & 1 & 0 \\ 4 & 8 & 0 & 0 \end{vmatrix} = 2\begin{vmatrix} 1 & 1 & -3 \\ 1 & -2 & 1 \\ 4 & 8 & 0 \end{vmatrix} = 2\left(4\begin{vmatrix} 1 & -3 \\ -2 & 1 \end{vmatrix} - 8\begin{vmatrix} 1 & -3 \\ 1 & 1 \end{vmatrix}\right) = -104$$

2. (1) $x + 1 + 2 = 2$ 에서 $x = -1$

(2) $(x-1)(x-2)(x-3) = 0$ 에서 $x = 1, 2, 3$

3. $\det A = \begin{vmatrix} 5 & 7 \\ -3 & 4 \end{vmatrix} = 41$, $\det A^T = \begin{vmatrix} 5 & -3 \\ 7 & 4 \end{vmatrix} = 41$ $\therefore \det A = \det A^T$

4. (1) 전치행렬의 행렬식이므로 k

(2) 제1열과 제3열을 교환한 행렬식이므로 $-k$

(3) $\begin{vmatrix} 2a_{11} & a_{12} & a_{13} \\ 6a_{21} & 3a_{22} & 3a_{23} \\ 2a_{31} & a_{32} & a_{33} \end{vmatrix} = 3\begin{vmatrix} 2a_{11} & a_{12} & a_{13} \\ 2a_{21} & a_{22} & a_{23} \\ 2a_{31} & a_{32} & a_{33} \end{vmatrix} = 3 \cdot 2\begin{vmatrix} a_{11} & a_{12} & a_{13} \\ a_{21} & a_{22} & a_{23} \\ a_{31} & a_{32} & a_{33} \end{vmatrix} = 6k$

(4) 제1행에 −1을 곱하여 제1행으로 하고 다시 제1행을 제3행에 더한 행렬이므로 $-k$.

5. $\det A = 20$, $\det B = -4$ 이므로 $\det(AB) = \det A \det B = 20(-4) = -80$

6. (1) $(-5) \cdot (-1) \cdot 4 = 20$

(2) (1)에서 제1행과 제3행을 교환한 행렬이므로 -20.

(3) (1)에서 제1행과 제2행을 교환한 행렬이므로 -20.

(4) $(-5) \cdot (-1) \cdot 4 = 20$

(5) 제2행을 제3행에 더하면

$$\begin{vmatrix} 1 & 1 & 1 \\ a & b & c \\ a+b+c & a+b+c & a+b+c \end{vmatrix} = (a+b+c)\begin{vmatrix} 1 & 1 & 1 \\ a & b & c \\ 1 & 1 & 1 \end{vmatrix} = 0$$

7. 2×2 행렬에 대해

$$\det A = \begin{vmatrix} a_{11} & a_{12} \\ a_{21} & a_{22} \end{vmatrix} = a_{11}a_{22} - a_{21}a_{12}, \quad \det A^T = \begin{vmatrix} a_{11} & a_{21} \\ a_{12} & a_{22} \end{vmatrix} = a_{11}a_{22} - a_{12}a_{21}$$

이므로 $\det A = \det A^T$가 성립한다. $(n-1) \times (n-1)$ 행렬에 대해 $\det A = \det A^T$가 성립한다고 가정하자. $n \times n$ 행렬에 대해

$$A = \begin{bmatrix} a_{11} & a_{12} & \cdots & a_{1n} \\ a_{21} & a_{22} & \cdots & a_{2n} \\ \vdots & \vdots & \ddots & \vdots \\ a_{i1} & a_{i2} & & a_{in} \\ \vdots & \vdots & \ddots & \vdots \\ a_{n1} & a_{n2} & \cdots & a_{nn} \end{bmatrix}, \quad A^T = \begin{bmatrix} a_{11} & a_{21} & \cdots & a_{i1} & \cdots & a_{n1} \\ a_{12} & a_{22} & \cdots & a_{i2} & \cdots & a_{n2} \\ \vdots & \vdots & \ddots & \vdots & \ddots & \vdots \\ a_{1n} & a_{2n} & \cdots & a_{in} & \cdots & a_{nn} \end{bmatrix}$$

로 나타내자. A 와 A^T 에 대해 각각 i 행과 i 열로 전개하여 행렬식을 계산하면

$$\det A = \sum_{k=1}^{n} a_{ik} C_{ik}, \quad \det A^T = \sum_{k=1}^{n} a_{ik} D_{ik}$$

이다. 여기서 C_{ik}, D_{ik} 는 크기가 $(n-1) \times (n-1)$ 이고 서로 전치인 행렬식이므로 가정에 의해 $C_{ik} = D_{ik}$ 이다. 따라서, $n \times n$ 행렬에 대해서도 $\det A = \det A^T$ 이고 이는 $n \geq 2$ 인 모든 행렬에 대해 성립한다.

8. $(\det A)^2 = \det A \det A = \det A^2 = \det I = 1$ 이므로 $\det A = \pm 1$.

9. 행렬식을 제1행(또는 제1열)과 이의 여인수로 계산하면

$$\begin{vmatrix} a_{11} & 0 & 0 & \cdots & 0 \\ 0 & a_{22} & 0 & \cdots & 0 \\ 0 & 0 & a_{33} & \cdots & 0 \\ \vdots & \vdots & \vdots & \ddots & \vdots \\ 0 & 0 & 0 & \cdots & a_{nn} \end{vmatrix} = a_{11} \begin{vmatrix} a_{22} & 0 & \cdots & 0 \\ 0 & a_{33} & \cdots & 0 \\ \vdots & \vdots & \ddots & \vdots \\ 0 & 0 & \cdots & a_{nn} \end{vmatrix} = a_{11} a_{22} \begin{vmatrix} a_{33} & \cdots & 0 \\ \vdots & \ddots & \vdots \\ 0 & \cdots & a_{nn} \end{vmatrix} = \cdots$$

$$= a_{11} a_{22} \cdots a_{n-2\,n-2} \begin{vmatrix} a_{n-1\,n-1} & 0 \\ 0 & a_{nn} \end{vmatrix} = a_{11} a_{22} \cdots a_{nn}$$

이다. 위 또는 아래 삼각행렬에 대해서도 마찬가지로 성립한다.

10. $\begin{vmatrix} -2 & 2 & -6 \\ 5 & 0 & 1 \\ 1 & -2 & 2 \end{vmatrix} \begin{matrix} (5/2)R_1 + R_2 \to R_2 \\ (1/2)R_1 + R_3 \to R_3 \end{matrix} = \begin{vmatrix} -2 & 2 & -6 \\ 0 & 5 & -14 \\ 0 & -1 & -1 \end{vmatrix} (1/5)R_2 + R_3 \to R_3$

$$= \begin{vmatrix} -2 & 2 & -6 \\ 0 & 5 & -14 \\ 0 & 0 & -19/5 \end{vmatrix} = (-2)(5)(-19/5) = 38$$

11. $a \cdot (a \times b) = (aab) = \begin{vmatrix} a_1 & a_2 & a_3 \\ a_1 & a_2 & a_3 \\ b_1 & b_2 & b_3 \end{vmatrix} = 0$ 이므로 a 와 $a \times b$ 는 수직

$$b \cdot (a \times b) = (bab) = \begin{vmatrix} b_1 & b_2 & b_3 \\ a_1 & a_2 & a_3 \\ b_1 & b_2 & b_3 \end{vmatrix} = 0$$ 이므로 b 와 $a \times b$ 는 수직

12. (1) 여인수법 : $50! \approx 3.04 \times 10^{64}$, 삼각형법 : $50^3/3 \approx 41,666$

(2) 여인수법 : $\dfrac{3.04 \times 10^{64}}{10^9/초} = 3.04 \times 10^{55}초 = \dfrac{3.04 \times 10^{55}초}{(3600초/시간)(24시간/일)(365일/년)}$

$$\approx 9.64 \times 10^{47} 년$$

삼각형법 : $\dfrac{41.666}{10^9/초} \approx 4.17 \times 10^{-5}초$

13. $\begin{vmatrix} 1 & 0 \\ 0 & 1 \end{vmatrix} = \begin{vmatrix} 1 & 0 \\ c & 1 \end{vmatrix} = 1$ 이고 $\begin{vmatrix} 1 & 0 \\ c & 1 \end{vmatrix}$ 은 $\begin{vmatrix} 1 & 0 \\ 0 & 1 \end{vmatrix}$ 의 1행에 c 를 곱하여 2행에 더한 행렬이므로 행렬식의 값이 같다.

14. $r_1 \cdot r_2 = a_{11}a_{21} + a_{12}a_{22} = 0$ 을 이용한다.

$$\begin{aligned}
\bar{a}_{11}\bar{a}_{22} &= \sqrt{a_{11}^2 + a_{12}^2}\sqrt{a_{21}^2 + a_{22}^2} = \sqrt{(a_{11}^2 + a_{12}^2)(a_{21}^2 + a_{22}^2)} \\
&= \sqrt{a_{11}^2 a_{21}^2 + a_{11}^2 a_{22}^2 + a_{12}^2 a_{21}^2 + a_{12}^2 a_{22}^2} \\
&= \sqrt{(a_{11}a_{21} + a_{12}a_{22})^2 - 2a_{11}a_{21}a_{12}a_{22} + a_{11}^2 a_{22}^2 + a_{12}^2 a_{21}^2} \quad : a_{11}a_{21} + a_{12}a_{22} = 0 \\
&= \sqrt{a_{11}^2 a_{22}^2 - 2a_{11}a_{21}a_{12}a_{22} + a_{12}^2 a_{21}^2} \\
&= \sqrt{(a_{11}a_{22} - a_{12}a_{21})^2} = |a_{11}a_{22} - a_{12}a_{21}|
\end{aligned}$$

이고, 그림 7.2.3 왼쪽의 '☞' 표시 설명과 같이 $a_{11}a_{22} - a_{12}a_{21}$ 의 부호에 의미를 두지 않으면

$$\bar{a}_{11}\bar{a}_{22} = a_{11}a_{22} - a_{12}a_{21}$$

로 쓸 수 있다.

15. n 개의 변의 길이가 각각 c 배 증가한 영역의 부피는 원래 부피의 c^n 배 이다.

7.3 선형계와 가우스 소거법

1. $a_{11}x + a_{12}y = b_1$, $a_{21}x + a_{22}y = b_2$

2. $\begin{bmatrix} 1 & -1 \\ 4 & 3 \end{bmatrix}\begin{bmatrix} x_1 \\ x_2 \end{bmatrix} = \begin{bmatrix} 11 \\ -5 \end{bmatrix}$, $\begin{bmatrix} 1 & -1 & | & 11 \\ 4 & 3 & | & -5 \end{bmatrix} -4R_1 + R_2 \to R_2$, $\begin{bmatrix} 1 & -1 & | & 11 \\ 0 & 7 & | & -49 \end{bmatrix}$

$x_2 = -49/7 = -7$, $x_1 = 11 + x_2 = 4$

3. (1) $\begin{bmatrix} 1 & -2 & 4 & | & 3 \\ -2 & 1 & 3 & | & 2 \\ 3 & 4 & -1 & | & 6 \end{bmatrix} \begin{matrix} 2R_1 + R_2 \to R_2 \\ -3R_1 + R_3 \to R_3 \end{matrix} \begin{bmatrix} 1 & -2 & 4 & | & 3 \\ 0 & -3 & 11 & | & 8 \\ 0 & 10 & -13 & | & -3 \end{bmatrix} (10/3)R_2 + R_3 \to R_3$

$\begin{bmatrix} 1 & -2 & 4 & | & 3 \\ 0 & -3 & 11 & | & 8 \\ 0 & 0 & 71/3 & | & 71/3 \end{bmatrix}$

$x_3 = \dfrac{71}{3} / \dfrac{71}{3} = 1$, $x_2 = -\dfrac{1}{3}(8 - 11x_1) = 1$, $x_1 = 3 + 2x_2 - 4x_3 = 1$

(2) $\begin{bmatrix} 1 & -2 & 1 & | & 2 \\ 3 & -1 & 2 & | & 5 \\ 2 & 1 & 1 & | & 1 \end{bmatrix}$ $\begin{matrix} (-2/3)R_1 + R_2 \rightarrow R_2 \\ -2R_1 + R_3 \rightarrow R_3 \end{matrix}$ $\begin{bmatrix} 1 & -2 & 1 & | & 2 \\ 0 & 5 & -1 & | & -1 \\ 0 & 5 & -1 & | & -3 \end{bmatrix}$ $-R_2 + R_3 \rightarrow R_3$

$\begin{bmatrix} 1 & -2 & 1 & | & 2 \\ 0 & 5 & -1 & | & -1 \\ 0 & 0 & 0 & | & -2 \end{bmatrix}$ ∴ 해가 존재하지 않는다.

(3) $\begin{bmatrix} 1 & 0 & 1 & -1 & | & 1 \\ 0 & 2 & 1 & 0 & | & 3 \\ 1 & -1 & 0 & 1 & | & -1 \\ 1 & 1 & 1 & 1 & | & 2 \end{bmatrix}$ $\begin{matrix} -R_1 + R_3 \rightarrow R_3 \\ -R_1 + R_4 \rightarrow R_4 \end{matrix}$

$\begin{bmatrix} 1 & 0 & 1 & -1 & | & 1 \\ 0 & 2 & 1 & 0 & | & 3 \\ 0 & -1 & -1 & 2 & | & -2 \\ 0 & 1 & 0 & 2 & | & 1 \end{bmatrix}$ $\begin{matrix} (1/2)R_2 + R_3 \rightarrow R_3 \\ (-1/2)R_2 + R_4 \rightarrow R_4 \end{matrix}$

$\begin{bmatrix} 1 & 0 & 1 & -1 & | & 1 \\ 0 & 2 & 1 & 0 & | & 3 \\ 0 & 0 & -1/2 & 2 & | & -1/2 \\ 0 & 0 & -1/2 & 2 & | & -1/2 \end{bmatrix}$ $-R_3 + R_4 \rightarrow R_4$

$\begin{bmatrix} 1 & 0 & 1 & -1 & | & 1 \\ 0 & 2 & 1 & 0 & | & 3 \\ 0 & 0 & -1/2 & 2 & | & -1/2 \\ 0 & 0 & 0 & 0 & | & 0 \end{bmatrix}$

$x_4 = t$ 로 놓으면 $x_3 = 4t + 1$ $x_2 = -2t + 1$, $x_1 = -3t$ 로 해가 무수히 많다.

4.
$$12 - 2i_1 - 5(i_1 - i_2) - 2(i_1 - i_3) = 0$$
$$-5(i_2 - i_1) - 3i_2 - 4(i_2 - i_3) = 0$$
$$-2(i_3 - i_1) - 4(i_3 - i_2) - 2i_3 = 0$$

에서

$\begin{bmatrix} -9 & 5 & 2 \\ 5 & -12 & 4 \\ 2 & 4 & -8 \end{bmatrix} \begin{bmatrix} i_1 \\ i_2 \\ i_3 \end{bmatrix} = \begin{bmatrix} -12 \\ 0 \\ 0 \end{bmatrix}$ $\begin{bmatrix} -9 & 5 & 2 & | & -12 \\ 5 & -12 & 4 & | & 0 \\ 2 & 4 & -8 & | & 0 \end{bmatrix}$ $\begin{matrix} (5/9)R_1 + R_2 \rightarrow R_2 \\ (2/9)R_1 + R_3 \rightarrow R_3 \end{matrix}$

$\begin{bmatrix} -9 & 5 & 2 & | & -12 \\ 0 & -83/9 & 46/9 & | & -20/3 \\ 0 & 46/9 & -68/9 & | & -8/3 \end{bmatrix}$ $(46/83)R_2 + R_3 \rightarrow R_3$

$\begin{bmatrix} -9 & 5 & 2 & | & -12 \\ 0 & -83/9 & 46/9 & | & -20/3 \\ 0 & 0 & -392/83 & | & -528/83 \end{bmatrix}$

$$\therefore i_3 = \frac{528}{392} \simeq 1.35 , \ i_2 = \frac{576}{392} \simeq 1.47 , \ i_1 = \frac{960}{392} \simeq 2.45$$

5. (1) $a\text{Na} + b\text{H}_2\text{O} \rightarrow c\text{NaOH} + d\text{H}_2$

Na : $a = c$, H : $2b = c + 2d$, O : $b = c$ 이므로 선형계는

$$\begin{bmatrix} 1 & 0 & -1 & 0 \\ 0 & 2 & -1 & -2 \\ 0 & 1 & -1 & 0 \end{bmatrix}\begin{bmatrix} a \\ b \\ c \\ d \end{bmatrix} = \begin{bmatrix} 0 \\ 0 \\ 0 \end{bmatrix}.$$

$$\begin{bmatrix} 1 & 0 & -1 & 0 & | & 0 \\ 0 & 2 & -1 & -2 & | & 0 \\ 0 & 1 & -1 & -2 & | & 0 \end{bmatrix} \quad (-1/2)R_2 + R_3 \rightarrow R_3 \quad \begin{bmatrix} 1 & 0 & -1 & 0 & | & 0 \\ 0 & 2 & -1 & -2 & | & 0 \\ 0 & 0 & -1/2 & 1 & | & 0 \end{bmatrix}$$

에서 $c = 2d$, $b = 2d$, $a = 2d$. d를 1로 놓으면 $a = 2$, $b = 2$, $c = 2$.

$$\therefore \ 2Na + 2H_2O \rightarrow 2NaOH + H_2$$

(2) $aCu + bHNO_3 \rightarrow Cu(NO_3)_2 + dH_2O + eNO$

Cu : $a = c$, H : $b = 2d$, N : $b = 2c + e$, O : $3b = 6c + d + e$ 에서

$$\begin{bmatrix} 1 & 0 & -1 & 0 & 0 \\ 0 & 1 & 0 & -2 & 0 \\ 0 & 1 & -2 & 0 & -1 \\ 0 & 3 & -6 & -1 & -1 \end{bmatrix}\begin{bmatrix} a \\ b \\ c \\ d \\ e \end{bmatrix} = \begin{bmatrix} 0 \\ 0 \\ 0 \\ 0 \end{bmatrix}. \quad \begin{bmatrix} 1 & 0 & -1 & 0 & 0 & | & 0 \\ 0 & 1 & 0 & -2 & 0 & | & 0 \\ 0 & 1 & -2 & 0 & -1 & | & 0 \\ 0 & 3 & -6 & -1 & -1 & | & 0 \end{bmatrix} \begin{matrix} \\ \\ -R_2 + R_3 \rightarrow R_3 \\ -3R2 + R_4 \rightarrow R_4 \end{matrix}$$

$$\begin{bmatrix} 1 & 0 & -1 & 0 & 0 & | & 0 \\ 0 & 1 & 0 & -2 & 0 & | & 0 \\ 0 & 0 & 2 & 2 & -1 & | & 0 \\ 0 & 0 & -6 & 5 & -1 & | & 0 \end{bmatrix} \quad -3R_3 + R_4 \rightarrow R_4 \quad \begin{bmatrix} 1 & 0 & -1 & 0 & 0 & | & 0 \\ 0 & 1 & 0 & -2 & 0 & | & 0 \\ 0 & 0 & -2 & 2 & -1 & | & 0 \\ 0 & 0 & 0 & -1 & 2 & | & 0 \end{bmatrix}$$

에서 $d = 2e$, $c = \dfrac{3}{2}e$, $b = 4e$, $a = \dfrac{3}{2}e$. $e = 2$ 로 놓으면 $a = 3$, $b = 8$, $c = 3$, $d = 4$.

$$\therefore \ 3Cu + 8HNO_3 \rightarrow 3Cu(NO_3)_2 + 4H_2O + 2NO$$

7.4 행렬의 계급

1. 조건을 만족하는 벡터 $\boldsymbol{u}$ 는 적당한 실수에 대해 $\boldsymbol{u} = \begin{bmatrix} d & a \\ b & -d \end{bmatrix}$로 쓸 수 있다. 두 벡터

$\boldsymbol{u}_1 = \begin{bmatrix} d_1 & a_1 \\ b_1 & -d_1 \end{bmatrix}$, $\boldsymbol{u}_2 = \begin{bmatrix} d_2 & a_2 \\ b_2 & -d_2 \end{bmatrix}$ 에 대해

$$k_1\boldsymbol{u}_1 + k_2\boldsymbol{u}_2 = k_1\begin{bmatrix} d_1 & a_1 \\ b_1 & -d_1 \end{bmatrix} + k_2\begin{bmatrix} d_2 & a_2 \\ b_2 & -d_2 \end{bmatrix} = \begin{bmatrix} k_1d_1 + k_2d_2 & k_1a_1 + k_2a_2 \\ k_1b_1 + k_2b_2 & -k_1d_1 - k_2d_2 \end{bmatrix}$$

도 조건 $a_{11} + a_{22} = 0$ 을 만족하며 그 밖의 공리도 모두 만족한다. 조건을 만족하는 세 벡터를

$$\boldsymbol{u}_1 = \begin{bmatrix} 0 & 1 \\ 0 & 0 \end{bmatrix}, \ \boldsymbol{u}_2 = \begin{bmatrix} 0 & 0 \\ 1 & 0 \end{bmatrix}, \ \boldsymbol{u}_3 = \begin{bmatrix} 1 & 0 \\ 0 & -1 \end{bmatrix}$$

이라 하자. $c_1\boldsymbol{u}_1 + c_2\boldsymbol{u}_2 + + c_2\boldsymbol{u}_2 = \begin{bmatrix} c_3 & c_1 \\ c_2 & -c_3 \end{bmatrix} = \boldsymbol{0}$ 에서 $c_1 = c_2 = c_3 = 0$ 이므로 세 벡터는 선형독립

인데 $c_1 = a$, $c_2 = b$, $c_3 = d$ 이면 조건을 만족하는 임의의 벡터 $\boldsymbol{u} = \begin{bmatrix} d & a \\ b & -d \end{bmatrix}$ 를 나타낼 수 있으므로 세 벡터는 기저가 되고 차원은 3이다.

2. (1) $c_1[1\,1]+c_2[0\,0]=[c_1\,c_1]=[0\,0]$ 에서 $c_1=0$, c_2 는 임의의 값이므로 선형종속.

두 벡터를 행벡터로 갖는 행렬 $A=\begin{bmatrix} 1 & 1 \\ 0 & 0 \end{bmatrix}$ 에서 계급은 1이므로 선형종속.

(2) $c_1[1\,1]+c_2[0\,1]=[c_1\,c_1+c_2]=[0\,0]$ 에서 $c_1=c_2=0$ 이므로 선형독립.

두 벡터를 행벡터로 갖는 행렬 $A=\begin{bmatrix} 1 & 1 \\ 0 & 1 \end{bmatrix}$ 에서 계급은 2이므로 선형독립.

3. (1) $A=\begin{bmatrix} 1 & -2 \\ 1 & 7 \\ 2 & 3 \end{bmatrix}$ 에서 $\operatorname{rank}A \le 2 < 3$ 이므로 행벡터는 선형종속.

(2) $\begin{bmatrix} 1 & 9 & 9 & 9 \\ 2 & 0 & 0 & 0 \\ 2 & 0 & 0 & 1 \end{bmatrix} = \begin{bmatrix} 1 & 9 & 9 & 9 \\ 0 & -18 & -18 & -18 \\ 0 & -18 & -18 & -17 \end{bmatrix} = \begin{bmatrix} 1 & 9 & 9 & 9 \\ 0 & -18 & -18 & -18 \\ 0 & 0 & 0 & 1 \end{bmatrix}$

$\operatorname{rank}A=3$ 이므로 세 개의 행벡터는 선형독립.

4. (1) $\begin{bmatrix} 1 & -2 \\ -1 & 2 \\ 2 & -4 \end{bmatrix} \rightarrow \begin{bmatrix} 1 & -2 \\ 0 & 0 \\ 0 & 0 \end{bmatrix}$ 에서 계급은 1.

(2) $\begin{bmatrix} 0 & 1 & 1 \\ 1 & 0 & 1 \\ 1 & 1 & 0 \end{bmatrix} \rightarrow \begin{bmatrix} 1 & 0 & 1 \\ 0 & 1 & 1 \\ 1 & 1 & 0 \end{bmatrix} \rightarrow \begin{bmatrix} 1 & 0 & 1 \\ 0 & 1 & 1 \\ 0 & 1 & -1 \end{bmatrix} \rightarrow \begin{bmatrix} 1 & 0 & 1 \\ 0 & 1 & 1 \\ 0 & 0 & -2 \end{bmatrix}$ 에서 계급은 3.

(3) $m^2 \ne n^2$ 이므로 m, n 이 모두 0일 수는 없다.

(i) $m \ne 0$ 일 때

$$\begin{bmatrix} m & n & p \\ n & m & p \end{bmatrix} \rightarrow \begin{bmatrix} m & n & p \\ 0 & -n^2/m+m & -np/m+p \end{bmatrix} \rightarrow \begin{bmatrix} m & n & p \\ 0 & m^2-n^2 & p(m-n) \end{bmatrix}$$

이므로 계급은 2.

(ii) $n \ne 0$ 일 때

$$\begin{bmatrix} n & m & p \\ m & n & p \end{bmatrix} \rightarrow \begin{bmatrix} n & m & p \\ 0 & -m^2/n+n & -mp/n+p \end{bmatrix} \rightarrow \begin{bmatrix} n & m & p \\ 0 & n^2-m^2 & p(n-m) \end{bmatrix}$$

이므로 계급은 2.

5. (1) $\begin{bmatrix} 8 & -4 \\ -2 & 1 \\ 6 & -3 \end{bmatrix} \rightarrow \begin{bmatrix} 8 & -4 \\ 0 & 0 \\ 0 & 0 \end{bmatrix}$. 계급이 1이므로 0 이 아닌 행벡터와 열벡터를 하나씩 택하면 행

공간의 기저는 $[-2\ 1]$ 이고 열공간의 기저는 $[-4\ 1\ 3]^T$. 차원은 모두 1.

(2) $\begin{bmatrix} 3 & 1 & 4 \\ 0 & 5 & 8 \\ -3 & 4 & 4 \\ 1 & 2 & 4 \end{bmatrix} \rightarrow \begin{bmatrix} 3 & 1 & 4 \\ 0 & 5 & 8 \\ 0 & 0 & 0 \\ 0 & 0 & 0 \end{bmatrix}$. 계급이 2이므로 0 이 아닌 행벡터와 열벡터를 둘씩 택하면

행공간의 기저는 $[3\,1\,4]$, $[0\,5\,8]$ 이고 열공간의 기저는 $[3\ 0\ -3\ 1]^T$, $[1\,5\,4\,2]^T$. 차원은 모두 2.

6. (1) $\begin{vmatrix} 1 & 1 \\ 1 & -1 \end{vmatrix} = -1 - 1 = -2 \neq 0$ ∴ $x = y = 0$

(2) $\begin{vmatrix} 4 & -1 & 1 \\ 1 & -2 & -1 \\ 3 & 1 & b \end{vmatrix} = -21 \neq 0$ ∴ $x = y = z = 0$

7. (1) $\begin{vmatrix} a & 1 \\ 1 & -1 \end{vmatrix} = -a - 1 = 0$ 에서 $a = -1$.

(2) $\begin{vmatrix} 4 & -1 & 1 \\ 1 & -2 & -1 \\ 3 & 1 & b \end{vmatrix} = -7b + 14 = 0$ 에서 $b = 2$.

7.5 역행렬

1. (1) $\det A = \begin{vmatrix} 6 & -2 \\ 0 & 4 \end{vmatrix} = 24$, $\mathrm{adj}A = \begin{bmatrix} 4 & 2 \\ 0 & 6 \end{bmatrix}$, $A^{-1} = \dfrac{\mathrm{adj}A}{\det A} = \dfrac{1}{24}\begin{bmatrix} 4 & 2 \\ 0 & 6 \end{bmatrix} = \dfrac{1}{12}\begin{bmatrix} 2 & 1 \\ 0 & 3 \end{bmatrix}$

(2) $\det A = 0$, 따라서 A 는 특이행렬이고 A^{-1} 이 존재하지 않음.

(3) $\det A = -1$, $\mathrm{adj}A = \begin{bmatrix} -5 & -6 & 3 \\ -2 & -2 & 1 \\ 1 & 1 & -1 \end{bmatrix}$, 따라서 $A^{-1} = \dfrac{\mathrm{adj}A}{\det A} = \begin{bmatrix} 5 & 6 & -3 \\ 2 & 2 & -1 \\ -1 & -1 & 1 \end{bmatrix}$.

(4) $\det A = \begin{vmatrix} 1 & 0 & 0 & 0 \\ 0 & 0 & 1 & 0 \\ 0 & 0 & 0 & 1 \\ 0 & 1 & 0 & 0 \end{vmatrix} = \begin{vmatrix} 1 & 0 & 0 & 0 \\ 0 & 1 & 0 & 0 \\ 0 & 0 & 1 & 0 \\ 0 & 0 & 0 & 1 \end{vmatrix} = 1$, $A^{-1} = \dfrac{\mathrm{adj}A}{\det A} = \begin{bmatrix} 1 & 0 & 0 & 0 \\ 0 & 0 & 0 & 1 \\ 0 & 1 & 0 & 0 \\ 0 & 0 & 1 & 0 \end{bmatrix}$

2. $\det A = \cos^2\theta + \sin^2\theta = 1$. $A^{-1} = \dfrac{\mathrm{adj}A}{\det A} = \mathrm{adj}A = \begin{bmatrix} \cos\theta & \sin\theta \\ -\sin\theta & \cos\theta \end{bmatrix}$

3. $A = \begin{bmatrix} 1 & -2 & 4 \\ -2 & 1 & 3 \\ 3 & 4 & -1 \end{bmatrix}$, $B = \begin{bmatrix} 3 \\ 2 \\ 6 \end{bmatrix}$. $\det A = -71$, $\mathrm{adj}A = \begin{bmatrix} -13 & 14 & 10 \\ 7 & -13 & -11 \\ -11 & -10 & -3 \end{bmatrix}$ 이므로

$$A^{-1} = \frac{\mathrm{adj}A}{\det A} = -\frac{1}{71}\begin{bmatrix} -13 & 14 & 10 \\ 7 & -13 & -11 \\ -11 & -10 & -3 \end{bmatrix}. \ 따라서$$

$$X = A^{-1}B = -\frac{1}{71}\begin{bmatrix} -13 & 14 & 10 \\ 7 & -13 & -11 \\ -11 & -10 & -3 \end{bmatrix}\begin{bmatrix} 3 \\ 2 \\ 6 \end{bmatrix} = -\frac{1}{71}\begin{bmatrix} -71 \\ -71 \\ -71 \end{bmatrix} = \begin{bmatrix} 1 \\ 1 \\ 1 \end{bmatrix}$$

4. $\begin{bmatrix} -9 & 5 & 2 \\ 5 & -12 & 4 \\ 2 & 4 & -8 \end{bmatrix}\begin{bmatrix} i_1 \\ i_2 \\ i_3 \end{bmatrix} = \begin{bmatrix} -12 \\ 0 \\ 0 \end{bmatrix}$ 또는 $AI = B$ 에서

$$\det A = \begin{vmatrix} -9 & 5 & 2 \\ 5 & -12 & 4 \\ 2 & 4 & -8 \end{vmatrix} = -392, \quad \mathrm{adj}A = \begin{bmatrix} 80\,48\,44 \\ 48\,68\,46 \\ 44\,46\,83 \end{bmatrix} \text{이므로}$$

$$A^{-1} = \frac{\mathrm{adj}A}{\det A} = -\frac{1}{392} \begin{bmatrix} 80\,48\,44 \\ 48\,68\,46 \\ 44\,46\,83 \end{bmatrix}.$$

$$\therefore\ I = A^{-1}B = -\frac{1}{392} \begin{bmatrix} 80\,48\,44 \\ 48\,68\,46 \\ 44\,46\,83 \end{bmatrix} \begin{bmatrix} -12 \\ 0 \\ 0 \end{bmatrix} = -\frac{1}{392} \begin{bmatrix} -960 \\ -576 \\ -528 \end{bmatrix} \approx \begin{bmatrix} 2.45 \\ 1.47 \\ 1.35 \end{bmatrix}$$

5. (1) $\det(AA^{-1}) = \det I = 1 = \det A \det A^{-1}$ 에서 $\det A^{-1} = \dfrac{1}{\det A}$.

(2) 전치행렬에 관한 성질 (2) $(AB)^T = B^T A^T$ 에 $B = A^{-1}$ 을 대입하면 $(AA^{-1})^T = (A^{-1})^T A^T$ 인데 $(AA^{-1})^T = I^T = I$ 이므로 $(A^{-1})^T A^T = I$, 즉 $(A^{-1})^T = (A^T)^{-1}$ 이다.

다른 증명: $(A^{-1})^T = \left(\dfrac{1}{\det A} \mathrm{adj}A \right)^T = \dfrac{1}{\det A} \left(\begin{bmatrix} C_{11} & C_{12} & \cdots & C_{1n} \\ C_{21} & C_{22} & \cdots & C_{2n} \\ \vdots & \vdots & \ddots & \vdots \\ C_{n1} & C_{n2} & \cdots & C_{nn} \end{bmatrix}^T \right)^T$

$$= \frac{1}{\det A} \begin{bmatrix} C_{11} & C_{12} & \cdots & C_{1n} \\ C_{21} & C_{22} & \cdots & C_{2n} \\ \vdots & \vdots & \ddots & \vdots \\ C_{n1} & C_{n2} & \cdots & C_{nn} \end{bmatrix} = \frac{1}{\det A^T} \begin{bmatrix} C_{11} & C_{21} & \cdots & C_{n1} \\ C_{12} & C_{22} & \cdots & C_{n2} \\ \vdots & \vdots & \ddots & \vdots \\ C_{1n} & C_{2n} & \cdots & C_{nn} \end{bmatrix}^T$$

$$= \frac{1}{\det A^T} \mathrm{adj}A^T = (A^T)^{-1}. \quad \therefore\ (A^{-1})^T = (A^T)^{-1}$$

(3) 역행렬의 성질 (2) $(AB)^{-1} = B^{-1}A^{-1}$ 에 $B = A$ 를 대입하면

$$(AA)^{-1} = A^{-1}A^{-1}, \quad \text{즉 } (A^2)^{-1} = (A^{-1})^2.$$

6. $A = \begin{bmatrix} a_{11} & a_{12} \\ a_{21} & a_{22} \end{bmatrix}$, $B = \begin{bmatrix} b_{11} & b_{12} \\ b_{21} & b_{22} \end{bmatrix}$. $AB = \begin{bmatrix} a_{11}b_{11} + a_{12}b_{21} & a_{11}b_{12} + a_{12}b_{22} \\ a_{21}b_{11} + a_{22}b_{21} & a_{21}b_{12} + a_{22}b_{22} \end{bmatrix}$

$\det AB = (a_{11}b_{11} + a_{12}b_{21})(a_{21}b_{12} + a_{22}b_{22}) - (a_{21}b_{11} + a_{22}b_{21})(a_{11}b_{12} + a_{12}b_{22})$

$$= (a_{11}a_{22} - a_{12}a_{21})(b_{11}b_{22} - b_{12}b_{21}) = \det A \cdot \det B$$

$$\therefore\ \det AB = \det A \cdot \det B \quad \text{--- (a)}$$

$\mathrm{adj}B \cdot \mathrm{adj}A = \begin{bmatrix} b_{22} & -b_{12} \\ -b_{21} & b_{11} \end{bmatrix} \begin{bmatrix} a_{22} & -a_{12} \\ -a_{21} & a_{11} \end{bmatrix} = \begin{bmatrix} b_{22}a_{22} + b_{12}a_{21} & -b_{22}a_{12} - b_{12}a_{11} \\ -b_{21}a_{22} - b_{11}a_{21} & b_{21}a_{12} + b_{11}a_{11} \end{bmatrix}$

$$= \mathrm{adj}AB$$

$$\therefore\ \mathrm{adj}B \cdot \mathrm{adj}A = \mathrm{adj}AB \quad \text{--- (b)}$$

(a), (b)에서

$$\frac{\mathrm{adj}AB}{\det AB} = \frac{\mathrm{adj}B}{\det B} \frac{\mathrm{adj}A}{\det A} \quad \text{또는 } (AB)^{-1} = B^{-1}A^{-1}.$$

7. (1) $A A^{-1} = \begin{bmatrix} a_{11} & 0 & \cdots & 0 \\ 0 & a_{22} & \cdots & 0 \\ \vdots & \vdots & \ddots & \vdots \\ 0 & 0 & \cdots & a_{nn} \end{bmatrix} \begin{bmatrix} 1/a_{11} & 0 & \cdots & 0 \\ 0 & 1/a_{22} & \cdots & 0 \\ \vdots & \vdots & \ddots & \vdots \\ 0 & 0 & \cdots & 1/a_{nn} \end{bmatrix} = \begin{bmatrix} 1 & 0 & \cdots & 0 \\ 0 & 1 & \cdots & 0 \\ \vdots & \vdots & \ddots & \vdots \\ 0 & 0 & \cdots & 1 \end{bmatrix} = I$

(2) $A^{-1} = \begin{bmatrix} 1 & 0 & 0 \\ 0 & 1/2 & 0 \\ 0 & 0 & 1/3 \end{bmatrix}$

8. $A(\mathrm{adj}A) = \begin{bmatrix} a_{11} & a_{12} \\ a_{21} & a_{22} \end{bmatrix} \begin{bmatrix} C_{11} & C_{21} \\ C_{12} & C_{22} \end{bmatrix} = \begin{bmatrix} a_{11}C_{11} + a_{12}C_{12} & a_{11}C_{21} + a_{12}C_{22} \\ a_{21}C_{11} + a_{22}C_{12} & a_{21}C_{21} + a_{22}C_{22} \end{bmatrix}$

$$= \begin{bmatrix} a_{11}a_{22} - a_{12}a_{21} & a_{11}(-a_{12}) + a_{12}a_{11} \\ a_{21}a_{22} + a_{22}(-a_{21}) & a_{21}(-a_{12}) + a_{22}a_{11} \end{bmatrix} = \begin{bmatrix} \det A & 0 \\ 0 & \det A \end{bmatrix}$$

$$= \det A \begin{bmatrix} 1 & 0 \\ 0 & 1 \end{bmatrix} = (\det A)I$$

이므로 $\det A \neq 0$ 이면 $A\left(\dfrac{1}{\det A}\mathrm{adj}A\right) = I$. 따라서 $A^{-1} = \dfrac{\mathrm{adj}A}{\det A}$.

9. $A = \begin{bmatrix} 1 & 2 & 3 \\ 1 & 1 & 2 \\ 0 & 1 & 2 \end{bmatrix}$ 에서 $\det A = -1$, $\mathrm{adj}A = \begin{bmatrix} 0 & -1 & 1 \\ -2 & 2 & 1 \\ 1 & -1 & -1 \end{bmatrix}$. 따라서

$$A^{-1} = \frac{\mathrm{adj}A}{\det A} = \begin{bmatrix} 0 & 1 & -1 \\ 2 & -2 & -1 \\ -1 & 1 & 1 \end{bmatrix}. \quad B = AM \text{ 에서}$$

$$M = A^{-1}B = \begin{bmatrix} 0 & 1 & -1 \\ 2 & -2 & -1 \\ -1 & 1 & 1 \end{bmatrix} \begin{bmatrix} 49 & 66 & 101 & 91 & 19 \\ 30 & 47 & 65 & 58 & 14 \\ 19 & 38 & 52 & 58 & 5 \end{bmatrix} = \begin{bmatrix} 11 & 9 & 13 & 0 & 9 \\ 19 & 0 & 20 & 8 & 5 \\ 0 & 19 & 16 & 25 & 0 \end{bmatrix}$$

$\therefore$ KIM_IS_THE_SPY_

7.6 크라머 공식

1. $\begin{bmatrix} a_{11} & a_{12} & | & b_1 \\ a_{21} & a_{22} & | & b_2 \end{bmatrix}$ $(-a_{21}/a_{11})R_1 + R_2 \to R_2$ $\begin{bmatrix} a_{11} & a_{12} & | & b_1 \\ 0 & a_{22} - \dfrac{a_{21}}{a_{11}}a_{12} & | & b_2 - \dfrac{a_{21}}{a_{11}}b_1 \end{bmatrix}$

$$x_2 = \frac{b_2 - \dfrac{a_{21}}{a_{11}}b_1}{a_{22} - \dfrac{a_{21}}{a_{11}}a_{12}} = \frac{a_{11}b_2 - a_{21}b_1}{a_{11}a_{22} - a_{21}a_{12}} = \frac{\begin{vmatrix} a_{11} & b_1 \\ a_{21} & b_2 \end{vmatrix}}{\begin{vmatrix} a_{11} & b_1 \\ a_{21} & b_2 \end{vmatrix}} = \frac{\det A_2}{\det A}$$

$$x_1 = \frac{1}{a_{11}}(b_1 - a_{11}x_2) = \frac{1}{a_{11}}\left(b_1 - a_{12}\frac{b_2a_{11} - a_{21}b_1}{a_{11}a_{22} - a_{21}a_{12}}\right) = \frac{a_{22}b_1 - a_{12}b_2}{a_{11}a_{22} - a_{21}a_{12}}$$

$$= \dfrac{\begin{vmatrix} b_1\ a_{12} \\ b_2\ a_{22} \end{vmatrix}}{\begin{vmatrix} a_{11}\ a_{12} \\ a_{21}\ a_{22} \end{vmatrix}} = \dfrac{\det \boldsymbol{A}_1}{\det \boldsymbol{A}}$$

2. (1) $\det \boldsymbol{A} = \begin{vmatrix} 2 & -3 \\ 4 & 7 \end{vmatrix} = 26$, $\det \boldsymbol{A}_1 = \begin{vmatrix} -1 & -3 \\ -1 & 7 \end{vmatrix} = -10$, $\det \boldsymbol{A}_2 = \begin{vmatrix} 2 & -1 \\ 4 & -1 \end{vmatrix} = 2$

$\therefore\ x = \dfrac{\det \boldsymbol{A}_1}{\det \boldsymbol{A}} = \dfrac{-10}{26} = -\dfrac{5}{13}$, $y = \dfrac{\det \boldsymbol{A}_2}{\det \boldsymbol{A}} = \dfrac{2}{26} = \dfrac{1}{13}$

(2) $\det \boldsymbol{A} = \begin{vmatrix} 2 & -5 & 2 \\ 1 & 2 & -4 \\ 3 & -4 & -6 \end{vmatrix} = -46$, $\det \boldsymbol{A}_1 = \begin{vmatrix} 7 & -5 & 2 \\ 3 & 2 & -4 \\ 5 & -4 & -6 \end{vmatrix} = -230$

마찬가지 방법으로　$\det \boldsymbol{A}_2 = -46$, $\det \boldsymbol{A}_3 = -46$

$\therefore\ x = \dfrac{\det \boldsymbol{A}_1}{\det \boldsymbol{A}} = \dfrac{-230}{-46} = 5$, $y = \dfrac{\det \boldsymbol{A}_2}{\det \boldsymbol{A}} = 1$, $z = \dfrac{\det \boldsymbol{A}_3}{\det \boldsymbol{A}} = 1$

(3) 행연산으로 행렬식을 간단히 계산한다.(행교환시 '−' 추가)

$$\det \boldsymbol{A} = \begin{vmatrix} 1 & 1 & 1 & 1 \\ 1 & 1 & 1 & -1 \\ 1 & 1 & -1 & 1 \\ 1 & -1 & 1 & 1 \end{vmatrix} = \begin{vmatrix} 1 & 1 & 1 & 1 \\ 0 & 0 & 0 & -2 \\ 0 & 0 & -2 & 0 \\ 0 & -2 & 0 & 0 \end{vmatrix} = - \begin{vmatrix} 1 & 1 & 1 & 1 \\ 0 & -2 & 0 & 0 \\ 0 & 0 & -2 & 0 \\ 0 & 0 & 0 & -2 \end{vmatrix}$$

$$= -(1)(-2)(-2)(-2) = 8$$

마찬가지 방법으로

$$\det \boldsymbol{A}_1 = 8,\ \det \boldsymbol{A}_2 = -8,\ \det \boldsymbol{A}_3 = 16,\ \det \boldsymbol{A}_4 = -16 \text{ 에서}$$

$$w = \dfrac{\det \boldsymbol{A}_1}{\det \boldsymbol{A}} = \dfrac{8}{8} = 1,\ x = -1,\ y = 2,\ z = -2$$

3. $\det \boldsymbol{A} = -71$, $\det \boldsymbol{A}_1 = -71$, $\det \boldsymbol{A}_2 = -71$, $\det \boldsymbol{A}_3 = -71$　$\therefore\ x_1 = x_2 = x_3 = 1$

4. $\begin{bmatrix} -9 & 5 & 2 \\ 5 & -12 & 4 \\ 2 & 4 & -8 \end{bmatrix} \begin{bmatrix} i_1 \\ i_2 \\ i_3 \end{bmatrix} = \begin{bmatrix} -12 \\ 0 \\ 0 \end{bmatrix}$ 또는 $\boldsymbol{A}\boldsymbol{I} = \boldsymbol{B}$ 에서

$$\det \boldsymbol{A} = \begin{vmatrix} -9 & 5 & 2 \\ 5 & -12 & 4 \\ 2 & 4 & -8 \end{vmatrix} = -392,\ \det \boldsymbol{A}_1 = \begin{vmatrix} -12 & 5 & 2 \\ 0 & -12 & 4 \\ 0 & 4 & -8 \end{vmatrix} = -960.$$

마찬가지로 $\det \boldsymbol{A}_2 = -576$, $\det \boldsymbol{A}_3 = -528$.

$$\therefore\ i_1 = \dfrac{\det \boldsymbol{A}_1}{\det \boldsymbol{A}} = \dfrac{-960}{-392} \simeq 2.45,$$

$$i_2 = \dfrac{\det \boldsymbol{A}_2}{\det \boldsymbol{A}} = \dfrac{-576}{-392} \simeq 1.47,$$

$$i_3 = \dfrac{\det \boldsymbol{A}_3}{\det \boldsymbol{A}} = \dfrac{-528}{-392} \simeq 1.35$$

5. (1) $\det A = \begin{vmatrix} 1 & 1 \\ 1 & \epsilon \end{vmatrix} = \epsilon - 1$, $\det A_1 = \begin{vmatrix} 1 & 1 \\ 2 & \epsilon \end{vmatrix} = \epsilon - 2$, $\det A_2 = \begin{vmatrix} 1 & 1 \\ 1 & 2 \end{vmatrix} = 1$

$$\therefore \quad x = \frac{\det A_1}{\det A} = \frac{\epsilon - 2}{\epsilon - 1} = 1 - \frac{1}{\epsilon - 1}, \quad y = \frac{\det A_2}{\det A} = \frac{1}{\epsilon - 1}$$

(2) $\epsilon = 99$: $x = 1 - \frac{1}{99 - 1} = 1 - \frac{1}{98} = 0.9898$, $y = \frac{1}{99 - 1} = \frac{1}{98} = 0.0102$

$\epsilon = 101$: $x = 1 - \frac{1}{101 - 1} = 1 - \frac{1}{100} = 0.99$, $y = \frac{1}{101 - 1} = \frac{1}{100} = 0.01$

로 ϵ 이 99에서 101로 변할 때 x, y의 값에 큰 변화가 없다. 한편,

$\epsilon = 0.99$: $x = 1 - \frac{1}{0.99 - 1} = 1 + \frac{1}{0.01} = 100$, $y = \frac{1}{0.99 - 1} = -\frac{1}{0.01} = -100$

$\epsilon = 1.01$: $x = 1 - \frac{1}{1.01 - 1} = 1 - \frac{1}{0.01} = -99$, $y = \frac{1}{1.01 - 1} = \frac{1}{0.01} = 100$

로 ϵ 이 0.99에서 1.01로 변할 때는 x, y의 값에 큰 변화가 생긴다. 즉, $\epsilon \simeq 1$ 근처에서는 계수 행렬 A 의 특이성이 매우 크다.

6. (1) $\begin{bmatrix} r_1 + r_2 & -r_2 \\ -r_2 & r_2 + R \end{bmatrix} \begin{bmatrix} i_1 \\ i_2 \end{bmatrix} = \begin{bmatrix} E_1 - E_2 \\ E_2 \end{bmatrix}$ 또는 $RI = E$ 에서

$$\det R = \begin{vmatrix} r_1 + r_2 & -r_2 \\ -r_2 & r_2 + R \end{vmatrix} = r_1 r_2 + R(r_1 + r_2)$$

$$\det R_1 = \begin{vmatrix} E_1 - E_2 & -r_2 \\ E_2 & r_2 + R \end{vmatrix} = R(E_1 - E_2) + r_2 E_1$$

$$\det R_2 = \begin{vmatrix} r_1 + r_2 & E_1 - E_2 \\ -r_2 & E_2 \end{vmatrix} = r_1 E_2 + r_2 E_1$$

$$\therefore \quad i_1 = \frac{\det R_1}{\det R} = \frac{R(E_1 - E_2) + r_2 E_1}{r_1 r_2 + R(r_1 + r_2)}, \quad i_2 = \frac{\det R_2}{\det R} = \frac{r_1 E_2 + r_2 E_1}{r_1 r_2 + R(r_1 + r_2)}$$

(2) $V = i_2 R = \frac{(r_1 E_2 + r_2 E_1) R}{r_1 r_2 + R(r_1 + r_2)}$

$$\lim_{R \to \infty} V = \lim_{R \to \infty} \frac{(r_1 E_2 + r_2 E_1) R}{r_1 r_2 + R(r_1 + r_2)} = \lim_{R \to \infty} \frac{r_1 E_2 + r_2 E_1}{r_1 r_2 / R + (r_1 + r_2)}$$

$$= \frac{r_1 E_2 + r_2 E_1}{r_1 + r_2} = \frac{E(r_1 + r_2)}{r_1 + r_2} = E$$

7.7 행렬의 고유값 문제

1. (1) $x_1 = x_2 = 0$, $\begin{vmatrix} 1 & 1 \\ 1 & -1 \end{vmatrix} = -2 \neq 0$ (2) 해가 무수히 많음. $\begin{vmatrix} 1 & 2 \\ 2 & 4 \end{vmatrix} = 0$

2. (1) $A = \begin{bmatrix} -1 & 2 \\ -7 & 8 \end{bmatrix}$, $\det(A-\lambda I) = \begin{vmatrix} -1-\lambda & 2 \\ -7 & 8-\lambda \end{vmatrix} = (\lambda-1)(\lambda-6) = 0$ $\therefore$ $\lambda = 1, 6$

(i) $\lambda_1 = 1$ 일 때

$\begin{bmatrix} -1 & 2 \\ -7 & 8 \end{bmatrix}\begin{bmatrix} x_1 \\ x_2 \end{bmatrix} = 1\begin{bmatrix} x_1 \\ x_2 \end{bmatrix}$ 또는 $\begin{bmatrix} -2 & 2 \\ -7 & 7 \end{bmatrix}\begin{bmatrix} x_1 \\ x_2 \end{bmatrix} = \begin{bmatrix} 0 \\ 0 \end{bmatrix}$ 에서 $x_1 = 1$ 이면 $x_2 = 1$ 이므로

$$X_1 = \begin{bmatrix} 1 \\ 1 \end{bmatrix}$$

(ii) $\lambda_2 = 6$ 일 때

$\begin{bmatrix} -7 & 2 \\ -7 & 2 \end{bmatrix}\begin{bmatrix} x_1 \\ x_2 \end{bmatrix} = \begin{bmatrix} 0 \\ 0 \end{bmatrix}$ 에서 $x_1 = \dfrac{2}{7}x_2$. $x_2 = 7$ 이면 $x_1 = 2$ 이므로 $X_2 = \begin{bmatrix} 2 \\ 7 \end{bmatrix}$

(2) $A = \begin{bmatrix} -2 & 1 \\ 1 & -2 \end{bmatrix}$, $\det(A-\lambda I) = \begin{vmatrix} -2-\lambda & 1 \\ 1 & -2-\lambda \end{vmatrix} = (\lambda+1)(\lambda+3) = 0$

에서 고유값은 $\lambda = -1, -3$.

(i) $\lambda_1 = -1$ 일 때

$\begin{bmatrix} -2 & 1 \\ 1 & -2 \end{bmatrix}\begin{bmatrix} x_1 \\ x_2 \end{bmatrix} = (-1)\begin{bmatrix} x_1 \\ x_2 \end{bmatrix}$ 또는 $\begin{bmatrix} -1 & 2 \\ 1 & -1 \end{bmatrix}\begin{bmatrix} x_1 \\ x_2 \end{bmatrix} = \begin{bmatrix} 0 \\ 0 \end{bmatrix}$

에서 $x_1 = 1$ 로 놓으면 $x_2 = 1$. 따라서 고유값 $\lambda_1 = -1$ 에 대응하는 고유벡터는

$$X_1 = \begin{bmatrix} 1 \\ 1 \end{bmatrix}.$$

(ii) $\lambda_2 = -3$ 일 때

$\begin{bmatrix} -2 & 1 \\ 1 & -2 \end{bmatrix}\begin{bmatrix} x_1 \\ x_2 \end{bmatrix} = (-3)\begin{bmatrix} x_1 \\ x_2 \end{bmatrix}$ 또는 $\begin{bmatrix} 1 & 1 \\ 1 & 1 \end{bmatrix}\begin{bmatrix} x_1 \\ x_2 \end{bmatrix} = \begin{bmatrix} 0 \\ 0 \end{bmatrix}$

에서 $x_1 = 1$ 로 놓으면 $x_2 = -1$. 따라서 고유값 $\lambda_2 = -3$ 에 대응하는 고유벡터는

$$X_2 = \begin{bmatrix} 1 \\ -1 \end{bmatrix}.$$

(3) $A = \begin{bmatrix} 5 & -1 & 0 \\ 0 & -5 & 9 \\ 5 & -1 & 0 \end{bmatrix}$, $\det(A-\lambda I) = \begin{vmatrix} 5-\lambda & -1 & 0 \\ 0 & -5-\lambda & 9 \\ 5 & -1 & -\lambda \end{vmatrix} = -\lambda(\lambda+4)(\lambda-4)$

$$\therefore \lambda = 0, -4, 4$$

(i) $\lambda_1 = 0$ 일 때

$$\begin{bmatrix} 5 & -1 & 0 \\ 0 & -5 & 9 \\ 5 & -1 & 0 \end{bmatrix}\begin{bmatrix} x_1 \\ x_2 \\ x_3 \end{bmatrix} = \begin{bmatrix} 0 \\ 0 \\ 0 \end{bmatrix}$$

에서 $x_2 = \dfrac{9}{5}x_3$, $x_1 = \dfrac{9}{25}x_3$. $x_3 = 25$ 로 놓으면 $x_2 = 45$, $x_1 = 9$ 이므로 $X_1 = \begin{bmatrix} 9 \\ 45 \\ 25 \end{bmatrix}$.

(ii) $\lambda_2 = -4$, $\lambda_3 = 4$ 일 때 마찬가지 방법으로 $X_2 = \begin{bmatrix} 1 \\ 9 \\ 1 \end{bmatrix}$, $X_3 = \begin{bmatrix} 1 \\ 1 \\ 1 \end{bmatrix}$.

3. $\det(\boldsymbol{A} - \lambda \boldsymbol{I}) = \begin{vmatrix} a - \lambda & b \\ c & d - \lambda \end{vmatrix} = (a - \lambda)(d - \lambda) - bc = \lambda^2 - (a + d)\lambda + ad - bc = 0$

인데 2차 방정식의 근과 계수와의 관계에서 $\lambda_1 + \lambda_2 = a + d = \text{trace}\boldsymbol{A}$, $\lambda_1 \lambda_2 = ad - bc = \det\boldsymbol{A}$

이므로 $\lambda^2 - (\text{trace}\boldsymbol{A})\lambda + \det\boldsymbol{A} = 0$.

4. (1) $\boldsymbol{A} = \begin{bmatrix} -5 & 2 \\ 5 & -2 \end{bmatrix}$, $\det(\text{A} - \lambda\text{I}) = \begin{vmatrix} -5 - \lambda & 2 \\ 5 & -2 - \lambda \end{vmatrix} = \lambda(\lambda + 7)$

$\qquad \therefore \ \lambda = 0 \ , -7 \ , \ \ \det\boldsymbol{A} = 0 \cdot (-7) = 0, \ \text{trace}\boldsymbol{A} = 0 + (-7) = -7, \ \rho(\boldsymbol{A}) = 7$

(2) $\boldsymbol{A} = \begin{bmatrix} 1/2 & 0 \\ 1/4 & 1/2 \end{bmatrix}$, $\det(\text{A} - \lambda\text{I}) = \begin{vmatrix} 1/2 - \lambda & 0 \\ 1/4 & 1/2 - \lambda \end{vmatrix} = (1/2 - \lambda)^2$

$\qquad \therefore \ \lambda = 1/2 \ (중근), \ \ \det\boldsymbol{A} = (1/2)^2 = 1/4, \ \text{trace}\boldsymbol{A} = 2 \cdot (1/2) = 1, \ \rho(\boldsymbol{A}) = 1/2$

(3) $\boldsymbol{A} = \begin{bmatrix} 2 & 0 & 0 \\ 0 & 2 & 0 \\ 0 & 0 & 1 \end{bmatrix}$, $\det(\text{A} - \lambda\text{I}) = \begin{vmatrix} 2 - \lambda & 0 & 0 \\ 0 & 2 - \lambda & 0 \\ 0 & 0 & 1 - \lambda \end{vmatrix} = (2 - \lambda)^2(1 - \lambda)$

$\qquad \therefore \ \lambda_1 = 2 \ (중근), \ \lambda_2 = 1 \ \det\boldsymbol{A} = 2^2 \cdot 1 = 4, \ \text{trace}\boldsymbol{A} = 2 \cdot 2 + 1 = 5, \ \rho(\boldsymbol{A}) = 2$

5. $\boldsymbol{A}$가 확률행렬, $\boldsymbol{X}$가 현재의 토지사용율, $\boldsymbol{Y}$가 미래의 토지사용율일 때 $\boldsymbol{Y} = \boldsymbol{A}\boldsymbol{X}$이므로 토지 사용율이 변하지 않는다면 $\boldsymbol{X} = \boldsymbol{A}\boldsymbol{X}$, 즉 고유값이 1인 고유값 문제

$$\boldsymbol{A}\boldsymbol{X} = (1)\boldsymbol{X} \qquad (\star)$$

이 된다. 따라서 $(\boldsymbol{A} - \boldsymbol{I})\boldsymbol{X} = \boldsymbol{0}$ 또는

$$\begin{bmatrix} 0.8 - 1 & 0.1 & 0.0 \\ 0.1 & 0.7 - 1 & 0.1 \\ 0.1 & 0.2 & 0.9 - 1 \end{bmatrix}\begin{bmatrix} x_1 \\ x_2 \\ x_3 \end{bmatrix} = \begin{bmatrix} 0 \\ 0 \\ 0 \end{bmatrix}$$

에서 $x_1 = 1$, $x_2 = 2$, $x_3 = 5$를 얻는데 이들의 합이 100%가 되어야 하므로

$$x_1 = 1/8 \times 100 = 12.5\%, \ x_2 = 2/8 \times 100 = 25.0\%, \ x_1 = 5/8 \times 100 = 62.5\%$$

이다. 시간이 충분히 지나면 주거지역이 12.5%, 상업지역이 25.0%, 공업지역이 62.5%이다.

8장

벡터 미분학

8.1 벡터함수

1. (1) $r = [y^2, 1]$;

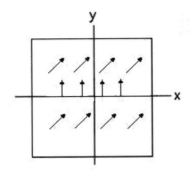

(2) $r(x,y) = [-(x^2 + y^2),\ 0\ ]$;

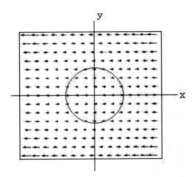

(3) $r(x,y) = [\cos x,\ \sin x\ ]$;

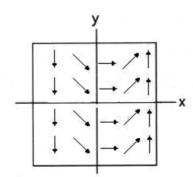

2. $W = [0,0,1]$, $r = [x,y,z]$일 때

$$V(x,y,z) = W \times r = \begin{vmatrix} i & j & k \\ 0 & 0 & 1 \\ x & y & z \end{vmatrix} = [-y, x, 0]$$

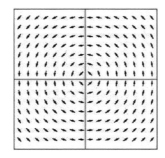

선속도 V의 방향은 반시계 방향으로 회전하는 원의 접선방향이고, 선속도 V의 크기는
$$|V| = |W \times r| = |W||r|\sin\theta = \omega d$$
로 회전의 중심에서 멀어질수록 크다.

3. (1) $r(t) = [2\cos t, 2\sin t, 3]$; $x^2 + y^2 = (2\cos t)^2 + (2\sin t)^2 = 4$, $z = 3$

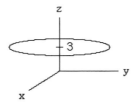

(2) $r(t) = [a\cos t, b\sin t]$ $(a, b$는 상수$)$; $x = a\cos t$, $y = b\sin t$

$\cos^2 t + \sin^2 t = \left(\dfrac{x}{a}\right)^2 + \left(\dfrac{y}{b}\right)^2 = 1$ 이므로 타원(ellipse), $a = b$이면 원(circle)

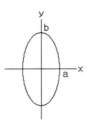

(3) $r(t) = [t, t^3 + 2, 0]$; $x = t$이면 $y = x^3 + 2$, $z = 0$

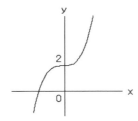

4. (1) $y^2 + (z-3)^2 = 9$, $x = 0$;
$y = 3\cos t$, $z - 3 = 3\sin t$, $x = 0$ $\therefore r(t) = [0, 3\cos t, 3 + 3\sin t]$

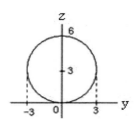

(2) $x^2 + y^2 = 9$, $z = 9 - x^2$;

$\qquad x = 3\cos t$, $y = 3\sin t$, $z = 9 - (3\cos t)^2 = 9\sin^2 t \qquad \therefore \; r(t) = [3\cos t, 3\sin t, 9\sin^2 t]$

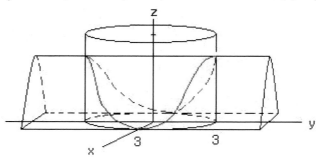

5. $r(t) = [2\cos t, 6\sin t]$;

$\qquad r'(t) = [-2\sin t, 6\cos t] \;\; \therefore \; r(\pi/6) = [\sqrt{3}, 3] , \; r'(\pi/6) = [-1, 3\sqrt{3}]$

$$x = 2\cos t , \; y = 6\sin t \;\rightarrow\; \left(\frac{x}{2}\right)^2 + \left(\frac{y}{6}\right)^2 = 1$$

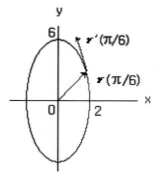

6. $r(t) = [\ln t, 1/t]$, $t > 0$; $r'(t) = [1/t, -1/t^2]$, $r''(t) = [-1/t^2, 2/t^3]$

7. (1) $V = [\cos x \cosh y, -\sin x \sinh y]$;

$\qquad \dfrac{\partial V}{\partial x} = [-\sin x \cosh y, -\cos x \sinh y] , \; \dfrac{\partial V}{\partial y} = [\cos x \sinh y, -\sin x \cosh y]$

$\quad$ (2) $V = \left[\dfrac{1}{2}\ln(x^2 + y^2), \tan^{-1}\dfrac{y}{x}, z \right]$;

$$\frac{\partial \boldsymbol{V}}{\partial x} = \left[\frac{1}{2}\frac{2x}{x^2+y^2}, \frac{-\dfrac{y}{x^2}}{1+(\dfrac{y}{x})^2}, 0\right] = \left[\frac{x}{x^2+y^2}, \frac{-y}{x^2+y^2}, 0\right]$$

$$\frac{\partial \boldsymbol{V}}{\partial y} = \left[\frac{1}{2}\frac{2y}{x^2+y^2}, \frac{\dfrac{1}{x}}{1+(\dfrac{y}{x})^2}, 0\right] = \left[\frac{y}{x^2+y^2}, \frac{x}{x^2+y^2}, 0\right]$$

$$\frac{\partial \boldsymbol{V}}{\partial z} = [0, 0, 1]$$

8. $x = t, \; y = t^2/2, \; z = t^3/3 \; ;$

$\boldsymbol{r}(t) = [t, t^2/2, t^3/3] \;\rightarrow\; \boldsymbol{r}(2) = [2, 2, 8/3], \; \boldsymbol{r}'(t) = [1, t, t^2] \;\rightarrow\; \boldsymbol{r}'(2) = [1, 2, 4]$

$\therefore \boldsymbol{r}_T = \boldsymbol{r}(2) + t\boldsymbol{r}'(2) = [2, 2, 8/3] + t[1, 2, 4] = [2+t, 2+2t, 8/3+4t]$

9. $\boldsymbol{r}(t) = [\cosh t, \sinh t, 0] \; ;$

(1) $\boldsymbol{r}'(t) = [\sinh t, \cosh t, 0], \; |\boldsymbol{r}'(t)| = \sqrt{\sinh^2 t + \cosh^2 t} = \sqrt{\cosh 2t}$

$\therefore \; \boldsymbol{u}(t) = \frac{\boldsymbol{r}'}{|\boldsymbol{r}'|} = \frac{1}{\sqrt{\cosh 2t}}[\sinh t, \cosh t, 0]$

(2) $\cosh t = \dfrac{e^t + e^{-t}}{2} = \dfrac{5}{3}$ ---(1), $\sinh t = \dfrac{e^t - e^{-t}}{2} = \dfrac{4}{3}$ ---(2)

(1)과 (2)를 더하면 $e^t = 3$, 즉, 점 P: (5/3, 4/3, 0)은 $t = \ln 3$ 에 해당하므로

$\boldsymbol{r}(\ln 3) = [5/3, 4/3, 0], \; \boldsymbol{r}'(\ln 3) = [4/3, 5/3, 0], \; \boldsymbol{u}(\ln 3) = \dfrac{3}{\sqrt{41}}[4/3, 5/3, 0]$

(3) $\boldsymbol{r}_T(t) = \boldsymbol{r}(\ln 3) + t\boldsymbol{r}'(\ln 3) = [5/3, 4/3, 0] + t[4/3, 5/3, 0]$

$= [5/3 + 4t/3, 4/3 + 5t/3, 0]$

$$x = \cosh t, \; y = \sinh t \;\rightarrow\; x^2 - y^2 = 1$$

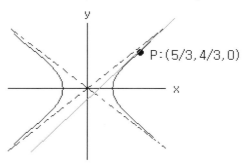

10. $I = \displaystyle\int \left[te^t, -e^{-2t}, te^{t^2}\right] dt \; ;$

$\displaystyle\int te^t\, dt = (t-1)e^t + c_1, \; \int e^{-2t}\, dt = -\frac{1}{2}e^{-2t} + c_2, \; \int te^{t^2}\, dt = \frac{1}{2}e^{t^2} + c_3$

$$\therefore\ I = \left[(t-1)e^t, \frac{1}{2}e^{-2t}, \frac{1}{2}e^{t^2}\right] + C$$

11. $r'(t) = [6, 6t, 3t^2]$, $r(0) = [1, -2, 1]$;

$$r(t) = \int r'(t)dt = \int [6, 6t, 3t^2]dt = [6t, 3t^2, t^3] + C$$

$$r(0) = [1, -2, 1] = C \qquad \therefore\ r(t) = [6t+1, 3t^2-2, t^3+1]$$

12. $(u\ v\ w) = u \cdot (v \times w)$ 와 미분의 성질 (iii), (iv)를 이용하면

$$(u\ v\ w)' = [u \cdot (v \times w)]' = u' \cdot (v \times w) + u \cdot (v \times w)'$$
$$= u' \cdot (v \times w) + u \cdot (v' \times w + v \times w')$$
$$= u' \cdot (v \times w) + u \cdot (v' \times w) + u \cdot (v \times w')$$
$$= (u'\ v\ w) + (u\ v'\ w) + (u\ v\ w')$$

13. $v = [v_1, v_2, v_3]$, $r(t) = [x(t), y(t), z(t)]$ 로 놓으면

$$\int v \cdot r(t)dt = \int [v_1, v, v_3] \cdot [x(t), y(t), z(t)]dt$$
$$= \int [v_1 x(t) + v_2 y(t) + v_3 z(t)]dt = \int v_1 x(t)dt + \int v_2 y(t)dt + \int v_3 z(t)dt$$
$$= v_1 \int x(t)dt + v_2 \int y(t)dt + v_3 \int z(t)dt = v \cdot \int r(t)dt$$

14. (1) $y = \frac{b}{a}x$, $0 \le x \le a$; $y' = \frac{b}{a}$ 이므로

$$L = \int_0^a \sqrt{1 + (y')^2}\, dx = \int_0^a \sqrt{1 + \left(\frac{b}{a}\right)^2}\, dx = \sqrt{1 + \left(\frac{b}{a}\right)^2} \int_0^a dx = \sqrt{1 + \left(\frac{b}{a}\right)^2} \cdot a = \sqrt{a^2 + b^2}$$

(2) $r(t) = [at, bt]$, $0 \le t \le 1$; $r'(t) = [a, b]$, $L = \int_0^1 |r'(t)|dt = \int_0^1 \sqrt{a^2 + b^2}\, dt = \sqrt{a^2 + b^2}$

15. $r(t) = [t, \cosh t]$, $0 \le t \le 1$;

(1) $x = t$, $y = \cosh t\ \rightarrow\ y = \cosh x$

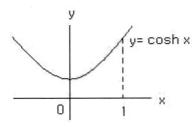

$$r'(t) = [1, \sinh t], \ |r'(t)| = \sqrt{1 + \sinh^2 t} = \cosh t$$

$$L = \int_0^1 |r'|dt = \int_0^1 \cosh t\, dt = \sinh t \Big|_0^1 = \sinh 1$$

(2) $0 \le t \le 1$ 은 $0 \le x \le 1$ 에 해당하므로 $L = \int_a^b \sqrt{1 + [f'(x)]^2} \, dx$

$$L = \int_a^b \sqrt{1 + [f'(x)]^2} \, dx = \int_0^1 \sqrt{1 + \sinh^2 x} \, dx = \int_0^1 \cosh x \, dx = \sinh 1$$

16. $y = f(x)$ 의 매개변수 표현은 $r(t) = [t, f(t)]$ 이므로 $r'(t) = [1, f'(t)]$.

$|r'(t)| = \sqrt{1 + [f'(t)]^2}$ 이므로

$$L = \int_{t=a}^b |r'(t)| dt = \int_{t=a}^b \sqrt{1 + [f'(t)]^2} \, dt = \int_{x=a}^b \sqrt{1 + [f'(x)]^2} \, dx$$

17. $x^2 + y^2 = 1$ 에서 $y = \sqrt{1 - x^2}$, $y' = -\dfrac{x}{\sqrt{1 - x^2}}$

$$L = 4 \int_0^1 \sqrt{1 + f'(x)^2} \, dx = 4 \int_0^1 \sqrt{1 + \frac{x^2}{1 - x^2}} \, dx = 4 \int_0^1 \frac{1}{\sqrt{1 - x^2}} \, dx$$

$$= 4[\sin^{-1} 1 - \sin^{-1} 0] = 4 \cdot \frac{\pi}{2} = 2\pi$$

18. (1) $r(u, v) = [u, v, 0]$ 에서 $z = 0$.

$u = c$ 이면 $r(v) = [c, v]$: $x = c$ 인 직선

$v = c$ 이면 $r(u) = [u, c]$: $y = c$ 인 직선

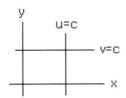

(2) $r(u, v) = [a \cos v, b \sin v, u]$, $0 \le u \le 1$ 에서 $\left(\dfrac{x}{a}\right)^2 + \left(\dfrac{y}{b}\right)^2 = \cos^2 v + \sin^2 v = 1$.

$u = c$ 이면 $r(v) = [a \cos v, b \sin v, c]$: 타원(ellipse)

$v = c$ 이면 $r(u) = [c_1, c_2, u]$, $0 \le u \le 1$: z축에 평행한 직선, $0 \le z \le 1$

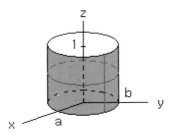

(3) $r(u, v) = [u \cos v, u \sin v, u]$ 에서 $\sqrt{x^2 + y^2} = \sqrt{(u \cos v)^2 + (u \sin v)^2} = u = z$, $0 \le z \le 1$

$u = c$ 이면 $r(v) = [c \cos v, c \sin v, c]$: 반지름 c 인 원

$v = c$ 이면 $r(u) = [u\cos c, u\sin c, u]$, $x = u\cos c$, $y = u\sin c$, $z = u$

$\rightarrow \dfrac{x}{\cos c} = \dfrac{y}{\sin c} = \dfrac{z}{1}$: 평면 $y = kx$ $(k = \tan c)$와 원뿔의 교선인 직선

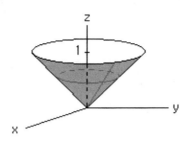

8.2 속도, 가속도

1. $r(t) = [-\cosh 2t, \sinh 2t]$;

$$x = -\cosh 2t, \ y = \sinh 2t \ \rightarrow \ x^2 - y^2 = 1$$
$$V(t) = r'(t) = [-2\sinh 2t, 2\cosh 2t], \ V(0) = [0, 2], \ |V(0)| = 2$$
$$a(t) = V'(t) = [-4\cosh 2t, 4\sinh 2t], \ a(0) = [-4, 0]$$

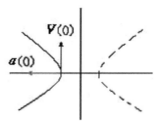

2. $r(t) = [t^2, t^3 - 2t, t^2 - 5t]$;

$$x = t^2, \ y = t^3 - 2t, \ z = t^2 - 5t = t(t-5) = 0 \ \therefore \ t = 0, \ 5$$
$$r(t) = [t^2, t^3 - 2t, t^2 - 5t] \ \rightarrow \ r(0) = [0, 0, 0], \ r(5) = [25, 115, 0]$$
$$V(t) = [2t, 3t^2 - 2, 2t - 5] \ \rightarrow \ V(0) = [0, -2, -5], \ V(5) = [10, 73, 5]$$
$$a(t) = [2, 6t, 2] \ \rightarrow \ a(0) = [2, 0, 2], \ a(5) = [2, 30, 2]$$

3. $a(t) = [0, -g]$ 이므로

$$V(t) = \int a(t)dt = [0, -gt] + c_1. \ V(0) = [v_0\cos\theta, v_0\sin\theta] 이므로$$
$$V(t) = [v_0\cos\theta, v_0\sin\theta - gt]$$
$$r(t) = \int V(t)dt = \left[v_0\cos\theta \cdot t, \ v_0\sin\theta \cdot t - \frac{1}{2}gt^2\right] + c_2, \ r(0) = 0 \ 이므로$$

$$r(t) = \left[v_0\cos\theta \cdot t , v_0\sin\theta \cdot t - \frac{1}{2}gt^2 \right]$$

공이 땅에 떨어질 때 $v_0\sin\theta \cdot t - \frac{1}{2}gt^2 = 0$ 이므로 $t = \frac{2v_0\sin\theta}{g}$.

300피트를 날아가기 위해서는 $v_0\cos\theta \cdot \frac{2v_0\sin\theta}{g} = 300$

$$v_0 = \sqrt{\frac{300 \cdot g}{2\cos\theta\sin\theta}} = \sqrt{\frac{300 \cdot 32}{2\cos45°\sin45°}} = \sqrt{300 \cdot 32} = 40\sqrt{6}$$

4.

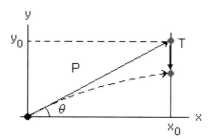

먼저 포탄(P)의 궤도를 구한다. $a(t) = [0, -g]$ 에서

$V_P(t) = \int a(t)dt = [0, -gt] + c_1$. $V_P(0) = [v_0\cos\theta, v_0\sin\theta]$ 이므로

$$V_P(t) = [v_0\cos\theta, v_0\sin\theta - gt]$$

$r_P(t) = \int V_P(t)dt = \left[v_0\cos\theta \cdot t , v_0\sin\theta \cdot t - \frac{1}{2}gt^2 \right] + c_2$, $r_P(0) = 0$ 이므로

$$r_P(t) = \left[v_0\cos\theta \cdot t , v_0\sin\theta \cdot t - \frac{1}{2}gt^2 \right]$$

한편, 표적(T)에 대해서는

$V_T(t) = \int a(t)dt = [0, -gt] + c_3$. $V_T(0) = 0$ 이므로 $V_T(t) = [0, -gt]$

$r_T(t) = \int V_T(t)dt = \left[0, -\frac{1}{2}gt^2 \right] + c_4$, $r_T(0) = [x_0, y_0]$ 이므로

$$r_T(t) = \left[x_0 , y_0 - \frac{1}{2}gt^2 \right]$$

포탄이 x_0 에 도달하는 시간은 $v_0\cos\theta \cdot t = x_0$ 에서 $t = \frac{x_0}{v_0\cos\theta}$ 이고 이때 포탄의 높이는

$$y_p = v_0\sin\theta\left(\frac{x_0}{v_0\cos\theta}\right) - \frac{1}{2}g\left(\frac{x_0}{v_0\cos\theta}\right)^2 = x_0\tan\theta - \frac{1}{2}g\left(\frac{x_0}{v_0\cos\theta}\right)^2 = y_0 - \frac{1}{2}g\left(\frac{x_0}{v_0\cos\theta}\right)^2$$

이고 표적의 높이는

$$y_T = y_0 - \frac{1}{2}g\left(\frac{x_0}{v_0\cos\theta}\right)^2$$

로 같다. 따라서 포탄은 표적을 명중시킨다.

5. (1) $|a_T| = |a|\cos\theta = \dfrac{|a||V|\cos\theta}{|V|} = \dfrac{a \cdot V}{|V|}$ 이고, 속도 V의 방향이 같으므로

$$a_T = |a_T|\frac{V}{|V|} = \frac{a \cdot V}{|V|}\frac{V}{|V|} = \frac{a \cdot V}{V \cdot V}V$$

(2) $r(t) = [t^2/2, 0]$에서 $V(t) = [t, 0]$, $a(t) = [1, 0]$이므로

$$a_T = \frac{a \cdot V}{V \cdot V}V = \frac{[1,0] \cdot [t,0]}{[t,0] \cdot [t,0]}[t,0] = \frac{t}{t^2}[t,0] = [1,0],$$

$$a_N = a - a_T = [1,0] - [1,0] = [0,0].$$

(3) $r(t) = [\cos t, \sin t]$에서 $V(t) = [-\sin t, \cos t]$, $a(t) = [-\cos t, -\sin t]$이므로

$$a_T = \frac{a \cdot V}{V \cdot V}V = \frac{(-\sin t)(-\cos t) + \cos t(-\sin t)}{(-\sin t)^2 + \cos^2 t}[-\sin t, \cos t] = [0,0],$$

$$a_N = a - a_T = [-\cos t, -\sin t] - [0,0] = [-\cos t, -\sin t].$$

6. (1) $r(t) = [3t, -t, 2t]$; $V(t) = r'(t) = [3, -1, 2]$, $a(t) = [0,0,0]$

$$v = \sqrt{3^2 + (-1)^2 + 2^2} = \sqrt{14}, \quad T = \frac{V}{v} = \frac{1}{\sqrt{14}}[3, -1, 2] \;\rightarrow\; \frac{dv}{dt} = 0, \quad \frac{dT}{dt} = [0,0,0]$$

$$a_T = \frac{dv}{dt}T = [0,0,0], \quad a_N = v\frac{dT}{dt} = [0,0,0]$$

$$a_T \cdot a_N = [0,0,0] \cdot [0,0,0] = 0$$

$$a_T + a_N = [0,0,0] + [0,0,0] = [0,0,0]$$

(별해) $V(t) = [3, -1, 2]$, $a(t) = [0,0,0]$

$$a_T = \frac{a \cdot V}{V \cdot V}V = [0,0,0], \quad a_N = a - a_T = [0,0,0] - [0,0,0] = [0,0,0]$$

(2) $r(t) = tr_0$, $r_0 = [\cos t, \sin t]$;

$$V = r' = (tr_0)' = r_0 + tr_0'$$

$$a = V' = (r_0 + tr_0')' = r_0' + r_0' + tr_0'' = 2r_0' + tr_0'' = 2r_0' - tr_0 \quad (\because r_0'' = -r_0)$$

$|r_0| = |r_0'| = 1$, $r_0 \cdot r_0' = 0$ 임을 이용하면

$$v = |V| = |r_0 + tr_0'| = \sqrt{1+t^2} , \quad T = \frac{V}{v} = \frac{r_0 + tr_0'}{\sqrt{1+t^2}}$$

$$\rightarrow \frac{dv}{dt} = \frac{t}{\sqrt{1+t^2}}, \quad \frac{dT}{dt} = \frac{2+t^2}{(1+t^2)^{3/2}}(r_0 + tr_0')$$

$$a_T = \frac{dv}{dt}T = \frac{t}{\sqrt{1+t^2}}\frac{r_0 + tr_0'}{\sqrt{1+t^2}} = \frac{t}{1+t^2}(r_0 + tr_0')$$

$$a_N = v\frac{dT}{dt} = \sqrt{1+t^2}\frac{2+t^2}{(1+t^2)^{3/2}}(r_0' - tr_0) = \frac{2+t^2}{1+t^2}(r_0' - tr_0)$$

벡터의 스칼라곱을 제외하고 계산하면

$$a_T \cdot a_N = (r_0 + tr_0') \cdot (r_0' - tr_0) = r_0 \cdot r_0' - t|r_0|^2 + t|r_0'|^2 - t^2r_0' \cdot r_0 = 0$$

$$a_T + a_N = \frac{t}{1+t^2}(r_0 + tr_0{}') + \frac{2+t^2}{1+t^2}(r_0{}' - tr_0) = 2r_0{}' - tr_0$$

(별해) $V = r' = (tr_0)' = r_0 + tr_0{}'$

$$a_T = \frac{a \cdot V}{V \cdot V} V = \frac{(2r_0{}' - tr_0) \cdot (r_0 + tr_0{}')}{(r_0 + tr_0{}') \cdot (r_0 + tr_0{}')}(r_0 + tr_0{}')$$

$$= \frac{2r_0{}' \cdot r_0 + 2t|r_0{}'|^2 - t|r_0|^2 - t^2 r_0 \cdot r_0{}'}{|r_0|^2 + 2tr_0 \cdot r_0{}' + t^2|r_0{}'|^2}(r_0 + tr_0{}') = \frac{t}{1+t^2}(r_0 + tr_0{}')$$

$$a_N = a - a_T = 2r_0{}' - tr_0 - \frac{t}{1+t^2}(r_0 + tr_0{}')$$

$$= \left(2 - \frac{t^2}{1+t^2}\right)r_0{}' - \left(t + \frac{t}{1+t^2}\right)r_0 = \frac{2+t^2}{1+t^2}(r_0{}' - tr_0) ,$$

7. 점 P_0를 지나고 일정한 벡터 u에 평행한 직선의 방정식은 6.4절에서 $r(t) = r_0 + tu$ 이므로

$V = r' = u$, $v = |u| = c$(상수)이다. 따라서 $T = \frac{V}{v} = \frac{u}{c}$, $\frac{dT}{dt} = 0$ 이므로

$$\kappa = \frac{1}{v}\left|\frac{dT}{dt}\right| = 0.$$

(별해) x축 위를 지나는 직선을 가정하면 $r(t) = [f(t), 0, 0]$:

$V(t) = r'(t) = [f'(t), 0, 0]$, $v = |V| = f'(t)$, $T = \frac{V}{v} = [1, 0, 0]$ $\rightarrow$ $\frac{dT}{dt} = 0$. $\therefore$ $\kappa = 0$

8. $r_0(t) = [\cos t, \sin t]$ 이므로 $t = \pi$에서 $r_0(\pi) = [-1, 0]$, $r_0{}'(\pi) = [0, -1]$

(1) 본문에서 $a(t) = 2r_0{}'(t) - tr_0(t)$ 이므로

$$a(\pi) = 2r_0{}'(\pi) - \pi r_0(\pi) = 2[0, -1] - \pi[-1, 0] = [\pi, -2]$$

(2) 문제 6의 (2)에서 $a_T = \frac{t}{1+t^2}(r_0 + tr_0{}')$, $a_N = \frac{2+t^2}{1+t^2}(r_0{}' - tr_0)$ 이므로

$$a_T(\pi) = \frac{\pi}{1+\pi^2}([-1, 0] + \pi[0, -1]) = \frac{\pi}{1+\pi^2}[-1, -\pi]$$

$$a_N(\pi) = \frac{2+\pi^2}{1+\pi^2}([0, -1] - \pi[-1, 0]) = \frac{2+\pi^2}{1+\pi^2}[\pi, -1]$$

$$a(\pi) = a_T(\pi) + a_N(\pi) = \frac{\pi}{1+\pi^2}[-1, -\pi] + \frac{2+\pi^2}{1+\pi^2}[\pi, -1] = [\pi, -2]$$

(3) 본문에서 $a_{cor}(t) = 2r_0{}'$, $a_{cent}(t) = -tr_0$ 이므로

$$a_{cor}(\pi) = 2[0, -1] = [0, -2] , \quad a_{cent}(\pi) = -\pi[-1, 0] = [\pi, 0]$$

$$a(\pi) = a_{cor}(\pi) + a_{cent}(\pi) = [0, -2] + [\pi, 0] = [\pi, -2]$$

9. $m = 60$ kg이고 $r = 6,400$ km, $v = 1,700$ km/h 이므로

$$a = \frac{v^2}{r} = \frac{(1700\,\text{km/h})^2}{6,400\,\text{km}} = 452\,\text{km/h}^2 = 0.035\,\text{m/s}^2$$

$$W_e = m(g - a) = 60\,\text{kg}(9.8 - 0.035)\,\text{m/s}^2 = 585.9\,\text{N} = \frac{585.9\,\text{N}}{9.8\,\text{m/s}^2} = 59.8\,\text{kgf}$$

10. (1) $\boldsymbol{F}$와 $\boldsymbol{r}$의 방향이 반대이므로 음의 상수 c에 대해 $\boldsymbol{F} = c\boldsymbol{r}$로 놓으면

$$\boldsymbol{\tau} = \boldsymbol{r} \times \boldsymbol{F} = \boldsymbol{r} \times c\boldsymbol{r} = 0$$

(2) 쉬어가기 8.4에서 $\boldsymbol{\tau} = \dfrac{d\boldsymbol{L}}{dt}$인데 (1)에서 $\boldsymbol{\tau} = 0$이므로 $\dfrac{d\boldsymbol{L}}{dt} = 0$, 즉 $\boldsymbol{L}$이 일정. 또는

$$\frac{d\boldsymbol{L}}{dt} = \frac{d}{dt}(\boldsymbol{r} \times \boldsymbol{p}) = \frac{d\boldsymbol{r}}{dt} \times \boldsymbol{p} + \boldsymbol{r} \times \frac{d\boldsymbol{p}}{dt} = \boldsymbol{V} \times (m\boldsymbol{V}) + \boldsymbol{r} \times \boldsymbol{F} = \boldsymbol{V} \times (m\boldsymbol{V}) + \boldsymbol{r} \times (c\boldsymbol{r}) = 0 + 0 = 0$$

8.3 기울기벡터

1. (1) $T = \tan^{-1}(y/x)$, P:(3,4) ;

$$\frac{\partial T}{\partial x} = \frac{-y/x^2}{1 + (y/x)^2} = -\frac{y}{x^2 + y^2}, \quad \frac{\partial T}{\partial y} = \frac{1/x}{1 + (y/x)^2} = \frac{x}{x^2 + y^2}$$

$$\therefore\ -\nabla T_{(3,4)} = \left[\frac{y}{x^2 + y^2}, -\frac{x}{x^2 + y^2}\right]_{(3,4)} = [4/25, -3/25]$$

(2) $T = e^{x^2 - y^2}\sin 2xy$, P:(1,1) ;

$$\frac{\partial T}{\partial x} = 2xe^{x^2 - y^2}\sin 2xy + e^{x^2 - y^2}2y\cos 2xy = 2e^{x^2 - y^2}(x\sin 2xy + y\cos 2xy),$$

$$\frac{\partial T}{\partial y} = -2ye^{x^2 - y^2}\sin 2xy + e^{x^2 - y^2}2x\cos 2xy = 2e^{x^2 - y^2}(x\cos 2xy - y\sin 2xy)$$

$$\therefore\ -\nabla T_{(1,1)} = -2[\cos 2 + \sin 2, \cos 2 - \sin 2]$$

(3) $T = xyz$, P:(1,1,1) ;

$$-\nabla T_{(1,1,1)} = -[yz, xz, xy]_{(1,1,1)} = [-1, -1, -1]$$

(4) $T = \sin x \cosh(yz)$, P:($\pi/2$,0,1) ;

$$-\nabla T_{(\pi/2,0,1)} = -[\cos x \cosh(yz), z\sin x \sinh(yz), y\sin x \sinh(yz)]_{(\pi/2,0,1)} = [0,0,0]$$

2. $f = e^x \cos y$, $P : (2, \pi, 0)$, $\boldsymbol{a} = 2\boldsymbol{i} + 3\boldsymbol{j}$;

$$\nabla f_{(2,\pi,0)} = [e^x \cos y, -e^x \sin y, 0]_{(2,\pi,0)} = [-e^2, 0, 0]$$

$$|\boldsymbol{a}| = \sqrt{2^2 + 3^2} = \sqrt{13}, \quad \boldsymbol{u} = \frac{\boldsymbol{a}}{|\boldsymbol{a}|} = \frac{1}{\sqrt{13}}[2,3,0]$$

$$\therefore\ D_{\boldsymbol{u}}f = \boldsymbol{u} \cdot \nabla f = \frac{1}{\sqrt{13}}[2,3,0] \cdot [-e^2, 0, 0] = -\frac{2}{\sqrt{13}}e^2$$

3. $f(x,y) = x^2 + y^2$, x 축과 30° ;

(1) $D_{\boldsymbol{u}}\,f = \boldsymbol{u} \cdot \nabla f = [\cos 30°, \sin 30°] \cdot [2x, 2y] = \sqrt{3}\,x + y$

(2) $D_{\boldsymbol{u}}\,f = \lim_{h \to 0} \dfrac{1}{h}\,[f(x + h\cos 30°,\ y + h\sin 30°) - f(x,y)]$

$\qquad = \lim_{h \to 0} \dfrac{1}{h}\,[(x + \sqrt{3}\,h/2)^2 + (y + h/2)^2 - (x^2 + y^2)] = \sqrt{3}\,x + y$

4. $z = 1500 - 3x^2 - 5y^2$, $P : (-0.5, 0.1)$;

$\qquad \nabla z(-0.5, 0.1) = [-6x, -10y]_{(-0.5, 0.1)} = [3, -1]$, $|\nabla z| = \sqrt{3^2 + (-1)^2} = \sqrt{10}$

5. $T(x,y) = x + y\ (x \geq 0,\ y \geq 0)$; $\nabla T = [1, 1]$
움직이는 경로를 $\boldsymbol{r}(t) = [x(t), y(t)]$라 하면
$$\boldsymbol{r}'(t) = [x'(t), y'(t)] = \nabla T = [1, 1]$$
이어야 하므로 $x'(t) = 1$, $y'(t) = 1$에서 $x = t + c_1$, $y(t) = t + c_2$.

$\qquad t = 0$에서 $(0,0)$에 위치하므로 $c_1 = 0$, $c_2 = 0$ $\ \therefore\ y = x$.

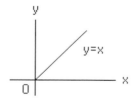

6. 성질 (2) : $\nabla (f + g) = [(f+g)_x, (f+g)_y, (f+g)_z] = [f_x + g_x, f_y + g_y, f_z + g_z]$
$\qquad\qquad\quad = [f_x, f_y, f_z] + [g_x, g_y, g_z] = \nabla f + \nabla g$

$\quad$ 성질 (5) : $\nabla (f/g) = [(f/g)_x, (f/g)_y, (f/g)_z]$
$\qquad\qquad\qquad = [(f_x g - f\,g_x)/g^2, (f_y g - f\,g_y)/g^2, (f_y g - f\,g_y)/g^2]$
$\qquad\qquad\qquad = \dfrac{[f_x, f_y, f_z]g - f\,[g_x, g_y, g_z]}{g^2} = \dfrac{(\nabla f)g - f(\nabla g)}{g^2}$

7. (1) $y = 1 - x^2$, $P : (1, 0)$;
$\qquad\qquad f(x,y) = y + x^2 - 1 = 0$ 또는 $f(x,y) = y + x^2 = 1$로 놓으면
$\qquad\qquad \nabla f_{(1,0)} = [2x, 1]_{(1,0)} = [2, 1]$, $|\nabla f_{(1,0)}| = \sqrt{2^2 + 1^2} = \sqrt{5}$
$\qquad\qquad\qquad \therefore\ \boldsymbol{n} = \dfrac{\nabla f}{|\nabla f|} = \dfrac{1}{\sqrt{5}}[2, 1]$

[별해] $f(x,y) = 1 - x^2 - y = 0$ 또는 $f(x,y) = -x^2 - y = -1$로 놓으면
$\qquad\qquad \nabla f_{(1,0)} = [-2x, -1]_{(1,0)} = [-2, -1]$, $|\nabla f_{(1,0)}| = \sqrt{2^2 + 1^2} = \sqrt{5}$
$\qquad\qquad\qquad \therefore\ \boldsymbol{n} = \dfrac{\nabla f}{|\nabla f|} = \dfrac{1}{\sqrt{5}}[-2, -1] = -\dfrac{1}{\sqrt{5}}[2, 1]$

(2) $z = \sqrt{x^2 + y^2}$, $P : (6, 8, 10)$; $g(x, y, z) = \sqrt{x^2 + y^2} - z = 0$ 으로 놓으면

$$\nabla g(6, 8, 10) = \left[\frac{x}{\sqrt{x^2 + y^2}}, \frac{y}{\sqrt{x^2 + y^2}}, -1 \right]_{(6, 8, 10)} = [3/5, 4/5, -1]$$

$$|\nabla g| = \sqrt{(3/5)^2 + (4/5)^2 + (-1)^2} = \sqrt{2}$$

$$\therefore \ n = \pm \frac{\nabla g}{|\nabla g|} = \pm \frac{1}{\sqrt{2}} [3/5, \ 4/5, -1]$$

8. $g(x, y, z) = x^2 + y^2 - z = 0$ 의 법선벡터가 $[4, 1, 1/2]$ 에 평행하려면

$$\nabla g = [2x, 2y, -1] = k[4, 1, 1/2].$$

따라서 $2x = 4k$, $2y = k$, $-1 = k/2$ 에서 $x = -4$, $y = -1$ 이고

$$z = x^2 + y^2 = (-4)^2 + (-1)^2 = 17. \ \therefore \ (-4, -1, 17)$$

9. $x^2 + y^2 + z^2 = a^2$: $g(x, y, z) = x^2 + y^2 + z^2 = a^2$ 으로 놓으면 $\nabla g = [2x, 2y, 2z]$ 이고 곡면 위의 임의의 점 (x_0, y_0, z_0) 에서 $\nabla g_{(x_0, y_0, z_0)} = [2x_0, 2y_0, 2z_0]$ 이다. 따라서, 법선벡터의 연장선은

$$r(t) = r_0 + t\nabla g = (1 + 2t)[x_0, y_0, z_0]$$

이고, 이는 $t = -1/2$ 일 때 항상 원점을 지남.

[별해] $x = (1 + 2t)x_0$, $y = (1 + 2t)y_0$, $z = (1 + 2t)z_0$ 에서 직선의 방정식은

$$\frac{x - x_0}{2x_0} = \frac{y - y_0}{2y_0} = \frac{z - z_0}{2z_0}$$

이고, 이는 $(0, 0, 0)$ 을 만족하므로 원점을 통과한다.

10. $z = \ln(x^2 + y^2)$, $(1/\sqrt{2}, 1/\sqrt{2}, 0)$; $g(x, y, z) = \ln(x^2 + y^2) - z = 0$ 으로 놓으면

$$\nabla g = \left[\frac{2x}{x^2 + y^2}, \frac{2y}{x^2 + y^2}, -1 \right]$$

이다. 점 $(1/\sqrt{2}, 1/\sqrt{2}, 0)$ 에서 $\nabla g = [\sqrt{2}, \sqrt{2}, -1]$. 따라서 접평면은

$$\sqrt{2}(x - 1/\sqrt{2}) + \sqrt{2}(y - 1/\sqrt{2}) - (z - 0) = 0 \ \text{또는} \ \sqrt{2}x + \sqrt{2}y - z = 2.$$

11. $x^2 + 4x + y^2 + z^2 - 2z = 11$; $g(x, y, z) = x^2 + 4x + y^2 + z^2 - 2z = 11$ 로 놓으면 법선벡터는

$$\nabla g = [2x + 4, 2y, 2z - 2].$$

법선벡터가 z 축에 평행해야 하므로 $2x + 4 = 0$, $2y = 0$ 에서 $x = -2$, $y = 0$. 이 때 $z = 5, -3$ 이므로 접평면이 수평이 되는 점은 (-2, 0.5), (-2, 0, -3).

12. $V = \nabla f$ 이어야 하므로

$$\frac{\partial f}{\partial x} = \frac{x}{x^2 + y^2} \ \text{---} \ (1), \quad \frac{\partial f}{\partial y} = \frac{y}{x^2 + y^2} \ \text{---} \ (2)$$

(1)에서 $f = \int \frac{x}{x^2 + y^2} dx = \frac{1}{2} \ln(x^2 + y^2) + g(y)$ $(t = x^2 + y^2$ 로 치환)이고, 이를 y 로 편미분하

여 (2)와 비교하면 $g'(y) = 0$, 또는 $g(y) = k$(상수). $k = 0$을 선택하면 $f(x, y) = \frac{1}{2} \ln(x^2 + y^2)$.

8.4 발산 및 회전

1. $V = [e^x, ye^{-x}, 2z\sinh x]$;

(1) $\nabla \cdot V = \frac{\partial}{\partial x}(e^x) + \frac{\partial}{\partial y}(ye^{-x}) + \frac{\partial}{\partial z}(2z\sinh x) = e^x + e^{-x} + 2\sinh x = 2e^x$

(2) $\nabla \times V = \begin{vmatrix} i & j & k \\ \partial/\partial x & \partial/\partial y & \partial/\partial z \\ e^x & ye^{-x} & 2z\sinh x \end{vmatrix} = [0, -2z\sinh x, -ye^{-x}]$

2. (1) $V = [x, -y]$; 유입, 유출율이 같다.

$$\nabla \cdot V = \frac{\partial}{\partial x}(x) + \frac{\partial}{\partial y}(-y) = 1 - 1 = 0$$

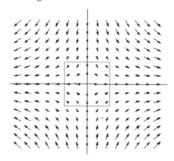

(2) $V = [x^2, 0]$; $x < 0$일 때 순수유입, $x = 0$일 때 유입=유출, $x > 0$일 때 순수유출

$$\nabla \cdot V = 2x. \nabla \cdot V = \frac{\partial}{\partial x}(x^2) + \frac{\partial}{\partial y}(0) = 2x$$

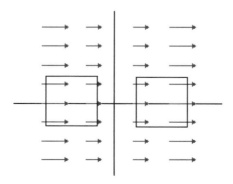

3. $V = [x, 0, 0]$

(1) $\nabla \cdot V = \frac{\partial}{\partial x}(x) + \frac{\partial}{\partial y}(0) + \frac{\partial}{\partial z}(0) = 1 + 0 + 0 = 1 \neq 0$이므로 압축성.

(2) $r(t) = [x(t), y(t), z(t)]$ 이면 $V = [x'(t), y'(t), z'(t)]$ 이므로
$$x'(t) = x, \ y'(t) = 0, \ z'(t) = 0 \ \rightarrow \ x(t) = c_1 e^t, \ y(t) = c_2, \ z(t) = c_3$$
에서 $r(t) = [x(t), y(t), z(t)] = [c_1 e^t, c_2, c_3]$. 따라서,
$$r(0) = [c_1, c_2, c_3], \ r(1) = [c_1 e, c_2, c_3].$$
$t = 0$ 에서 $t = 1$ 에서 y, z 좌표의 변화는 없으며 x 좌표만이 e 배 증가하므로 부피도 e 배 증가한다. 즉 (1)의 예상과 같이 유체는 압축성이다.

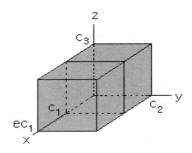

4. $\nabla \cdot (f \nabla g) = (fg_x)_x + (fg_y)_y + (fg_z)_z = f_x g_x + f g_{xx} + f_y g_y + f g_{yy} + f_z g_z + f g_{zz}$
$$= f(g_{xx} + g_{yy} + g_{zz}) + [f_x, f_y, f_z] \cdot [g_x, g_y, g_z] = f \nabla^2 g + \nabla f \cdot \nabla g$$

5. $\phi = \dfrac{c}{|r|} = \dfrac{c}{\sqrt{x^2 + y^2 + z^2}} = c(x^2 + y^2 + z^2)^{-1/2}$, $(c = GM)$
$$\phi_x = -cx(x^2 + y^2 + z^2)^{-3/2}, \ \phi_{xx} = -c(x^2 + y^2 + z^2)^{-3/2} + 3cx^2(x^2 + y^2 + z^2)^{-5/2}$$
$$\phi_y = -cy(x^2 + y^2 + z^2)^{-3/2}, \ \phi_{yy} = -c(x^2 + y^2 + z^2)^{-3/2} + 3cy^2(x^2 + y^2 + z^2)^{-5/2}$$
$$\phi_z = -cz(x^2 + y^2 + z^2)^{-3/2}, \ \phi_{zz} = -c(x^2 + y^2 + z^2)^{-3/2} + 3cz^2(x^2 + y^2 + z^2)^{-5/2}$$
$$\therefore \ \nabla^2 \phi = \phi_{xx} + \phi_{yy} + \phi_{zz} = 0$$

6. $V = \dfrac{x\mathbf{i} + y\mathbf{j} + z\mathbf{k}}{(x^2 + y^2 + z^2)^{3/2}}$;
$$v_1 = \frac{x}{(x^2 + y^2 + z^2)^{3/2}}, \ v_2 = \frac{y}{(x^2 + y^2 + z^2)^{3/2}}, \ v_3 = \frac{z}{(x^2 + y^2 + z^2)^{3/2}}$$
$$\frac{\partial v_1}{\partial x} = \frac{-2x^2 + y^2 + z^2}{(x^2 + y^2 + z^2)^{5/2}}, \ \frac{\partial v_1}{\partial y} = \frac{-3xy}{(x^2 + y^2 + z^2)^{5/2}}, \ \frac{\partial v_1}{\partial z} = \frac{-3xz}{(x^2 + y^2 + z^2)^{5/2}}$$
$$\frac{\partial v_2}{\partial x} = \frac{-3yx}{(x^2 + y^2 + z^2)^{5/2}}, \ \frac{\partial v_2}{\partial y} = \frac{x^2 - 2y^2 + z^2}{(x^2 + y^2 + z^2)^{5/2}}, \ \frac{\partial v_2}{\partial z} = \frac{-3yz}{(x^2 + y^2 + z^2)^{5/2}}$$
$$\frac{\partial v_3}{\partial x} = \frac{-3zx}{(x^2 + y^2 + z^2)^{5/2}}, \ \frac{\partial v_3}{\partial y} = \frac{-3zy}{(x^2 + y^2 + z^2)^{5/2}}, \ \frac{\partial v_3}{\partial z} = \frac{x^2 + y^2 - 2z^2}{(x^2 + y^2 + z^2)^{5/2}}$$

(1) $\nabla \cdot V = \dfrac{\partial v_1}{\partial x} + \dfrac{\partial v_2}{\partial y} + \dfrac{\partial v_3}{\partial z} = 0$

(2) $\nabla \times \boldsymbol{V} = \begin{vmatrix} \boldsymbol{i} & \boldsymbol{j} & \boldsymbol{k} \\ \partial/\partial x & \partial/\partial y & \partial/\partial z \\ v_1 & v_2 & v_3 \end{vmatrix} = \left[\dfrac{\partial v_3}{\partial y} - \dfrac{\partial v_2}{\partial z}, \ -\dfrac{\partial v_3}{\partial x} + \dfrac{\partial v_1}{\partial z}, \ \dfrac{\partial v_2}{\partial x} - \dfrac{\partial v_1}{\partial y} \right] = [0,0,0]$

7. $\boldsymbol{U} = [y,z,x]$, $\boldsymbol{V} = [yz, zx, xy]$, $f = xyz$;

$$\nabla \times \boldsymbol{U} = \begin{vmatrix} \boldsymbol{i} & \boldsymbol{j} & \boldsymbol{k} \\ \partial/\partial x & \partial/\partial y & \partial/\partial z \\ y & z & x \end{vmatrix} = [-1,-1,-1] , \quad \nabla \times \boldsymbol{V} = \begin{vmatrix} \boldsymbol{i} & \boldsymbol{j} & \boldsymbol{k} \\ \partial/\partial x & \partial/\partial y & \partial/\partial z \\ yz & zx & xy \end{vmatrix} = [0,0,0]$$

(1) $\boldsymbol{U} \times (\nabla \times \boldsymbol{V}) = \begin{vmatrix} \boldsymbol{i} & \boldsymbol{j} & \boldsymbol{k} \\ y & z & x \\ 0 & 0 & 0 \end{vmatrix} = [0,0,0]$

(2) $\boldsymbol{V} \times (\nabla \times \boldsymbol{U}) = \begin{vmatrix} \boldsymbol{i} & \boldsymbol{j} & \boldsymbol{k} \\ yz & zx & xy \\ -1 & -1 & -1 \end{vmatrix} = [x(y-z), y(z-x), z(x-y)]$

(3) $\nabla f = [yz, zx, xy] = \boldsymbol{V}$ 이므로 $\boldsymbol{V} \times \nabla f = [0,0,0]$

8. $\boldsymbol{V} = [x, y, -z]$;

$$\nabla \cdot \boldsymbol{V} = \frac{\partial}{\partial x}(x) + \frac{\partial}{\partial y}(y) + \frac{\partial}{\partial z}(-z) = 1 + 1 - 1 = 1 \neq 0 \quad \therefore \text{ 압축성}$$

$$\nabla \times \boldsymbol{V} = \begin{vmatrix} \boldsymbol{i} & \boldsymbol{j} & \boldsymbol{k} \\ \partial/\partial x & \partial/\partial y & \partial/\partial z \\ x & y & -z \end{vmatrix} = \left[\frac{\partial(-z)}{\partial y} - \frac{\partial(y)}{\partial z}, \frac{\partial(x)}{\partial z} - \frac{\partial(-z)}{\partial x}, \frac{\partial(y)}{\partial x} - \frac{\partial(x)}{\partial y} \right]$$

$$= [0,0,0] \quad \therefore \text{ 비회전성}$$

$\boldsymbol{r}(t) = [x(t), y(t), z(t)]$ 로 놓으면 $\boldsymbol{V} = \boldsymbol{r}'(t) = [x'(t), y'(t), z'(t)] = [x, y, -z]$

$x'(t) = x$, $y'(t) = y$, $z'(t) = -z \ \rightarrow \ x(t) = c_1 e^t$, $y(t) = c_2 e^t$, $z(t) = c_3 e^{-t}$

$$\boldsymbol{r}(t) = [c_1 e^t, c_2 e^t, c_3 e^{-t}] .$$

9. 성질 (2) : $\nabla \times (\boldsymbol{U} + \boldsymbol{V}) = \begin{vmatrix} \boldsymbol{i} & \boldsymbol{j} & \boldsymbol{k} \\ \partial/\partial x & \partial/\partial y & \partial/\partial z \\ u_1 + v_1 & u_2 + v_2 & u_3 + v_3 \end{vmatrix}$

$$= [(u_3 + v_3)_y - (u_2 + v_2)_z, (u_1 + v_1)_z - (u_3 + v_3)_x, (u_2 + v_2)_x - (u_1 + v_1)_y]$$

$$= [u_{3y} + v_{3y} - u_{2z} - v_{2z}, u_{1z} + v_{1z} - u_{3x} - v_{3x}, u_{2x} + v_{2x} - u_{1y} - v_{1y}]$$

$$= [u_{3y} - u_{2z}, u_{1z} - u_{3x}, u_{2x} - u_{1y}] + [v_{3y} - v_{2z}, v_{1z} - v_{3x}, v_{2x} - v_{1y}]$$

$$= \nabla \times \boldsymbol{U} + \nabla \times \boldsymbol{V}$$

성질 (3) : $\nabla \times (f\boldsymbol{V}) = \begin{vmatrix} \boldsymbol{i} & \boldsymbol{j} & \boldsymbol{k} \\ \partial/\partial x & \partial/\partial y & \partial/\partial z \\ fv_1 & fv_2 & fv_3 \end{vmatrix}$

$$= [(fv_3)_y - (fv_2)_z] \ \boldsymbol{i} - [(fv_3)_x - (fv_1)_z] \ \boldsymbol{j} + [(fv_2)_x - (fv_1)_y] \ \boldsymbol{k}$$

$$= [f_y v_3 + fv_{3y} - f_z v_2 - fv_{2z}]\boldsymbol{i} - [f_x v_3 + fv_{3x} - f_z v_1 - fv_{1z}]\boldsymbol{j}$$
$$+ [f_x v_2 + fv_{2x} - f_y v_1 - fv_{1y}]\boldsymbol{k}$$

$$= [f_y v_3 - f_z v_2]\boldsymbol{i} - [f_x v_3 - f_z v_1]\boldsymbol{j} + [f_x v_2 - f_y v_1]\boldsymbol{k}$$
$$+ f \ [(v_{3y} - v_{2z})\boldsymbol{i} - (v_{3x} - v_{1z})\boldsymbol{j} + (v_{2x} - v_{1y})\boldsymbol{k}]$$

$$= (\nabla f) \times V + f (\nabla \times V)$$

10. 교재 12.1절 참고

9장

벡터 적분학

9.1 중적분

---

1. (1) $\displaystyle\int_{y=0}^{2}\int_{x=0}^{y}\sinh(x+y)dxdy=\int_{y=0}^{2}\left[\cosh(x+y)\right]_{x=0}^{y}dy=\int_{y=0}^{2}(\cosh 2y-\cosh y)dy$

$\displaystyle\qquad\qquad =\left[\frac{1}{2}\sinh 2y-\sinh y\right]_{y=0}^{2}=\frac{1}{2}\sinh 4-\sinh 2$

(2) $\displaystyle\int_{x=0}^{2}\int_{y=x}^{2}\sinh(x+y)dydx=\int_{x=0}^{2}\left[\cosh(x+y)\right]_{y=x}^{2}dx$

$\displaystyle\qquad\qquad =\int_{x=0}^{2}\left[\cosh(x+2)-\cosh 2x\right]dx=\left[\sinh(x+2)-\frac{1}{2}\sinh 2x\right]_{x=0}^{2}$

$\displaystyle\qquad\qquad =\sinh 4-\frac{1}{2}\sinh 4-\sinh 2=\frac{1}{2}\sinh 4-\sinh 2$

2. (1) $\displaystyle A=\int_{0}^{1}(x-x^2)dx=\frac{1}{6}$

(2) $\displaystyle A=\iint_{R}dxdy=\int_{0}^{1}\int_{x^2}^{x}dydx=\int_{0}^{1}\left[y\right]_{x^2}^{x}dx=\int_{0}^{1}(x-x^2)dx=\frac{1}{6}$

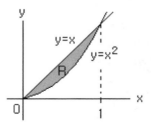

3. $\displaystyle\iint_{R}e^{x+3y}dxdy=\int_{y=1}^{2}\int_{x=y}^{5-y}e^{x+3y}dxdy=\int_{y=1}^{2}e^{3y}\int_{x=y}^{5-y}e^{x}dxdy$

$\displaystyle\qquad\qquad =\int_{y=1}^{2}e^{3y}(e^{5-y}-e^{y})dy=\int_{y=1}^{2}(e^{5+2y}-e^{4y})dy=\left[\frac{1}{2}e^{5+2y}-\frac{1}{4}e^{4y}\right]_{1}^{2}$

$\displaystyle\qquad\qquad =\frac{1}{2}e^{9}-\frac{1}{4}e^{8}-\frac{1}{2}e^{7}+\frac{1}{4}e^{4}$

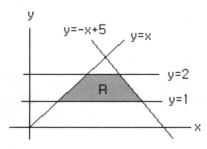

4. $\rho = 1$이므로 $I_y = \iint_R x^2 dx dy = \int_{x=a}^{a+b} x^2 dx \int_{y=-c/2}^{c/2} dy = \dfrac{1}{3}\left[(a+b)^3 - a^3\right]c$

(1) $a = b = c = 1$일 때 $I_y = \dfrac{7}{3}$ (2) $a = 0$, $b = c = 1$일 때 $I_y = \dfrac{1}{3}$

5. 영역 R은 $0 \le r \le 2\sin 2\theta$, $0 \le \theta \le \pi/2$이고 $dA = r dr d\theta$이므로

$$M = \iint_R \rho dA = \int_{r=0}^{2\sin 2\theta} \int_{\theta=0}^{\pi/2} (cr) r dr d\theta = c\int_{\theta=0}^{\pi/2} \int_{r=0}^{2\sin 2\theta} r^2 dr d\theta$$

$$= c\int_0^{\pi/2}\left[\frac{1}{3}r^3\right]_0^{2\sin 2\theta} d\theta = \frac{8c}{3}\int_0^{\pi/2}\sin^3 2\theta d\theta = \frac{8c}{3}\int_0^{\pi/2}\sin^2 2\theta \cdot \sin 2\theta d\theta$$

$$= \frac{8c}{3}\int_0^{\pi/2}(1-\cos^2 2\theta)\sin 2\theta d\theta \;;\; \cos 2\theta = t \text{ 로 치환}$$

$$= \frac{4c}{3}\int_{-1}^{1}(1-t^2)dt = \frac{8c}{3}\int_0^1 (1-t^2)dt = \frac{8c}{3}\cdot\frac{2}{3} = \frac{16c}{9}.$$

6. $\iint_R (2x^2 - xy - y^2)dxdy$

$$= \int_{x=2}^{7/3}\int_{y=4-2x}^{x-2}(2x^2-xy-y^2)dydx + \int_{x=7/3}^{8/3}\int_{y=x-3}^{x-2}(2x^2-xy-y^2)dydx$$

$$+ \int_{x=8/3}^{3}\int_{y=x-3}^{6-2x}(2x^2-xy-y^2)dydx$$

$$= \int_2^{7/3}\left(\frac{9}{2}x^3 - 30x + 24\right)dx + \int_{7/3}^{8/3}\left(\frac{15}{2}x - \frac{19}{3}\right)dx + \int_{8/3}^{3}\left(-\frac{9}{2}x^3 + \frac{135}{2}x - 81\right)dx$$

$$= \frac{121}{72} + \frac{149}{36} + \frac{181}{72} = \frac{25}{3} \;:\; \text{예제 8의 결과와 같다.}$$

7. (1) $\operatorname{erf}(\infty) = \dfrac{2}{\sqrt{\pi}}\displaystyle\int_0^{\infty} e^{-t^2}dt = \dfrac{2}{\sqrt{\pi}}\cdot\dfrac{\sqrt{\pi}}{2} = 1$: 예제 11에서 $\displaystyle\int_0^{\infty} e^{-x^2}dx = \dfrac{\sqrt{\pi}}{2}$

(2) $I = \displaystyle\int_{-\infty}^{\infty} f(x)dx = \int_{-\infty}^{\infty}\frac{1}{\sqrt{2\pi}}e^{-\frac{x^2}{2}}dx$ 로 놓으면

$$I^2 = \int_{-\infty}^{\infty}\frac{1}{\sqrt{2\pi}}e^{-\frac{x^2}{2}}dx\int_{-\infty}^{\infty}\frac{1}{\sqrt{2\pi}}e^{-\frac{y^2}{2}}dy = \frac{1}{2\pi}\int_{-\infty}^{\infty}\int_{-\infty}^{\infty}e^{-\frac{1}{2}(x^2+y^2)}dxdy$$

$$= \frac{2}{\pi}\int_0^{\infty}\int_0^{\infty}e^{-\frac{1}{2}(x^2+y^2)}dxdy = \frac{2}{\pi}\int_{r=0}^{\infty}\int_{\theta=0}^{\frac{\pi}{2}}e^{-\frac{r^2}{2}}rdrd\theta = \frac{2}{\pi}\int_0^{\infty}e^{-\frac{r^2}{2}}rdr\int_0^{\frac{\pi}{2}}d\theta$$

$$= \frac{2}{\pi}\cdot 1 \cdot\frac{\pi}{2} = 1 \qquad\qquad \therefore\; I = 1$$

8. $x = PV$, $y = PV^\gamma$ 로 치환하면 PV-평면의 영역 R은 xy-평면의 영역 R'이 되고

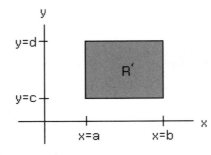

$$|J(P,V)| = \begin{vmatrix} \dfrac{\partial x}{\partial P} & \dfrac{\partial x}{\partial V} \\ \dfrac{\partial y}{\partial P} & \dfrac{\partial y}{\partial V} \end{vmatrix} = \begin{vmatrix} V & P \\ V^\gamma & \gamma P V^{\gamma-1} \end{vmatrix} = (\gamma-1)PV^\gamma = (\gamma-1)y$$

이므로 $|J(x,y)| = |J(P,V)|^{-1} = \dfrac{1}{(\gamma-1)y}$ 이고

$$A(R) = \iint_R dA = \int_{x=a}^{b} \int_{y=c}^{d} |J(x,y)|\, dy dx = \int_{x=a}^{b} \int_{y=c}^{d} \frac{1}{(\gamma-1)y}\, dy dx$$

$$= \frac{1}{\gamma-1} \int_a^b dx \int_c^d \frac{dy}{y} = \frac{b-a}{\gamma-1} \ln\!\left(\frac{d}{c}\right)$$

9. 극좌표계에서 $x = r\cos\theta$, $y = r\sin\theta$, $r^2 = x^2 + y^2$ 임을 이용하면 반구 $z = \sqrt{1-x^2-y^2}$ 는 $z = \sqrt{1-r^2}$, 원기둥은 $x^2 + y^2 - y = r^2 - r\sin\theta = r(r-\sin\theta) = 0$ 에서 $r = \sin\theta$ $(0 \le \theta \le \pi)$ 이므로 ($r = 0$ 은 $r = \sin\theta$ 에 포함.)

$$V = \iint_R z\, dA = \iint_R \sqrt{1-r^2}\, dA = 2 \int_{\theta=0}^{\pi/2} \int_{r=0}^{\sin\theta} \sqrt{1-r^2}\, r dr d\theta$$

이다. 여기서 r 에 관한 적분을 계산하기 위해 $\sqrt{1-r^2} = t$ 로 치환하면

$$\int_{r=0}^{\sin\theta} \sqrt{1-r^2}\, r dr = \int_{\cos\theta}^{1} t^2 dt = \frac{1}{3}(1-\cos^3\theta)$$

이므로

$$V = \frac{2}{3} \int_0^{\pi/2} (1-\cos^3\theta)d\theta = \frac{2}{3} \int_0^{\pi/2} d\theta - \frac{2}{3} \int_0^{\pi/2} \cos^2\theta \cdot \cos\theta d\theta$$

$$= \frac{2}{3} \cdot \frac{\pi}{2} - \frac{2}{3} \int_0^{\pi/2} (1-\sin^2\theta)\cos\theta d\theta \quad ; \sin\theta = s \text{ 로 치환}$$

$$= \frac{\pi}{3} - \frac{2}{3} \int_0^1 (1-s^2)dt = \frac{\pi}{3} - \frac{2}{3} \cdot \frac{2}{3} = \frac{\pi}{3} - \frac{4}{9}.$$

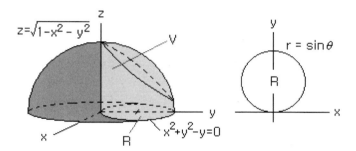

10. (1) $dzdydx$: $0 \leq x \leq 1$, $0 \leq y \leq 1-x$, $0 \leq z \leq 1-x-y$ 이므로

$$M = \iiint_D \rho dV = \iiint_D 12xy \, dV = \int_{x=0}^1 \int_{y=0}^{1-x} \int_{z=0}^{1-x-y} 12xy \, dzdydx$$

$$= 12 \int_{x=0}^1 \int_{y=0}^{1-x} xy(1-x-y)dydx = 12 \int_{x=0}^1 \left[\frac{1}{2}x(1-x)y^2 - \frac{1}{3}xy^3\right]_{y=0}^{1-x} dx$$

$$= 2 \int_{x=0}^1 x(1-x)^3 dx = 2 \int_{x=0}^1 (x - 3x^2 + 3x^3 - x^4)dx = 2\left[\frac{1}{2}x^2 - x^3 + \frac{3}{4}x^3 - \frac{1}{5}x^5\right]_0^1$$

$$= 2 \cdot \frac{1}{20} = \frac{1}{10}$$

(2) $dxdydz$: $0 \leq z \leq 1$, $0 \leq y \leq 1-z$, $0 \leq x \leq 1-y-z$ 이므로

$$M = \int_{z=0}^1 \int_{y=0}^{1-z} \int_{x=0}^{1-y-z} 12xy \, dxdydz = 12 \int_{z=0}^1 \int_{y=0}^{1-z} \left[\frac{1}{2}x^2 y\right]_{x=0}^{1-y-z} dydz$$

$$= 6 \int_{z=0}^1 \int_{y=0}^{1-z} (1-y-z)^2 ydydz = 6 \int_{z=0}^1 \int_{y=0}^{1-z} \left[(1-z)^2 y - 2(1-z)y^2 + y^3\right] dydz$$

$$= 6 \int_{z=0}^1 \left[\frac{1}{2}(1-z)^2 y^2 - \frac{2}{3}(1-z)y^3 + \frac{1}{4}y^4\right]_{y=0}^{1-z} dz = \frac{1}{2} \int_{z=0}^1 (1-z)^4 dz$$

$$= \frac{1}{2} \cdot \frac{1}{5} = \frac{1}{10}$$

11. (1) $dzdydx$: $0 \leq x \leq 1/2$, $0 \leq y \leq 2x$, $0 \leq z \leq 1-y^2$,

$\qquad\qquad 1/2 \leq x \leq 3$, $0 \leq y \leq 1$, $0 \leq z \leq 1-y^2$

$$V = \int_{x=0}^{1/2} \int_{y=0}^{2x} \int_{z=0}^{1-y^2} dzdydx + \int_{x=1/2}^3 \int_{y=0}^1 \int_{z=0}^{1-y^2} dzdydx = \frac{15}{8}$$

(2) $dxdzdy$: $0 \leq y \leq 1$, $0 \leq z \leq 1-y^2$, $y/2 \leq x \leq 3$

$$V = \int_{y=0}^1 \int_{z=0}^{1-y^2} \int_{x=y/2}^3 dxdzdy = \frac{15}{8}$$

(3) $dxdydz$: $0 \leq z \leq 1$, $0 \leq y \leq \sqrt{1-z}$, $y/2 \leq x \leq 3$

$$V = \int_{z=0}^1 \int_{y=0}^{\sqrt{1-z}} \int_{x=y/2}^3 dxdydz = \frac{15}{8}$$

(4) $dydzdx$: $\quad 0 \leq x \leq 1/2$, $0 \leq z \leq 1-4x^2$, $0 \leq y \leq 2x$

$$0 \le x \le 1/2 \,,\; 1-4x^2 \le z \le 1 \,,\; 0 \le y \le \sqrt{1-z}$$

$$1/2 \le x \le 3 \,,\; 0 \le z \le 1 \,,\; 0 \le y \le \sqrt{1-z}$$

$$V = \int_{x=0}^{1/2}\int_{z=0}^{1-4x^2}\int_{y=0}^{2x} dydzdx + \int_{x=0}^{1/2}\int_{z=1-4x^2}^{1}\int_{y=0}^{\sqrt{1-z}} dydzdx$$

$$+ \int_{x=1/2}^{3}\int_{z=0}^{1}\int_{y=0}^{\sqrt{1-z}} dydzdx = \frac{15}{8}$$

12. (1) $\displaystyle\int_{r=0}^{1}\int_{\theta=0}^{2\pi}\int_{z=r}^{1/\sqrt{2-r^2}} r\,dr\,d\theta\,dz = \int_{r=0}^{1}\int_{\theta=0}^{2\pi}\int_{z=r}^{1/\sqrt{2-r^2}} dz\,r\,dr\,d\theta$

$$= \int_{\theta=0}^{2\pi}\int_{r=0}^{1}\left(\frac{1}{\sqrt{2-r^2}}-r\right)r\,dr\,d\theta = \int_{\theta=0}^{2\pi}\int_{r=0}^{1}\left(\frac{r}{\sqrt{2-r^2}}-r^2\right)dr\,d\theta$$

$$= \int_{0}^{2\pi}\left[-\sqrt{2-r^2}-\frac{1}{3}r^3\right]_0^1 d\theta = \left(\sqrt{2}-\frac{4}{3}\right)\int_0^{2\pi} d\theta = 2\pi\left(\sqrt{2}-\frac{4}{3}\right)$$

(2) $\displaystyle\int_{\theta=0}^{2\pi}\int_{\phi=0}^{\pi}\int_{\rho=0}^{(1-\cos\phi)/2} \rho^2\sin\phi\,d\rho\,d\theta\,d\phi = \int_{\theta=0}^{2\pi} d\theta\int_{\phi=0}^{\pi}\sin\phi\int_{\rho=0}^{(1-\cos\phi)/2}\rho^2 d\rho\,d\phi$

$$= 2\pi\int_{\phi=0}^{\pi}\sin\phi\left[\frac{\rho^3}{3}\right]_0^{(1-\cos\phi)/2} d\phi = \frac{\pi}{12}\int_{\phi=0}^{\pi}\sin\phi(1-\cos\phi)^3 d\phi \;\;;\; \cos\phi = t$$

$$= \frac{\pi}{12}\int_{-1}^{1}(1-t)^3 dt = \frac{\pi}{12}\int_{-1}^{1}(1-3t+3t^2+t^3)dt = \frac{\pi}{6}\int_0^1(1+3t^2)dt = \frac{\pi}{3}$$

13. $|J(\rho,\theta,\phi)| = \begin{vmatrix} \dfrac{\partial x}{\partial \rho} & \dfrac{\partial x}{\partial \theta} & \dfrac{\partial x}{\partial \phi} \\[4pt] \dfrac{\partial y}{\partial \rho} & \dfrac{\partial y}{\partial \theta} & \dfrac{\partial y}{\partial \phi} \\[4pt] \dfrac{\partial z}{\partial \rho} & \dfrac{\partial z}{\partial \theta} & \dfrac{\partial z}{\partial \phi} \end{vmatrix} = \begin{vmatrix} \sin\phi\cos\theta & -\rho\sin\phi\sin\theta & \rho\cos\phi\cos\theta \\ \sin\phi\sin\theta & \rho\sin\phi\cos\theta & \rho\cos\phi\sin\theta \\ \cos\phi & 0 & -\rho\sin\phi \end{vmatrix}$

$$= \cos\phi[(-\rho\sin\phi\sin\theta)(\rho\cos\phi\sin\theta) - (\rho\sin\phi\cos\theta)(\rho\cos\phi\cos\theta)]$$

$$+ (-\rho\sin\phi)[(\sin\phi\cos\theta)(\rho\sin\phi\cos\theta) - (\sin\phi\sin\theta)(-\rho\sin\phi\sin\theta)]$$

$$= -\rho^2\sin\phi\cos^2\phi(\sin^2\theta+\cos^2\theta) - \rho^2\sin^3\phi(\cos^2\theta+\sin^2\theta)$$

$$= -\rho^2\sin\phi(\cos^2\phi+\sin^2\phi) = -\rho^2\sin\phi < 0$$

$$\therefore \; |J(\rho,\theta,\phi)| = \rho^2\sin\phi$$

14. 제1팔분공간의 영역을 8배한다.

(1) $\displaystyle 8\int_{x=0}^{a}\int_{y=0}^{\sqrt{a^2-x^2}}\int_{z=0}^{\sqrt{a^2-x^2-y^2}} dzdydx$

(2) $\displaystyle 8\int_{r=0}^{a}\int_{\theta=0}^{\frac{\pi}{2}}\int_{z=0}^{\sqrt{a^2-r^2}} rdrd\theta dz = 8\int_{\theta=0}^{\frac{\pi}{2}} d\theta\int_{r=0}^{a} r\left(\int_{z=0}^{\sqrt{a^2-r^2}} dz\right)dr$

(3) $8\displaystyle\int_{\rho=0}^{a}\int_{\theta=0}^{\frac{\pi}{2}}\int_{\phi=0}^{\frac{\pi}{2}}\rho^2\sin\phi d\rho d\theta d\phi=8\int_{\rho=0}^{a}\rho^2 d\rho\int_{\theta=0}^{\frac{\pi}{2}}d\theta\int_{\phi=0}^{\frac{\pi}{2}}\sin\phi d\phi$

15. $u=\dfrac{x}{a}$, $v=\dfrac{y}{b}$, $w=\dfrac{z}{c}$ 로 놓으면

$$|J(u,v,w)|=\begin{vmatrix}\dfrac{\partial x}{\partial u} & \dfrac{\partial x}{\partial v} & \dfrac{\partial x}{\partial w}\\[2mm]\dfrac{\partial y}{\partial u} & \dfrac{\partial y}{\partial v} & \dfrac{\partial y}{\partial w}\\[2mm]\dfrac{\partial z}{\partial u} & \dfrac{\partial z}{\partial v} & \dfrac{\partial z}{\partial w}\end{vmatrix}=\begin{vmatrix}a & 0 & 0\\0 & b & 0\\0 & 0 & c\end{vmatrix}=abc$$

또는

$$|J(x,y,z)|=\begin{vmatrix}\dfrac{\partial u}{\partial x} & \dfrac{\partial u}{\partial y} & \dfrac{\partial u}{\partial z}\\[2mm]\dfrac{\partial v}{\partial x} & \dfrac{\partial v}{\partial y} & \dfrac{\partial v}{\partial z}\\[2mm]\dfrac{\partial w}{\partial x} & \dfrac{\partial w}{\partial y} & \dfrac{\partial w}{\partial z}\end{vmatrix}=\begin{vmatrix}\dfrac{1}{a} & 0 & 0\\[2mm]0 & \dfrac{1}{b} & 0\\[2mm]0 & 0 & \dfrac{1}{c}\end{vmatrix}=\dfrac{1}{abc}$$ 에서 $|J(u,v,w)|=|J(x,y,z)|^{-1}=abc$

이고 xyz-공간에서 타원체 D는 uvw-공간에서 반지름이 1인 구 D' : $u^2+v^2+w^2=1$ 이 되므로

$$V(D)=\iiint_{D}dx\,dy\,dz=\iiint_{D'}|J(u,v,w)|du\,dv\,dw=abc\iiint_{D'}du\,dv\,dw$$

$$=abc\cdot\frac{4\pi}{3}=\frac{4\pi}{3}abc$$

9.2 선적분

1. (1) $\displaystyle\int_{C}G(x,y)dx=\int_{C}(3x^2+6y^2)dx$; $y=2x+1$, $-1\le x\le 0$

$$=\int_{x=-1}^{0}[3x^2+6(2x+1)^2]dx=3$$

(2) $\displaystyle\int_{C}G(x,y)dy=\int_{C}(3x^2+6y^2)dy$; $y=2x+1$, $dy=2dx$

$$=\int_{x=-1}^{0}[3x^2+6(2x+1)^2]\cdot 2dx=6$$

(3) $\displaystyle\int_{C}G(x,y)dl=\int_{C}(3x^2+6y^2)dl$; $dl=\sqrt{dx^2+dy^2}=\sqrt{5}\,dx$

$$=\int_{x=-1}^{0}[3x^2+6(2x+1)^2]\cdot\sqrt{5}\,dx=3\sqrt{5}$$

2. $dx = -\sin t\, dt$, $dy = \cos t\, dt$, $dz = dt$, $dl = \sqrt{dx^2 + dy^2 + dz^2} = \sqrt{2}\, dt$ 이므로

(1) $\displaystyle \int_C G(x,y,z)dx = \int_C z\, dx = \int_{t=0}^{\pi/2} t\,(-\sin t\, dt) = -1$

(2) $\displaystyle \int_C G(x,y,z)dy = \int_C z\, dy = \int_{t=0}^{\pi/2} t\,(\cos t\, dt) = \pi/2 - 1$

(3) $\displaystyle \int_C G(x,y,z)dz = \int_C z\, dx = \int_{t=0}^{\pi/2} t\, dt = \pi^2/8$

(4) $\displaystyle \int_C G(x,y,z)dl = \int_C z\, dl = \int_{t=0}^{\pi/2} t\,(\sqrt{2}\, dt) = \sqrt{2}\,\pi^2/8$

3. $x = t$, $y = \cosh t$, $dx = dt$, $dy = \sinh t\, dt$, $dl = \sqrt{dx^2 + dy^2} = \sqrt{1 + \sinh^2 t}\ dt = \cosh t\ dt$

$$\int_C f\, dl = \int_{t=0}^{2}(1 - \sinh^2 t)\cosh t\, dt\ :\ \sinh t = u,\ \cosh t\, dt = du$$

$$= \int_{u=0}^{\sinh 2}(1 - u^2)du = \sinh 2 - \frac{1}{3}\sinh^3 2 .$$

4. (1) $\displaystyle \int_C \boldsymbol{F} \cdot d\boldsymbol{r} = \int_C F_1 dx + F_2 dy = \int_C y^2 dx - x^2 dy = \int_{x=0}^{1}(4x)^2 dx - x^2(4dx) = \int_0^1 12x^2 dx = 4$

(2) $\boldsymbol{F} = [y, x]$, $y = \ln x$, $dy = dx/x$ 이므로

$$\int_C \boldsymbol{F}\cdot d\boldsymbol{r} = \int_C F_1 dx + F_2 dy = \int_C y\, dx + x\, dy = \int_{x=1}^{e}\ln x\, dx + x\left(\frac{dx}{x}\right) = \int_1^e (\ln x + 1)dx = e$$

(3) $d\boldsymbol{r} = [-\sin t, \cos t, 2]dt$, $\boldsymbol{F} = [2z, x, -y] = [4t, \cos t, -\sin t]$ 이므로

$$\int_C \boldsymbol{F}\cdot d\boldsymbol{r} = \int_{t=0}^{2\pi}[4t, \cos t, -\sin t]\cdot[-\sin t, \cos t, 2]dt$$

$$= \int_{t=0}^{2\pi}(-4t\sin t + \cos^2 t - 2\sin t)dt = 9\pi$$

5. $W = \displaystyle\oint_C \boldsymbol{F}\cdot d\boldsymbol{r} = \oint_C (x + 2y)dx + (6y - 2x)dy$ 이고 $C = C_1 \cup C_2 \cup C_3$ 이므로 각 구간별 일은

$$C_1 : y = 1,\ 1 \le x \le 3\ :\ \int_{x=1}^{3}(x + 2\cdot 1)dx + (6\cdot 1 - 2x)0 = \left[\frac{x^2}{2} + 2x\right]_1^3 = 8$$

$$C_2 : x = 3,\ 1 \le y \le 2\ :\ \int_{y=1}^{2}(3 + 2y)0 + (6y - 2\cdot 3)dy = \left[3y^2 - 6y\right]_1^2 = 3$$

$$C_3 : y = \frac{1}{2}x + \frac{1}{2},\ 3 \ge x \ge 1\ :\ \int_{x=3}^{1}(x + x + 1)dx + (3x + 3 - 2x)\frac{1}{2}dx$$

$$= \int_{x=3}^{1}\left(\frac{5}{2}x + \frac{5}{2}\right)dx = \left[\frac{5}{4}x^2 + \frac{5}{2}x\right]_3^1 = -15$$

$$\therefore W = 8 + 3 + (-15) = -4\ (\text{매개변수}\ t\text{를 사용한 선적분도 가능함.})$$

6. (1) $C_1 : y = \dfrac{4}{3}x,\ 0 \le x \le 6,\ z = 0,\ C_2 : x = 6,\ y = 8,\ 0 \le z \le 5$ 이므로

$$\int_C y dx + z dy + x dz = \int_{C_1} y dx + z dy + x dz + \int_{C_2} y dx + z dy + x dz$$

$$= \int_{x=0}^{6} \left(\frac{4}{3}x \cdot dx + 0 \cdot 0 + x \cdot 0 \right) + \int_{z=0}^{5} (8 \cdot 0 + z \cdot 0 + 6 dz)$$

$$= \int_0^6 \frac{4}{3}x dx + \int_0^5 6 dz = 24 + 30 = 54$$

(2) $C_1 : 0 \le x \le 6,\ y = 0,\ z = 0,\ C_2 : x = 6,\ y = 0,\ 0 \le z \le 5,$

$\quad C_3 : x = 6,\ 0 \le y \le 8,\ z = 5$ 이므로

$$\int_C (y dx + z dy + x dz) = \int_{C_1}(y dx + z dy + x dz) + \int_{C_2}(y dx + z dy + x dz)$$

$$+ \int_{C_3}(y dx + z dy + x dz)$$

$$= \int_{x=0}^{6}(0 \cdot dx + 0 \cdot 0 + 0 \cdot 0) + \int_{z=0}^{5}(0 \cdot 0 + z \cdot 0 + 6 dz) + \int_{y=0}^{8}(y \cdot 0 + 5 dy + 6 \cdot 0)$$

$$= \int_0^5 6 dz + \int_0^8 5 dy = 30 + 40 = 70$$

7. 예제 9에서 $x = 1 + \cos t,\ y = \sin t,\ dl = dt,\ m = k\pi$ 이므로

$$\bar{x} = \frac{1}{m}\int_C x \rho dl = \frac{1}{k\pi}\int_C x \cdot kx dl = \frac{1}{\pi}\int_0^\pi (1 + \cos t)^2 dt = \frac{1}{\pi}\int_0^\pi (1 + 2\cos t + \cos^2 t) dt$$

$$= \frac{1}{\pi}\int_0^\pi \left(\frac{3}{2} + 2\cos t + \frac{1}{2}\cos 2t \right) dt = \frac{1}{\pi} \cdot \frac{3\pi}{2} = \frac{3}{2}$$

$$\bar{y} = \frac{1}{m}\int_C y \rho dl = \frac{1}{k\pi}\int_C y \cdot kx dl = \frac{1}{\pi}\int_0^\pi \sin t (1 + \cos t) dt = \frac{1}{\pi}\int_0^\pi \left(\sin t + \frac{1}{2}\sin 2t \right) dt$$

$$= \frac{1}{\pi} \cdot 2 = \frac{2}{\pi}$$

8. 문제의 그림과 같이 반원을 C_1, C_2로 나누면 $C = C_1 \cup C_2$이다. 곡선 C_1에서는 $d\boldsymbol{r} = dx\,\boldsymbol{i} = [dx, 0, 0]$, $\boldsymbol{B} = [0, B, 0]$이므로

$$d\boldsymbol{r} \times \boldsymbol{B} = \begin{vmatrix} \boldsymbol{i} & \boldsymbol{j} & \boldsymbol{k} \\ dx & 0 & 0 \\ 0 & B & 0 \end{vmatrix} = [0, 0, B dx]$$

이다. 따라서

$$\boldsymbol{F}_{B_1} = I\int_{C_1} d\boldsymbol{r} \times \boldsymbol{B} = I\int_{x=-R}^{R}[0, 0, B dx] = \left[0, 0, IB\int_{x=-R}^{R} dx \right] = [0, 0, 2IBR] = 2IBR\boldsymbol{k}$$

이다. 마찬가지로 $C_2 : \boldsymbol{r}(t) = [R\cos t, R\sin t, 0],\ 0 \le t \le \pi$에서는 $d\boldsymbol{r} = [-R\sin t, R\cos t, 0]dt$
이므로

$$dr \times \boldsymbol{B} = \begin{vmatrix} \boldsymbol{i} & \boldsymbol{j} & \boldsymbol{k} \\ -R\sin t & R\cos t & 0 \\ 0 & B & 0 \end{vmatrix} dt = [0, 0, -BR\sin t]dt$$

이고, 이때

$$\boldsymbol{F}_{B_2} = I \int_{C_2} dr \times \boldsymbol{B} = I \int_{t=0}^{\pi} [0, 0, BR\sin t]dt = \left[0, 0, IBR \int_{t=0}^{\pi} \sin t\, dt\right] = [0, 0, -2IBR] = -2IBR\boldsymbol{k}$$

이다. 닫힌 도선 C 전체에 작용하는 자기력은

$$\boldsymbol{F}_B = \boldsymbol{F}_{B_1} + \boldsymbol{F}_{B_2} = 0.$$

9.3 경로에 무관한 선적분

1. (1) $\dfrac{\partial F_1}{\partial y} = \dfrac{\partial F_2}{\partial x} = 2$ 이므로 적분은 경로에 무관하다. 따라서,

$$\frac{\partial \phi}{\partial x} = x + 2y \ \text{--- (a)}, \ \frac{\partial \phi}{\partial y} = 2x - y \ \text{--- (b)}$$

을 만족하는 ϕ 를 구하면, (a)에서

$$\phi = \int (x + 2y)dx = \frac{1}{2}x^2 + 2xy + g(y) \ \text{--- (c)}$$

이다. (c)를 y 로 미분하여 (b)와 비교하면

$$g'(y) = -y \ \text{또는} \ g(y) = -\frac{1}{2}y^2 + c$$

이므로 (c)는

$$\phi = \frac{1}{2}x^2 + 2xy - \frac{1}{2}y^2 + c \ \text{--- (d)}$$

이므로

$$\int_{(1,0)}^{(3,2)} (x + 2y)dx + (2x - y)dy = \int_{(1,0)}^{(3,2)} d\phi = \phi(x, y)\Big|_{(1,0)}^{(3,2)} = 14$$

이다. 두 점을 연결하는 적분경로 C를 $y = x - 1$, $1 \le x \le 3$ 로 택하여도

$$\int_{(1,0)}^{(3,2)} (x + 2y)dx + (2x - y)dy = \int_1^3 \{[x + 2(x-1)]dx + [2x - (x-1)]dx\} = \int_1^3 (4x - 1)dx = 14$$

로 같다.

(2) $\dfrac{\partial F_1}{\partial y} = \dfrac{\partial F_2}{\partial x} = \dfrac{1}{y^2}$ 이므로 적분은 경로에 무관하다. 따라서,

$$\frac{\partial \phi}{\partial x} = -\frac{1}{y} \ \text{--- (a)}, \ \frac{\partial \phi}{\partial y} = \frac{x}{y^2} \ \text{--- (b)}$$

을 만족하는 ϕ 를 구하면 (a)에서

$$\phi = \int \left(-\frac{1}{y}\right)dx = -\frac{x}{y} + g(y) \ \text{--- (c)}$$

이다. (c)를 y로 미분하여 (b)와 비교하면

$$g'(y) = 0 \quad \text{또는} \quad g(y) = c$$

이므로 (c)는 $\phi = -\dfrac{x}{y} + c$ --- (d) 이므로

$$\int_{(4,1)}^{(4,4)} \frac{-ydx + xdy}{y^2} = -\frac{x}{y}\bigg|_{(4,1)}^{(4,4)} = 3$$

이다. 두 점을 연결하는 적분경로 C를 $x = 4$, $1 \le y \le 4$로 택하여도

$$\int_{(4,1)}^{(4,4)} \frac{-ydx + xdy}{y^2} = \int_{y=1}^{4} \frac{4}{y^2} dy = -\frac{4}{y}\bigg|_{1}^{4} = 3$$

로 같다.

2. (1) $F_1 = e^x \cos y$, $F_2 = e^x \sin y$에서

$$\frac{\partial F_1}{\partial y} = \frac{\partial F_2}{\partial x} = -e^x \sin y$$

이므로 피적분함수는 완전미분이다. 따라서,

$$\frac{\partial \phi}{\partial x} = e^x \cos y \quad \text{--- (a)}, \quad \frac{\partial \phi}{\partial y} = -e^x \sin y \quad \text{--- (b)}$$

를 만족하는 ϕ를 구한다. (a)에서

$$\phi = \int e^x \cos y\, dx = e^x \cos y + g(y) \quad \text{--- (c)}$$

이고 (c)를 y로 미분하여 (b)와 비교하면

$$g'(y) = 0 \quad \text{또는} \quad g(y) = c$$

에서 $c = 0$을 택하면 (c)에서 $\phi = e^x \cos y$이므로

$$I = \int_{(0,\pi)}^{(3,\pi/2)} d\phi = \phi(3,\pi/2) - \phi(0,\pi) = e^3 \cos(\pi/2) - e^0 \cos(\pi) = 1$$

(2) $\boldsymbol{F} = e^{x-y+z^2}[1, -1, 2z]$에서

$$\text{curl}\mathbf{F} = \nabla \times \mathbf{F} = \begin{vmatrix} \mathbf{i} & \mathbf{j} & \mathbf{k} \\ \partial/\partial\mathrm{x} & \partial/\partial\mathrm{y} & \partial/\partial\mathrm{z} \\ e^{x-y+z^2} & -e^{x-y+z^2} & 2ze^{x-y+z^2} \end{vmatrix} = [0,0,0]$$

이므로 완전미분이다. 따라서,

$$\frac{\partial \phi}{\partial x} = e^{x-y+z^2} \quad \text{--- (a)}, \quad \frac{\partial \phi}{\partial y} = -e^{x-y+z^2} \quad \text{--- (b)}, \quad \frac{\partial \phi}{\partial z} = 2ze^{x-y+z^2} \quad \text{--- (c)}$$

를 만족하는 ϕ를 구한다. (a)에서

$$\phi = \int e^{x-y+z^2} dx = e^{x-y+z^2} + g(y,z) \quad \text{--- (d)}$$

이고 y로 미분하여 (b)와 비교하면

$$\frac{\partial g}{\partial y} = 0 \quad \text{또는} \quad g(y,z) = h(z)$$

이다. 따라서, (d)에서 $\phi = e^{x-y+z^2} + h(z)$ --- (e)이고 (e)를 z로 미분하여 (c)와 비교하면

$$h'(z) = 0 \quad \text{또는} \quad h(z) = c$$

이다. $c = 0$ 을 택하면 $\phi = e^{x-y+z^2}$ 이므로

$$\int_{(0,-1,1)}^{(2,4,0)} d\phi = \phi(2,4,0) - \phi(0,-1,1) = e^{2-4+0^2} - e^{0-(-1)+1^2} = e^{-2} - e^2 = -2\sinh 2$$

(3) $\boldsymbol{F} = [yz\sinh xz, \cosh xz, xy\sinh xz]$ 에서

$$\nabla \times \boldsymbol{F} = \begin{vmatrix} \boldsymbol{i} & \boldsymbol{j} & \boldsymbol{k} \\ \partial/\partial x & \partial/\partial y & \partial/\partial z \\ yz\sinh xz & \cosh xz & xy\sinh xz \end{vmatrix}$$

$$= [x\sinh xz - x\sinh xz, \, y\sinh xz + xyz\cosh xz - y\sinh xz - xyz\sinh xz,$$
$$z\sinh xz - z\sinh xz] = [0,0,0]$$

이므로 완전미분이다. 따라서

$$\frac{\partial \phi}{\partial x} = yz\sinh xz \; \text{---} \; \text{(a)}, \; \frac{\partial \phi}{\partial y} = \cosh xz \; \text{---} \; \text{(b)}, \; \frac{\partial \phi}{\partial z} = xy\sinh xz \; \text{---} \; \text{(c)}$$

를 만족하는 ϕ 를 구한다. (a)에서

$$\phi = \int yz\sinh xz\,dx = y\cosh xz + g(y,z) \; \text{---} \; \text{(d)}$$

이고, 이를 y 로 미분하여 (b)와 비교하면 $\frac{\partial g}{\partial y} = 0$ 또는 $g(y,z) = h(z)$ 에서

$$\phi = y\cosh xz + h(z) \; \text{---} \; \text{(e)}$$

이다. (e)를 z 로 미분하여 (c)와 비교하면 $h'(z) = 0$ 또는 $h(z) = c$ 에서 $c = 0$ 을 택하면

$$\phi = y\cosh xz \,.$$

따라서

$$\int_{(0,2,3)}^{(1,1,1)} d\phi = \phi(1,1,1) - \phi(0,2,3) = 1\cosh(1 \cdot 1) - 2\cosh(0 \cdot 3) = \cosh 1 - 2 \,.$$

3. (1) $\boldsymbol{F} = [z\sinh xz, \, 0, \, -x\sinh xz]$

$$\nabla \times \boldsymbol{F} = \begin{vmatrix} \boldsymbol{i} & \boldsymbol{j} & \boldsymbol{k} \\ \partial/\partial x & \partial/\partial y & \partial/\partial z \\ z\sinh xz & 0 & -x\sinh xz \end{vmatrix} = [0, \, 2\sinh xz + 2xz\cosh xz, \, 0] \neq [0,0,0]$$

이므로 적분은 경로에 유관하다.

(2) $\boldsymbol{F} = [\cos(x+yz), \, z\cos(x+yz), \, y\cos(x+yz)]$

$$\nabla \times \boldsymbol{F} = \begin{vmatrix} \boldsymbol{i} & \boldsymbol{j} & \boldsymbol{k} \\ \partial/\partial x & \partial/\partial y & \partial/\partial z \\ \cos(x+yz) & z\cos(x+yz) & y\cos(x+yz) \end{vmatrix} = [0,0,0]$$

이므로 적분은 경로에 무관하다. 따라서

$$\frac{\partial \phi}{\partial x} = \cos(x+yz) \; \text{---} \; \text{(a)}, \; \frac{\partial \phi}{\partial y} = z\cos(x+yz) \; \text{--} \; \text{(b)}, \; \frac{\partial \phi}{\partial z} = y\cos(x+yz) \; \text{---} \; \text{(c)}$$

을 만족하는 ϕ 를 구하면, (a)에서

$$\phi = \int \cos(x+yz)\,dx = \sin(x+yz) + g(y,z) \; \text{---} \; \text{(d)}$$

이다. (d)를 y 로 미분하여 (b)와 비교하면 $\frac{\partial g}{\partial y} = 0$ 또는 $g(y,z) = h(z)$ 이므로

$$\phi = \sin(x+yz) + h(z) \; \text{---} \; \text{(e)}$$

이다. (e)를 다시 z로 미분하여 (c)와 비교하면 $h'(z)=0$ 또는 $h(z)=c$인데, $c=0$을 택하면
$$\phi=\sin(x+yz)$$
이다. 따라서,
$$\int_{(0,0,0)}^{(a,b,c)}d\phi=\phi(a,b,c)-\phi(0,0,0)=\sin(a+bc)-\sin(0+0\cdot 0)=\sin(a+bc)$$

4. (1) 내적에 대해 교환법칙이 성립하므로
$$\frac{d}{dt}(\boldsymbol{V}\cdot\boldsymbol{V})=\frac{d\boldsymbol{V}}{dt}\cdot\boldsymbol{V}+\boldsymbol{V}\cdot\frac{d\boldsymbol{V}}{dt}=2\frac{d\boldsymbol{V}}{dt}\cdot\boldsymbol{V}$$
이고, 따라서
$$\frac{d\boldsymbol{V}}{dt}\cdot\boldsymbol{V}=\frac{1}{2}\frac{d}{dt}(\boldsymbol{V}\cdot\boldsymbol{V})=\frac{1}{2}\frac{d}{dt}(|\boldsymbol{V}|^2).$$

(2) $\nabla p\cdot\dfrac{d\boldsymbol{r}}{dt}=\left[\dfrac{\partial p}{\partial x},\dfrac{\partial p}{\partial y},\dfrac{\partial p}{\partial z}\right]\cdot\left[\dfrac{dx}{dt},\dfrac{dy}{dt},\dfrac{dz}{dt}\right]=\dfrac{\partial p}{\partial x}\dfrac{dx}{dt}+\dfrac{\partial p}{\partial y}\dfrac{dy}{dt}+\dfrac{\partial p}{\partial z}\dfrac{dz}{dt}=\dfrac{dp}{dt}$

(3) $-\nabla p\cdot\dfrac{d\boldsymbol{r}}{dt}=m\dfrac{d\boldsymbol{V}}{dt}\cdot\boldsymbol{V}$에 (1), (2)의 결과를 대입하면 $\dfrac{dp}{dt}+\dfrac{1}{2}m\dfrac{d}{dt}|\boldsymbol{V}|^2=0$ 이고 양변을

t로 적분하면
$$\int\frac{dp}{dt}dt+\frac{1}{2}m\int\frac{d}{dt}|\boldsymbol{V}|^2dt=c \quad\text{또는}\quad p+\frac{1}{2}m|\boldsymbol{V}|^2=c.$$

9.4 그린 정리

1. $F_1=x+2y$, $F_2=6y-2x$, $\dfrac{\partial F_1}{\partial y}=2$, $\dfrac{\partial F_2}{\partial x}=-2$

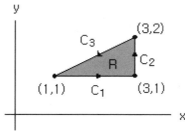

$$W=\oint_C\boldsymbol{F}\cdot d\boldsymbol{r}=\iint_R\left(\frac{\partial F_2}{\partial x}-\frac{\partial F_1}{\partial y}\right)dA=\iint_R(-2-2)dA=-4\iint_R dA=-4\cdot 1=-4$$

2. (1) $F_1=x^2+3y$, $F_2=2x-e^y$, $\dfrac{\partial F_1}{\partial y}=3$, $\dfrac{\partial F_2}{\partial x}=2$

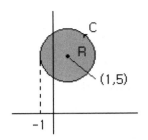

$$\oint_C \boldsymbol{F} \cdot d\boldsymbol{r} = \oint_C F_1 dx + F_2 dy = \iint_R \left(\frac{\partial F_2}{\partial x} - \frac{\partial F_1}{\partial y}\right) dA = \iint_R (2-3) dA = -\iint_R dA = -4\pi$$

(2) $\boldsymbol{F} = [x^2 e^y, y^2 e^x]$, $\dfrac{\partial F_1}{\partial y} = x^2 e^y$, $\dfrac{\partial F_2}{\partial x} = y^2 e^x$

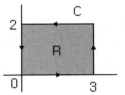

$$\oint_C \boldsymbol{F} \cdot d\boldsymbol{r} = \iint_R \left(\frac{\partial F_2}{\partial x} - \frac{\partial F_1}{\partial y}\right) dx dy = \int_{x=0}^{2} \int_{y=0}^{3} (y^2 e^x - x^2 e^y) dy dx$$

$$= \int_{x=0}^{2} \left[e^x \frac{y^3}{3} - x^2 e^y\right]_{y=0}^{3} dx = \int_{x=0}^{2} [9e^x + (1-e^3)x^2] dx = 9e^2 - \frac{8}{3}e^3 - \frac{19}{3}$$

(3) $\boldsymbol{F} = \nabla(\sin x \cos y) = [\cos x \cos y, -\sin x \sin y]$, $\dfrac{\partial F_1}{\partial y} = \dfrac{\partial F_2}{\partial x} = -\cos x \sin y$

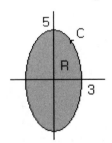

$$\oint_C \boldsymbol{F} \cdot d\boldsymbol{r} = \iint_R \left(\frac{\partial F_2}{\partial x} - \frac{\partial F_1}{\partial y}\right) dx dy = 0$$

(4) $\boldsymbol{F} = [\cosh y, -\sinh x]$, $\dfrac{\partial F_1}{\partial y} = \sinh y$, $\dfrac{\partial F_2}{\partial x} = -\cosh x$

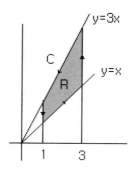

$$\oint_C \boldsymbol{F} \cdot d\boldsymbol{r} = \iint_R \left(\frac{\partial F_2}{\partial x} - \frac{\partial F_1}{\partial y} \right) dx dy = \int_{x=1}^{3} \int_{y=x}^{3x} (-\cosh x - \sinh y) dy dx$$

$$= \int_{x=1}^{3} [-\cosh x \cdot y - \cosh y]_{y=x}^{3x} \, dx = \int_{x=1}^{3} [(1-2x)\cosh x - \cosh 3x] dx$$

$$= (1-2x)\sinh x \big|_{x=1}^{3} - \int_{x=1}^{3} (-2)\sinh x dx - \int_{x=1}^{3} \cosh 3x dx$$

$$= -5\sinh 3 + \sinh 1 + 2(\cosh 3 - \cosh 1) - \frac{1}{3}(\sinh 9 - \sinh 3)$$

$$= \sinh 1 - \frac{14}{3}\sinh 3 - \frac{1}{3}\sinh 9 + 2(\cosh 3 - \cosh 1)$$

(5) $\boldsymbol{F} = [xy, x^2]$, $\dfrac{\partial F_1}{\partial y} = x$, $\dfrac{\partial F_2}{\partial x} = 2x$

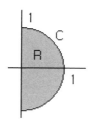

$$\oint_C \boldsymbol{F} \cdot d\boldsymbol{r} = \iint_R \left(\frac{\partial F_2}{\partial x} - \frac{\partial F_1}{\partial y} \right) dx dy = \iint_R (2x - x) dx dy = \iint_R x dx dy$$

$$= \int_{\theta=-\pi/2}^{\pi/2} \int_{r=0}^{1} r\cos\theta r dr d\theta = \int_{-\pi/2}^{\pi/2} \cos\theta d\theta \int_0^1 r^2 dr = 2 \cdot \frac{1}{3} = \frac{2}{3}$$

3. (1) 선적분 : $C : \boldsymbol{r}(t) = [1 + 2\cos t, 1 + 2\sin t]$, $0 \le t \le 2\pi$ 에서 $x = 2\cos t + 1$, $y = 2\sin t + 1$

$$\oint_C \boldsymbol{F} \cdot d\boldsymbol{r} = \oint_C (x+y) dx + 2x dy$$

$$= \int_{t=0}^{2\pi} (2\cos t + 1 + 2\sin t + 1)(-2\sin t dt) + 2(2\cos t + 1)(2\cos t dt)$$

$$= \int_{t=0}^{2\pi} (-4\cos t \sin t - 4\sin^2 t - 4\sin t + 8\cos^2 t + 4\cos t) dt$$

$$= \int_{t=0}^{2\pi} \left[-2(\sin 2t) - 4\left(\frac{1-\cos 2t}{2} \right) - 4\sin t + 8\left(\frac{1+\cos 2t}{2} \right) + 4\cos t \right] dt$$

$$= \int_{t=0}^{2\pi}(2-2\sin 2t+6\cos 2t-4\sin t+4\cos t)dt= 4\pi$$

(2) 그린 정리 : $F_1 = x+y$, $F_2 = 2x$, $\dfrac{\partial F_1}{\partial y}= 1$, $\dfrac{\partial F_2}{\partial x}= 2$ 이므로

$$\oint_C \boldsymbol{F}\cdot d\boldsymbol{r}= \oint_C F_1 dx + F_2 dy= \iint_R \left(\frac{\partial F_2}{\partial x}-\frac{\partial F_1}{\partial y}\right)dA$$

$$= \iint_R (2-1)dA= \iint_R dA= 4\pi$$

4. $F_1 = \cos x^2 - y$, $F_2 = \sqrt{y^2+1}$, $\dfrac{\partial F_1}{\partial y}=-1$, $\dfrac{\partial F_2}{\partial x}= 0$ 이므로

$$\oint_C (\cos x^2 - y)dx + \sqrt{y^2+1}\,dy= \iint_R [0-(-1)]dA= \iint_R dA$$

$$= (6\sqrt{2})^2 - \pi \cdot 2 \cdot 4= 72-8\pi$$

5. $\operatorname{curl}\mathbf{F}= \begin{vmatrix} \boldsymbol{i} & \boldsymbol{j} & \boldsymbol{k} \\ \dfrac{\partial}{\partial x} & \dfrac{\partial}{\partial y} & \dfrac{\partial}{\partial z} \\ F_1 & F_2 & F_3 \end{vmatrix}= \left(\dfrac{\partial F_3}{\partial y}-\dfrac{\partial F_2}{\partial z}\right)\boldsymbol{i}+\left(\dfrac{\partial F_1}{\partial z}-\dfrac{\partial F_3}{\partial x}\right)\boldsymbol{j}+\left(\dfrac{\partial F_2}{\partial x}-\dfrac{\partial F_1}{\partial y}\right)\boldsymbol{k}$

에서

$$\iint_R \nabla\times\boldsymbol{F}\cdot\boldsymbol{k}\,dxdy= \iint_R \left(\frac{\partial F_2}{\partial x}-\frac{\partial F_1}{\partial y}\right)dxdy$$

이므로 그린 정리와 같다.

6. 식 (9.4.5) : $A(R)= \oint_C x dy= \int_{t=0}^{2\pi} a\cos t \cdot b\cos t dt = ab\int_0^{2\pi} \cos^2 t dt$

$$= ab\int_0^{2\pi}\frac{1+\cos 2t}{2}dt= ab\left[\frac{t}{2}+\frac{1}{4}\sin 2t\right]_0^{2\pi}= \pi ab$$

식 (9.4.6) : $A(R)=-\oint_C y dx =-\int_{t=0}^{2\pi} b\sin t(-a\sin t dt)= ab\int_0^{2\pi}\sin^2 t dt$

$$= ab\int_0^{2\pi}\frac{1-\cos 2t}{2}dt= ab\left[\frac{t}{2}-\frac{1}{4}\sin 2t\right]_0^{2\pi}= \pi ab$$

7. (1) $C= C_1 \cup C_2$: C_1 : $\boldsymbol{r}= [t-\sin t, 1-\cos t]$, $0\le t\le 2\pi$: 굴렁쇠선, C_2 : $y= 0$

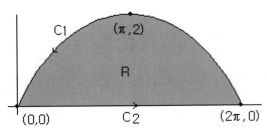

$x = t - \sin t$, $y = 1 - \cos t$ 에서 $dx = (1 - \cos t)dt$, $dy = \sin t dt$ 이다. 따라서

$$A(R) = \frac{1}{2}\oint_C (xdy - ydx) = \frac{1}{2}\left\{\int_{C_1}(xdy - ydx) + \int_{C_2}(xdy - ydx)\right\}$$

$$= \frac{1}{2}\left[\int_{t=2\pi}^{0}[(t - \sin t)\sin t dt - (1 - \cos t)(1 - \cos t)dt] + \int_{x=0}^{2\pi} x \cdot 0 + 0 \cdot dx\right]$$

$$= -\frac{1}{2}\int_0^{2\pi}(t\sin t - \sin^2 t - 1 + 2\cos t - \cos^2 t)dt = -\frac{1}{2}\int_0^{2\pi}(t\sin t + 2\cos t - 2)dt$$

$$= -\frac{1}{2}\left[t(-\cos t)|_0^{2\pi} - \int_0^{2\pi}1 \cdot (-\cos t)dt + 2\int_0^{2\pi}\cos t dt - 2\int_0^{2\pi}dt\right]$$

$$= -\frac{1}{2}(-2\pi + 0 + 0 - 4\pi) = 3\pi .$$

(2) C : $r = 1 + 2\cos\theta$, $0 \le \theta \le \pi/2$: 달팽이곡선

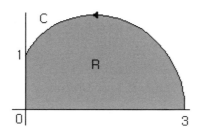

$$A = \frac{1}{2}\int_C r^2 d\theta = \frac{1}{2}\int_{\theta=0}^{\pi/2}(1 + 2\cos\theta)^2 d\theta = \frac{1}{2}\int_{\theta=0}^{\pi/2}(1 + 4\cos\theta + 4\cos^2\theta)d\theta$$

$$= \frac{1}{2}\int_{\theta=0}^{\pi/2}[1 + 4\cos\theta + 2(1 + \cos 2\theta)]d\theta = \frac{1}{2}[3\theta + 4\sin\theta + \sin 2\theta]_0^{\pi/2} = 2 + \frac{3}{4}\pi$$

8. 9.3절에서 $\int_C F_1 dx + F_2 dy$ 가 경로에 무관하면 $\dfrac{\partial F_1}{\partial y} = \dfrac{\partial F_2}{\partial x}$ 이므로 그린 정리에서

$$\oint_C F_1 dx + F_2 dy = \iint_R \left(\frac{\partial F_2}{\partial x} - \frac{\partial F_1}{\partial y}\right)dxdy = \iint_R 0 dxdy = 0 .$$

9.5 면적분

1. (1) $n = \dfrac{\nabla g}{|\nabla g|} = \dfrac{[4, -4, 7]}{\sqrt{4^2 + (-4)^2 + 7^2}} = \dfrac{1}{9}[4, -4, 7]$

(2) $n = \dfrac{\nabla g}{|\nabla g|} = \dfrac{[0, 2y, 2z]}{\sqrt{0^2 + (2y)^2 + (2z)^2}} = \dfrac{1}{a}[0, y, z]$

2. (1) $x = u$, $y = v$ 로 놓으면 $z = \dfrac{1}{6}(24 - 3u - 4v)$ 이므로 $r(u, v) = [u, v, (24 - 3u - 4v)/6]$.

$r_u = [1, 0, -1/2]$, $r_v = [0, 1, -2/3]$ 이므로

$$N = r_u \times r_v = \begin{vmatrix} i & j & k \\ 1 & 0 & -1/2 \\ 0 & 1 & -2/3 \end{vmatrix} = [1/2, 2/3, 1]$$

(2) 반지름이 1인 구 $x^2 + y^2 + z^2 = 1$ 의 매개변수형이 $r(u,v) = [\cos v \cos u, \cos v \sin u, \sin v]$ 이므로 타원체 $x^2 + y^2 + \left(\dfrac{z}{2}\right)^2 = 1$ 의 매개변수형은 $r(u,v) = [\cos v \cos u, \cos v \sin u, 2\sin v]$.

$r_u = [-\cos v \sin u, \cos v \cos u, 0]$, $r_v = [-\sin v \cos u, -\sin v \sin u, 2\cos v]$

$$N = r_u \times r_v = \begin{vmatrix} i & j & k \\ -\cos v \sin u & \cos v \cos u & 0 \\ -\sin v \cos u & -\sin v \sin u & 2\cos v \end{vmatrix}$$

$$= [2\cos^2 v \cos u, \ 2\cos^2 v \sin u, \ \sin v \cos v]$$

3. $r_u = [-(a + b\cos v)\sin u, (a + b\cos v)\cos u, 0]$,

$r_v = [-b\sin v \cos u, -b\sin v \sin u, b\cos v]$

$$N = r_u \times r_v = b(a + b\cos v)[\cos u \cos v, \sin u \cos v, \sin v] ,$$

$|N| = b(a + b\cos v)$.

$$A(S) = \iint_s ds = \iint_R |N| du\,dv = \int_{u=0}^{2\pi} \int_{v=0}^{2\pi} b(a + b\cos v) du\,dv$$

$$= b \int_0^{2\pi} du \int_0^{2\pi} (a + b\cos v) dv = b \cdot 2\pi \cdot 2\pi a = 4\pi^2 ab .$$

4. (1) (i) $G = ye^{-xy}$, $S : z = f(x,y) = x + 2y$, $x \geq 1$, $y \geq 1$

$f_x = 1$, $f_y = 2$ 에서 $\sqrt{1 + f_x^2 + f_y^2} = \sqrt{6}$

$$\iint_S G\,ds = \iint_R G\sqrt{1 + f_x^2 + f_y^2}\,dx\,dy = \int_{x=1}^{\infty} \int_{y=1}^{\infty} ye^{-xy}\sqrt{6}\,dy\,dx$$

$$= \sqrt{6} \int_{y=1}^{\infty} y \int_{x=1}^{\infty} e^{-xy} dx\,dy = \sqrt{6} \int_{y=1}^{\infty} y \left[-\frac{1}{y}e^{-xy}\right]_{x=1}^{\infty} dy$$

$$= \sqrt{6} \int_{y=1}^{\infty} e^{-y} dy = \frac{\sqrt{6}}{e}$$

(ii) $x = u$, $y = v$ 로 놓으면 $z = u + 2v$ 이므로 $r(u,v) = [u, v, u + 2v]$, $G = ve^{-uv}$.

$r_u = [1, 0, 1]$, $r_v = [0, 1, 2]$ 이므로

$$N = r_u \times r_v = \begin{vmatrix} i & j & k \\ 1 & 0 & 1 \\ 0 & 1 & 2 \end{vmatrix} = [-1, -2, 1] , \quad |N| = |r_u \times r_v| = \sqrt{6}$$

$$\iint_S G\,ds = \iint_R G|N| du\,dv = \int_{u=1}^{\infty} \int_{v=1}^{\infty} ve^{-uv}\sqrt{6}\,dv\,du = \frac{\sqrt{6}}{e}$$

(2) (i) $G = (1+9xz)^{3/2}$, S : $z = f(x,y) = x^3$, $0 \le x \le 1$, $-2 \le y \le 2$

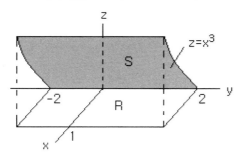

$f_x = 3x^2$, $f_y = 0$ 에서 $\sqrt{1+f_x^2+f_y^2} = \sqrt{1+9x^4}$ 이므로

$$\iint_s G ds = \iint_R G\sqrt{1+f_x^2+f_y^2}\,dxdy = \int_{x=0}^1 \int_{y=-2}^2 (1+9x \cdot x^3)^{3/2}(1+9x^4)^{1/2}dxdy$$

$$= \int_{-2}^2 dy \int_0^1 (1+9x^4)^2 dx = 4 \cdot \frac{68}{5} = \frac{272}{5}$$

(ii) $G(u,v) = (1+9u \cdot u^3)^{3/2} = (1+9u^4)^{3/2}$; $r_u = [1,0,3u^2]$, $r_v = [0,1,0]$

$$N = r_u \times r_v = \begin{vmatrix} i & j & k \\ 1 & 0 & 3u^2 \\ 0 & 1 & 0 \end{vmatrix} = [-3u^2,0,1]$$, $|N| = |r_u \times r_v| = \sqrt{1+9u^4}$

$$\iint_s G ds = \iint_R G|N|dudv = \int_{u=0}^1 \int_{v=-2}^2 (1+9u^4)^{3/2} \cdot (1+9u^4)^{1/2}dvdu$$

$$= \int_{-2}^2 dv \int_0^1 (1+9u^4)^2 du = \frac{272}{5}$$

5. (i) S: $g(x,y,z) = x^2 - y = 0$

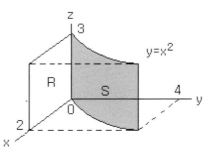

$$n = \nabla g/|\nabla g| = \frac{[2x,-1,0]}{\sqrt{4x^2+1}} \text{ 이므로}$$

$$F \cdot n = [3z^2,6,6xz] \cdot \frac{1}{\sqrt{4x^2+1}}[2x,-1,0] = \frac{6(xz^2-1)}{\sqrt{4x^2+1}}$$

S는 또한 $y = f(x,z) = x^2$ 이므로 $f_x = 2x$, $f_z = 0$ → $\sqrt{1+f_x^2+f_z^2} = \sqrt{4x^2+1}$

$$\iint_S \pmb{F} \cdot \pmb{n}\, ds = \iint_R \pmb{F} \cdot \pmb{n} \sqrt{1 + f_x^2 + f_z^2}\, dx\, dz = 6 \iint_R \frac{xz^2 - 1}{\sqrt{4x^2 + 1}} \sqrt{4x^2 + 1}\, dx\, dz$$

$$= 6 \iint_R (xz^2 - 1)\, dx\, dz = 6 \int_{x=0}^2 \int_{z=0}^3 (xz^2 - 1)\, dz\, dx$$

$$= 6 \int_{x=0}^2 \left[\frac{xz^3}{3} - z \right]_{z=0}^3 dx = 6 \int_{x=0}^2 (9x - 3)\, dx = 72$$

(ii) $x = u$, $z = v$ 로 놓으면 $y = u^2$ 이므로 $\pmb{r}(u,v) = [u, u^2, v]$, $0 \le u \le 2$, $0 \le v \le 3$

$$\pmb{r}_u = [1, 2u, 0]\ ,\ \pmb{r}_v = [0, 0, 1]\ ,$$

$$\pmb{N} = \pmb{r}_u \times \pmb{r}_v = \begin{vmatrix} \pmb{i} & \pmb{j} & \pmb{k} \\ 1 & 2u & 0 \\ 0 & 0 & 1 \end{vmatrix} = [2u, -1, 0]$$

에서 $\pmb{F} \cdot \pmb{N} = [3v^2, 6, 6uv] \cdot [2u, -1, 0] = 6uv^2 - 6$ 이다. 따라서

$$\iint_S \pmb{F} \cdot \pmb{n}\, ds = \iint_R \pmb{F} \cdot \pmb{N}\, du\, dv = 6 \int_{u=0}^2 \int_{v=0}^3 (uv^2 - 1)\, dv\, du = 72\ .$$

6. S의 바깥방향 단위법선백터는 $\pmb{n} = \dfrac{1}{a}[x, y, z]$ 이고 $\pmb{q} = -k\nabla T = -2k[2x, 2y, 2z]$ 이므로

$$\pmb{q} \cdot \pmb{n} = -2k[x, y, z] \cdot \frac{1}{a}[x, y, z] = -\frac{2k}{a}(x^2 + y^2 + z^2) = -\frac{2k}{a}(a^2) = -2ka\ .$$

따라서

$$\iint_S \pmb{q} \cdot \pmb{n}\, ds = \iint_S (-2ka)\, ds = -2ka \iint_S ds = -2ka \cdot 4\pi a^2 = -8\pi k a^3$$

이다. '$-$' 기호는 열속이 곡면의 안쪽으로 유입됨을 의미한다. (원점에서 멀어질수록 온도가 높으므로)

7. $z = f(x,y)$이므로 $S : \pmb{r}(x,y) = [x,\ y,\ f(x,y)]$로 쓰면

$$\pmb{r}_x(x,y) = [1,\ 0,\ f_x]\ ,\ \pmb{r}_y(x,y) = [0,\ 1,\ f_y]$$

이므로

$$\pmb{N} = \pmb{r}_x \times \pmb{r}_y = \begin{vmatrix} \pmb{i} & \pmb{j} & \pmb{k} \\ 1 & 0 & f_x \\ 0 & 1 & f_y \end{vmatrix} = [-f_x, -f_y, 1]\ ,\ |\pmb{N}| = \sqrt{1 + f_x^2 + f_y^2}$$

이다. 따라서

$$\iint_s G(x,y)|\pmb{N}|\, dx\, dy = \iint_s G(x,y)|\sqrt{1 + f_x^2 + f_y^2}\, dx\, dy\ .$$

9.6 발산정리

1. $F = [xy, yz, zx]$

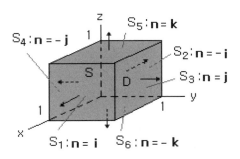

S1 : $x = 1$, $n = i$, $ds = dydz$

$$\iint_{S1} F \cdot n\,ds = \iint_{S1} y\,ds = \int_{y=0}^{1} \int_{z=0}^{1} y\,dydz = \int_{0}^{1} y\,dy \int_{0}^{1} dz = \frac{1}{2}$$

S2 : $x = 0$, $n = -i$, $ds = dydz$

$$\iint_{S2} F \cdot n\,ds = \iint_{S2} 0\,ds = 0$$

S3 : $y = 1$, $n = j$, $ds = dzdx$

$$\iint_{S3} F \cdot n\,ds = \iint_{S3} z\,ds = \int_{x=0}^{1} \int_{z=0}^{1} z\,dzdx = \int_{0}^{1} z\,dz \int_{0}^{1} dx = \frac{1}{2}$$

S4 : $y = 0$, $n = -j$, $ds = dzdx$

$$\iint_{S4} F \cdot n\,ds = \iint_{S4} 0\,ds = 0$$

S5 : $z = 1$, $n = k$, $ds = dydx$

$$\iint_{S5} F \cdot n\,ds = \iint_{S5} x\,ds = \int_{x=0}^{1} \int_{y=0}^{1} x\,dydx = \int_{0}^{1} x\,dx \int_{0}^{1} dy = \frac{1}{2}$$

S6 : $z = 0$, $n = -k$, $ds = dydx$

$$\iint_{S6} F \cdot n\,ds = \iint_{S6} 0\,ds = 0$$

따라서

$$\iint_{S} F \cdot n\,ds = \iint_{S1} F \cdot n\,ds + \iint_{S2} F \cdot n\,ds + \iint_{S3} F \cdot n\,ds$$
$$+ \iint_{S4} F \cdot n\,ds + \iint_{S5} F \cdot n\,ds + \iint_{S6} F \cdot n\,ds$$
$$= \frac{1}{2} + 0 + \frac{1}{2} + 0 + \frac{1}{2} + 0 = \frac{3}{2}$$

로 예제 2의 결과와 같다.

2. (1) $\text{div} F = \nabla \cdot F = e^{x} + e^{y} + e^{z}$ 이므로

$$\iint_S \boldsymbol{F} \cdot \boldsymbol{n} ds = \iiint_D \nabla \cdot \boldsymbol{F} dV = \iiint_D (e^x + e^y + e^z) dV$$

$$= \int_{x=-1}^1 \int_{y=-1}^1 \int_{z=-1}^1 (e^x + e^y + e^z) dz dy dx = \int_{x=-1}^1 \int_{y=-1}^1 [(e^x + e^y)z + e^z]_{z=-1}^1 dy dx$$

$$= \int_{x=-1}^1 \int_{y=-1}^1 [2(e^x + e^y) + e - e^{-1}] dy dx = \int_{x=-1}^1 [(2e^x + e - e^{-1})y + 2e^y]_{y=-1}^1 dx$$

$$= 4 \int_{x=-1}^1 (e^x + e - e^{-1}) dx = 4[e^x + (e - e^{-1})x]_{-1}^1 = 12(e - e^{-1})$$

(2) $\nabla \cdot \boldsymbol{F} = 2(z-1)$ 이므로

$$\iint_S \boldsymbol{F} \cdot \boldsymbol{n} ds = \iiint_D \nabla \cdot \boldsymbol{F} dV = 2\iiint_D (z-1) dV$$

$$= 2\int_{r=0}^4 \int_{\theta=0}^{2\pi} \int_{z=1}^5 (z-1) r dr d\theta dz = 2\int_0^4 r dr \int_0^{2\pi} d\theta \int_1^5 (z-1) dz$$

$$= 2 \cdot 8 \cdot 2\pi \cdot 8 = 256\pi$$

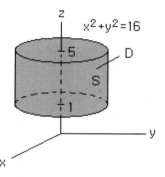

(3) $\nabla \cdot \boldsymbol{F} = \dfrac{\partial}{\partial x}\left(\dfrac{x}{x^2+y^2+z^2}\right) + \dfrac{\partial}{\partial y}\left(\dfrac{y}{x^2+y^2+z^2}\right) + \dfrac{\partial}{\partial z}\left(\dfrac{z}{x^2+y^2+z^2}\right)$

$$= \frac{(x^2+y^2+z^2) - 2x^2 + (x^2+y^2+z^2) - 2y^2 + (x^2+y^2+z^2) - 2z^2}{(x^2+y^2+z^2)^2}$$

$$= \frac{1}{x^2+y^2+z^2}$$

이므로

$$\iint_S \boldsymbol{F} \cdot \boldsymbol{n} ds = \iiint_D \nabla \cdot \boldsymbol{F} dV = \iiint_D \frac{1}{x^2+y^2+z^2} dV$$

$$= \int_{\rho=a}^b \int_{\theta=0}^{2\pi} \int_{\phi=0}^\pi \frac{1}{\rho^2} \rho^2 \sin\phi d\rho d\theta d\phi = \int_a^b d\rho \int_0^{2\pi} d\theta \int_0^\pi \sin\phi d\phi$$

$$= (b-a) \cdot 2\pi \cdot 2 = 4\pi(b-a)$$

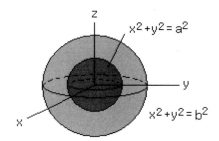

3. $\boldsymbol{F}$가 상수일 때 $\nabla\cdot\boldsymbol{F}=0$이므로

$$\iint_S \boldsymbol{F}\cdot n\,ds = \iiint_D \nabla\cdot\boldsymbol{F}\,dV = \iiint_D 0\,dV = 0$$

4. (1) 전하밀도 $\rho(x,y,z)$에 대한 Gauss 법칙은 $\iint_S \boldsymbol{E}\cdot n\,ds = \iiint_D \dfrac{\rho(x,y,z)}{\epsilon_0}\,dV$이다. 좌변에

발산정리 $\iint_S \boldsymbol{E}\cdot n\,ds = \iiint_D \nabla\cdot\boldsymbol{E}\,dV$를 적용하면 $\iiint_D \nabla\cdot\boldsymbol{E}\,dV = \iiint_D \dfrac{\rho}{\epsilon_0}\,dV$가 되고, 따라

서 $\nabla\cdot\boldsymbol{E} = \dfrac{\rho}{\epsilon_0}$이다.

(2) $\boldsymbol{E}$가 비회전성, 즉 $\nabla\times\boldsymbol{E}=\boldsymbol{0}$이면 임의의 스칼라 함수 ϕ에 대해 항등식 $\nabla\times\nabla\phi=\boldsymbol{0}$이 성립하므로[8.4절] $\boldsymbol{E}=\nabla\phi$를 만족하는 포텐셜 ϕ가 존재한다. 따라서 (1)의 결과에서 $\nabla\cdot\boldsymbol{E}=\nabla\cdot\nabla\phi=\nabla^2\phi=\rho/\epsilon_0$, 즉 푸아송 방정식

$$\nabla^2\phi = \rho/\epsilon_0$$

를 만족한다.

5. (1) $\nabla\cdot\boldsymbol{B}=0$의 양변을 영역 D에 대해 삼중적분하고 발산정리를 적용하면 $\iiint_D \nabla\cdot\boldsymbol{B}\,dV = \iint_S \boldsymbol{B}\cdot n\,ds = 0$, 즉 $\iint_S \boldsymbol{B}\cdot n\,ds = 0$이다.

(2) $\boldsymbol{B}$가 비회전성, 즉 $\nabla\times\boldsymbol{B}=\boldsymbol{0}$이면 임의의 스칼라함수 ϕ에 대해 항등식 $\nabla\times\nabla\phi=\boldsymbol{0}$이 성립하므로 $\boldsymbol{B}=\nabla\phi$를 만족하는 포텐셜 ϕ가 존재한다. 따라서 (1)에서 $\nabla\cdot\boldsymbol{B}=\nabla\cdot\nabla\phi=\nabla^2\phi=0$, 즉 라플라스 방정식

$$\nabla^2\phi = 0$$

를 만족한다.

6. $\boldsymbol{q}=-k\nabla T=-k[2x,2y,2z]$에서 $\nabla\cdot\boldsymbol{q}=\dfrac{\partial q_1}{\partial x}+\dfrac{\partial q_2}{\partial y}+\dfrac{\partial q_3}{\partial z}=-6k$이므로

$$\iint_S \boldsymbol{q}\cdot n\,ds = \iiint_D \nabla\cdot\boldsymbol{q}\,dV$$

$$= \iiint_D (-6k)\,dV = -6k\iiint_D dV = -6k\cdot\frac{4}{3}\pi a^3 = -8\pi k a^3$$

7. 경계면 S를 갖는 영역 D를 생각한다. D에 포함된 총 열의 시간변화율이 S를 통한 열유출율과 같아야 하므로

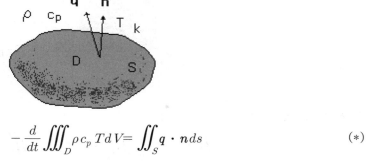

$$-\frac{d}{dt}\iiint_D \rho c_p T dV = \iint_S \mathbf{q} \cdot \mathbf{n}\, ds \qquad (*)$$

이다. 식$(*)$의 좌변의 ρ, c_p는 시간에 무관하고, 우변에 발산정리를 적용하면

$$-\iiint_D \rho c_p \frac{\partial T}{\partial t} dV = \iiint_D \nabla \cdot \mathbf{q}\, dV$$

이므로

$$-\rho c_p \frac{\partial T}{\partial t} = \nabla \cdot \mathbf{q} \qquad (**)$$

이다. 식$(**)$에 $\mathbf{q} = -k\nabla T$를 대입하면 열전도방정식

$$\rho c_p \frac{\partial T}{\partial t} = k\nabla^2 T$$

을 얻는다.

9.7 스토크스 정리

1. (i) 선적분

$$\oint_C \mathbf{F} \cdot d\mathbf{r} = \oint_C xy\,dx + yz\,dy + zx\,dz$$ 을 C_1, C_2, C_3, C_4에 적용하면

C_1 : $x=1$, $z=0$ 에서 $dx=dz=0$

$$\int_{C_1} \mathbf{F} \cdot d\mathbf{r} = \int_{C_1} 0 + 0 + 0 = 0$$

C_2 : $y=2$, $z=1-x^2$ 에서 $dy=0$, $dz=-2x\,dx$

$$\int_{C_2} \mathbf{F} \cdot d\mathbf{r} = \int_{C_2} 2x\,dx + 0 + x(1-x^2)(-2x\,dx) = \int_{x=1}^0 (2x - 2x^2 + 2x^4)dx = -\frac{11}{15}$$

C_3 : $x=0$, $z=1$ 에서 $dx=dz=0$

$$\int_{C_3} \mathbf{F} \cdot d\mathbf{r} = \int_{C_3} 0 + y\,dy + 0 = \int_{y=2}^{-2} y\,dy = 0$$

C_4 : $y=-2$, $z=1-x^2$ 에서 $dy=0$, $dz=-2x\,dx$

$$\int_{C_4} \boldsymbol{F} \cdot d\boldsymbol{r} = \int_{C_4} -2xdx + 0 + x(1-x^2)(-2xdx) = \int_{x=0}^{1} (-2x - 2x^2 + 2x^4)dx = -\frac{19}{15}$$

이므로

$$\oint_C \boldsymbol{F} \cdot d\boldsymbol{r} = \int_{C_1} \boldsymbol{F} \cdot d\boldsymbol{r} + \int_{C_2} \boldsymbol{F} \cdot d\boldsymbol{r} + \int_{C_3} \boldsymbol{F} \cdot d\boldsymbol{r} + \int_{C_4} \boldsymbol{F} \cdot d\boldsymbol{r} = 0 - \frac{11}{15} + 0 - \frac{19}{15} = -2$$

(ii) 면적분

$\boldsymbol{F} = [xy, yz, zx]$ 에서

$$\mathrm{curl}\boldsymbol{F} = \nabla \times \boldsymbol{F} = \begin{vmatrix} \boldsymbol{i} & \boldsymbol{j} & \boldsymbol{k} \\ \frac{\partial}{\partial x} & \frac{\partial}{\partial y} & \frac{\partial}{\partial z} \\ xy & yz & zx \end{vmatrix} = -[y, z, x]$$

이다. 곡면 S의 법선벡터가 위를 향하도록 S를 $g(x,y,z) = x^2 + z = 1$ 로 놓아

$$\boldsymbol{n} = \frac{\nabla g}{|\nabla g|} = \frac{[2x, 0, 1]}{\sqrt{(2x)^2 + (0)^2 + (1)^2}} = \frac{[2x, 0, 1]}{\sqrt{1 + 4x^2}}$$

을 구한다. 또한 S를 $z = f(x,y) = 1 - x^2$ 으로 놓으면 $f_x = -2x$, $f_y = 0$ 에서
$\sqrt{1 + f_x^2 + f_y^2} = \sqrt{1 + 4x^2}$ 이다. 따라서

$$\iint_S \nabla \times \boldsymbol{F} \cdot \boldsymbol{n} \, ds = \iint_R \nabla \times \boldsymbol{F} \cdot \boldsymbol{n} \sqrt{1 + f_x^2 + f_y^2} \, dxdy$$

$$= \iint_R -[y, z, x] \cdot \frac{[2x, 0, 1]}{\sqrt{1 + 4x^2}} \cdot \sqrt{1 + 4x^2} \, dxdy = \iint_R (-2xy - x)dxdy$$

$$= \int_{x=0}^{1} \int_{y=-2}^{2} (-2xy - x)dydx = \int_0^1 \left[-xy^2 - xy \right]_{y=-2}^{2} dx = -\int_0^1 4xdx = -2$$

이다. 이는 (i)의 결과와 같다.

2. $\nabla \times \boldsymbol{F} = \begin{vmatrix} \boldsymbol{i} & \boldsymbol{j} & \boldsymbol{k} \\ \partial/\partial x & \partial/\partial y & \partial/\partial z \\ 4z & -2x & 2x \end{vmatrix} = [0, 2, -2]$

(1) $S : g(x,y,z) = -y + z - 1 = 0$, $\boldsymbol{n} = \nabla g / |\nabla g| = \frac{1}{\sqrt{2}}[0, -1, 1]$

　　한편, $z = f(x,y) = y + 1$ 에서 $f_x = 0$, $f_y = 1$. 따라서 $\sqrt{1 + f_x^2 + f_y^2} = \sqrt{2}$.

$$\oint_C \boldsymbol{F} \cdot d\boldsymbol{r} = \iint_S \nabla \times \boldsymbol{F} \cdot \boldsymbol{n} ds = \frac{1}{\sqrt{2}} \iint_R [0, 2, -2] \cdot [0, -1, 1]ds$$

$$= -2\sqrt{2} \iint_S ds = -2\sqrt{2} \iint_R \sqrt{1 + f_x^2 + f_y^2} \, dA = -4 \iint_R dA = -4 \cdot \pi = -4\pi$$

(2) $\boldsymbol{r}_u = [\cos v, \sin v, \sin v]$, $\boldsymbol{r}_v = [-u\sin v, u\cos v, u\cos v]$

$$\boldsymbol{N} = \boldsymbol{r}_u \times \boldsymbol{r}_v = \begin{vmatrix} \boldsymbol{i} & \boldsymbol{j} & \boldsymbol{k} \\ \cos v & \sin v & \sin v \\ -u\sin v & u\cos v & u\cos v \end{vmatrix} = [0, -u, u]$$

$$\nabla \times \boldsymbol{F} \cdot \boldsymbol{N} = [0, 2, -2] \cdot [0, -u, u] = -4u$$

$$\oint_C \boldsymbol{F} \cdot d\boldsymbol{r} = \iint_S \nabla \times \boldsymbol{F} \cdot \boldsymbol{n} ds = \iint_R \nabla \times \boldsymbol{F} \cdot \boldsymbol{N} \, dudv$$

$$= \int_{u=0}^{1} \int_{v=0}^{2\pi} (-4u)dudv = -4 \int_{u=0}^{1} udu \int_{v=0}^{2\pi} dv = -4 \cdot \frac{1}{2} \cdot 2\pi = -4\pi$$

3. $\boldsymbol{F} = [z^2 e^{x^2}, xy^2, \tan^{-1}y]$ 로 놓으면

$$\nabla \times \boldsymbol{F} = \begin{vmatrix} \boldsymbol{i} & \boldsymbol{j} & \boldsymbol{k} \\ \dfrac{\partial}{\partial x} & \dfrac{\partial}{\partial y} & \dfrac{\partial}{\partial z} \\ z^2 e^{x^2} & xy^2 & \tan^{-1}y \end{vmatrix} = \left[\dfrac{1}{1+y^2}, 2ze^{x^2}, y^2 \right]$$

이다. C 로 둘러싸인 곡면으로 $z=0$ 으로 택하면 $\boldsymbol{n} = [0,0,1]$ 이므로

$$\nabla \times \boldsymbol{F} \cdot \boldsymbol{n} = \left[1+y^2, 2ze^{x^2}, y^2 \right] \cdot [0,0,1] = y^2$$

$$\oint_C \boldsymbol{F} \cdot d\boldsymbol{r} = \iint_S \nabla \times \boldsymbol{F} \cdot \boldsymbol{n} \, ds = \iint_S y^2 ds = \iint_R y^2 dA = \int_{r=0}^{3} r^3 dr \int_{\theta=0}^{2\pi} \sin^2\theta d\theta = \frac{81}{4} \cdot \pi = \frac{81}{4}\pi$$

4. (1) $\nabla \times \boldsymbol{F} = \begin{vmatrix} \boldsymbol{i} & \boldsymbol{j} & \boldsymbol{k} \\ \dfrac{\partial}{\partial x} & \dfrac{\partial}{\partial y} & \dfrac{\partial}{\partial z} \\ \dfrac{-y}{x^2+y^2} & \dfrac{x}{x^2+y^2} & z \end{vmatrix} = [0, 0, 0]$

(2) $C : \boldsymbol{r}(t) = [\cos t, \sin t], \ 0 \le t \le 2\pi$ 로 놓으면

$$\oint_C \boldsymbol{F} \cdot d\boldsymbol{r} = \oint_C \frac{-y}{x^2+y^2} dx + \frac{x}{x^2+y^2} dy + zdz$$

$$= \int_{t=0}^{2\pi} \frac{-\sin t}{1}(-\sin t \, dt) + \frac{\cos t}{1}(\cos t \, dt) + 0 = \int_{t=0}^{2\pi} dt = 2\pi$$

(3) $\boldsymbol{F}$ 의 정의역에 원점이 포함되지 않아 단순연결영역이 아니다.

5.. $\nabla \times \boldsymbol{B} = \mu_0 \left(\boldsymbol{J} + \epsilon_0 \dfrac{\partial \boldsymbol{E}}{\partial t} \right)$ 의 양변에 S 의 법선벡터 $\boldsymbol{n}$ 을 내적하고 S 에 대해 면적분하면

$$\iint_S \nabla \times \boldsymbol{B} \cdot \boldsymbol{n} ds = \iint_S \mu_0 \left(\boldsymbol{J} + \epsilon_0 \frac{\partial \boldsymbol{E}}{\partial t} \right) \cdot \boldsymbol{n} ds$$

이 된다. 좌변은 스토크스 정리에 의해

$$\iint_S \nabla \times \boldsymbol{B} \cdot \boldsymbol{n} ds = \oint_C \boldsymbol{B} \cdot d\boldsymbol{r}$$

이고, 우변은

$$\iint_S \mu_0 \left(\boldsymbol{J} + \epsilon_0 \frac{\partial \boldsymbol{E}}{\partial t} \right) \cdot \boldsymbol{n} ds = \mu_0 \left(\iint_S \boldsymbol{J} \cdot \boldsymbol{n} ds + \epsilon_0 \frac{\partial}{\partial t} \iint_S \boldsymbol{E} \cdot \boldsymbol{n} ds \right) = \mu_0 \left(I + \epsilon_0 \frac{\partial \Phi_E}{\partial t} \right)$$

이므로

$$\oint_C \boldsymbol{B} \cdot d\boldsymbol{r} = \mu_0 \left(I + \epsilon_0 \frac{\partial \Phi_E}{\partial t} \right)$$

가 성립한다.

10장

푸리에 해석

10.1 직교함수

---

1. (1) $\phi_1 = e^x$, $\phi_2 = xe^{-x} - e^{-x}$, $[0,2]$

$$\int_0^2 \phi_1 \phi_2 \, dx = \int_0^2 e^x (xe^{-x} - e^{-x}) \, dx = \int_0^2 (x-1) dx = 0$$

(2) $\phi_1 = \cos x$, $\phi_2 = \sin^2 x$: $[0, \pi]$

$$\int_0^\pi \phi_1 \phi_2 \, dx = \int_0^\pi \cos x \sin^2 x \, dx = \int_0^{\pi/2} \cos x \sin^2 x \, dx + \int_{\pi/2}^\pi \cos x \sin^2 x \, dx \; : \; \sin x = t \text{로 치환}$$

$$= \int_0^1 t^2 dt + \int_1^0 t^2 dt = \frac{1}{3} - \frac{1}{3} = 0$$

참고로 $y = \cos x \sin^2 x$의 그래프는 다음과 같다. 위의 적분 결과를 확인해 보아라.

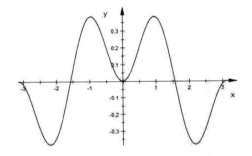

별해 (1) : $\displaystyle\int_0^\pi \cos x \sin^2 x \, dx = \int_0^\pi \cos x \frac{1 - \cos 2x}{2} \, dx = \frac{1}{2}\left[\int_0^\pi \cos x \, dx - \int_0^\pi \cos x \cos 2x \, dx \right]$

$$= \frac{1}{2}\left[\int_0^\pi \cos x \, dx - \frac{1}{2}\int_0^\pi (\cos 3x + \cos x) \, dx \right] = 0$$

별해 (2) : $\displaystyle\int_0^\pi \cos x \sin^2 x \, dx = \left[\frac{1}{3} \sin^3 x \right]_0^\pi = 0$

별해 (3) : 부분적분 사용하면

$$I = \int_0^\pi \cos x \sin^2 x \, dx = \sin x \cdot \sin^2 x \Big|_0^\pi - \int_0^\pi \sin x \cdot 2\sin x \cos x \, dx$$

$$= 0 - 2\int_0^\pi \sin^2 x \cos x \, dx = -2I \; \therefore \; I = \int_0^\pi \cos x \sin^2 x \, dx = 0$$

2. (1) $\{\sin x, \sin 3x, \sin 5x, \cdots \}$, $[0, \pi/2]$;

직교성 : $m \neq n$일 때

$$\int_0^{\pi/2} \sin(2m+1)x \sin(2n+1)x \, dx = -\frac{1}{2}\int_0^{\pi/2} [\cos 2(m+n+1)x - \cos 2(m-n)x] \, dx$$

$$=-\frac{1}{2}\left[\frac{1}{2(m+n+1)}\sin 2(m+n+1)x-\frac{1}{2(m-n)}\sin 2(m-n)x\right]_0^{\pi/2}=0$$

$m=n$일 때는

$$\int_0^{\pi/2}\sin^2(2m+1)x\,dx=\frac{1}{2}\int_0^{\pi/2}[1-\cos 2(2m+1)x]dx$$

$$=\frac{1}{2}\left[x-\frac{1}{2(2m+1)}\sin 2(2m+1)x\right]_0^{\pi/2}=\frac{\pi}{4}$$

$$\therefore \parallel \sin(2m+1)x\parallel=\frac{\sqrt{\pi}}{2}$$

(2) $\left\{1,\cos\dfrac{m\pi x}{L},\sin\dfrac{m\pi x}{L}\right\}$: $[-L,L]$

직교성 : $\displaystyle\int_{-L}^{L}1\cdot\cos\frac{m\pi x}{L}dx=2\int_0^{L}1\cdot\cos\frac{m\pi x}{L}dx=2\left[\frac{L}{m\pi}\sin\frac{m\pi x}{L}\right]_0^{L}=0$: 우함수 적분

$$\int_{-L}^{L}1\cdot\sin\frac{n\pi x}{L}dx=0 \text{ : 기함수 적분}$$

$$\int_{-L}^{L}\cos\frac{m\pi x}{L}\sin\frac{n\pi x}{L}dx=0 \text{ : 기함수 적분}$$

$m\neq n$일 때

$$\int_{-L}^{L}\cos\frac{m\pi x}{L}\cos\frac{n\pi x}{L}dx=2\int_0^{L}\cos\frac{m\pi x}{L}\cos\frac{n\pi x}{L}dx$$

$$=\int_0^{L}\left[\cos\frac{(m+n)\pi x}{L}+\cos\frac{(m-n)\pi x}{L}\right]dx$$

$$=\left[\frac{L}{(m+n)\pi}\sin\frac{(m+n)\pi x}{L}+\frac{L}{(m-n)\pi}\sin\frac{(m-n)\pi x}{L}\right]_0^{L}=0$$

$$\int_{-L}^{L}\sin\frac{m\pi x}{L}\sin\frac{n\pi x}{L}dx=2\int_0^{L}\sin\frac{m\pi x}{L}\sin\frac{n\pi x}{L}dx$$

$$=-\int_0^{L}\left[\cos\frac{(m+n)\pi x}{L}-\cos\frac{(m-n)\pi x}{L}\right]dx$$

$$=-\left[\frac{L}{(m+n)\pi}\sin\frac{(m+n)\pi x}{L}-\frac{L}{(m-n)\pi}\sin\frac{(m-n)\pi x}{L}\right]_0^{L}=0$$

함수의 크기 :

$$\int_{-L}^{L}1^2dx=2L \quad\therefore\quad \parallel 1\parallel=\sqrt{2L}$$

$$\int_{-L}^{L}\cos^2\frac{m\pi x}{L}dx=\frac{1}{2}\int_{-L}^{L}\left[1+\cos\frac{2m\pi x}{L}\right]dx=\frac{1}{2}\left[x+\frac{L}{2m\pi}\sin\frac{2m\pi x}{L}\right]_{-L}^{L}=L$$

$$\therefore \quad\left\|\cos\frac{m\pi x}{L}\right\|=\sqrt{L}$$

$$\int_{-L}^{L}\sin^2\frac{m\pi x}{L}dx=\frac{1}{2}\int_{-L}^{L}\left[1-\cos\frac{2m\pi x}{L}\right]dx=\frac{1}{2}\left[x-\frac{L}{2m\pi}\sin\frac{2m\pi x}{L}\right]_{-L}^{L}=L$$

$$\therefore \ \left\| \sin \frac{m\pi x}{L} \right\| = \sqrt{L}$$

3. $\displaystyle\int_0^\infty e^{-x} L_1(x) L_2(x) dx = \int_0^\infty e^{-x}(1)(1-x)dx = \int_0^\infty e^{-x}(1-x)dx$: 부분적분

$$= -e^{-x}(1-x)\big|_0^\infty - \int_0^\infty (-e^{-x})(-1)dx = 1 - 1 = 0$$

4. $\displaystyle\int_a^b (\alpha x + \beta)\phi_n(x)dx = \alpha \int_a^b x\,\phi_n(x)dx + \beta \int_a^b 1 \cdot \phi_n(x)dx$

$$= \alpha \int_a^b \phi_2(x)\phi_n(x)dx + \beta \int_a^b \phi_1(x)\phi_n(x)dx = \alpha \cdot 0 + \beta \cdot 0 = 0, \ n = 3,4,5\cdots.$$

5. 문제의 설명에서 $\displaystyle\int_a^b y_m(x)y_n(x)dx = 0$ 이다. 따라서

$$\int_{\frac{a-k}{c}}^{\frac{b-k}{c}} y_m(ct+k)y_n(ct+k)dt \ : \ ct+k=x, \ cdt=dx, \ t=\frac{x-k}{c}$$

$$= \frac{1}{c}\int_a^b y_m(x)y_n(x)dx = \frac{1}{c}(0) = 0$$

6. $m \neq n$일 때 $\phi_m(t) = e^{2\pi i m t/T}$에서 $\phi_n^*(t) = e^{-2\pi i n t/T}$이므로

$$\int_0^T \phi_m(t)\phi_n^*(t)dt = \int_0^T e^{2\pi i m t/T} e^{-2\pi \int /T} dt = \int_0^T e^{2\pi i (m-n)t/T} dt$$

$$= \frac{T}{2\pi i(m-n)}\left[e^{2\pi i(m-n)t/T} \right]_0^T = \frac{T}{2\pi i(m-n)}\left[e^{2\pi i(m-n)} - 1 \right]$$

$$= \frac{T}{2\pi i(m-n)}\left[\cos 2\pi(m-n) + i\sin 2\pi(m-n) - 1 \right]$$

$$= \frac{T}{2\pi i(m-n)}\left[1 + 0 - 1 \right] = 0$$

7. $\displaystyle\int_{-\pi}^{\pi}(1)(\sin nx)dx = 0$. (기함수 적분)이므로 $f(x) = 1$은 직교집합 $\{\sin nx\}$의 모든 원소와 직교하므로 직교집합 $\{\sin nx\}$는 완전직교집합이 아니다. 다른 예로 $f(x) = x^2$, $f(x) = \cos x$, 등이 있다.

10.2 푸리에 급수

1.

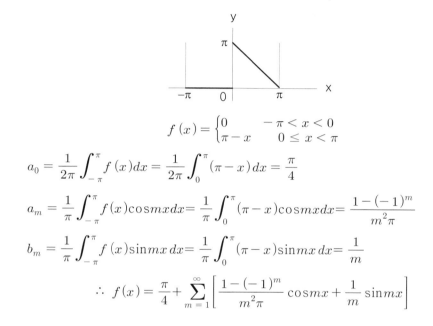

$$f(x) = \begin{cases} 0 & -\pi < x < 0 \\ \pi - x & 0 \le x < \pi \end{cases}$$

$$a_0 = \frac{1}{2\pi} \int_{-\pi}^{\pi} f(x) dx = \frac{1}{2\pi} \int_0^{\pi} (\pi - x) dx = \frac{\pi}{4}$$

$$a_m = \frac{1}{\pi} \int_{-\pi}^{\pi} f(x) \cos mx\, dx = \frac{1}{\pi} \int_0^{\pi} (\pi - x) \cos mx\, dx = \frac{1 - (-1)^m}{m^2 \pi}$$

$$b_m = \frac{1}{\pi} \int_{-\pi}^{\pi} f(x) \sin mx\, dx = \frac{1}{\pi} \int_0^{\pi} (\pi - x) \sin mx\, dx = \frac{1}{m}$$

$$\therefore\ f(x) = \frac{\pi}{4} + \sum_{m=1}^{\infty} \left[\frac{1 - (-1)^m}{m^2 \pi} \cos mx + \frac{1}{m} \sin mx \right]$$

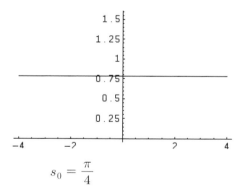

$$s_0 = \frac{\pi}{4}$$

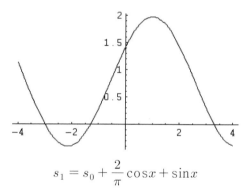

$$s_1 = s_0 + \frac{2}{\pi} \cos x + \sin x$$

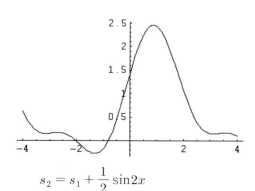

$$s_2 = s_1 + \frac{1}{2} \sin 2x$$

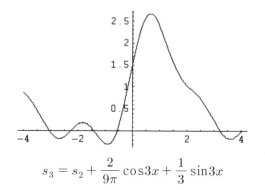

$$s_3 = s_2 + \frac{2}{9\pi} \cos 3x + \frac{1}{3} \sin 3x$$

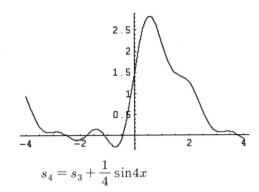

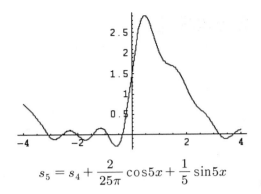

$$s_4 = s_3 + \frac{1}{4}\sin 4x$$

$$s_5 = s_4 + \frac{2}{25\pi}\cos 5x + \frac{1}{5}\sin 5x$$

2. $f(x) = \begin{cases} 0 & -\pi < x < 0 \\ x^2 & 0 < x < \pi \end{cases}$

(1) $\quad a_0 = \frac{1}{2\pi}\int_{-\pi}^{\pi} f(x)dx = \frac{1}{2\pi}\int_{0}^{\pi} x^2 dx = \frac{\pi^2}{6}$

$\quad a_m = \frac{1}{\pi}\int_{-\pi}^{\pi} f(x)\cos mx dx = \frac{1}{\pi}\int_{0}^{\pi} x^2\cos mx dx = \cdots = \frac{2(-1)^m}{m^2}$

$\quad b_m = \frac{1}{\pi}\int_{-\pi}^{\pi} f(x)\sin mx dx = \frac{1}{\pi}\int_{0}^{\pi} x^2\sin mx dx = \cdots = \frac{\pi}{m}(-1)^{m+1} + \frac{2}{m^3\pi}[(-1)^m - 1]$

$\quad \therefore \ f(x) = \frac{\pi^2}{6} + \sum_{m=1}^{\infty}\left[\frac{2(-1)^m}{m^2}\cos mx + \left\{\frac{\pi}{m}(-1)^{m+1} + \frac{2}{m^3\pi}[(-1)^m - 1]\right\}\sin mx\right]$

(2) $x = \pi$에서 $f(x)$가 불연속이므로 $f(x)$의 푸리에 급수는 $x = \pi$에서 $\dfrac{\pi^2}{2}$으로 수렴한다.

$$\frac{\pi^2}{2} = \frac{\pi^2}{6} + \sum_{m=1}^{\infty}\left[\frac{2(-1)^m}{m^2}\cos m\pi + \left\{\frac{\pi}{m}(-1)^{m+1} + \frac{2}{m^3\pi}[(-1)^m - 1]\right\}\sin m\pi\right]$$

$$= \frac{\pi^2}{6} + \sum_{m=1}^{\infty}\frac{2(-1)^m}{m^2}(-1)^m$$

$$= \frac{\pi^2}{6} + \sum_{m=1}^{\infty}\frac{2}{m^2} = \frac{\pi^2}{6} + 2\left(1 + \frac{1}{2^2} + \frac{1}{3^2} + \cdots\right)$$

$$\therefore \ \frac{\pi^2}{6} = 1 + \frac{1}{2^2} + \frac{1}{3^2} + \cdots$$

$x = 0$에서 $f(x)$가 연속이므로 $f(x)$의 푸리에 급수는 0으로 수렴한다.

$$0 = \frac{\pi^2}{6} + \sum_{m=1}^{\infty}\frac{2(-1)^m}{m^2} = \frac{\pi^2}{6} + 2\left(-1 + \frac{1}{2^2} - \frac{1}{3^2} + \frac{1}{4^2} - \cdots\right)$$

$$\therefore \ \frac{\pi^2}{12} = 1 - \frac{1}{2^2} + \frac{1}{3^2} - \frac{1}{4^2} + \cdots$$

3. $\quad a_0 = \frac{1}{2\pi}\int_{-\pi}^{\pi} e^x dx = \frac{e^{\pi} - e^{-\pi}}{2\pi} = \frac{\sinh \pi}{\pi}$

$$a_m = \frac{1}{\pi} \int_{-\pi}^{\pi} e^x \cos mx\, dx = \frac{1}{\pi} \left\{ e^x \cos mx \big|_{-\pi}^{\pi} + m \int_{-\pi}^{\pi} e^x \sin mx\, dx \right\}$$

$$= \frac{1}{\pi} \left\{ 2\sinh\pi\, (-1)^m + m \left[e^x \sin mx \big|_{-\pi}^{\pi} - m \int_{-\pi}^{\pi} e^x \cos mx\, dx \right] \right\}$$

$$= \frac{1}{\pi} \left\{ 2\sinh\pi\, (-1)^m - m^2 \pi a_m \right\}, \quad \therefore\ a_m = \frac{2\sinh\pi\, (-1)^m}{\pi (1+m^2)}$$

$$b_m = \frac{1}{\pi} \int_{-\pi}^{\pi} e^x \sin mx\, dx = \frac{1}{\pi} \left\{ e^x \sin mx \big|_{-\pi}^{\pi} - m \int_{-\pi}^{\pi} e^x \cos mx\, dx \right\}$$

$$= -\frac{m}{\pi} \left\{ e^x \cos mx \big|_{-\pi}^{\pi} + m \int_{-\pi}^{\pi} e^x \sin mx\, dx \right\}$$

$$= -\frac{m}{\pi} \left\{ 2\sinh\pi\, (-1)^m - m\pi b_m \right\}, \quad \therefore\ b_m = -\frac{2\sinh\pi\, (-1)^m \cdot m}{\pi (1+m^2)}$$

$$\therefore\ f(x) = \frac{2\sinh\pi}{\pi} \left\{ \frac{1}{2} + \sum_{m=1}^{\infty} \frac{(-1)^m}{1+m^2} \left[\cos mx - m \sin mx \right] \right\}$$

10.3 푸리에 코사인급수와 푸리에 사인급수

1. (1) 기함수   (2) 기함수   (3) 둘 다 아님   (4) 기함수   (5) 우함수
(6) 우함수   (7) 기함수   (8) 우함수   (9) 기함수   (10) 우함수

2. (1) $f(x) = x$, $[-\pi, \pi]$가 기함수이므로 사인급수 사용.

$$b_m = \frac{2}{\pi} \int_0^{\pi} x \sin x\, dx = \frac{2}{n} (-1)^{m+1}$$

$$\therefore\ f(x) = 2 \sum_{m=1}^{\infty} \frac{(-1)^{m+1}}{m} \sin mx \simeq 2 \left(\sin x - \frac{1}{2} \sin x + \frac{1}{3} \sin 3x \right)$$

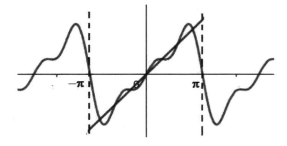

(2) $f(x) = x^2$, $[-1, 1]$가 우함수이므로 코사인급수 사용.

$$a_0 = \frac{2}{2 \cdot 1} \int_0^1 x^2\, dx = \frac{1}{3},$$

$$a_m = \frac{2}{1} \int_0^1 x^2 \cos m\pi x\, dx = \cdots = \frac{4(-1)^m}{m^2 \pi^2}$$

$$\therefore\ f(x) = \frac{1}{3} + \frac{4}{\pi^2} \sum_{m=1}^{\infty} \frac{(-1)^m}{m^2} \cos m\pi x \simeq \frac{1}{3} + \frac{4}{\pi^2} \left(-\cos\pi x + \frac{1}{4}\cos 2\pi x \right)$$

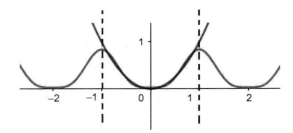

(3) $f(x) = \cos x,\ [-\pi/2, \pi/2]$가 우함수이므로 코사인급수 사용.

$$a_0 = \frac{2}{\pi} \int_0^{\pi/2} \cos x\, dx = \frac{2}{\pi} \left[\sin x \right]_0^{\pi/2} = \frac{2}{\pi}(1) = \frac{2}{\pi},$$

$$a_m = \frac{4}{\pi} \int_0^{\pi/2} \cos x \cos 2mx\, dx = \frac{2}{\pi} \int_0^{\pi/2} \left[\cos(2m-1)x + \cos(2m+1)x \right] dx$$

$$= \frac{2}{\pi} \left[\frac{\sin(2m-1)x}{2m-1} + \frac{\sin(2m+1)x}{2m+1} \right]_0^{\pi/2} = \frac{2}{\pi} \left[\frac{(-1)^{m+1}}{2m-1} + \frac{(-1)^m}{2m+1} \right]$$

$$= \frac{2}{\pi} \left[\frac{(-1)^{m+1}}{2m-1} - \frac{(-1)^{m+1}}{2m+1} \right] = \frac{2(-1)^{m+1}}{\pi} \left(\frac{1}{2m-1} - \frac{1}{2m+1} \right)$$

$$= \frac{4}{\pi} \frac{(-1)^{m+1}}{4m^2 - 1}$$

$$\therefore\ f(x) = \frac{2}{\pi} + \frac{4}{\pi} \sum_{m=1}^{\infty} \frac{(-1)^{m+1}}{4m^2 - 1} \cos 2mx \simeq \frac{2}{\pi} + \frac{4}{\pi} \left(\frac{1}{3}\cos 2x - \frac{1}{15}\cos 4x \right)$$

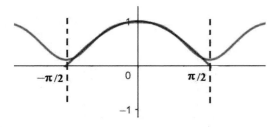

(4) $f(x) = \sin x,\ [-\pi, \pi]$가 기함수이므로 사인급수 사용.

$$b_m = \frac{2}{\pi} \int_0^{\pi} \sin x \sin mx\, dx$$

$$m = 1\ :\ b_1 = \frac{2}{\pi} \int_0^{\pi} \sin x \sin x\, dx = \frac{2}{\pi} \int_0^{\pi} \sin^2 x\, dx = \frac{1}{\pi} \int_0^{\pi} (1 - \cos 2x)\, dx$$

$$= \frac{1}{\pi} \left[x - \frac{1}{2}\sin x \right]_0^{\pi} = \frac{1}{\pi}(\pi) = 1$$

$$m \geq 2 \ : \ b_m = \frac{2}{\pi} \int_0^\pi \sin x \sin mx \, dx = \frac{1}{\pi} \int_0^\pi [\cos(m-1)x - \cos(m+1)x] \, dx$$

$$= \frac{1}{\pi} \left[\frac{\sin(m-1)x}{m-1} - \frac{\sin(m+1)x}{m+1} \right]_0^\pi = \frac{1}{\pi}(0) = 0$$

$$\therefore \ f(x) = \sum_{m=1}^\infty b_m \sin nx = 1 \cdot \sin x + 0 \cdot \sin 2x + \cdots = \sin x$$

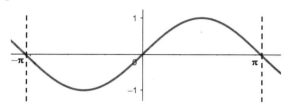

원래의 함수가 주기 2π인 사인함수이므로 결과도 사인함수임.

3. $f(x) = \begin{cases} 1, & 0 < x < 1/2 \\ 0, & 1/2 < x < 1 \end{cases}$

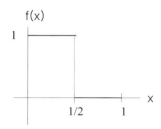

(1) 푸리에 급수 : $T = 2L = 1, \ L = 1/2$

$$a_0 = \frac{1}{2 \cdot 1/2} \int_0^1 f(x) \, dx = \int_0^{1/2} 1 \, dx + \int_{1/2}^1 0 \, dx = 1/2,$$

$$a_m = \frac{1}{1/2} \int_0^1 f(x) \cos \frac{m\pi x}{1/2} \, dx = 2 \int_0^{1/2} \cos 2m\pi x \, dx = 0,$$

$$b_m = \frac{1}{1/2} \int_0^1 f(x) \sin \frac{m\pi x}{1/2} \, dx = 2 \int_0^{1/2} \sin 2m\pi x \, dx = \frac{1}{m\pi} [1 - (-1)^m]$$

$$\therefore \ f(x) = \frac{1}{2} + \frac{1}{\pi} \sum_{m=1}^\infty \frac{1-(-1)^m}{m} \sin 2m\pi x = \frac{1}{2} + \frac{2}{\pi} \sin 2\pi x + \frac{2}{3\pi} \sin 6\pi x + \cdots$$

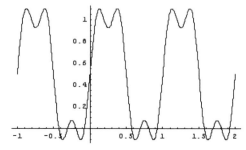

(2) 코사인 급수 : $T = 2L = 2, \ L = 1$

$$a_0 = \frac{1}{1}\int_0^1 f(x)dx = \int_0^{1/2} 1dx = 1/2,$$

$$a_m = \frac{2}{1}\int_0^1 f(x)\cos\frac{m\pi x}{1}dx = 2\int_0^{1/2}\cos m\pi x dx = \frac{2}{m\pi}\sin\frac{m\pi}{2},$$

$$\therefore \ f(x) = \frac{1}{2} + \frac{2}{\pi}\sum_{m=1}^{\infty}\frac{\sin m\pi/2}{m}\cos m\pi x = \frac{1}{2} + \frac{2}{\pi}\cos\pi x - \frac{2}{3\pi}\cos 3\pi x + \cdots$$

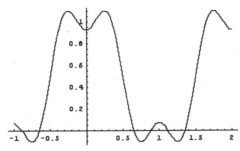

(3) 사인 급수 : $p = 2L = 2, \ L = 1$

$$b_m = \frac{2}{1}\int_0^1 f(x)\sin\frac{m\pi x}{1}dx = 2\int_0^{1/2}\sin m\pi x dx = \frac{2}{m\pi}(1-\cos m\pi/2)$$

$$\therefore \ f(x) = \frac{2}{\pi}\sum_{m=1}^{\infty}\frac{1-\cos m\pi/2}{m}\sin m\pi x = \frac{2}{\pi}\sin\pi x + \frac{2}{\pi}\sin 2\pi x + \frac{2}{3\pi}\sin 3\pi x + \cdots$$

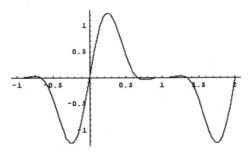

4. (1) $\dfrac{48}{(m\pi)^4} < 10^{-4}$에서 $m > 8.3\cdots$ 이고 m이 짝수일 때 0이므로 7항까지 더한다.

(2) $W(x)$의 코사인 급수를 구하면

$$a_0 = \int_0^1 W(x)dx = \int_{1/3}^{2/3}dx = \frac{1}{3},$$

$$a_m = 2\int_0^1 W(x)\cos m\pi x dx = 2\int_{1/3}^{2/3}\cos m\pi x dx = \frac{2}{m\pi}\left(\sin\frac{2m\pi}{3} - \sin\frac{m\pi}{3}\right)$$

이므로

$$W(x) = \frac{1}{3} + \sum_{m=1}^{\infty}\frac{2}{m\pi}\left(\sin\frac{2m\pi}{3} - \sin\frac{m\pi}{3}\right)\cos m\pi x$$

이다. 따라서 미분방정식은

$$\frac{d^4 y}{dx^4} = 8 + \sum_{m=1}^{\infty} \frac{48}{m\pi}\left(\sin\frac{2m\pi}{3} - \sin\frac{m\pi}{3}\right)\cos m\pi x$$

이다. 제차해는 예제 4의 경우와 같으므로 제차해와의 중복성을 고려하여 특수해를 $y_p = Ax^4 + \sum_{m=1}^{\infty} A_m \cos m\pi x$ 로 가정하여 미분방정식에 대입하면

$$A = \frac{1}{3}, \quad A_m = \frac{48}{(m\pi)^5}\left(\sin\frac{2m\pi}{3} - \sin\frac{m\pi}{3}\right)$$

이다. 따라서 일반해는

$$y = y_h + y_p = c_1 + c_2 x + c_3 x^2 + c_4 x^3 + \frac{1}{3}x^4 + \sum_{m=1}^{\infty} \frac{48}{(m\pi)^5}\left(\sin\frac{2m\pi}{3} - \sin\frac{m\pi}{3}\right)\cos m\pi x$$

이다. 경계조건을 적용하기 위해 해를 미분하면

$$y' = c_2 + 2c_3 x + 3c_4 x^2 + \frac{4}{3}x^3 - \sum_{m=1}^{\infty} \frac{48}{(m\pi)^4}\left(\sin\frac{2m\pi}{3} - \sin\frac{m\pi}{3}\right)\sin m\pi x$$

이다. 경계조건 $y(0) = 0$ 을 적용하면 $c_1 = -\alpha$ 이고, 여기서

$$\alpha = \sum_{m=1}^{\infty} \frac{48}{(m\pi)^5}\left(\sin\frac{2m\pi}{3} - \sin\frac{m\pi}{3}\right) = \sum_{m=2(\text{even } m)}^{\infty} \frac{48}{(m\pi)^5}\left(\sin\frac{2m\pi}{3} - \sin\frac{m\pi}{3}\right) \simeq -0.00823$$

이다. m 이 홀수일 때 $\sin\frac{2m\pi}{3} - \sin\frac{m\pi}{3} = 0$ 이 됨을 주목해야 한다. $y'(0) = 0$ 에서 $c_2 = 0$ 이고, $y(1) = 0$ 에서

$$-\alpha + c_3 + c_4 + \frac{1}{3} + \sum_{m=1}^{\infty} \frac{48(-1)^m}{(m\pi)^5}\left(\sin\frac{2m\pi}{3} - \sin\frac{m\pi}{3}\right) = 0 \tag{a}$$

을 얻는데

$$\sum_{m=1}^{\infty} \frac{48(-1)^m}{(m\pi)^5}\left(\sin\frac{2m\pi}{3} - \sin\frac{m\pi}{3}\right)$$

$$= -\sum_{m=1(\text{odd } m)}^{\infty} \frac{48}{(m\pi)^5}\left(\sin\frac{2m\pi}{3} - \sin\frac{m\pi}{3}\right) + \sum_{m=2(\text{even } m)}^{\infty} \frac{48}{(m\pi)^5}\left(\sin\frac{2m\pi}{3} - \sin\frac{m\pi}{3}\right)$$

$$= 0 + \alpha = \alpha$$

이므로 (a)는

$$c_3 + c_4 + \frac{1}{3} = 0 \tag{b}$$

과 같다. $y'(1) = 0$ 에서

$$2c_3 + 3c_4 + \frac{4}{3} = 0 \tag{c}$$

이므로, (b)와 (c)에서 $c_3 = 1/3$, $c_4 = -2/3$ 를 얻는다. 따라서 최종해는

$$y = -\alpha + \frac{1}{3}x^2 - \frac{2}{3}x^3 + \frac{1}{3}x^4 + \sum_{m=1}^{\infty} \frac{48}{(m\pi)^5}\left(\sin\frac{2m\pi}{3} - \sin\frac{m\pi}{3}\right)\cos m\pi x$$

$$= -\alpha + \frac{1}{3}x^2(x-1)^2 + \sum_{m=1}^{\infty} \frac{48}{(m\pi)^5}\left(\sin\frac{2m\pi}{3} - \sin\frac{m\pi}{3}\right)\cos m\pi x$$

이다. 그래프는 예제 3의 경우와 동일하다.

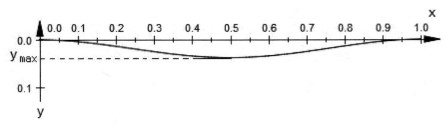

한편 $x = 1/2$에서 $y' = 0$이고 이때

$$y_{\max} = 0.00823 + \frac{1}{3}\left(\frac{1}{2}\right)^2\left(\frac{1}{2} - 1\right)^2 + \sum_{m=1}^{\infty} \frac{48}{(m\pi)^5}\left(\sin\frac{2m\pi}{3} - \sin\frac{m\pi}{3}\right)\cos\frac{m\pi}{2} \simeq 0.0378$$

이다.

(3) 풀이 과정을 줄이기 위해 구간을 $-1/2 \le x \le 1/2$로 변경한다.

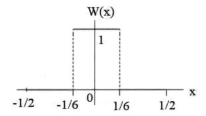

양쪽 경계조건이 같으므로 보의 수직변위 $y(x)$가 y축 대칭이므로 구간 $0 \le x \le 1/2$에서만 해를 구한다. x의 구간별 해는

$$y(x) = \begin{cases} a_0 + a_2 x^2 + x^4, & 0 \le x \le 1/6 \\ b_0 + b_1 x + b_2 x^2 + b_3 x^3, & 1/6 \le x \le 1/2 \end{cases}$$

이다. $1/6 \le x \le 1/2$에서는 하중이 작용하지 않으므로 제차해 y_h만 포함되고, $0 \le x \le 1/6$에서는 하중이 작용하므로 제차해 y_h에 특수해 $y_p = x^4$이 더해지는데 이 구간에서는 해가 y축 대칭일 것이므로 x의 홀수차항을 미리 삭제하였다. 따라서 구해야 할 미지수의 개수는 a_0, a_2, b_0, b_1, b_2, b_3 총 6개이다. 한편 식의 개수도

경계조건 : $y(1/2) = y'(1/2) = 0$

연속조건 : $y(1/6^-) = y(1/6^+)$, $y'(1/6^-) = y'(1/6^+)$,

$y''(1/6^-) = y''(1/6^+)$, $y'''(1/6^-) = y'''(1/6^+)$

로 6개이다. 경계조건과 연속조건을 적용하기 위해 먼저 도함수를 구하면

$$y'(x) = \begin{cases} 2a_2 x + 4x^3, & 0 \le x \le 1/6 \\ b_1 + 2b_2 x + 3b_3 x^2, & 1/6 \le x \le 1/2 \end{cases}$$

$$y''(x) = \begin{cases} 2a_2 + 12x^2, & 0 \le x \le 1/6 \\ 2b_2 + 6b_3 x, & 1/6 \le x \le 1/2 \end{cases}$$

$$y'''(x) = \begin{cases} 24x, & 0 \le x \le 1/6 \\ 6b_3, & 1/6 \le x \le 1/2 \end{cases}$$

이다. 이를 이용하여 각각의 조건을 적용하면

$$y(1/2) = 0 \; : \; b_0 + \frac{1}{2}b_1 + \frac{1}{2^2}b_2 + \frac{1}{2^3}b_3 = 0 \tag{1}$$

$$y'(1/2) = 0 \; : \; b_1 + b_2 + \frac{3}{2^2}b_3 = 0 \tag{2}$$

$$y(1/6^-) = y(1/6^+) \; : \; a_0 + \frac{1}{6^2}a_2 + \frac{1}{6^4} = b_0 + \frac{1}{6}b_1 + \frac{1}{6^2}b_2 + \frac{1}{6^3}b_3 \tag{3}$$

$$y'(1/6^-) = y'(1/6^+) \; : \; \frac{2}{6}a_2 + \frac{4}{6^3} = b_1 + \frac{2}{6}b_2 + \frac{3}{6^2}b_3 \tag{4}$$

$$y''(1/6^-) = y''(1/6^+) \; : \; 2a_2 + \frac{12}{6^2} = 2b_2 + b_3 \tag{5}$$

$$y'''(1/6^-) = y'''(1/6^+) \; : \; 4 = 6b_3 \tag{6}$$

이다. 식(1)-식(6)을 연립하여 풀면(복잡한 계산 과정을 거쳐야 한다.)

$$a_0 = \frac{49}{6^4}, \; a_2 = -\frac{19}{54}, \; b_0 = \frac{1}{27}, \; b_1 = \frac{1}{54}, \; b_2 = -\frac{14}{27}, \; b_3 = \frac{2}{3}$$

이다. 따라서 해는

$$y(x) = \begin{cases} \dfrac{49}{6^4} - \dfrac{19}{54}x^2 + x^4, & 0 \le x \le 1/6 \\[2mm] \dfrac{1}{27} + \dfrac{1}{54}x - \dfrac{14}{27}x^2 + \dfrac{2}{3}x^3, & 1/6 \le x \le 1/2 \end{cases}$$

이다. 최대변위는 $y(0) = \dfrac{49}{6^4} \simeq 0.0378$로 예제 4의 결과와 같고 그래프도 동일하다.

5. 10.3절 예제 4에서 $y = c_1 + c_2 x + c_3 x^2 + c_4 x^3 + \displaystyle\sum_{m=1}^{\infty} \frac{48}{(m\pi)^5}\left(\cos\frac{m\pi}{3} - \cos\frac{2m\pi}{3}\right)\sin m\pi x.$

$$y' = c_2 + 2c_3 x + 3c_4 x^2 + \sum_{m=1}^{\infty} \frac{48}{(m\pi)^4}\left(\cos\frac{m\pi}{3} - \cos\frac{2m\pi}{3}\right)\cos m\pi x,$$

$$y'' = 2c_3 + 6c_4 x - \sum_{m=1}^{\infty} \frac{48}{(m\pi)^3}\left(\cos\frac{m\pi}{3} - \cos\frac{2m\pi}{3}\right)\sin m\pi x$$

경계조건에서

$$y(0) = c_1 = 0$$
$$y''(0) = 2c_3 = 0, \; c_3 = 0$$
$$y(1) = c_2 + c_4 = 0$$
$$y''(1) = 6c_4 = 0, \; c_4 = 0, \; c_2 = 0$$

$$\therefore \; y(x) = \sum_{m=1}^{\infty} \frac{48}{(m\pi)^5}\left(\cos\frac{m\pi}{3} - \cos\frac{2m\pi}{3}\right)\sin m\pi x.$$

이다. 최대변위는

$$y(1/2) = \sum_{m=1}^{\infty} \frac{48}{(m\pi)^5}\left(\cos\frac{m\pi}{3} - \cos\frac{2m\pi}{3}\right)\sin\frac{m\pi}{2}$$

$$\simeq \frac{48}{\pi^5}\left[\frac{1}{1^5}\cdot 1\cdot 1+\frac{1}{3^5}\cdot\left(-\frac{1}{2}\right)\cdot(-1)+\frac{1}{5^5}\cdot 1\cdot 1\right]=0.1572$$

로, 양쪽 경계조건이 단순지지인 경우가 삽입고정에 비해 더 큰 값을 보인다.

6. $m=1,\ k=10 \quad \to \quad \dfrac{d^2y}{dt^2}+10y=f(t)$

기함수 $f(t) \ \to \ T=2L=2$인 사인급수(주기 T는 최소주기를 말함.)

$$b_m=\frac{2}{1}\int_0^1(1-t)\sin m\pi t\,dt=\frac{2}{m\pi} \quad \therefore \ f(t)=\sum_{m=1}^{\infty}\frac{2}{m\pi}\sin m\pi t$$

$y_p(t)=\displaystyle\sum_{m=1}^{\infty}A_m\sin m\pi t$로 가정하면

$$y_p{}'(t)=\sum_{m=1}^{\infty}m\pi A_m\cos m\pi t,\quad y_p{}''(t)=\sum_{m=1}^{\infty}(-m^2\pi^2)A_m\sin m\pi t$$

$$\therefore \ y_p{}''+10y_p=\sum_{m=1}^{\infty}(10-m^2\pi^2)A_m\sin m\pi t=\sum_{m=1}^{\infty}\frac{2}{m\pi}\sin m\pi t$$

$$\to \ A_m=\frac{2}{m\pi\,(10-m^2\pi^2)} \quad \therefore \ y_p(t)=\sum_{m=1}^{\infty}\frac{2}{m\pi\,(10-m^2\pi^2)}\sin m\pi t$$

$10-n^2\pi^2=0$일 때, $n=\dfrac{\sqrt{10}}{\pi}\approx 1$. 따라서 최대 진폭은

$$A_1=\frac{2}{\pi\,(10-\pi^2)}\approx 4.8822.$$

[참고] $T=2L=4$인 경우, $b_m=\dfrac{2}{2}\displaystyle\int_0^2(1-t)\sin\dfrac{m\pi t}{2}\,dt=\cdots=\dfrac{2}{m\pi}\left[1+(-1)^m\right]$

$$\therefore \ f(t)=\sum_{m=1}^{\infty}\frac{2}{m\pi}\left[1+(-1)^m\right]\sin\frac{m\pi t}{2}$$

로 위와 같음.$(n=2m)$

10.4 복소 푸리에 급수

1. (1) $f_1(t)=\sin t$의 주기는 $2\pi/1=2\pi$, $f_2(t)=\sin 2t$의 주기는 $2\pi/2=\pi$이다.

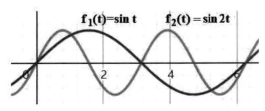

(2) $f_1(t) + f_2(t) = \sin t + \sin 2t$의 주기는 2π.

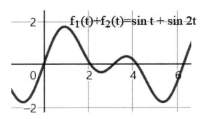

(3) $1 + f_1(t) = 1 + \sin t$의 주기는 2π.

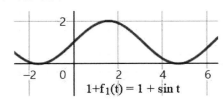

2. (1) $f(x) = x, \ [-\pi, \pi]$

$$c_m = \frac{1}{2L} \int_{-L}^{L} f(x) e^{-im\pi x/L} dx = \frac{1}{2\pi} \int_{-\pi}^{\pi} x e^{-imx} dx$$

$m = 0$: $c_0 = \dfrac{1}{2\pi} \displaystyle\int_{-\pi}^{\pi} x\, dx = 0$

$m \neq 0$: 부분적분에 의해

$$c_m = \frac{1}{2\pi} \int_{-\pi}^{\pi} x e^{-imx} dx = \frac{1}{2\pi} \left[x\left(-\frac{1}{im} e^{-imx}\right) \Big|_{-\pi}^{\pi} + \frac{1}{im} \int_{-\pi}^{\pi} e^{-imx} dx \right] = \cdots = \frac{i}{m}(-1)^m$$

여기서 $e^{im\pi} = e^{-im\pi} = (-1)^m$ $\therefore$ $f(x) = i \displaystyle\sum_{\substack{m=-\infty \\ m \neq 0}}^{\infty} \frac{(-1)^m}{m} e^{imx}$

(2) $c_m = \dfrac{1}{2\pi} \displaystyle\int_{-\pi}^{\pi} e^{-x} \cdot e^{-imx} dx = \dfrac{1}{2\pi} \displaystyle\int_{-\pi}^{\pi} e^{-(1+im)x} dx$

$$= \frac{1}{2\pi} \left[-\frac{1}{1+im} e^{-(1+im)x} \right]_{-\pi}^{\pi} = -\frac{1}{2(1+im)\pi} \left[e^{-(1+im)\pi} - e^{(1+im)\pi} \right]$$

에서

$$e^{im\pi} = e^{-im\pi} = (-1)^m, \quad \frac{1}{1+im} = \frac{1-im}{1+m^2}$$

이므로

$$c_m = \frac{(-1)^m (1-im)}{2\pi(1+m^2)} (e^\pi - e^{-\pi}) = \frac{\sinh\pi\, (-1)^m (1-im)}{\pi(1+m^2)}.$$

따라서

$$f(x) = \frac{\sinh\pi}{\pi} \sum_{m=-\infty}^{\infty} \frac{(-1)^m (1-im)}{1+m^2} e^{imx}.$$

3. (1) $c_m = \dfrac{1}{2L}\displaystyle\int_{-L}^{L} f(x)e^{-im\pi x/L}dx$ 이므로 $c_0 = \dfrac{1}{4}\left[\displaystyle\int_{-2}^{0}(-1)dx + \int_{0}^{2}(1)dx\right] = 0$

$$c_m\,(m\neq 0) = \frac{1}{4}\left[\int_{-2}^{0}(-1)e^{-im\pi x/2}dx + \int_{0}^{2}(1)e^{-im\pi x/2}dx\right] = \frac{1}{im\pi}\left[1 - e^{-im\pi}\right] = \frac{1-(-1)^m}{im\pi}$$

$$\therefore\ f(x) = \sum_{\substack{m=-\infty \\ m\neq 0}}^{\infty} \frac{1-(-1)^m}{im\pi}e^{im\pi x/2}$$

(2) (1)에서 $c_0 = 0$, $c_n = \dfrac{1-(-1)^m}{im\pi}$ 이므로 $c_{-m} = -\dfrac{1-(-1)^m}{im\pi}$.

$$f(x) = \sum_{m=-\infty}^{\infty} c_m e^{im\pi x/2} = \sum_{m=-\infty}^{-1} c_m e^{im\pi x/2} + \sum_{m=1}^{\infty} c_m e^{im\pi x/2}$$

$$= \sum_{m=1}^{\infty} c_{-m} e^{-im\pi x/2} + \sum_{m=1}^{\infty} c_m e^{im\pi x/2}$$

$$= -\sum_{m=1}^{\infty} \frac{1-(-1)^m}{im\pi}e^{-im\pi x/2} + \sum_{m=1}^{\infty} \frac{1-(-1)^m}{im\pi}e^{im\pi x/2}$$

$$= \sum_{m=1}^{\infty} \frac{1-(-1)^m}{im\pi}\left(e^{im\pi x/2} - e^{-im\pi x/2}\right) = \sum_{n=1}^{\infty} \frac{1-(-1)^m}{im\pi}\left(2i\sin\frac{m\pi x}{2}\right)$$

$$= \sum_{m=1}^{\infty} \frac{2\left[1-(-1)^m\right]}{m\pi}\sin\frac{m\pi x}{2}$$

(3) $b_m = \dfrac{2}{L}\displaystyle\int_{0}^{L} f(x)\sin\frac{m\pi x}{L}dx = \int_{0}^{2}\sin\frac{m\pi x}{2}dx = \dfrac{2\left[1-(-1)^m\right]}{m\pi}$

$$f(x) = \sum_{m=1}^{\infty} b_m \sin\frac{m\pi x}{L} = \sum_{m=1}^{\infty} \frac{2\left[1-(-1)^m\right]}{m\pi}\sin\frac{m\pi x}{2}\quad \therefore\ 같다.$$

(4) $c_m = \dfrac{1-(-1)^m}{im\pi}$ 에서 $|c_m| = \dfrac{1-(-1)^m}{m\pi}$:

m	-5	-3	-1	1	3	5
$|c_m|$	$2/5\pi$	$2/3\pi$	$2/\pi$	$2/\pi$	$2/3\pi$	$2/5\pi$

(5) $b_m = \dfrac{2\left[1-(-1)^m\right]}{m\pi}$:

m	1	3	5
b_m	$4/\pi$	$4/3\pi$	$4/5\pi$

(6) 문제 (4)의 두 항 $\pm m$이 문제 (5)의 하나의 항 m과 같다.

4. 우함수 $f(x)$: $c_m = \dfrac{1}{2L}\displaystyle\int_{-L}^{L} f(x)e^{-im\pi x/L}dx = \dfrac{1}{2L}\int_{-L}^{L} f(x)\left[\cos\frac{m\pi x}{L} - i\sin\frac{m\pi x}{L}\right]dx$

$$= \frac{1}{L}\int_{0}^{L} f(x)\cos\frac{m\pi x}{L}dx\ :\ 실수$$

기함수 $f(x)$: $c_m = \dfrac{1}{2L}\displaystyle\int_{-L}^{L}f(x)e^{-im\pi x/L}dx = \dfrac{1}{2L}\int_{-L}^{L}f(x)\left[\cos\dfrac{m\pi x}{L}-i\sin\dfrac{m\pi x}{L}\right]dx$

$$= -\dfrac{i}{L}\int_{0}^{L}f(x)\sin\dfrac{m\pi x}{L}dx \quad : \text{순허수}$$

5. $a_0 = \dfrac{1}{2L}\displaystyle\int_{-L}^{L}f(x)dx = c_0$

$a_m = \dfrac{1}{L}\displaystyle\int_{-L}^{L}f(x)\cos\dfrac{m\pi x}{L}dx = \dfrac{1}{2L}\int_{-L}^{L}f(x)(e^{-im\pi x/L}+e^{im\pi x/L})dx$

$\quad = \dfrac{1}{2L}\displaystyle\int_{-L}^{L}f(x)e^{-im\pi x/L}dx + \dfrac{1}{2L}\int_{-L}^{L}f(x)e^{im\pi x/L}dx$

$\quad = c_m + c_{-m}$

$b_m = \dfrac{1}{L}\displaystyle\int_{-L}^{L}f(x)\sin\dfrac{m\pi x}{L}dx = \dfrac{i}{2L}\int_{-L}^{L}f(x)(e^{-im\pi x/L}-e^{im\pi x/L})dx$

$\quad = i\left[\dfrac{1}{2L}\displaystyle\int_{-L}^{L}f(x)e^{-im\pi x/L}dx - \dfrac{1}{2L}\int_{-L}^{L}f(x)e^{im\pi x/L}dx\right]$

$\quad = i\,(c_m - c_{-m})$

6. (1) 10.4절의 예제 1의 결과에서

$f(x) = \dfrac{\sinh\pi}{\pi}\displaystyle\sum_{m=-\infty}^{\infty}\dfrac{(-1)^m(1+im)}{1+m^2}e^{imx}$

$\quad = \dfrac{\sinh\pi}{\pi}\left[1+\displaystyle\sum_{m=-\infty}^{-1}\dfrac{(-1)^m(1+im)}{1+m^2}e^{imx}+\sum_{m=1}^{\infty}\dfrac{(-1)^m(1+im)}{1+m^2}e^{imx}\right]$

$\quad = \dfrac{\sinh\pi}{\pi}\left[1+\displaystyle\sum_{m=1}^{\infty}\dfrac{(-1)^{-m}(1-im)}{1+m^2}e^{-imx}+\sum_{m=1}^{\infty}\dfrac{(-1)^m(1+im)}{1+m^2}e^{imx}\right]$

$\quad = \dfrac{\sinh\pi}{\pi}\left\{1+\displaystyle\sum_{m=1}^{\infty}\dfrac{(-1)^m}{1+m^2}\left[(1-im)e^{-imx}+(1+im)e^{imx}\right]\right\}$

$\quad = \dfrac{\sinh\pi}{\pi}\left\{1+\displaystyle\sum_{m=1}^{\infty}\dfrac{(-1)^m}{1+m^2}\left[(1-im)(\cos mx-i\sin mx)+(1+im)(\cos mx+i\sin mx)\right]\right\}$

$\quad = \dfrac{\sinh\pi}{\pi}\left[1+\displaystyle\sum_{m=1}^{\infty}\dfrac{(-1)^m}{1+m^2}(\cos mx-i\sin mx-im\cos mx-m\sin mx\right.$

$$\left.+\cos mx+i\sin mx+im\cos mx-m\sin mx)\right]$$

$\quad = \dfrac{\sinh\pi}{\pi}\left[1+2\displaystyle\sum_{m=1}^{\infty}\dfrac{(-1)^m}{1+m^2}(\cos mx-m\sin mx)\right]$

$\quad\therefore$ 연습문제 10.2, 문제 3의 결과와 같다.

(2) 10.4절 예제 1에서 $c_m = \dfrac{\sinh\pi(-1)^m(1+im)}{\pi(1+m^2)}$ 이므로 $c_{-m} = \dfrac{\sinh\pi(-1)^m(1-im)}{\pi(1+m^2)}$.

$$a_0 = c_0 = \frac{\sinh\pi(-1)^0(1+i\cdot 0)}{\pi(1+0^2)} = \frac{\sinh\pi}{\pi}$$

$$a_m = c_m + c_{-m} = \frac{\sinh\pi(-1)^m(1+im)}{\pi(1+m^2)} + \frac{\sinh\pi(-1)^m(1-im)}{\pi(1+m^2)} = \frac{2\sinh\pi}{\pi}\frac{(-1)^m}{(1+m^2)}$$

$$b_m = i(c_m - c_{-m}) = i\left[\frac{\sinh\pi(-1)^m(1+im)}{\pi(1+m^2)} - \frac{\sinh\pi(-1)^m(1-im)}{\pi(1+m^2)}\right] = -\frac{2\sinh\pi}{\pi}\frac{(-1)^m\cdot m}{(1+m^2)}$$

$$\therefore \text{연습문제 10.2, 문제 3의 결과와 같다.}$$

10.5 푸리에 적분

1. (1) $A(\omega) = \displaystyle\int_{-\infty}^{\infty} f(x)\cos\omega x\,dx = \int_0^2 (1)\cos\omega x\,dx = \frac{\sin 2\omega}{\omega}$,

$$B(\omega) = \int_{-\infty}^{\infty} f(x)\sin\omega x\,dx = \int_0^2 (1)\sin\omega x\,dx = \frac{1-\cos 2\omega}{\omega}$$

이므로

$$f(x) = \frac{1}{\pi}\int_0^\infty [A(\omega)\cos\omega x + B(\omega)\sin\omega x]\,d\omega = \frac{1}{\pi}\int_0^\infty\left[\frac{\sin 2\omega}{\omega}\cos\omega x + \frac{1-\cos 2\omega}{\omega}\sin\omega x\right]d\omega.$$

(2) $A(\omega) = \displaystyle\int_0^\pi x\cos\omega x\,dx = \frac{1}{\omega^2}(\pi\omega\sin\pi\omega + \cos\pi\omega - 1)$

$$\therefore f(x) = \frac{2}{\pi}\int_0^\infty \frac{1}{\omega^2}(\pi\omega\sin\pi\omega + \cos\pi\omega - 1)\cos\omega x\,d\omega$$

2. (1) $f(2) = (1+0)/2 = 1/2$이므로 $\dfrac{1}{2} = \dfrac{2}{\pi}\displaystyle\int_0^\infty \frac{\sin\omega\cos\omega}{\omega}\,d\omega = \frac{1}{\pi}\int_0^\infty \frac{\sin 2\omega}{\omega}\,d\omega$

$$\therefore \int_0^\infty \frac{\sin 2t}{t}\,dt = \frac{\pi}{2}$$

(2) $2t = kx\ (k>0)$ 로 치환하면 $2dt = kdx$, (1)의 결과에서

$$\frac{\pi}{2} = \int_0^\infty \frac{\sin 2t}{t}\,dt = \int_0^\infty \frac{\sin kx}{kx/2}(kdx/2) = \int_0^\infty \frac{\sin kx}{x}\,dx$$

$$\therefore \int_0^\infty \frac{\sin kt}{t}\,dt = \frac{\pi}{2}$$

3. $f(x) = e^{-|x|},\ -\infty < x < \infty$

$$C(\omega) = \int_{-\infty}^{\infty} f(x)e^{-i\omega x}\,dx = \int_{-\infty}^{\infty} e^{-|x|}e^{-i\omega x}\,dx = \int_{-\infty}^{\infty} e^{-|x|}(\cos\omega x - i\sin\omega x)\,dx$$

$$= 2\int_0^\infty e^{-x}\cos\omega x dx = \cdots = \frac{2}{1+\omega^2}$$

$$f(x) = \frac{1}{2\pi}\int_{-\infty}^\infty C(\omega)e^{i\omega x}d\omega = \frac{1}{2\pi}\int_{-\infty}^\infty \frac{2}{1+\omega^2}e^{i\omega x}d\omega = \frac{1}{\pi}\int_{-\infty}^\infty \frac{1}{1+\omega^2}(\cos\omega x + i\sin\omega x)d\omega$$

$$= \frac{2}{\pi}\int_0^\infty \frac{\cos\omega x}{1+\omega^2}d\alpha$$

로 예제 4(1)의 결과와 같다.

4. (1) 푸리에 코사인적분에서 $A(\omega) = \int_0^\infty f(x)\cos\omega x dx = e^{-\omega}$ 이므로

$$f(x) = \frac{2}{\pi}\int_0^\infty A(\omega)\cos\omega x d\omega = \frac{2}{\pi}\int_0^\infty e^{-\omega}\cos\omega x\, d\omega = \frac{2}{\pi}\frac{1}{1+x^2}$$

(2) 푸리에 사인적분에서 $B(\omega) = \int_0^\infty f(x)\sin\omega x dx = \begin{cases} 1-\omega, & 0 < \omega < 1 \\ 0, & \omega > 1 \end{cases}$ 이므로

$$f(x) = \frac{2}{\pi}\int_0^\infty B(\omega)\sin\omega x d\omega = \frac{2}{\pi}\int_0^1 (1-\omega)\sin\omega x\, d\omega$$

$$= \frac{2}{\pi}\left[(1-\omega)\frac{-\cos\omega x}{x}\bigg|_0^1 - \int_0^1 (-1)\frac{-\cos\omega x}{x}\, d\omega\right]$$

$$= \frac{2}{\pi}\left(\frac{1}{x} - \frac{1}{x^2}\sin\omega x\right)\bigg|_{\omega=0}^1 = \frac{2}{\pi}\left(\frac{1}{x} - \frac{\sin x}{x^2}\right) \quad (0 < x < \infty)$$

10.6 푸리에 변환

1. $\mathscr{F}[c_1 f(x) + c_2 g(x)] = \int_{-\infty}^\infty [c_1 f(x) + c_2 g(x)]e^{-i\omega x}dx$

$$= c_1\int_{-\infty}^\infty f(x)e^{-i\omega x}dx + c_2\int_{-\infty}^\infty g(x)e^{-i\omega x}dx = c_1\mathscr{F}[f(x)] + c_2\mathscr{F}[g(x)]$$

2. $x < 0$에서 $f(x) = g(x) = 0$이므로 $f(x) = f(x)U(x)$, $g(x) = g(x)U(x)$로 놓으면

$$f(x)*g(x) = \int_{\tau=-\infty}^\infty f(\tau)g(x-\tau)d\tau = \int_{\tau=-\infty}^\infty f(\tau)U(\tau)g(x-\tau)U(x-\tau)d\tau$$

이다. 그런데

$$U(\tau)U(x-\tau) = \begin{cases} 1, & 0 \le \tau \le x \\ 0, & \text{otherwise} \end{cases}$$

이므로

$$f(x)*g(x) = \int_{\tau=0}^x f(\tau)g(x-\tau)d\tau$$

가 성립한다.

3. $\mathcal{F}[f(x)*g(x)] = \mathcal{F}\left[\int_{\tau=-\infty}^{\infty} f(\tau)g(x-\tau)d\tau\right] = \int_{x=-\infty}^{\infty}\left(\int_{\tau=-\infty}^{\infty} f(\tau)g(x-\tau)d\tau\right)e^{-i\omega x}dx$

$$= \int_{\tau=-\infty}^{\infty} f(\tau)\left(\int_{x=-\infty}^{\infty} g(x-\tau)e^{-i\omega x}dx\right)d\tau$$

(이중적분 안에 위치한 x의 적분에서는 τ가 고정이므로 $u=x-\tau$로 치환하면 $du=dx$이다.)

$$= \int_{\tau=-\infty}^{\infty} f(\tau)\left(\int_{u=-\infty}^{\infty} g(u)e^{-i\omega(\tau+u)}du\right)d\tau$$

$$= \int_{\tau=-\infty}^{\infty} f(\tau)e^{-i\omega\tau}\left(\int_{u=-\infty}^{\infty} g(u)e^{-i\omega u}du\right)d\tau$$

$$= \int_{\tau=-\infty}^{\infty} f(\tau)e^{-i\omega\tau}d\tau\int_{u=-\infty}^{\infty} g(u)e^{-i\omega u}du$$

$$= \mathcal{F}[f(x)]\mathcal{F}[g(x)] \qquad \therefore \ \mathcal{F}[f(x)*g(x)] = F(\omega)G(\omega)$$

4. (1) $\mathcal{F}[e^{iax}f(x)] = \int_{-\infty}^{\infty} e^{iax}f(x)e^{-i\omega x}dx = \int_{-\infty}^{\infty} f(x)e^{-i(\omega-a)x}dx = F(\omega-a)$

(2) 부분적분을 사용하면

$$\mathcal{F}[f'(x)] = \int_{-\infty}^{\infty} f'(x)e^{-i\omega x}dx = \left[f(x)e^{-i\omega x}\right]_{-\infty}^{\infty} - \int_{-\infty}^{\infty} f(x)(-i\omega)e^{-i\omega x}dx$$

(절대적분가능하므로 $x\to\pm\infty$일 때 $f(x)\to 0$)

$$= i\omega\int_{-\infty}^{\infty} f(x)e^{-i\omega x}dx = i\omega F(\omega)$$

5. (1) $f(x)*g(x) = \int_{\tau=-\infty}^{\infty} e^{-\tau}U(\tau)\cdot e^{-2(x-\tau)}U(x-\tau)d\tau$ 에서

$x<0$이면 $U(\tau)U(x-\tau)=0$이므로

$$f(x)*g(x) = 0 \ \text{---} \ (a)$$

$x\geq 0$이면 $U(\tau)U(x-\tau) = \begin{cases}1, & 0\leq\tau\leq x \\ 0, & \text{otherwise}\end{cases}$ 이므로

$$f(x)*g(x) = \int_{\tau=0}^{x} e^{-\tau}\cdot e^{-2(x-\tau)}d\tau = e^{-2x}\int_{\tau=0}^{x} e^{\tau}d\tau = e^{-2x}\left[e^{\tau}\right]_{0}^{x} = e^{-2x}(e^{x}-1)$$

$$= e^{-x}-e^{-2x} \ \text{---} \ (b)$$

(a), (b)에서 $f(x)*g(x) = (e^{-x}-e^{-2x})U(x)$

(2) 예제 1에서 $F(\omega) = \dfrac{1}{1+i\omega}$, $G(\omega) = \dfrac{1}{2+i\omega}$ 이므로

$$F(\omega)G(\omega) = \frac{1}{1+i\omega}\cdot\frac{1}{2+i\omega} = \frac{1}{1+i\omega} - \frac{1}{2+i\omega}$$

따라서

$$f(x)*g(x)=\mathcal{F}^{-1}[F(\omega)G(\omega)]=\mathcal{F}^{-1}\left[\frac{1}{1+i\omega}-\frac{1}{2+i\omega}\right]$$

$$=e^{-x}U(x)-e^{-2x}U(x)=(e^{-x}-e^{-2x})U(x)$$

6. $f(x)$가 구간 $(-\infty,\infty)$에서 절대적분가능하므로 푸리에 변환이 존재한다. $\omega\neq0$일 때

$$F(\omega)=\mathcal{F}[f(x)]=\int_{-\infty}^{\infty}f(x)e^{-i\omega x}dx=\int_{-1}^{1}1\cdot e^{-i\omega x}dx$$

$$=\left[\frac{e^{-i\omega x}}{-i\omega}\right]_{-1}^{1}=\frac{1}{i\omega}\left(e^{i\omega}-e^{-i\omega}\right)=\frac{2\sin\omega}{\omega}.$$

$\omega=0$일 때 $F(0)=\int_{-\infty}^{\infty}f(x)e^{-i(0)x}dx=\int_{-\infty}^{\infty}f(x)dx=\int_{-1}^{1}1\,dx=2.$

☞ $F(\omega)$에 로피탈 정리를 사용하여 $F(0)=\lim_{\omega\to0}F(\omega)=\lim_{\omega\to0}\dfrac{2\sin\omega}{\omega}=2$로 계산해도 된다.

$$\therefore\ F(\omega)=\begin{cases}\dfrac{2\sin\omega}{\omega},\ \omega\neq0\\2,\qquad\omega=0\end{cases}.$$

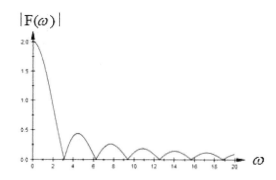

7. (1) 예제 4에서 $\mathcal{F}[\delta(t)]=1$이므로

$$\delta(t)=\mathcal{F}^{-1}[1]=\frac{1}{2\pi}\int_{-\infty}^{\infty}1\cdot e^{i\omega t}d\omega=\frac{1}{2\pi}\int_{-\infty}^{\infty}e^{i\omega t}d\omega\ \text{---}\ (a)$$

(2) (a)에서 ω를 u로 바꾸어 쓰면 $\delta(t)=\dfrac{1}{2\pi}\int_{u=-\infty}^{\infty}e^{iut}du$이고

$$\delta(-\omega)=\frac{1}{2\pi}\int_{u=-\infty}^{\infty}e^{iu(-\omega)}du=\frac{1}{2\pi}\int_{u=-\infty}^{\infty}e^{-i\omega u}du$$

에서 다시 u를 t로 바꾸어 쓰면

$$\delta(-\omega)=\frac{1}{2\pi}\int_{t=-\infty}^{\infty}e^{-i\omega t}dt\ \ \text{---}\ (b)$$

이다. 디락-델타함수의 성질 (3)에 의해 $\delta(-\omega)=\delta(\omega)$이므로 (b)에서

$$\delta(\omega) = \frac{1}{2\pi} \int_{t=-\infty}^{\infty} e^{-i\omega t} dt \;\; \text{--- (c)}$$

이다. 푸리에 변환의 정의에서

$$\mathscr{F}[1] = \int_{-\infty}^{\infty} 1 \cdot e^{-i\omega t} dt = \int_{-\infty}^{\infty} e^{-i\omega t} dt$$

이고 (c)를 적용하면

$$\mathscr{F}[1] = 2\pi\delta(\omega).$$

8. (1) $\mathscr{F}[\delta(x)] = 1$에서

$$\delta(x) = \mathscr{F}^{-1}[1] = \frac{1}{2\pi} \int_{-\infty}^{\infty} 1 \cdot e^{i\omega x} d\alpha = \frac{1}{2\pi} \lim_{k\to\infty} \int_{-k}^{k} e^{i\omega x} d\omega = \frac{1}{2\pi} \lim_{k\to\infty} \left[\frac{e^{i\omega x}}{ix} \right]_{\omega=-k}^{k}$$

$$= \frac{1}{\pi} \lim_{k\to\infty} \frac{1}{x} \left(\frac{e^{ikx} - e^{-ikx}}{2i} \right) = \frac{1}{\pi} \lim_{k\to\infty} \frac{\sin kx}{x} = \lim_{s\to\infty} \frac{k}{\pi} \frac{\sin kx}{kx}$$

$$= \lim_{k\to\infty} \frac{k}{\pi} \mathrm{sinc}(kx)$$

(2) 싱크함수의 그래프는 x가 πx로 증가하면서 진동수가 증가하고, $x = 0$에서는 진폭이 1로 일정하지만 $x \neq 0$인 구간에서는 진폭이 감소함을 알 수 있다. 그런데 $\dfrac{k}{\pi}\mathrm{sinc}(kx)$는 $x = 0$에서의 값이 $\dfrac{k}{\pi}$이므로 $\lim\limits_{k\to\infty} \dfrac{k}{\pi}\mathrm{sinc}(kx)$이는 $x = 0$에서 무한대로 접근하고 $x \neq 0$인 구간에서는 0으로 수렴하여 결국 다음과 같이 $\delta(x)$의 그래프가 된다.

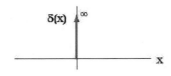

11장

편미분방정식

11.1 고유값 문제

1. (1) $y'' + ky = 0$, $y(0) = 0$, $y(\pi) = 0$

    (i) $k = -\lambda^2 < 0$: $y = c_1\cosh\lambda x + c_2\sinh\lambda x$

        $y(0) = 0 \rightarrow c_1 = 0$, $y(\pi) = 0 \rightarrow c_2 = 0$ $\therefore y = 0$

    (ii) $k = 0$: $y = c_1 + c_2 x$

        $y(0) = 0 \rightarrow c_1 = 0$, $y(\pi) = 0 \rightarrow c_2 = 0$ $\therefore y = 0$

    (iii) $k = \lambda^2 > 0$: $y = c_1\cos\lambda x + c_2\sin\lambda x$

        $y(0) = 0$: $c_1 = 0$

        $y(\pi) = 0$: $c_2\sin\lambda\pi = 0$ $\therefore \lambda\pi = n\pi$, $n = 1,2,3,\cdots$

$$k_n = n^2, \quad y_n = \sin nx$$

(2) $y'' + ky = 0$, $y(0) + y'(0) = 0$, $y(1) = 0$

(i) $k = -\lambda^2 < 0$: $y = c_1\cosh\lambda x + c_2\sinh\lambda x$, $y' = c_1\lambda\sinh\lambda x + c_2\lambda\cosh\lambda x$

    $y(0) + y'(0) = c_1 + \lambda c_2 = 0$ --- (a), $y(1) = c_1\cosh\lambda + c_2\sinh\lambda = 0$ --- (b)

(a)에서 $c_1 = -\lambda c_2$이고 이를 (b)에 대입하면 $c_2(\sinh\lambda - \lambda\cosh\lambda) = 0$이다. 아래 그래프에 의하면 $\sinh\lambda = \lambda\cosh\lambda$는 $\lambda = 0$에서만 성립하는데 여기서 $\lambda \neq 0$이므로 $c_1 = c_2 = 0$이 되어 $y = 0$이다.

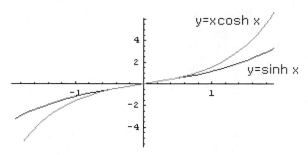

(ii) $k = 0$: $y = c_1 + c_2 x$, $y' = c_2$

$$y(0) + y'(0) = c_1 + c_2 = 0, \quad y(1) = c_1 + c_2 = 0$$

에서 $c_2 = -c_1$이므로 $y = c_1(1 - x)$. 따라서 고유값은 $k = 0$이고 고유함수는 $y = 1 - x$.

(iii) $k = \lambda^2 > 0$: $y = c_1\cos\lambda x + c_2\sin\lambda x$, $y' = -c_1\lambda\sin\lambda x + c_2\lambda\cos\lambda x$

    $y(0) + y'(0) = c_1 + c_2\lambda = 0$ -- (a), $y(1) = c_1\cos\lambda + c_2\sin\lambda = 0$ -- (b)

(a)에서 $c_1 = -c_2\lambda$이므로 이를 (b)에 대입하면 $c_2(\sin\lambda - \lambda\cos\lambda) = 0$이다. $c_2 = 0$이면 $c_1 = 0$이므로 $c_2 \neq 0$이기 위해서는 $\sin\lambda - \lambda\cos\lambda = 0$, 즉 $\tan\lambda = \lambda$이어야 한다. 따라서 x_n ($n = 1,2,3,\cdots$)을 $\tan x = x$를 만족하는 양의 근이라 할 때 고유값은 $k_n = x_n^2$, 고유함수는 $y_n = x_n\cos x_n x - \sin x_n x$이다.

2. $y'' + ky = 0$, $y(-L) = y(L)$, $y'(-L) = y'(L)$

(i) $k = 0$: $y = c_1 + c_2 x$, $y' = c_2$

$$y(-L) = y(L) : c_1 - c_2 L = c_1 + c_2 L, \ 2c_2 L = 0 \ \therefore \ c_2 = 0$$

$$y'(-L) = y'(L) : c_2 = c_2$$

$$k = 0 : \text{고유값}, \ y = 1 : \text{고유함수}$$

(ii) $k = -\lambda^2 < 0$: $y = c_1 \cosh \lambda x + c_2 \sinh \lambda x$, $y' = c_1 \lambda \sinh \lambda x + c_2 \lambda \cosh \lambda x$

$$y(-L) = y(L) : c_1 \cosh \lambda L - c_2 \sinh \lambda L = c_1 \cosh \lambda L + c_2 \sinh \lambda L,$$

$$2c_2 \sinh \lambda L = 0, \ c_2 = 0$$

$$y'(-L) = y'(L) : -c_1 \lambda \sinh \lambda L + c_2 \lambda \cosh \lambda L = c_1 \lambda \sinh \lambda L + c_2 \lambda \cosh \lambda L,$$

$$2c_1 \lambda \sinh \lambda L = 0, \ c_1 = 0 \ \therefore \ y = 0$$

(iii) $k = \lambda^2 > 0$: $y = c_1 \cos \lambda x + c_2 \sin \lambda x$,

$$y(-L) = y(L) : c_1 \cos \lambda L - c_2 \sin \lambda L = c_1 \cos \lambda L + c_2 \sin \lambda L, \ 2c_2 \sin \lambda L = 0$$

$$c_2 = 0 \ \text{또는} \ \lambda_n = \frac{n\pi}{L}$$

(1) $c_2 = 0$ 일 때

$y = c_1 \cos \lambda x$, $y' = -c_1 \lambda \sin \lambda x$ 이므로 $y'(-L) = y'(L)$에서 $c_1 \lambda \sin \lambda L = -c_1 \lambda \sin \lambda L$,

즉 $2c_1 \sin \lambda L = 0$에서 $c_1 \neq 0$ 이려면 $n = 1, 2, 3, \cdots$ 일 때

$$\lambda_n = \frac{n\pi}{L} \ \rightarrow \ k_n = \frac{n^2 \pi^2}{L^2} : \text{고유값}$$

$$y_n = \cos \frac{n\pi x}{L}, \ : \text{고유함수}$$

(2) $\lambda_n = \frac{n\pi}{L}$ 일 때 : $n = 1, 2, 3, \cdots$

$$y = c_1 \cos \frac{n\pi x}{L} + c_2 \sin \frac{n\pi x}{L} \ \text{이므로} \ y' = -c_1 \frac{n\pi}{L} \sin \frac{n\pi x}{L} + c_2 \frac{n\pi}{L} \cos \frac{n\pi x}{L}$$

$$y'(-L) = y'(L) : c_2 \frac{n\pi}{L} \cos n\pi = c_2 \frac{n\pi}{L} \cos(-n\pi) \text{은 임의의 } c_2 \text{에 대해 성립한다.}$$

따라서 고유함수는 $y_n = c_1 \cos \frac{n\pi x}{L} + c_2 \sin \frac{n\pi x}{L}$ 인데 $\cos \frac{n\pi x}{L}$ 는 이미 (1)에서 구한

고유함수이므로 중첩의 원리에 의해

$$k_n = \frac{n^2 \pi^2}{L^2} : \text{고유값}, \ y_n = \sin \frac{n\pi x}{L}, \ n = 1, 2, 3, \cdots : \text{고유함수}$$

(i)과 (iii)의 (1), (2)에 의해 고유함수 집합은 $\left\{ 1, \cos \frac{n\pi x}{L}, \sin \frac{n\pi x}{L} \right\}$, $n = 1, 2, 3, \cdots$ 이다.

3. $T(x) = x^2$; $x^2 y'' + 2xy' + \rho \omega^2 y = 0$: 코시-오일러 방정식

$$m^2 + m + \rho \omega^2 = 0 \ \rightarrow \ m = \frac{-1 \pm \sqrt{1 - 4\rho \omega^2}}{2}$$

$4\rho \omega^2 > 1$ 이므로 $y = x^{-1/2} \left[c_1 \cos(\beta \ln x) + c_2 \sin(\beta \ln x) \right]$, $\beta = \frac{1}{2} \sqrt{4\rho \omega^2 - 1}$, $(\beta > 0)$.

경계조건 $y(1)=0$, $y(e)=0$에서 $c_1=0$이고 $\sin\beta=0$, $\beta=n\pi$ $(n=1,2,\cdots,\ \beta>0)$.

$$\therefore\ \omega_n=\frac{1}{2}\sqrt{\frac{4n^2\pi^2+1}{\rho}}\ .$$

첫 번째 고유값과 이에 대응하는 고유함수는

$$\omega_1=\frac{1}{2}\sqrt{\frac{4\pi^2+1}{\rho}}\ ,\ y_1(x)=x^{-1/2}\sin(\pi\ln x).$$

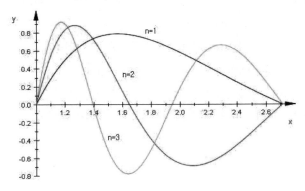

4. $\dfrac{d^2\phi}{dx^2}+B^2\phi=0\ \rightarrow\ \phi(x)=c_1\cos Bx+c_2\sin Bx$, $\dfrac{d\phi}{dx}=-Bc_1\sin Bx+Bc_2\cos Bx$

$\left.\dfrac{d\phi}{dx}\right|_{x=0}=Bc_2=0$에서 $c_2=0$. $\phi(a)=c_1\cos Ba=0$에서 $Ba=\dfrac{n\pi}{2}$, $n=1,3,\cdots$

또는 $B_n^2=\left(\dfrac{n\pi}{2a}\right)^2$. 따라서 $B_1^2=\left(\dfrac{\pi}{2a}\right)^2$이고 $\phi_1(x)=\cos\left(\dfrac{\pi x}{2a}\right)$.

5. $x^2y''+xy'+ky=0$, $y(1)=0$, $y(e^\pi)=0$

(i) $k\leq0$: $y=0$

(ii) $k=\lambda^2>0$: $y=c_1\cos(\lambda\ln x)+c_2\sin(\lambda\ln x)$

$y(1)=c_1\cos(\lambda\ln1)+c_2\sin(\lambda\ln1)=c_1=0$

$y(e^\pi)=c_2\sin(\lambda\ln e^\pi)=c_2\sin(\lambda\pi)=0$

$\therefore\ \lambda_n=n\ (n=1,2,3,\cdots)\ \Rightarrow\ k_n=n^2,\ y_n=\sin(n\ln x)$

적분인자 $\dfrac{1}{x^2}e^{\int 1/x\,dx}=\dfrac{1}{x}$를 미분방정식에 곱하면

$$xy''+y'+\frac{k}{x}y=0\ \ \text{또는}\ \ \frac{d}{dx}[xy']+\frac{k}{x}y=0$$

이고, 이는 $p=x$, $\omega=\dfrac{1}{x}$, $q=0$인 S-L 방정식이다. 따라서 직교성은

$$\int_1^{e^\pi}\frac{1}{x}\sin(n\ln x)\sin(m\ln x)dx=0\ \ m\neq n.$$

6. $xy''+(1-x)y'+ny=0$, $n=0,1,2,\cdots$

적분인자 $\dfrac{1}{x}e^{\int (1-x)/x\,dx}=\dfrac{1}{x}e^{\ln x-x}=e^{-x}$ 를 곱하면

$$xe^{-x}y''+(1-x)e^{-x}y'+ne^{-x}y=0 \ \text{또는} \ \frac{d}{dx}[xe^{-x}y']+ne^{-x}y=0$$

이고 $\omega(x)=e^{-x}$, $p(x)=xe^{-x}$이다. $p(0)=0$, $\lim\limits_{x\to\infty}p(x)=0$ 이므로 직교성은

$$\int_0^\infty e^{-x}L_n(x)L_m(x)dx=0,\ m\neq n.$$

7. $y''-2xy'+2ny=0,\ n=0,1,2,\cdots$

적분인자 $e^{\int (-2x)\,dx}=e^{-x^2}$에 의해

$$e^{-x^2}y''-2xe^{-x^2}y'+2ne^{-x^2}y=0 \ \text{또는} \ \frac{d}{dx}[e^{-x^2}y']+2ne^{-x^2}y=0.$$

따라서 $\omega(x)=2e^{-x^2}$, $p(x)=e^{-x^2}$. $\lim\limits_{x\to -\infty}p(x)=\lim\limits_{x\to +\infty}p(x)=0$ 이므로 직교성은

$$\int_{-\infty}^\infty e^{-x^2}H_n(x)H_m(x)dx=0,\ m\neq n.$$

8. 식 (11.1.8)에서

$$(\lambda_m-\lambda_n)\int_a^b \omega(x)y_m y_n dx$$
$$=p(b)[y_m(b)y_n{}'(b)-y_n(b)y_m{}'(b)]-p(a)[y_m(a)y_n{}'(a)-y_n(a)y_m{}'(a)]$$
$$=p(b)[y_m(b)y_n{}'(b)-y_n(b)y_m{}'(b)-y_m(a)y_n{}'(a)+y_n(a)y_m{}'(a)]=0 \ : \ p(a)=p(b)$$
$$=p(b)\cdot 0 \ : \ y(a)=y(b),\ y'(a)=y'(b)$$
$$=0$$

$$\therefore \int_a^b \omega(x)y_m(x)y_n(x)dx=0,\ m\neq n$$

9. $0\leq \rho \leq b$, $0\leq \theta \leq 2\pi$, $0\leq \phi \leq \pi$에서 $\rho=b$일 때만 경계임.

11.2 편미분방정식 기초

1. (1) $\dfrac{dy}{dx}+y=0$: 상미분방정식, 1변수 함수 (2) $\dfrac{\partial u}{\partial x}+\dfrac{\partial u}{\partial y}=0$: 편미분방정식, 2변수 함수

2. $A\dfrac{\partial^2 u}{\partial x^2}+B\dfrac{\partial^2 u}{\partial x \partial y}+C\dfrac{\partial^2 u}{\partial y^2}+D\dfrac{\partial u}{\partial x}+E\dfrac{\partial u}{\partial y}+Fu=G(x,y)$의 형태로 나타내면

1차원 열전도방정식 : $\alpha\dfrac{\partial^2 u}{\partial x^2}-\dfrac{\partial u}{\partial t}=0$: $A=\alpha$, $B=C=0$

$$\Gamma = B^2 - 4AC = 0^2 - 4 \cdot \alpha \cdot 0 = 0 \quad \therefore \text{ 포물선형(parabolic)}$$

1차원 파동방정식: $c^2 \dfrac{\partial^2 u}{\partial x^2} - \dfrac{\partial^2 u}{\partial t^2} = 0 \ : \ A = c^2, \ B = 0, \ C = -1$

$$\Gamma = B^2 - 4AC = 0^2 - 4(c^2)(-1) = 4c^2 > 0 \quad \therefore \text{쌍곡선형(hyperbolic)}$$

2차원 라플라스 방정식 : $\dfrac{\partial^2 u}{\partial x^2} + \dfrac{\partial^2 u}{\partial y^2} = 0 \ : \ A = C = 1, \ B = 0$

$$\Gamma = B^2 - 4AC = 0^2 - 4 \cdot 1 \cdot 1 = -4 < 0 \quad \therefore \text{ 타원형(elliptic)}$$

3. $u(0,t) = 0$: 디리클레 경계조건, $\left. \dfrac{\partial u}{\partial x} \right|_{x=L} = 0$: 노이만 경계조건, $u(x,0) = f(x)$: 초기조건

4. $u(0,t) = u_0$: 디리클레 경계조건, $\left. \dfrac{\partial u}{\partial x} \right|_{x=a} = -hu(a,0)$: 로빈 경계조건,

$\left. \dfrac{\partial u}{\partial y} \right|_{y=0} = 0$: 노이만 경계조건, $\left. \dfrac{\partial u}{\partial y} \right|_{y=b} = 0$ 노이만 경계조건. 초기조건은 없음.

11.3 열전도방정식

1. (1) 경계조건을 만족하도록

$$u(x,t) = \sum_{n=1}^{\infty} b_n(t) \sin \frac{n\pi x}{L}$$

와 같이 푸리에 사인급수로 나타내어 편미방에 대입하면

$$b_n{}'(t) + \alpha \left(\frac{n\pi}{L} \right)^2 b_n(t) = 0 \ \rightarrow \ b_n(t) = A_n e^{-\alpha(n\pi/L)^2 t}$$

$$\therefore \ u(x,t) = \sum_{n=1}^{\infty} A_n e^{-\alpha(n\pi/L)^2 t} \sin \frac{n\pi x}{L}$$

초기조건을 적용하면 $u(x,0) = \sum_{n=1}^{\infty} A_n \sin \dfrac{n\pi x}{L}$ 에서

$$A_n = \frac{2}{L} \int_0^L u(x,0) \sin \frac{n\pi x}{L} dx = \frac{2}{L} \int_0^{L/2} 1 \cdot \sin \frac{n\pi x}{L} dx = \frac{2}{n\pi}[1 - \cos(n\pi/2)]$$

(2) $u(x,t) = \dfrac{2}{\pi} \displaystyle\sum_{n=1}^{\infty} \dfrac{1}{n}[1 - \cos(n\pi/2)] e^{-n^2 t} \sin nx$

$$= \frac{2}{\pi} \left(e^{-t} \sin x + e^{-4t} \sin 2x + \frac{1}{3} e^{-9t} \sin 3x + 0 + \frac{1}{5} e^{-25t} \sin 5x + \cdots \right)$$

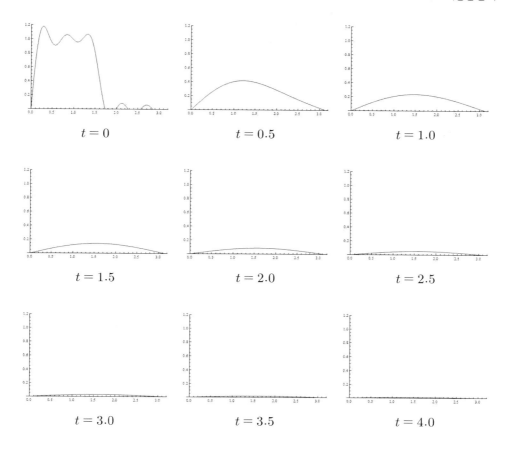

$t=0$　　　　　　$t=0.5$　　　　　　$t=1.0$

$t=1.5$　　　　　　$t=2.0$　　　　　　$t=2.5$

$t=3.0$　　　　　　$t=3.5$　　　　　　$t=4.0$

2. 경계조건에 의해 $u(x,t)=a_0(t)+\displaystyle\sum_{n=1}^{\infty}a_n(t)\cos\frac{n\pi x}{L}$ 로 놓고 편미방에 대입하면

$$a_0{}'(t)+ha_0(t)=0 \ \rightarrow \ a_0(t)=A_0e^{-ht}$$

$$a_n{}'(t)+\left[h+\alpha\left(\frac{n\pi}{L}\right)^2\right]a_n(t)=0 \ \rightarrow \ a_n(t)=A_ne^{-[h+\alpha(n\pi/L)^2]t}$$

$$\therefore \ u(x,t)=e^{-ht}\left[A_0+\sum_{n=1}^{\infty}A_ne^{-\alpha(n\pi/L)^2t}\cos(n\pi x/L)\right]$$

초기조건 $u(x,0)=f(x)=A_0+\displaystyle\sum_{n=1}^{\infty}A_n\cos\frac{n\pi x}{L}$ 에서

$$A_0=\frac{1}{L}\int_0^L f(x)dx, \ A_n=\frac{2}{L}\int_0^L f(x)\cos(n\pi x/L)dx$$

11.4 파동방정식

1. $\dfrac{\partial^2 u}{\partial t^2}=c^2\dfrac{\partial^2 u}{\partial x^2}$, $u(0,t)=u(L,t)=0$, $u(x,0)=f(x)$, $u_t(x,0)=g(x)$

$u(x,t) = X(x)T(t)$로 놓으면

$$XT'' = c^2 X'' T$$

양변을 $c^2 XT$로 나누고

$$\frac{T'}{c^2 T} = \frac{X''}{X} = -\lambda^2$$

로 놓으면

$$X'' + \lambda^2 X = 0 \;\rightarrow\; X(x) = c_1 \cos \lambda x + c_2 \sin \lambda x,$$
$$T'' + c^2 \lambda^2 T = 0 \;\rightarrow\; T(t) = c_3 \cos c\lambda t + c_4 \sin c\lambda t.$$

$X(0) = X(L) = 0$에서 $c_1 = 0$, $\lambda_n = \dfrac{n\pi}{L}$ ($n = 1,2,\cdots$)이므로

$$X_n(x) = c_2 \sin \frac{n\pi x}{L}, \;\; T_n(t) = c_3 \cos\left(\frac{cn\pi t}{L}\right) + c_4 \sin\left(\frac{cn\pi t}{L}\right)$$

따라서

$$u_n(x,t) = X_n(x)T_n(t) = \left[A_n \cos\left(\frac{cn\pi t}{L}\right) + B_n \sin\left(\frac{cn\pi t}{L}\right) \right] \sin \frac{n\pi x}{L}$$

이고 중첩의 원리에서

$$u(x,t) = \sum_{n=1}^{\infty} \left[A_n \cos\left(\frac{cn\pi t}{L}\right) + B_n \sin\left(\frac{cn\pi t}{L}\right) \right] \sin \frac{n\pi x}{L}.$$

이하 본문과 동일.

2. (1) $u(x,t) = \dfrac{1}{2}\left[f^*(x+ct) + f^*(x-ct) \right]$

$u(0,t) = \dfrac{1}{2}\left[f^*(ct) + f^*(-ct) \right] = 0$ 에서 $f^*(ct) = -f^*(-ct)$이므로 $f^*(x)$는 기함수

$u(L,t) = \dfrac{1}{2}\left[f^*(L+ct) + f^*(L-ct) \right] = 0$ 에서 $f^*(L+ct) = -f^*(L-ct)$인데

$f^*(x)$가 기함수이므로 $f^*(L+ct) = f^*(-L+ct)$. 따라서 $f^*(x)$는 주기 $2L$인 함수

3. 자유단 경계조건을 만족하도록

$$u(x,t) = a_0(t) + \sum_{n=1}^{\infty} a_n(t)\cos n\pi x$$

를 편미방에 대입하면

$$a_0''(t) = 0 \;\rightarrow\; a_0(t) = A_0 + B_0 t$$
$$a_n''(t) + (n\pi)^2 a_n(t) = 0 \;\rightarrow\; a_n(t) = A_n \cos n\pi t + B_n \sin n\pi t.$$

따라서

$$u(x,t) = A_0 + B_0 t + \sum_{n=1}^{\infty} (A_n \cos n\pi t + B_n \sin n\pi t)\cos n\pi x$$

이고

$$u_t(x,t) = B_0 + \sum_{n=1}^{\infty} n\pi(-A_n\sin n\pi t + B_n\cos n\pi t)\cos n\pi x .$$

초기조건 $u(x,0) = x = A_0 + \sum_{n=1}^{\infty} A_n\cos n\pi x$ 에서

$$A_0 = \int_0^1 xdx = \frac{1}{2} , \ A_n = 2\int_0^1 x\cos n\pi xdx = \frac{2}{n^2\pi^2}[(-1)^n - 1]$$

마찬가지로 $u_t(x,0) = 0 = B_0 + \sum_{n=1}^{\infty} n\pi B_n\cos n\pi x$ 에서

$$B_0 = B_n = 0.$$

$$\therefore \ u(x,t) = \frac{1}{2} + \frac{2}{\pi^2}\sum_{n=1}^{\infty}\frac{(-1)^n - 1}{n^2}\cos n\pi t\cos n\pi x .$$

4. (1) $u(x,t) = \sum_{n=1}^{\infty} b_n(t)\sin n\pi x$

$$\sum_{n=1}^{\infty} b_n''(t)\sin n\pi x = 4\sum_{n=1}^{\infty}(-n^2\pi^2)b_n(t)\sin n\pi x$$

$$b_n''(t) + 4n^2\pi^2 b_n(t) = 0 \ \rightarrow \ b_n(t) = A_n\cos 2n\pi t + B_n\sin 2n\pi t.$$

$$\therefore \ u(x,t) = \sum_{n=1}^{\infty}(A_n\cos 2n\pi t + B_n\sin 2n\pi t)\sin n\pi x$$

$$u(x,0) = \sin\pi x, \ \frac{\partial u}{\partial t}\bigg|_{t=0} = 0 \rightarrow B_n = 0, \ A_1 = 1, \ A_n = 0 \text{ for } n \geq 2.$$

$$\therefore \ u(x,t) = \sin\pi x\cos 2\pi t$$

(2) $u(x,t) = \frac{1}{2}[f(x+ct) + f(x-ct)] = \frac{1}{2}[\sin\pi(x+2t) + \sin\pi(x-2t)] = \sin\pi x\cos 2\pi t$

(3) 초기파형이 사인파이므로 푸리에 사인급수 중 한 항만 나타난다.

(4) $u(x,t) = \sin\pi x\cos 2\pi t$, 주기 $T = 2\pi/2\pi = 1$

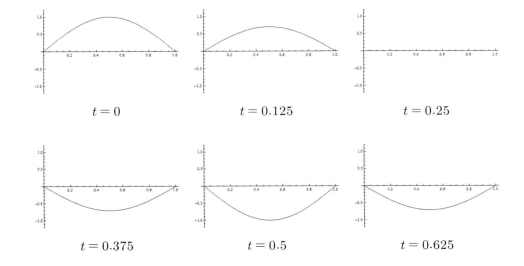

| $t=0$ | $t=0.125$ | $t=0.25$ |

| $t=0.375$ | $t=0.5$ | $t=0.625$ |

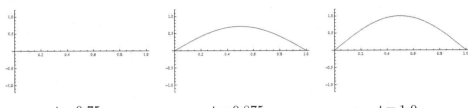

$$t = 0.75 \qquad t = 0.875 \qquad t = 1.0$$

5. $u(x,t) = \dfrac{1}{2}[f(x+t)+f(x-t)] = \dfrac{1}{2}\left[\dfrac{1}{1+(x+t)^2}+\dfrac{1}{1+(x-t)^2}\right]$

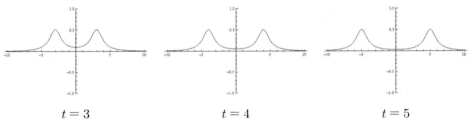

$$t = 0 \qquad t = 1 \qquad t = 2$$

$$t = 3 \qquad t = 4 \qquad t = 5$$

11.5 라플라스 방정식

1. $\dfrac{\partial^2 u}{\partial x^2} + \dfrac{\partial^2 u}{\partial y^2} = 0,\ u(x,0) = f(x),\ u(x,b) = 0,\ u_x(0,y) = u_x(a,y) = 0$

$u(x,y) = X(x)Y(y)$로 놓으면

$$X''Y + XY'' = 0$$

양변을 XY로 나누면

$$\frac{X''}{X} = -\frac{Y''}{Y}$$

이다.

(i) $\dfrac{X''}{X} = -\dfrac{Y''}{Y} = \lambda^2 > 0$일 때는 자명해 $u = 0$이다.

(ii) $\dfrac{X''}{X} = -\dfrac{Y''}{Y} = 0$ 일 때

$$X'' = 0 \ \rightarrow \ X(x) = c_1 + c_2 x$$
$$Y'' = 0 \ \rightarrow \ Y(y) = c_3 + c_4 y$$

$$X'(0) = X'(a) = 0 \text{에서 } c_2 = 0 \text{이므로 } X(x) = c_1. \text{ 따라서,}$$

$$u_0(x,y) = X_0(x)Y_0(y) = A_0 + B_0 y$$

(iii) $\dfrac{X''}{X} = -\dfrac{Y''}{Y} = -\lambda^2 < 0$ 일 때

$$X'' + \lambda^2 X = 0 \;\rightarrow\; X(x) = c_1 \cos\lambda x + c_2 \sin\lambda x,$$

$$Y'' - \lambda^2 Y = 0 \;\rightarrow\; Y(y) = c_3 \cosh\lambda y + c_4 \sinh\lambda y.$$

$$X'(0) = X'(a) = 0 \text{에서 } c_2 = 0 \text{이고 } \lambda_n = \frac{n\pi}{a} \;(n = 1, 2, \cdots). \text{ 따라서,}$$

$$u_n(x,y) = \left(A_n \cosh\frac{n\pi y}{a} + B_n \sinh\frac{n\pi y}{a} \right) \cos\frac{n\pi x}{a}$$

(ii), (iii)에 중첩의 원리를 적용하면

$$u(x,y) = \sum_{n=0}^{\infty} u_n(x,y) = A_0 + B_0 y + \sum_{n=1}^{\infty} \left(A_n \cosh\frac{n\pi y}{a} + B_n \sinh\frac{n\pi y}{a} \right) \cos\frac{n\pi x}{a}$$

이하 예제 1과 동일.

2. (1) x 방향 경계조건을 만족하도록 $u(x,y) = \displaystyle\sum_{n=1}^{\infty} b_n(y)\sin nx$ 를 편미방에 대입하면

$$b_n''(y) - n^2 b_n(y) = 0 \;\rightarrow\; b_n(y) = A_n e^{-ny} + B_n e^{ny} \;\therefore\; u(x,y) = \sum_{n=1}^{\infty} \left(A_n e^{-ny} + B_n e^{ny} \right) \sin nx$$

$y \rightarrow \infty$ 일 때 u는 유한하므로 $B_n = 0$이고

$$u(x,0) = f(x) = \sum_{n=1}^{\infty} A_n \sin nx \;\rightarrow\; A_n = \frac{2}{\pi} \int_0^{\pi} f(x) \sin nx\, dx$$

(2) $A_n = \dfrac{2}{\pi} \displaystyle\int_0^{\pi} \sin x \sin nx\, dx = 0$ for $n \neq 1$. $A_1 = \dfrac{2}{\pi} \displaystyle\int_0^{\pi} \sin^2 x\, dx = \dfrac{2}{\pi} \cdot \dfrac{\pi}{2} = 1$

$$\therefore\; u(x,y) = e^{-y}\sin x$$

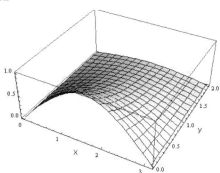

3. $u(x,y) = a_0(x) + \displaystyle\sum_{n=1}^{\infty} a_n(x)\cos ny$

$$a_0''(x) = 0 \;\rightarrow\; a_0(x) = A_0 + B_0 x, \quad a_n''(x) - n^2 a_n(x) = 0 \;\rightarrow\; a_n(x) = A_n e^{-nx} + B_n e^{nx}$$

$$\therefore\ u(x,y) = A_0 + B_0 x + \sum_{n=1}^{\infty} \left(A_n e^{-nx} + B_n e^{nx} \right) \cos ny$$

$x \to \infty$ 일 때 u는 유한하므로 $B_0 = B_n = 0$이고

$$u(0,y) = 1 = A_0 + \sum_{n=1}^{\infty} A_n \cos ny\ \to\ A_0 = 1,\ A_n = 0\ \ \therefore\ u(x,y) = 1$$

4. $\dfrac{\partial^2 u}{\partial x^2} + \dfrac{\partial^2 u}{\partial y^2} = 0,\ u(0,y) = 0,\ u(2,y) = y(2-y),\ u(x,0) = 0,\ u(x,2) = \begin{cases} x & ,\ 0 < x < 1 \\ 2-x & ,\ 1 < x < 2 \end{cases}$

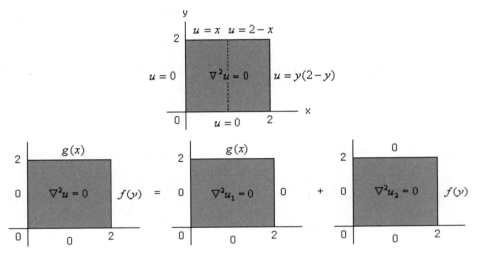

(i) $\dfrac{\partial^2 u_1}{\partial x^2} + \dfrac{\partial^2 u_1}{\partial y^2} = 0$: $u_1(0,y) = u_1(2,y) = u_1(x,0) = 0,\ u_1(x,2) = g(x) = \begin{cases} x, & 0 < x < 1 \\ 2-x, & 1 < x < 2 \end{cases}$

$u_1(x,y) = \displaystyle\sum_{n=1}^{\infty} b_n(y) \sin\frac{n\pi x}{2}$ 로 놓고 (i)의 편미방에 대입

$$b_n''(y) - \left(\frac{n\pi}{2}\right)^2 b_n(y) = 0\ \to\ b_n(y) = A_n \cosh\frac{n\pi y}{2} + B_n \sinh\frac{n\pi y}{2}$$

$$\therefore\ u_1(x,y) = \sum_{n=1}^{\infty} \left(A_n \cosh\frac{n\pi y}{2} + B_n \sinh\frac{n\pi y}{2} \right) \sin\frac{n\pi x}{2}$$

$$u_1(x,0) = 0 = \sum_{n=1}^{\infty} A_n \sin\frac{n\pi x}{2}\ \to\ A_n = 0$$

$$u_1(x,2) = g(x) = \sum_{n=1}^{\infty} B_n \sinh n\pi \sin\frac{n\pi x}{2}\ \to$$

$$B_n = \frac{2}{2\sinh n\pi} \int_0^2 g(x) \sin\frac{n\pi x}{2}\, dx = \frac{1}{\sinh n\pi} \left[\int_0^1 x \sin\frac{n\pi x}{2}\, dx + \int_1^2 (2-x) \sin\frac{n\pi x}{2}\, dx \right]$$

$$= \frac{8\sin\dfrac{n\pi}{2}}{n^2 \pi^2 \sinh n\pi}\ \ \therefore\ u_1(x,y) = \sum_{n=1}^{\infty} \frac{8\sin\dfrac{n\pi}{2}}{n^2 \pi^2 \sinh n\pi} \sin\frac{n\pi x}{2} \sinh\frac{n\pi y}{2}$$

(ii) $\dfrac{\partial^2 u_2}{\partial x^2} + \dfrac{\partial^2 u_2}{\partial y^2} = 0$: $u_2(x,0) = u_2(x,2) = u_2(0,y) = 0$, $u_2(2,y) = f(y) = y(2-y)$

$u_2(x,y) = \displaystyle\sum_{n=1}^{\infty} b_n(x)\sin\dfrac{n\pi y}{2}$ 로 놓고 (ii)의 편미방에 대입

$$b_n''(x) - \left(\dfrac{n\pi}{2}\right)^2 b_n(x) = 0 \quad \to \quad b_n(x) = C_n\cosh\dfrac{n\pi x}{2} + D_n\sinh\dfrac{n\pi x}{2}$$

$$u_2(x,y) = \sum_{n=1}^{\infty}\left(C_n\cosh\dfrac{n\pi x}{2} + D_n\sinh\dfrac{n\pi x}{2}\right)\sin\dfrac{n\pi y}{2}$$

$u_2(0,y) = 0 = \displaystyle\sum_{n=1}^{\infty} C_n\sin\dfrac{n\pi y}{2} \quad \to \quad C_n = 0$

$u_2(2,y) = f(y) = \displaystyle\sum_{n=1}^{\infty} D_n\sinh n\pi\sin\dfrac{n\pi y}{2}$

$$\to \quad D_n = \dfrac{2}{2\sinh n\pi}\int_0^2 f(y)\sin\dfrac{n\pi x}{2}dy = \dfrac{1}{\sinh n\pi}\int_0^2 y(2-y)\sin\dfrac{n\pi y}{2}dy$$

$$= \dfrac{16}{n^3\pi^3\sinh n\pi}[1-(-1)^n] \quad \therefore \quad u_2(x,y) = \sum_{n=1}^{\infty}\dfrac{16[1-(-1)^n]}{n^3\pi^3\sinh n\pi}\sinh\dfrac{n\pi x}{2}\sin\dfrac{n\pi y}{2}$$

(i) & (ii)에서

$$u(x,y) = u_1(x,y) + u_2(x,y)$$

$$= \dfrac{8}{\pi^2}\sum_{n=1}^{\infty}\dfrac{1}{n^2\sinh n\pi}\left[\sin\dfrac{n\pi}{2}\sin\dfrac{n\pi x}{2}\sinh\dfrac{n\pi y}{2} + \dfrac{2[1-(-1)^n]}{n\pi}\sinh\dfrac{n\pi x}{2}\sin\dfrac{n\pi y}{2}\right]$$

5. $\dfrac{d^2 T}{dx^2} = 0 \quad \to \quad T(x) = c_1 + c_2 x$. 경계조건 $T(0) = 0$, $T(1) = 20$에서 $c_1 = 0$, $c_2 = 20$.

$$\therefore \quad T(x) = 20x, \quad T(0.5) = 20 \cdot 0.5 = 10$$

11.6 비제차 편미분방정식과 비제차 경계조건

1. $\dfrac{\partial u}{\partial t} = \dfrac{\partial^2 u}{\partial x^2} + e^{-x}$, $u(0,t) = u(\pi,t) = 0$, $u(x,0) = f(x)$

$u(x,t) = v(x,t) + k(x)$로 놓으면

$$\dfrac{\partial v}{\partial t} = \dfrac{\partial^2 v}{\partial x^2} + k''(x) + e^{-x} \quad \to \quad k''(x) = -e^{-x}, \quad k(x) = -e^{-x} + c_1 x + c_2$$

$$u(0,t) = 0 = v(0,t) + k(0) \quad \to \quad k(0) = 0$$
$$u(\pi,t) = 0 = v(\pi,t) + k(\pi) \quad \to \quad k(\pi) = 0 \qquad \therefore$$

$$k(x) = -e^{-x} + \dfrac{1}{\pi}(e^{-\pi} - 1)x + 1$$

따라서 $v(x,t)$에 대하여

$$\frac{\partial v}{\partial t} = \frac{\partial^2 v}{\partial x^2}, \ v(0,t) = v(\pi,t) = 0, \ v(x,0) = f(x) - k(x).$$

$v(x,t) = \sum_{n=1}^{\infty} b_n(t)\sin nx$를 편미방에 대입하면

$$b_n'(t) + n^2 b_n(t) = 0 \ \rightarrow \ b_n(t) = A_n e^{-n^2 t} \qquad \therefore \ v(x,t) = \sum_{n=1}^{\infty} A_n e^{-n^2 t} \sin nx$$

$$v(x,0) = f(x) - k(x) = \sum_{n=1}^{\infty} A_n \sin nx \ \rightarrow \ A_n = \frac{2}{\pi} \int_0^{\pi} [f(x) - k(x)] \sin nx \, dx$$

$$\therefore \ u(x,t) = v(x,t) + k(x) = \sum_{n=1}^{\infty} A_n e^{-n^2 t} \sin nx + k(x)$$

2. (1) $\dfrac{\partial^2 u}{\partial x^2} + \dfrac{\partial^2 u}{\partial y^2} = -2, \ u(0,y) = 0, \ u(1,y) = 10, \ u_y(x,0) = 0, \ u(x,1) = f(x)$

$u(x,y) = v(x,y) + k(x)$로 놓으면

$$\frac{\partial^2 v}{\partial x^2} + k''(x) + \frac{\partial^2 v}{\partial y^2} = -2 \ \rightarrow \ k''(x) = -2, \ k(x) = -x^2 + c_1 x + c_2$$

$$u(0,y) = 0 = v(0,y) + k(0) \ \rightarrow \ k(0) = 0$$

$$u(1,y) = 10 = v(1,y) + k(1) \ \rightarrow \ k(1) = 10 \quad \therefore \ k(x) = -x^2 + 11x$$

따라서 $v(x,y)$에 대해 제차 경계값 문제

$$\frac{\partial^2 v}{\partial x^2} + \frac{\partial^2 v}{\partial y^2} = 0, \ v(0,y) = v(1,y) = 0, \ \frac{\partial v}{\partial y}\Big|_{y=0} = 0, \ v(x,1) = f(x) - k(x) = f(x) + x^2 - 11x$$

를 풀어야 한다. $v(x,y) = \sum_{n=1}^{\infty} b_n(y)\sin n\pi x$를 편미방에 대입

$$b_n''(y) - n^2\pi^2 b_n(y) = 0 \ \rightarrow \ b_n(y) = A_n \cosh n\pi y + B_n \sinh n\pi y$$

$$\therefore \ v(x,y) = \sum_{n=1}^{\infty} (A_n \cosh n\pi y + B_n \sinh n\pi y)\sin n\pi x$$

$\dfrac{\partial v}{\partial y}\Big|_{y=0} = 0$ 이므로 $B_n = 0$이고 $v(x,1) = f(x) + x^2 - 11x = \sum_{n=1}^{\infty} A_n \cosh n\pi \sin n\pi x$에서

$$A_n = \frac{2}{\cosh n\pi} \int_0^1 [f(x) + x^2 - 11x]\sin n\pi x \, dx.$$

$$\therefore \ u(x,y) = v(x,y) - x^2 + 11x = \sum_{n=1}^{\infty} A_n \sin n\pi x \cosh n\pi y - x^2 + 11x$$

(2) $f(x) = 10x^2$

$$A_n = \frac{2}{\cosh n\pi} \int_0^1 [10x^2 + x^2 - 11x]\sin n\pi x \, dx = \frac{22}{\cosh n\pi} \int_0^1 (x^2 - x)\sin n\pi x \, dx = -\frac{44[1 - (-1)^n]}{n^3\pi^3 \cosh n\pi}$$

$$u(x,y) = -\frac{44}{\pi^3} \sum_{n=1}^{\infty} \frac{1-(-1)^n}{n^3 \cosh n\pi} \sin n\pi x \cosh n\pi y - x^2 + 11x$$

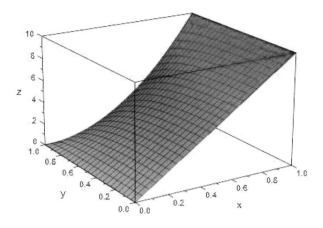

11.7 이중 푸리에 급수

1. (증명 1) 이중 코사인급수

$$f(x,y) = C_{00} + \sum_{m=1}^{\infty} C_{m0} \cos\frac{m\pi x}{a} + \sum_{n=1}^{\infty} C_{0n} \cos\frac{n\pi y}{b} + \sum_{m=1}^{\infty}\sum_{n=1}^{\infty} C_{mn} \cos\frac{m\pi x}{a} \cos\frac{n\pi y}{b}$$

에 대해

$$k_0(y) = C_{00} + \sum_{n=1}^{\infty} C_{0n} \cos\frac{n\pi y}{b} \;,\; k_m(y) = C_{m0} + \sum_{n=1}^{\infty} C_{mn} \cos\frac{n\pi y}{b} \quad ---(\star)$$

로 놓으면

$$f(x,y) = k_0(y) + \sum_{m=1}^{\infty} k_m(y) \cos\frac{m\pi x}{a}$$

이고, 이는 고정된 y에 대해 $f(x,y)$의 코사인급수이므로

$$k_0(y) = \frac{1}{a}\int_0^a f(x,y)dx \;,\; k_m(y) = \frac{2}{a}\int_0^a f(x,y)\cos\frac{m\pi x}{a}dx$$

이다. 한편 $(\star)$ 또한 $k_0(y)$, $k_0(y)$의 코사인 급수이므로

$$C_{00} = \frac{1}{b}\int_0^b k_0(y)dy = \frac{1}{ab}\int_0^b \int_0^a f(x,y)dxdy$$

$$C_{0n} = \frac{2}{b}\int_0^b k_0(y)\cos\frac{n\pi y}{b}dy = \frac{2}{ab}\int_0^b \int_0^a f(x,y)\cos\frac{n\pi y}{b}dxdy$$

$$C_{m0} = \frac{1}{b}\int_0^b k_m(y)dy = \frac{2}{ab}\int_0^b \int_0^a f(x,y)\cos\frac{m\pi x}{a}dxdy$$

$$C_{mn} = \frac{2}{b}\int_0^b k_m(y)\cos\frac{n\pi y}{b}dy = \frac{4}{ab}\int_0^b \int_0^a f(x,y)\cos\frac{m\pi x}{a}\cos\frac{n\pi y}{b}dxdy$$

(증명 2) $f(x,y) = X(x)Y(y)$, $0 \leq x \leq a$, $0 \leq y \leq b$로 놓고 $X(x)$, $Y(y)$를 일변수함수에 대한 푸리에 코사인급수로 나타내면

$$X(x) = c_0 + \sum_{m=1}^{\infty} c_m \cos \frac{m\pi x}{a}, \quad Y(y) = d_0 + \sum_{n=1}^{\infty} d_n \cos \frac{n\pi y}{b}$$

이고 여기서

$$c_0 = \frac{1}{a}\int_0^a X(x)dx, \quad c_m = \frac{2}{a}\int_0^a X(x)\cos\frac{m\pi x}{a}dx$$

$$d_0 = \frac{1}{b}\int_0^b Y(y)dy, \quad d_n = \frac{2}{b}\int_0^b Y(y)\cos\frac{n\pi y}{b}dy$$

이다. 따라서

$$f(x,y) = X(x)Y(y) = \left(c_0 + \sum_{m=1}^{\infty} c_m \cos \frac{m\pi x}{a}\right)\left(d_0 + \sum_{n=1}^{\infty} d_n \cos \frac{n\pi y}{b}\right)$$

$$= c_0 d_0 + d_0 \sum_{m=1}^{\infty} c_m \cos\frac{m\pi x}{a} + c_0 \sum_{n=1}^{\infty} d_n \cos\frac{n\pi y}{b} + \sum_{m=1}^{\infty} c_m \cos\frac{m\pi x}{a} \sum_{n=1}^{\infty} d_n \cos\frac{n\pi y}{b}$$

이 되고, 이를 주어진 이중 푸리에 급수와 비교하면

$$C_{00} = c_0 d_0 = \frac{1}{a}\int_0^a X(x)dx \frac{1}{b}\int_0^b Y(y)dy = \frac{1}{ab}\int_0^b \int_0^a f(x,y)dx\,dy$$

$$C_{m0} = c_m d_0 = \frac{2}{a}\int_0^a X(x)\cos\frac{m\pi x}{a}dx \frac{1}{b}\int_0^b Y(y)dy = \frac{2}{ab}\int_0^b \int_0^a f(x,y)\cos\frac{m\pi x}{a}dx\,dy$$

$$C_{0n} = c_0 d_n = \frac{1}{a}\int_0^a X(x)dx \frac{2}{b}\int_0^b Y(y)\cos\frac{n\pi y}{b}dy = \frac{2}{ab}\int_0^b \int_0^a f(x,y)\cos\frac{n\pi y}{b}dx\,dy$$

$$C_{0n} = c_0 d_n = \frac{1}{a}\int_0^a X(x)\cos\frac{m\pi x}{a}dx \frac{2}{b}\int_0^b Y(y)\cos\frac{n\pi y}{b}dy$$

$$= \frac{4}{ab}\int_0^b \int_0^a f(x,y)\cos\frac{m\pi x}{a}\cos\frac{n\pi y}{b}dx\,dy$$

이다.

2. $f(x,y) = xy$, $0 \leq x \leq 1$, $0 \leq y \leq 1$

$$C_{00} = \frac{1}{1\cdot 1}\int_0^1 \int_0^1 xy\,dxdy = \int_0^1 x\,dx \int_0^1 y\,dy = \frac{1}{2}\cdot\frac{1}{2} = \frac{1}{4}$$

$$C_{m0} = \frac{2}{1\cdot 1}\int_0^1 \int_0^1 xy\cos m\pi x\,dxdy = 2\int_0^1 x\cos m\pi x\,dx \int_0^1 y\,dy$$

$$= 2\cdot\frac{(-1)^m - 1}{m^2\pi^2}\cdot\frac{1}{2} = \frac{(-1)^m - 1}{m^2\pi^2}$$

$$C_{0n} = \frac{2}{1\cdot 1}\int_0^1 \int_0^1 xy\cos n\pi y\,dxdy = 2\int_0^1 x\,dx \int_0^1 y\cos n\pi y\,dy = \frac{(-1)^n - 1}{n^2\pi^2}$$

$$C_{mn} = \frac{4}{1 \cdot 1} \int_0^1 \int_0^1 xy \cos m\pi x \cos n\pi y \, dx \, dy = 4 \int_0^1 x \cos m\pi x \, dx \int_0^1 y \cos n\pi y \, dy$$

$$= 4 \cdot \frac{(-1)^m - 1}{m^2 \pi^2} \cdot \frac{(-1)^n - 1}{n^2 \pi^2}$$

$$\therefore \quad xy = \frac{1}{4} + \frac{1}{\pi^2} \sum_{m=1}^{\infty} \frac{[(-1)^m - 1]}{m^2} \cos m\pi x + \frac{1}{\pi^2} \sum_{n=1}^{\infty} \frac{[(-1)^n - 1]}{n^2} \cos n\pi y$$

$$+ \frac{4}{\pi^4} \sum_{m=1}^{\infty} \sum_{n=1}^{\infty} \frac{[(-1)^m - 1][(-1)^n - 1]}{m^2 n^2} \cos m\pi x \cos n\pi y$$

3. $\dfrac{\partial^2 u}{\partial t^2} = c^2 \left(\dfrac{\partial^2 u}{\partial x^2} + \dfrac{\partial^2 u}{\partial y^2} \right)$: $u(0,y,t) = u(\pi,y,t) = 0$, $u(x,0,t) = u(x,\pi,t) = 0$,

$$u(x,y,0) = xy(x-\pi)(y-\pi), \quad u_t(x,y,0) = 0$$

(1) $u(x,y,t) = X(x)Y(y)T(t)$로 놓으면

$$\frac{X''}{X} = -\frac{Y''}{Y} + \frac{T''}{c^2 T} = -\lambda^2$$

에서

$$X'' + \lambda^2 X = 0 \;\to\; X(x) = c_1 \cos \lambda x + c_2 \sin \lambda x$$

이고, 다시

$$\frac{Y''}{Y} = \frac{T''}{c^2 T} + \lambda^2 = -\mu^2$$

로 놓으면

$$Y'' + \mu^2 Y = 0 \;\to\; Y(y) = c_3 \cos \mu y + c_4 \sin \mu y$$

$$T'' + c^2(\lambda^2 + \mu^2)T = 0 \;\to\; T(t) = c_5 \cos c\sqrt{\lambda^2 + \mu^2}\, t + c_6 \sin c\sqrt{\lambda^2 + \mu^2}\, t$$

이다. 경계조건 $X(0) = X(\pi) = 0$, $Y(0) = Y(\pi) = 0$에서 $c_1 = c_3 = 0$이고

$$c_2 \sin \lambda \pi = 0, \quad c_4 \sin \mu \pi = 0 \;\to\; \lambda_m = m \;\; (m = 1,2,\cdots), \quad \mu_n = n \;\; (n = 1,2,\cdots)$$

이다. 따라서,

$$u_{mn}(x,y,t) = X_m(x)Y_n(y)T_{mn}(t) = \left(A_{mn} \cos c\sqrt{m^2 + n^2}\, t + B_{mn} \sin c\sqrt{m^2 + n^2}\, t \right) \sin mx \sin ny$$

이고

$$u(x,y,t) = \sum_{m=1}^{\infty} \sum_{n=1}^{\infty} \left(A_{mn} \cos c\sqrt{m^2 + n^2}\, t + B_{mn} \sin c\sqrt{m^2 + n^2}\, t \right) \sin mx \sin ny$$

이다. 초기조건 $u(x,y,0) = xy(x-\pi)(y-\pi)$를 적용하면

$$xy(x-\pi)(y-\pi) = \sum_{m=1}^{\infty} \sum_{n=1}^{\infty} A_{mn} \sin mx \sin ny$$

$$A_{mn} = \frac{4}{\pi^2} \int_0^\pi \int_0^\pi xy(x-\pi)(y-\pi) \sin mx \sin ny \, dx \, dy$$

$$= \frac{4}{\pi^2} \int_0^\pi x(x-\pi) \sin mx \, dx \int_0^\pi y(y-\pi) \sin ny \, dy$$

$$= \frac{4}{\pi^2} \cdot \frac{2}{m^3}[(-1)^m - 1]\frac{2}{n^3}[(-1)^n - 1] = \frac{16}{\pi^2 m^3 n^3}[1-(-1)^m][1-(-1)^n]$$

이고, $u_t(x,y,0) = 0$에서 $B_{mn} = 0$이다.

(2) 경계조건을 만족하도록 $u(x,y,t) = \displaystyle\sum_{m=1}^{\infty}\sum_{n=1}^{\infty} C_{mn}(t)\sin mx \sin ny$로 놓고 편미방에 대입하면

$$C_{mn}''(t) + c^2(m^2 + n^2)C_{mn}(t) = 0 \ \rightarrow \ C_{mn}(t) = A_{mn}\cos c\sqrt{m^2 + n^2}\,t + B_{mn}\sin c\sqrt{m^2 + n^2}\,t$$

이므로

$$u(x,y,t) = \sum_{m=1}^{\infty}\sum_{n=1}^{\infty}\left(A_{mn}\cos c\sqrt{m^2 + n^2}\,t + B_{mn}\sin c\sqrt{m^2 + n^2}\,t\right)\sin mx \sin ny$$

이다. A_{mn}, B_{mn}을 구하는 방법은 (1)에서와 같다.

(3)

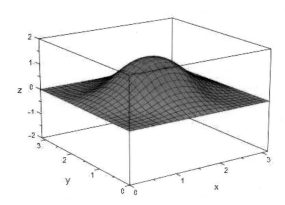

4. $\dfrac{\partial^2 u}{\partial x^2} + \dfrac{\partial^2 u}{\partial y^2} + \dfrac{\partial^2 u}{\partial z^2} = 0$: $u(0,y,z) = \cdots = u(x,y,0) = 0$, $u(x,y,c) = f(x)$

이중 푸리에 급수 $u(x,y,z) = \displaystyle\sum_{m=1}^{\infty}\sum_{n=1}^{\infty} C_{mn}(z)\sin\frac{m\pi x}{a}\sin\frac{n\pi y}{b}$로 놓으면

$$C_{mn}''(z) - \left[\left(\frac{m\pi}{a}\right)^2 + \left(\frac{n\pi}{b}\right)^2\right]C_{mn}(z) = 0$$

$$\rightarrow C_{mn}(z) = A_{mn}\cosh\sqrt{\left(\frac{m\pi}{a}\right)^2 + \left(\frac{n\pi}{b}\right)^2}\,z + B_{mn}\sinh\sqrt{\left(\frac{m\pi}{a}\right)^2 + \left(\frac{n\pi}{b}\right)^2}\,z$$

$$\therefore u(x,y,z) = \sum_{m=1}^{\infty}\sum_{n=1}^{\infty}\left[A_{mn}\cosh\sqrt{\left(\frac{m\pi}{a}\right)^2 + \left(\frac{n\pi}{b}\right)^2}\,z\right.$$

$$\left. + B_{mn}\sinh\sqrt{\left(\frac{m\pi}{a}\right)^2 + \left(\frac{n\pi}{b}\right)^2}\,z\right]\sin\frac{m\pi x}{a}\sin\frac{n\pi y}{b}$$

경계조건 $u(x,y,0) = 0$에서 $A_{mn} = 0$이고, $u(x,y,c) = f(x)$는

$$f(x,y) = \sum_{m=1}^{\infty}\sum_{n=1}^{\infty} B_{mn}\sinh\sqrt{\left(\frac{m\pi}{a}\right)^2 + \left(\frac{n\pi}{b}\right)^2}\,c\,\sin\frac{m\pi x}{a}\sin\frac{n\pi y}{b}$$

$$\rightarrow B_{mn} = \frac{4}{ab\sinh\sqrt{\left(\frac{m\pi}{a}\right)^2+\left(\frac{n\pi}{b}\right)^2}\,c}\int_0^b\int_0^a f(x,y)\sin\frac{m\pi x}{a}\sin\frac{n\pi y}{b}dxdy.$$

11.8 기타 직교함수를 이용한 풀이

1. $\theta(x,t)=X(x)T(t)$로 놓으면 $XT''=c^2X''T$가 되고, 양변을 c^2XT로 나누어 $-\lambda^2$로 놓으면

$$\frac{T''}{c^2T}=\frac{X''}{X}=-\lambda^2$$

에서

$$X''+\lambda^2X=0 \rightarrow X(x)=c_1\cos\lambda x+c_2\sin\lambda x$$
$$T''+c^2\lambda^2T=0 \rightarrow T(t)=c_3\cos c\lambda t+c_4\sin c\lambda t$$

이다. 경계조건 $X(0)=0$, $X'(1)=0$에서 $c_1=0$, $c_2\cos\lambda=0$이다. 코사인 함수는 $\pi/2$의 홀수 배에서 0이므로 $\lambda_n=(2n-1)\frac{\pi}{2}$, $n=1,2,\cdots$ 이고

$$X_n(x)=c_2\sin\left(\frac{2n-1}{2}\right)\pi x,$$
$$T_n(t)=c_3\cos c\left(\frac{2n-1}{2}\right)\pi t+c_4\sin c\left(\frac{2n-1}{2}\right)\pi t$$

에서

$$\theta(x,t)=\sum_{n=1}^\infty\theta_n(x,t)=\sum_{n=1}^\infty\left[A_n\cos\left(\frac{2n-1}{2}\right)c\pi t+B_n\sin\left(\frac{2n-1}{2}\right)c\pi t\right]\sin\left(\frac{2n-1}{2}\right)\pi x \quad\text{(a)}$$

이다. 초기조건 $\theta(x,0)=x$에서

$$x=\sum_{n=1}^\infty A_n\sin\left(\frac{2n-1}{2}\right)\pi x \quad\text{(b)}$$

이고 $\left.\frac{\partial\theta}{\partial t}\right|_{t=0}=0$에서 $B_n=0$이다. (b)의 양변에 $\sin\left(\frac{2m-1}{2}\right)\pi x$를 곱하여 구간 $[0,1]$로 적분하면

$$\int_0^1 x\sin\left(\frac{2m-1}{2}\right)\pi xdx=\sum_{n=1}^\infty A_n\int_0^1\sin\left(\frac{2m-1}{2}\right)\pi x\sin\left(\frac{2n-1}{2}\right)\pi xdx$$

인데, $\int_0^1\sin\left(\frac{2m-1}{2}\right)\pi x\sin\left(\frac{2n-1}{2}\right)\pi xdx=0$, $(m\neq n)$이므로

$$A_n=\frac{\int_0^1 x\sin\left(\frac{2n-1}{2}\right)\pi xdx}{\int_0^1\sin^2\left(\frac{2n-1}{2}\right)\pi xdx}=\frac{8(-1)^{n+1}}{(2n-1)^2\pi^2}$$

이다. 따라서,

$$\theta(x,t) = \frac{8}{\pi^2} \sum_{n=1}^{\infty} \frac{(-1)^{n+1}}{(2n-1)^2} \cos\left(\frac{2n-1}{2}\right) c\pi t \sin\left(\frac{2n-1}{2}\right)\pi x.$$

2. $\dfrac{\partial u}{\partial t} = \alpha \dfrac{\partial^2 u}{\partial x^2}$, $u(0,t) = 0$, $\left.\dfrac{\partial u}{\partial x}\right|_{x=\pi/2} = 0$, $u(x,0) = 1$

$u(x,t) = X(x)T(t)$로 놓으면

$$\frac{T'}{\alpha T} = \frac{X''}{X} = -\lambda^2$$

에서

$$X'' + \lambda^2 X = 0 \ \rightarrow \ X(x) = c_1 \cos\lambda x + c_2 \sin\lambda x$$
$$T' + \alpha\lambda^2 T = 0 \ \rightarrow \ T(t) = c_3 e^{-\alpha\lambda^2 t}$$

$X(0) = 0$, $X'(\pi/2) = 0$에서 $c_1 = 0$, $\lambda_n = 2n-1$, $(n = 1,2,\cdots)$. 따라서,

$$u(x,t) = \sum_{n=1}^{\infty} A_n e^{-\alpha(2n-1)^2 t} \sin(2n-1)x$$

초기조건 $u(x,0) = 1$에서

$$1 = \sum_{n=1}^{\infty} A_n \sin(2n-1)x$$

인데,

$$\int_0^{\pi/2} \sin(2n-1)x \, dx = \frac{1}{2n-1}, \qquad \int_0^{\pi/2} \sin^2(2n-1)x \, dx = \frac{\pi}{4}$$

이므로

$$A_n = \frac{\displaystyle\int_0^{\pi/2} \sin(2n-1)x \, dx}{\displaystyle\int_0^{\pi/2} \sin^2(2n-1)x \, dx} = \frac{4}{(2n-1)\pi}$$

$$\therefore \ u(x,t) = \frac{4}{\pi} \sum_{n=1}^{\infty} \frac{1}{2n-1} e^{-\alpha(2n-1)^2 t} \sin(2n-1)x = \frac{4}{\pi}\left[e^{-\alpha t}\sin x + \frac{1}{3}e^{-9\alpha t}\sin 3x + \cdots \right]$$

3. $x=0$과 $x=\pi$에서 제차 경계조건을 만족하도록 푸리에 사인급수 $u(x,t) = \displaystyle\sum_{n=1}^{\infty} b_n(t)\sin nx$로 놓고, 이를 편미방에 대입하면

$$b_n{}'(t) + \alpha n^2 b_n(t) = 0 \ \rightarrow \ b_n(t) = A_n e^{-\alpha n^2 t}$$

가 되어

$$u(x,t) = \sum_{n=1}^{\infty} A_n e^{-\alpha n^2 t}\sin nx$$

이다. 초기조건

$$u(x,0) = 1 = \sum_{n=1}^{\infty} A_n \sin nx$$

에서

$$A_n = \frac{2}{\pi} \int_0^\pi \sin nx \, dx = \frac{2}{n\pi}\left[1-(-1)^n\right]$$

$$\therefore \ u(x,t) = \frac{2}{\pi}\sum_{n=1}^{\infty}\frac{1-(-1)^n}{n}e^{-\alpha n^2 t}\sin nx = \frac{4}{\pi}\left[e^{-\alpha t}\sin x + \frac{1}{3}e^{-9\alpha t}\sin 3x + \cdots\right]$$

이는 문제 2의 해와 동일하다.

12장
기타 좌표계의 편미분방정식

12.1 극좌표계의 편미분방정식

1. $u_y = u_r r_y + u_\theta \theta_y$

$$u_{yy} = (u_y)_y = (u_r r_y + u_\theta \theta_y)_y = (u_r r_y)_y + (u_\theta \theta_y)_y = (u_r)_y r_y + u_r r_{yy} + (u_\theta)_y \theta_y + u_\theta \theta_{yy}$$
$$= (u_{rr} r_y + u_{r\theta} \theta_y) r_y + u_r r_{yy} + (u_{\theta r} r_y + u_{\theta\theta} \theta_y)\theta_y + u_\theta \theta_{yy}$$

여기서 $u_{r\theta} = u_{\theta r}$ 이므로

$$u_{yy} = (r_y)^2 u_{rr} + 2 r_y \theta_y u_{r\theta} + r_{yy} u_r + (\theta_y)^2 u_{\theta\theta} + \theta_{yy} u_\theta$$

이다. 한편, $r = \sqrt{x^2 + y^2}$ 이므로

$$r_y = \frac{y}{\sqrt{x^2 + y^2}} = \frac{y}{r}$$

$$r_{yy} = \frac{r - y r_y}{r^2} = \frac{r - y\left(\dfrac{y}{r}\right)}{r^2} = \frac{r^2 - y^2}{r^3} = \frac{x^2}{r^3}$$

이고 $\theta = \tan^{-1} \dfrac{y}{x}$ 이므로

$$\theta_y = \frac{\dfrac{1}{x}}{1 + \left(\dfrac{y}{x}\right)^2} = \frac{x}{x^2 + y^2} = \frac{x}{r^2}$$

$$\theta_{yy} = x\left(\frac{-2 r r_y}{r^4}\right) = -\frac{2x}{r^3}\left(\frac{y}{r}\right) = -\frac{2xy}{r^4}$$

이다. 따라서

$$u_{yy} = \left(\frac{y}{r}\right)^2 u_{rr} + \left(\frac{2xy}{r^3}\right) u_{r\theta} + \left(\frac{x^2}{r^3}\right) u_r + \left(\frac{x}{r^2}\right)^2 u_{\theta\theta} - \left(\frac{2xy}{r^4}\right) u_\theta .$$

2. $u(r,\theta) = \displaystyle\sum_{n=1}^\infty b_n(r)\sin 2n\theta$ 로 놓으면 $\dfrac{\partial^2 u}{\partial r^2} + \dfrac{1}{r}\dfrac{\partial u}{\partial r} + \dfrac{1}{r^2}\dfrac{\partial^2 u}{\partial \theta^2} = 0$ 에서

$$r^2 b_n''(r) + r b_n'(r) - 4n^2 b_n(r) = 0 \ \rightarrow \ b_n(r) = A_n r^{2n} + B_n r^{-2n}$$

$r \to 0$ 일 때 u 가 유한하므로 $B_n = 0$ $\therefore$ $u(r,\theta) = \displaystyle\sum_{n=1}^\infty A_n r^{2n}\sin 2n\theta$.

$$u(b,\theta) = f(\theta) = \sum_{n=1}^\infty A_n b^{2n}\sin 2n\theta \ \rightarrow \ A_n = \frac{4}{\pi b^{2n}}\int_0^{\pi/2} f(\theta)\sin 2n\theta\, d\theta .$$

3. $u(r,\theta)$ 는 주기가 2π 이므로 $u(r,\theta) = a_0(r) + \displaystyle\sum_{n=1}^\infty [a_n(r)\cos n\theta + b_n(r)\sin n\theta]$ 로 놓고

$$\frac{\partial^2 u}{\partial r^2} + \frac{1}{r}\frac{\partial u}{\partial r} + \frac{1}{r^2}\frac{\partial^2 u}{\partial \theta^2} = 0 \text{ 에 대입하면}$$

$$r^2 a_0''(r) + r a_0'(r) = 0 \;\rightarrow\; a_0(r) = A_0' + C_0' \ln r$$

$$r^2 a_n''(r) + r a_n'(r) - n^2 a_n(r) = 0 \;\rightarrow\; a_n(r) = A_n' r^n + C_n' r^{-n}$$

$$r^2 b_n''(r) + r b_n'(r) - n^2 b_n(r) = 0 \;\rightarrow\; b_n(r) = B_n' r^n + D_n' r^{-n}$$

이다. 즉

$$u(r,\theta) = A_0' + C_0' \ln r + \sum_{n=1}^{\infty} [(A_n' r^n + C_n' r^{-n})\cos n\theta + (B_n' r^n + D_n' r^{-n})\sin n\theta]$$

이 된다. $r = b$ 에서 경계조건을 적용하면

$$u(b,\theta) = 0 = A_0' + C_0' \ln b + \sum_{n=1}^{\infty} [(A_n' b^n + C_n' b^{-n})\cos n\theta + (B_n' b^n + D_n' b^{-n})\sin n\theta]$$

이므로

$$A_0' + C_0' \ln b = 0 \;\rightarrow\; C_0' = - A_0'/\ln b$$

$$A_n' b^n + C_n' b^{-n} = 0 \;\rightarrow\; C_n' = - A_n' b^{2n}$$

$$B_n' b^n + D_n' b^{-n} = 0 \;\rightarrow\; D_n' = - B_n' b^{2n}$$

로부터

$$\boxed{u(r,\theta) = A_0 \ln(b/r) + \sum_{n=1}^{\infty} [(r/b)^n - (b/r)^n](A_n \cos n\theta + B_n \sin n\theta)}$$

이 되는데, 여기서 $A_0 = A_0'/\ln b$, $A_n = A_n' b^n$, $B_n = B_n' b^n$ 로 간단히 표시하였다. $r = a$ 에서 경계조건

$$u(a,\theta) = f(\theta) = A_0 \ln(b/a) + \sum_{n=1}^{\infty} [(a/b)^n - (b/a)^n](A_n \cos n\theta + B_n \sin n\theta)$$

로부터

$$A_0 = \frac{1}{2\pi \ln(b/a)} \int_0^{2\pi} f(\theta) d\theta \,,$$

$$A_n = \frac{1}{\pi[(a/b)^n - (b/a)^n]} \int_0^{2\pi} f(\theta)\cos n\theta d\theta \,,$$

$$B_n = \frac{1}{\pi[(a/b)^n - (b/a)^n]} \int_0^{2\pi} f(\theta)\sin n\theta d\theta$$

임을 알 수 있다.

4. $u(r,\theta)$ 는 주기가 2π 이므로 $u(r,\theta) = a_0(r) + \sum_{n=1}^{\infty} [a_n(r)\cos n\theta + b_n(r)\sin n\theta]$ 로 놓으면

$$\frac{\partial^2 u}{\partial r^2} + \frac{1}{r}\frac{\partial u}{\partial r} + \frac{1}{r^2}\frac{\partial^2 u}{\partial \theta^2} = 0 \text{ 에서}$$

$$r^2 a_0''(r) + r a_0'(r) = 0 \;\rightarrow\; a_0(r) = A_0 + C_0 \ln r$$

$$r^2 a_n''(r) + r a_n'(r) - n^2 a_n(r) = 0 \;\rightarrow\; a_n(r) = A_n r^n + C_n r^{-n}$$

$$r^2 b_n''(r) + r b_n'(r) - n^2 b_n(r) = 0 \;\rightarrow\; b_n(r) = B_n r^n + D_n r^{-n}$$

$r \to \infty$ 일 때 u 가 유한하므로 $C_0 = A_n = B_n = 0$

$$u(r,\theta) = A_0 + \sum_{n=1}^{\infty} r^{-n} [C_n \cos n\theta + D_n \sin n\theta]$$

$$u(b,\theta) = f(\theta) = A_0 + \sum_{n=1}^{\infty} c^{-n} [C_n \cos n\theta + D_n \sin n\theta] \text{ 에서}$$

$$A_0 = \frac{1}{2\pi} \int_0^{2\pi} f(\theta) d\theta \,, \quad C_n = \frac{b^n}{\pi} \int_0^{2\pi} f(\theta) \cos n\theta d\theta \,, \quad D_n = \frac{b^n}{\pi} \int_0^{2\pi} f(\theta) \sin n\theta d\theta$$

5. 문제의 성격으로 $u = u(r)$ 이다.

$$\frac{d^2 u}{dr^2} + \frac{1}{r} \frac{du}{dr} = 0 \text{ (코시-오일러 방정식)에서 } u = r^m \text{ 로 놓으면}$$

$m(m-1) + m = 0$ 에서 $m = 0$ (중근) $\therefore u = c_1 \ln r + c_2$.

$u(r=1) = 0 = c_2$, $u(r=e) = 100 = c_1$ 이므로 $u(r) = 100 \ln r$ 이고

$$u(r = \sqrt{e}) = 100 \ln \sqrt{e} = 50 \text{ ℃}.$$

(별해) 식 (12.1.6)을 사용하면

$$\frac{1}{r} \frac{d}{dr} r \frac{du}{dr} = 0 \text{ 에서 } r \frac{du}{dr} = c_1 \text{ 이므로 } u = c_1 \ln r + c_2. \text{ 이하 (1)과 동일.}$$

12.2 원기둥좌표계의 편미분방정식, 베셀 함수

1. $f(x) = x$, $0 < x < 3$, $J_1(3\lambda) = 0$

$$c_n = \frac{2}{3^2 [J_2(3\lambda_n)]^2} \int_0^3 x^2 J_1(\lambda_n x) dx$$

에서 $t = \lambda_n x$ 로 치환하고, $[x^\nu J_\nu(x)]' = x^\nu J_{\nu-1}(x)$ 에서 $\frac{d}{dt}[t^2 J_2(t)] = t^2 J_1(t)$ 임을 이용하면

$$c_n = \frac{2}{9\lambda_n^3 [J_2(3\lambda_n)]^2} \int_0^{3\lambda_n} \frac{d}{dt}[t^2 J_2(t)] dt = \frac{2}{\lambda_n J_2(3\lambda_n)}$$

$$\therefore f(x) = 2 \sum_{n=1}^{\infty} \frac{1}{\lambda_n J_2(3\lambda_n)} J_1(\lambda_n x)$$

2. $\dfrac{\partial u}{\partial t} = \alpha \left(\dfrac{\partial^2 u}{\partial r^2} + \dfrac{1}{r} \dfrac{\partial u}{\partial r} \right)$, $u(b,t) = 0$, $u(r,0) = f(r)$

$u(r,t) = R(r)T(t)$ 로 놓으면 $\dfrac{R''}{R} + \dfrac{1}{r} \dfrac{R'}{R} = \dfrac{T'}{\alpha T} = -\lambda^2$ 에서

$$r^2 R'' + r R' + \lambda^2 r^2 R = 0 \quad \to \quad R(r) = c_1 J_0(\lambda r) + c_2 Y_0(\lambda r)$$

$$T' + \alpha \lambda^2 T = 0 \quad \to \quad T(t) = c_3 e^{-\alpha \lambda^2 t}$$

u 는 $r=0$ 에서   유한하므로 $c_2=0$ 이고 $u(b,t)=R(b)\,T(t)=0$ 에서 $R(b)=0$ 이므로 $c_1 J_0(\lambda b)=0$, 즉 $\lambda_n=x_n/b$, $(n=1,2,\cdots)$. 여기서 x_n 은 $J_0(x)=0$ 의 영점. 따라서

$$u(r,t)=\sum_{n=1}^{\infty}A_n e^{-\alpha\lambda_n^2 t}J_0(\lambda_n r)$$

$u(r,0)=f(r)$ 에서 $f(r)=\sum_{n=1}^{\infty}A_n J_0(\lambda_n r)$ 이므로

$$A_n=\frac{2}{b^2[J_1(\lambda_n b)]^2}\int_0^b rJ_0(\lambda_n r)f(r)dr$$

3. $\dfrac{\partial u}{\partial t}=\alpha\left(\dfrac{\partial^2 u}{\partial r^2}+\dfrac{1}{r}\dfrac{\partial u}{\partial r}\right)$, $u_r(b,t)=0$, $u(r,0)=f(r)$

경계조건이 $u_r(b,t)=R'(b)\,T(t)=0$ 이므로 $R'(b)=0$. 문제 2에서 $R(r)=c_1 J_0(\lambda r)$, 즉 $R'(r)=c_1\lambda J_0{}'(\lambda r)$. $R'(b)=c_1\lambda J_0{}'(\lambda b)=0$ 이므로 고유값은 $\lambda=0$ 또는 x_n 이 $J_0{}'(x)=0$ 의 영점일 때 $\lambda_n=\dfrac{x_n}{b}$. 따라서,

$$u(r,t)=A_1+\sum_{n=2}^{\infty}A_n e^{-\alpha\lambda_n^2 t}J_0(\lambda_n r)$$

$u(r,0)=f(r)$ 에서 $f(r)=A_1+\sum_{n=2}^{\infty}A_n J_0(\lambda_n r)$ 이므로 식 (12.2.12), 식 (12.2.13)에 의해

$$A_1=\frac{2}{b^2}\int_0^b rf(r)dr\,,\ \ A_n=\frac{2}{b^2[J_1(\lambda_n b)]^2}\int_0^b rJ_0(\lambda_n r)f(r)dr$$

4. (1) 원기둥좌표계의 라플라스 연산식 유도는 과정이 길어 생략한다. 12.1절의 극좌표계의 라플라스 연산식 유도과정을 참고하라.

(2) 식 (12.2.17)에서

$$\frac{1}{r}\frac{\partial}{\partial r}\left(r\frac{\partial u}{\partial r}\right)=\frac{1}{r}\left(1\cdot\frac{\partial u}{\partial r}+r\frac{\partial^2 u}{\partial r^2}\right)=\frac{\partial^2 u}{\partial r^2}+\frac{1}{r}\frac{\partial u}{\partial r}$$

이므로 식 (12.2.17)은 식 (12.2.16)과 같다.

12.3 구좌표계의 편미분방정식, 르장드르 다항식

1. $f(x)=\begin{cases}0, & -1<x<0\\ x, & 0\le x<1\end{cases}$

$$c_0=\frac{1}{2}\int_0^1 xP_0(x)dx=\frac{1}{2}\int_0^1 xdx=\frac{1}{4}$$

$$c_1 = \frac{3}{2}\int_0^1 xP_1(x)dx = \frac{3}{2}\int_0^1 x^2dx = \frac{1}{2}$$

$$c_2 = \frac{5}{2}\int_0^1 xP_2(x)dx = \frac{5}{2}\int_0^1 x\cdot\frac{1}{2}(3x^2-1)dx = \frac{5}{16}$$

$$c_3 = \frac{7}{2}\int_0^1 xP_3(x)dx = \frac{7}{2}\int_0^1 x\cdot\frac{1}{2}(5x^3-3x)dx = 0$$

$$c_4 = \frac{9}{2}\int_0^1 xP_4(x)dx = \frac{9}{2}\int_0^1 x\cdot\frac{1}{8}(35x^4-30x^2+3)dx = -\frac{3}{32}$$

$$\therefore\ f(x) = \frac{1}{4}P_0(x) + \frac{1}{2}P_1(x) + \frac{5}{16}P_2(x) - \frac{3}{32}P_4(x)$$

2. $f(x) = x^2$;

$$c_0 = \frac{1}{2}\int_{-1}^1 x^2P_0(x)dx = \frac{1}{2}\int_{-1}^1 x^2dx = \frac{1}{3}$$

$$c_1 = \frac{3}{2}\int_{-1}^1 x^2P_1(x)dx = \frac{3}{2}\int_{-1}^1 x^3dx = 0$$

$$c_2 = \frac{5}{2}\int_{-1}^1 x^2P_2(x)dx = \frac{5}{2}\int_{-1}^1 x^2\cdot\frac{1}{2}(3x^2-1)dx = \frac{2}{3}$$

$$c_3 = \frac{7}{2}\int_{-1}^1 x^2P_3(x)dx = \frac{7}{2}\int_{-1}^1 x^2\cdot\frac{1}{2}(5x^3-3x)dx = 0\ \cdots$$

$$\therefore\ f(x) = \frac{1}{3}P_0(x) + \frac{2}{3}P_2(x) = x^2\ :\ f(x) \text{가 } n \text{ 차 다항식인 경우는 } P_n \text{ 으로 끝남.}$$

3. 예제 2의 풀이 중 코시-오일러 방정식의 해 $R(\rho) = c_1\rho^n + c_2\rho^{-(n+1)}$ 에서 $\rho\to\infty$ 일 때 u 는 유한하므로 $c_1 = 0$ 이다. 따라서

$$u(\rho,\phi) = \sum_{n=0}^{\infty} A_n\rho^{-(n+1)}P_n(\cos\phi)$$

가 되며, $\rho = a$ 에서 $f(\phi) = \sum_{n=0}^{\infty} A_n a^{-(n+1)}P_n(\cos\phi)$ 이므로

$$A_n = \frac{(2n+1)a^{n+1}}{2}\int_0^{\pi} f(\phi)P_n(\cos\phi)\sin\phi d\phi .$$

4. 예제 2에서 $\lambda^2 = n(n+1)$, $x = \cos\phi$일 때 $\Phi(\phi) = P_n(\cos\phi)$, $\Phi(x) = P_n(x)$이다. 그런데 경계조건 $\left.\dfrac{\partial u}{\partial \phi}\right|_{\phi=\pi/2} = R(\rho)\Phi'\left(\frac{\pi}{2}\right) = 0$, 즉 $\Phi'\left(\phi=\frac{\pi}{2}\right) = \Phi'(x=0) = 0$ 이므로 $P_n(x)$ 는 $P_n{}'(0) = 0$ 을 만족해야 하고 이는 $n = 0,2,4\cdots$ 일 때 성립한다. 따라서 해는 식 예제 2의 (e)에 의해

$$u(\rho,\phi) = \sum_{n=0}^{\infty} A_{2n}\rho^{2n}P_{2n}(\cos\phi)$$

이고, $\rho = a$ 에서 경계조건에서 $f(\phi) = \sum_{n=0}^{\infty} A_{2n}a^{2n}P_{2n}(\cos\phi)$ 또는 $f(x) = \sum_{n=0}^{\infty} A_{2n}a^{2n}P_{2n}(x)$ 이

다. 양변에 $P_{2n}(x)$ 를 곱하고 구간 $[0,1]$ 로 적분하면

$$\int_0^1 f(x)P_{2n}(x)dx = A_{2n}a^{2n}\int_0^1 P_{2n}^2(x)dx = A_{2n}a^{2n}\frac{1}{2}\int_{-1}^1 P_{2n}^2(x)dx$$

$$= A_{2n}a^{2n}\frac{1}{2}\frac{2}{2(2n)+1} = \frac{A_{2n}a^{2n}}{4n+1}$$

따라서 계수 A_{2n} 은

$$A_{2n} = \frac{4n+1}{a^{2n}}\int_0^1 f(x)P_{2n}(x)dx = \frac{4n+1}{a^{2n}}\int_0^{\pi/2} f(\phi)P_{2n}(\cos\phi)\sin\phi d\phi$$

이다.

5. (1) 구좌표계의 라플라스 연산식 유도는 과정이 길어 생략한다. 12.1절의 극좌표계의 라플라스 연산식 유도과정을 참고하라.
(2) 식 (12.3.10)에서

$$\frac{1}{\rho^2}\frac{\partial}{\partial\rho}\left(\rho^2\frac{\partial u}{\partial\rho}\right) = \frac{1}{\rho^2}\left(2\rho\frac{\partial u}{\partial\rho} + \rho^2\frac{\partial^2 u}{\partial\rho^2}\right) = \frac{\partial^2 u}{\partial\rho^2} + \frac{2}{\rho}\frac{\partial u}{\partial\rho}$$

$$\frac{1}{\rho^2\sin\phi}\frac{\partial}{\partial\phi}\left(\sin\phi\frac{\partial u}{\partial\phi}\right) = \frac{1}{\rho^2\sin\phi}\left(\cos\phi\frac{\partial u}{\partial\phi} + \sin\phi\frac{\partial^2 u}{\partial\phi^2}\right) = \frac{1}{\rho^2}\frac{\partial^2 u}{\partial\phi^2} + \frac{\cot\phi}{\rho^2}\frac{\partial u}{\partial\phi}$$

이므로 식 (12.3.10)은 식 (12.3.9)와 같다.

13장
적분변환을 이용한 편미분방정식의 풀이

13.1 오차함수

1. (1) $\displaystyle\int_a^b e^{-u^2}du = \int_0^b e^{-u^2}du - \int_0^a e^{-u^2}du = \frac{\sqrt{\pi}}{2}\operatorname{erf}(b) - \frac{\sqrt{\pi}}{2}\operatorname{erf}(a) = \frac{\sqrt{\pi}}{2}[\operatorname{erf}(b)-\operatorname{erf}(a)]$

(2) e^{-u^2}이 u에 대해 우함수이므로 $\displaystyle\int_{-a}^a e^{-u^2}du = 2\int_0^a e^{-u^2}du = 2\frac{\sqrt{\pi}}{2}\operatorname{erf}(a) = \sqrt{\pi}\operatorname{erf}(a)$

2. $\displaystyle e^{-u^2} = \sum_{n=0}^\infty \frac{(-u^2)^n}{n!} = \sum_{n=0}^\infty (-1)^n \frac{u^{2n}}{n!} = 1 - u^2 + \frac{u^4}{2!} - \frac{u^6}{3!} + \cdots$ 이므로

$$\operatorname{erf}(x) = \frac{2}{\sqrt{\pi}}\int_0^x e^{-u^2}du = \frac{2}{\sqrt{\pi}}\int_0^x \sum_{n=0}^\infty (-1)^n \frac{u^{2n}}{n!}du$$

$$= \frac{2}{\sqrt{\pi}}\sum_{n=0}^\infty (-1)^n \frac{x^{2n+1}}{(2n+1)n!} = \frac{2}{\sqrt{\pi}}\left[x - \frac{x^3}{3\cdot 1!} + \frac{x^5}{5\cdot 2!} - \frac{x^7}{7\cdot 3!} + \cdots\right]$$

3. $\displaystyle \mathcal{L}\left[e^{-Gt/C}\operatorname{erf}\left(\frac{x}{2}\sqrt{\frac{RC}{t}}\right)\right] = \mathcal{L}\left[e^{-Gt/C}\left\{1 - \operatorname{erfc}\left(\frac{x}{2}\sqrt{\frac{RC}{t}}\right)\right\}\right]$

$$= \mathcal{L}\left[e^{-Gt/C}\right] - \mathcal{L}\left[e^{-Gt/C}\operatorname{erfc}\left(\frac{x}{2}\sqrt{\frac{RC}{t}}\right)\right]$$

$$= \frac{1}{s+G/C} - \left[\frac{e^{-x\sqrt{RC}\sqrt{s}}}{s}\right]_{s\to s+G/C} = \frac{1}{s+G/C} - \frac{e^{-x\sqrt{RC}\sqrt{s+G/C}}}{s+G/C}$$

$$= \frac{C}{Cs+G}\left(1 - e^{-x\sqrt{RCs+RG}}\right)$$

4. $\displaystyle \frac{\sinh a\sqrt{s}}{s\sinh\sqrt{s}} = \frac{e^{a\sqrt{s}}-e^{-a\sqrt{s}}}{s(e^{\sqrt{s}}-e^{-\sqrt{s}})} = \frac{1}{s}\frac{e^{(a-1)\sqrt{s}}-e^{-(a+1)\sqrt{s}}}{1-e^{-2\sqrt{s}}}$ (1)

$\left|e^{-2\sqrt{s}}\right| < 1$ 이므로 $\displaystyle \frac{1}{1-e^{-2\sqrt{s}}} = \sum_{n=0}^\infty e^{-2n\sqrt{s}}$

(1) $\displaystyle = \frac{1}{s}\left[e^{(a-1)\sqrt{s}}-e^{-(a+1)\sqrt{s}}\right]\sum_{n=0}^\infty e^{-2n\sqrt{s}} = \sum_{n=0}^\infty \frac{\left[e^{(a-2n-1)\sqrt{s}}-e^{-(a+2n+1)\sqrt{s}}\right]}{s}$

$$\mathcal{L}^{-1}\left[\frac{\sinh a\sqrt{s}}{s\sinh\sqrt{s}}\right] = \sum_{n=0}^\infty \left\{\mathcal{L}^{-1}\left[\frac{e^{(a-2n-1)\sqrt{s}}}{s}\right] - \mathcal{L}^{-1}\left[\frac{e^{-(a+2n+1)\sqrt{s}}}{s}\right]\right\}$$

$$= \sum_{n=0}^\infty \left[\operatorname{erfc}\left(\frac{2n+1-a}{2\sqrt{t}}\right) - \operatorname{erfc}\left(\frac{2n+1+a}{2\sqrt{t}}\right)\right] = \sum_{n=0}^\infty \left[\operatorname{erf}\left(\frac{2n+1+a}{2\sqrt{t}}\right) - \operatorname{erf}\left(\frac{2n+1-a}{2\sqrt{t}}\right)\right]$$

13.2 라플라스 변환을 이용한 초기값 문제의 해

1. $\dfrac{\partial^2 u}{\partial t^2} = c^2 \dfrac{\partial^2 u}{\partial x^2}$, $u(0,t) = u(1,t) = 0$, $u(x,0) = 0$, $\left. \dfrac{\partial u}{\partial t} \right|_{t=0} = \sin \pi x$:

푸리에 사인급수를 사용하여 $u(x,t) = \displaystyle\sum_{n=1}^{\infty} b_n(t) \sin n\pi x$로 놓고 편미방에 대입하면

$$\sum_{n=1}^{\infty} b_n''(t) \sin n\pi x = \sum_{n=1}^{\infty} (-n^2 \pi^2) b_n(t) \sin n\pi x$$

에서 $b_n''(t) + n^2 \pi^2 b_n(t) = 0$ → $b_n(t) = A_n \cos n\pi t + B_n \sin n\pi t$이다. 따라서

$$u(x,t) = \sum_{n=1}^{\infty} (A_n \cos n\pi t + B_n \sin n\pi t) \sin n\pi x$$

이고 초기조건을 적용하면

$$u(x,0) = \sum_{n=1}^{\infty} A_n \sin n\pi x = 0 \text{에서 } A_n = 0,$$

$$\left. \frac{\partial u}{\partial t} \right|_{t=0} = \sum_{n=1}^{\infty} n\pi B_n \sin n\pi x = \sin \pi x \text{에서 } B_1 = 1/\pi, \ B_n = 0 \ (n \geq 2)$$

$$\therefore \ u(x,t) = \frac{1}{\pi} \sin \pi t \sin \pi x$$

로 예제 1의 결과와 같다.

2. $\dfrac{\partial u}{\partial t} = \dfrac{\partial^2 u}{\partial x^2}$, $u(0,t) = 0$, $u(1,t) = 1$, $u(x,0) = 0$:

$u(x,t) = v(x,t) + k(x)$로 놓으면 $\dfrac{\partial v}{\partial t} = \dfrac{\partial^2 v}{\partial x^2} + k''(x)$, $k''(x) = 0$이면 $k(x) = c_1 x + c_2$.

$$u(0,t) = 0 = v(0,t) + k(0) \ \rightarrow \ k(0) = 0$$
$$u(1,t) = 1 = v(1,t) + k(1) \ \rightarrow \ k(1) = 1 \qquad \therefore \ k(x) = x$$

따라서 $v(x,t)$에 대하여

$$\frac{\partial v}{\partial t} = \frac{\partial^2 v}{\partial x^2}, \ v(0,t) = v(1,t) = 0, \ v(x,0) = -k(x) = -x.$$

$v(x,t) = \displaystyle\sum_{n=1}^{\infty} b_n(t) \sin n\pi x$를 편미방에 대입하면 $b_n'(t) + n^2 \pi^2 b_n(t) = 0 \ \rightarrow \ b_n(t) = A_n e^{-n^2 \pi^2 t}$

이므로 $v(x,t) = \displaystyle\sum_{n=1}^{\infty} A_n e^{-n^2 \pi^2 t} \sin n\pi x$.

$$v(x,0) = -x = \sum_{n=1}^{\infty} A_n \sin n\pi x \ \rightarrow \ A_n = 2 \int_0^1 (-x) \sin n\pi x \, dx = \frac{2(-1)^n}{n\pi}$$

$$\therefore \ u(x,t) = v(x,t) + k(x) = \frac{2}{\pi} \sum_{n=1}^{\infty} \frac{(-1)^n}{n} e^{-n^2 \pi^2 t} \sin n\pi x + x \ \text{--- } (\star)$$

본문의 식(13.2.9)는 식($\star$)의 다른 표현이다.

3. $u_{tt} = 4u_{xx}$, $u(0,t) = 0$, $u(1,t) = 0$, $u(x,0) = \sin\pi x$, $u_t(x,0) = 0$:

$\mathcal{L}[u(x,t)] = U(x,s)$ 라 하고 편미방과 경계조건을 라플라스 변환하면

$$\frac{d^2 U}{dx^2} - \frac{s^2}{4}U(x,s) = \frac{1}{4}s\sin\pi x, \quad U(0,s) = 0, \quad U(1,s) = 0$$

이므로 제차해는 $U_h(x,s) = c_1\cosh\dfrac{sx}{2} + c_2\sinh\dfrac{sx}{2}$ 이다. 특수해를 구하기 위해 $U_p = A\sin\pi x$

를 대입하면 $A = \dfrac{s}{s^2 + 4\pi^2}$ 이므로 특수해는 $U_p(x,s) = \dfrac{s}{s^2 + 4\pi^2}\sin\pi x$ 이다. 따라서

$$U(x,s) = U_h(x,s) + U_p(x,s) = c_1\cosh\frac{sx}{2} + c_2\sinh\frac{sx}{2} + \frac{s}{s^2 + 4\pi^2}\sin\pi x$$

이고 $U(0,s) = c_1 = 0$, $U(1,s) = c_2\sinh\dfrac{s}{2} = 0$, $c_2 = 0$ 이므로 $U(x,s) = \dfrac{s}{s^2 + 4\pi^2}\sin\pi x$.

$$u(x,t) = \mathcal{L}^{-1}[U(x,s)] = \mathcal{L}^{-1}\left[\frac{s\sin\pi x}{s^2 + 4\pi^2}\right] = \sin\pi x\,\mathcal{L}^{-1}\left[\frac{s}{s^2 + 4\pi^2}\right] = \sin\pi x\cos 2\pi t.$$

4. $\dfrac{\partial^2 u}{\partial t^2} = \dfrac{\partial^2 u}{\partial x^2}$, $u(x,0) = 0$, $\dfrac{\partial u}{\partial t}\Big|_{t=0} = 0$, $u(0,t) = f(t)$, $\lim\limits_{x\to\infty}u(x,t) = 0$:

(1) $\mathcal{L}[u(x,t)] = U(x,s)$ 라 하고 편미방을 라플라스 변환하면

$$\frac{d^2 U}{dx^2} - s^2 U(x,s) = 0 \;\rightarrow\; U(x,s) = c_1 e^{-sx} + c_2 e^{sx}.$$

$\mathcal{L}[f(t)] = F(s)$ 로 놓고 경계조건을 라플라스 변환하면 $U(0,s) = F(s)$, $\lim\limits_{x\to\infty}U(x,s) = 0$ 이고,

이를 이용하면 $c_1 = F(s)$, $c_2 = 0$ 이므로 $U(x,s) = F(s)e^{-sx}$. 라플라스 역변환에 의해

$$u(x,t) = \mathcal{L}^{-1}[U(x,s)] = \mathcal{L}^{-1}[F(s)e^{-sx}] = f(t-x)U_h(t-x).$$

(2) 주어진 $f(t)$를 단위계단함수를 사용하여 나타내면 $f(t) = \sin\pi t[1 - U_h(t-1)]$ 이므로

$$u(x,t) = \sin\pi(t-x)[1 - U_h(t-x-1)]U_h(t-x)$$

$$= \begin{cases} 0, & t < x \\ \sin\pi(t-x), & x \le t < x+1 \\ 0, & t \ge x+1 \end{cases}$$

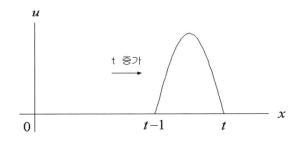

5. $\dfrac{\partial u}{\partial t} = \alpha\dfrac{\partial^2 u}{\partial x^2}$, $u(0,t) = u_0$, $\lim\limits_{x\to\infty}u(x,t) = 0$, $u(x,0) = 0$:

$\mathcal{L}[u(x,t)]=U(x,s)$ 이면 $\dfrac{d^2U}{dx^2}-\dfrac{s}{\alpha}U(x,s)=0 \;\rightarrow\; U(x,s)=c_1e^{-\sqrt{s/\alpha}\,x}+c_2e^{\sqrt{s/\alpha}\,x}$.

변환된 초기조건 $U(0,s)=\dfrac{u_0}{s}$ 와 $\displaystyle\lim_{x\to\infty}U(x,s)=0$ 을 적용하면 $c_1=\dfrac{u_0}{s}$, $c_2=0$. 따라서

$$U(x,s)=\frac{u_0}{s}e^{-\sqrt{s/\alpha}\,x}.$$

$$u(x,t)=\mathcal{L}^{-1}[U(x,s)]=u_0\mathcal{L}^{-1}\left[\frac{e^{-\sqrt{s/\alpha}\,x}}{s}\right]=u_0\,\mathrm{erfc}\left(\frac{x/\sqrt{\alpha}}{2\sqrt{t}}\right)=u_0\,\mathrm{erfc}\left(\frac{x}{2\sqrt{\alpha t}}\right)$$

6. $RC\dfrac{\partial u}{\partial t}=\dfrac{\partial^2u}{\partial x^2}-RGu,\; u(0,t)=0,\; \displaystyle\lim_{x\to\infty}\frac{\partial u}{\partial x}=0,\; u(x,0)=u_0$:

$\mathcal{L}[u(x,t)]=U(x,s)$ 이면 $RC[sU(x,s)-u(x,0)]=\dfrac{\partial^2U}{\partial x^2}-RGU(x,s)$ 또는

$$\frac{d^2U}{dx^2}-R(Cs+G)U(x,s)=-RCu_0,\; U(0,s)=0,\; \left.\frac{dU}{dx}\right|_{x\to\infty}=0.$$

따라서 $U_h(x,s)=c_1e^{x\sqrt{R(Cs+G)}}+c_2e^{-x\sqrt{R(Cs+G)}}$ 이고 $U_p=A$로 놓으면 $A=\dfrac{u_0C}{Cs+G}$ 이므로

$$U(x,s)=U_h(x,s)+U_p(x,s)=c_1e^{x\sqrt{R(Cs+G)}}+c_2e^{-x\sqrt{R(Cs+G)}}+\frac{u_0C}{Cs+G}.$$

$U(0,s)=c_1+c_2+\dfrac{u_0C}{Cs+G}=0$ 과 $\left.\dfrac{dU}{dx}\right|_{x\to\infty}=0$ 에서 $c_1=0,\; c_2=-\dfrac{u_0C}{Cs+G}$.

$$\therefore\; U(x,s)=\frac{u_0C}{Cs+G}\left(1-e^{-x\sqrt{R(Cs+G)}}\right).$$

13.1절 문제 3을 이용하면

$$u(x,t)=\mathcal{L}^{-1}[U(x,s)]=u_0e^{-Gt/C}\,\mathrm{erf}\left(\frac{x}{2}\sqrt{\frac{RC}{t}}\right).$$

13.3 푸리에 변환을 이용한 경계값 문제의 해

1. $\dfrac{\partial u}{\partial t}=\alpha\dfrac{\partial^2u}{\partial x^2},\; -\infty<x<\infty,\; u(x,0)=e^{-|x|}$:

$\mathcal{F}[u(x,t)]=U(\omega,t)$ 로 놓고 주어진 편미분방정식을 변수 x 에 대해 푸리에 변환하면

$$\frac{dU}{dt}+\alpha\omega^2U(\omega,t)=0$$

이고, 해는

$$U(\omega,t)=ce^{-\alpha\omega^2t} \tag{a}$$

이다. 한편(오일러 공식 안 쓰고 적분할 수도 있음.)

$$\mathscr{F}\left[e^{-|x|}\right] = \int_{-\infty}^{\infty} e^{-|x|}e^{i\omega x}dx = \int_{-\infty}^{\infty} e^{-|x|}(\cos\omega x + i\sin\omega x)dx$$

$$= 2\int_{0}^{\infty} e^{-x}\cos\omega x\,dx = \frac{2}{1+\omega^2} \quad ; \text{부분적분}$$

이므로 푸리에 변환된 초기조건은

$$U(\omega,0) = \frac{2}{1+\omega^2} \tag{b}$$

이다. 초기조건 (b)를 (a)에 대입하면 $c = \dfrac{2}{1+\omega^2}$ 이므로

$$U(\omega,t) = \frac{2}{1+\omega^2}e^{-\alpha\omega^2 t} \tag{c}$$

이다. (c)를 푸리에 역변환하여

$$u(x,t) = \mathscr{F}^{-1}[U(\omega,t)] = \frac{1}{2\pi}\int_{-\infty}^{\infty} U(\omega,t)e^{-i\omega x}d\omega = \frac{1}{2\pi}\int_{0}^{\infty}\frac{2}{1+\omega^2}e^{-\alpha\omega^2 t}e^{-i\omega x}d\omega$$

$$= \frac{1}{\pi}\int_{0}^{\infty}\frac{1}{1+\omega^2}e^{-\alpha\omega^2 t}(\cos\omega x + i\sin\omega x)d\omega = \frac{2}{\pi}\int_{0}^{\infty}\frac{1}{1+\omega^2}e^{-\alpha\omega^2 t}\cos\omega x\,d\omega.$$

2. $\dfrac{\partial^2 u}{\partial t^2} = c^2\dfrac{\partial^2 u}{\partial x^2}$, $0 \le x < \infty$, $u(0,t)=0$, $u(x,0)=xe^{-x}$, $\left.\dfrac{\partial u}{\partial t}\right|_{t=0}=0$:

x의 구간이 반무한구간이고 경계조건 디리클레 $u(0,t)=0$ 이므로 푸리에 사인변환한다.
$\mathscr{F}_s[u(x,t)] = U(\omega,t)$ 라 하면

$$\frac{d^2 U}{dt^2} = c^2[-\omega^2 U(\omega,t) + \omega u(0,t)]$$

에서 상미방과 해

$$\frac{d^2 U}{dt^2} + c^2\omega^2 U(\omega,t) = 0 \;\rightarrow\; U(\omega,t) = c_1\cos c\omega t + c_2\sin c\omega t$$

를 얻는다. 푸리에 사인변환된 초기조건

$$U(\omega,0) = \int_{0}^{\infty} xe^{-x}\sin\omega x\,dx = \frac{2\omega}{(1+\omega^2)^2} : \text{쉬어가기 13.1 참고}$$

과 $\left.\dfrac{dU}{dt}\right|_{t=0}=0$ 에 의해 $c_1 = \dfrac{2\omega}{(1+\omega^2)^2}$, $c_2 = 0$ 이므로

$$U(\omega,t) = \frac{2\omega}{(1+\omega^2)^2}\cos c\omega t$$

이다. 따라서

$$u(x,t) = \mathscr{F}_s^{-1}[U(\omega,t)] = \frac{2}{\pi}\int_{0}^{\infty} U(\omega,t)\sin\omega x\,d\omega = \frac{4}{\pi}\int_{0}^{\infty}\frac{\omega}{(1+\omega^2)^2}\cos c\omega t\sin\omega x\,d\omega.$$

3. $\dfrac{\partial^2 u}{\partial x^2} + \dfrac{\partial^2 u}{\partial y^2} = 0$, $u(x,0)=0$, $u(x,1)=\dfrac{1}{2}e^{-|x|}$, $-\infty < x < \infty$:

무한구간 x에 대해 푸리에 변환을 사용하면

$$\frac{d^2 U}{dy^2} - \omega^2 U(\omega, y) = 0 \;\rightarrow\; U(\omega, y) = c_1 \cosh\omega y + c_2 \sinh\omega y$$

이다. 경계조건 $U(\omega, 0) = 0$에서 $c_1 = 0$이고 경계조건

$$U(\omega, 1) = \frac{1}{2} \int_{-\infty}^{\infty} e^{-|x|} e^{i\omega x} dx = \int_{0}^{\infty} e^{-x} \cos\omega x \, dx = \frac{1}{1+\omega^2}$$

에서 $c_2 = \dfrac{1}{(1+\omega^2)\sinh\omega}$이다. 따라서

$$U(\omega, y) = \frac{\sinh\omega y}{(1+\omega^2)\sinh\omega}$$

이고 푸리에 역변환에 의해

$$u(x, y) = \mathscr{F}^{-1}[U(\omega, y)] = \frac{1}{2\pi} \int_{-\infty}^{\infty} \frac{\sinh\omega y}{(1+\omega^2)\sinh\omega} e^{-i\omega x} d\omega$$

$$= \frac{1}{2\pi} \int_{-\infty}^{\infty} \frac{\sinh\omega y}{(1+\omega^2)\sinh\omega} (\cos\omega x - i\sin\omega x) d\omega = \frac{1}{\pi} \int_{0}^{\infty} \frac{\sinh\omega y \cos\omega x}{(1+\omega^2)\sinh\omega} d\omega \,.$$

4. $\dfrac{\partial^2 u}{\partial x^2} + \dfrac{\partial^2 u}{\partial y^2} = 0$, $\left.\dfrac{\partial u}{\partial x}\right|_{x=0} = 0$, $u(x,0) = \begin{cases} 50, & 0 \le x < 1 \\ 0, & x \ge 1 \end{cases}$:

(1) 반무한구간 $0 \le x < \infty$, $\left.\dfrac{\partial u}{\partial x}\right|_{x=0} = 0$이므로 x에 대해 푸리에 코사인변환한다.

$\mathscr{F}_c[u(x,y)] = U(\omega, y)$라 하면

$$\frac{d^2 U}{dy^2} - \omega^2 U(\omega, y) = 0 \;\rightarrow\; U(\omega, y) = c_1 e^{-\omega y} + c_2 e^{\omega y}$$

이다. $y \rightarrow \infty$일 때 u가 유한하므로 $c_2 = 0$이고 $y = 0$에서 경계조건을 변환하면

$$\mathscr{F}_c[u(x,0)] = \int_{0}^{\infty} u(x,0)\cos\omega x \, dx = \int_{0}^{1} 50\cos\omega x \, dx = \frac{50\sin\omega}{\omega}$$

즉 $U(\omega\alpha, 0) = \dfrac{50\sin\omega}{\omega}$이므로 $c_2 = \dfrac{50\sin\omega}{\omega}$. 따라서

$$U(\omega, y) = \frac{50\sin\omega}{\omega} e^{-\omega y}$$

이고, 푸리에 코사인역변환에 의해

$$u(x, y) = \frac{2}{\pi} \int_{0}^{\infty} \frac{50\sin\omega}{\omega} e^{-\omega y} \cos\omega x \, d\omega = \frac{100}{\pi} \int_{0}^{\infty} \frac{\sin\omega}{\omega} e^{-\omega y} \cos\omega x \, d\omega \,.$$

(2) 주어진 라플라스 변환에 치환 $t \rightarrow \omega$, $a \rightarrow 1$, $b \rightarrow x$, $s \rightarrow y$를 사용하면

$$u(x, y) = \frac{100}{\pi} \int_{0}^{\infty} \frac{\sin\omega}{\omega} e^{-\omega y} \cos\omega x \, d\omega = \frac{100}{\pi} \int_{0}^{\infty} \frac{\sin\omega \cos\omega x}{\omega} e^{-\omega y} d\omega$$

$$= \frac{50}{\pi} \left[\tan^{-1}\left(\frac{1+x}{y}\right) + \tan^{-1}\left(\frac{1-x}{y}\right) \right]$$

14장
경계값 문제의 수치해법

14.1 도함수의 차분

1. (1) 2계 도함수의 중간차분에 의해 $\dfrac{y_{i+1} - 2y_i + y_{i-1}}{(1/2)^2} + y_i = 0$ 　또는

$$y_{i+1} - \frac{7}{4}y_i + y_{i-1} = 0$$

$$i = 0: \quad y_1 - \frac{7}{4}y_0 + y_{-1} = 0$$

$$i = 1: \quad y_2 - \frac{7}{4}y_1 + y_0 = 0$$

이고 $y_{-1} = y_1$, $y_2 = 1$ 을 이용하면

$$\begin{pmatrix} -7/4 & 2 \\ 1 & -7/4 \end{pmatrix} \begin{pmatrix} y_0 \\ y_1 \end{pmatrix} = \begin{pmatrix} 0 \\ -1 \end{pmatrix} .$$

따라서 $y_0 = 32/17 = 1.8824$, $y_1 = 28/17 = 1.6471$.

(2) $f_i'' = \dfrac{f_{i+1} - 2f_i + f_{i-1}}{h^2} - \dfrac{h^2}{12}f_i^{(4)} + \cdots$ 　이고, $f(x) = \dfrac{\cos x}{\cos 1}$ 　이므로

최대 절단오차 $< \left| \dfrac{h^2}{12} f^{(4)} \right| = \left| \dfrac{(1/2)^2}{12} \dfrac{\cos x}{\cos 1} \right| \leq \left| \dfrac{(1/2)^2}{12} \dfrac{1}{\cos 1} \right| = 0.0386$

(3) $y = \dfrac{\cos x}{\cos 1}$: $y(0) = \dfrac{\cos 0}{\cos 1} = 1.8508$, $y(1/2) = \dfrac{\cos 1/2}{\cos 1} = 1.6242$

$\left| y(0) - y_0 \right| = \left| 1.8508 - 1.8824 \right| = 0.0316$ < 최대 절단오차

$\left| y(1/2) - y_1 \right| = \left| 1.6471 - 1.6242 \right| = 0.0229$ < 최대 절단오차

14.2 타원형 편미분방정식

1.
$$100 + 100 + u_3 + 100 - 4u_1 = 0$$
$$100 + u_3 + u_6 + 100 - 4u_2 = 0$$
$$u_2 + u_4 + u_7 + u_1 - 4u_3 = 0$$
$$u_3 + u_5 + u_8 + 100 - 4u_4 = 0$$
$$u_4 + 50 + 50 + 50 - 4u_5 = 0$$
$$50 + u_7 + 0 + u_2 - 4u_6 = 0$$
$$u_6 + u_8 + 0 + u_3 - 4u_7 = 0$$
$$u_7 + 50 + 0 + u_4 - 4u_8 = 0$$

또는

$$
\begin{pmatrix}
-4 & 0 & 1 & 0 & 0 & 0 & 0 & 0 \\
0 & -4 & 1 & 0 & 0 & 1 & 0 & 0 \\
1 & 1 & -4 & 1 & 0 & 0 & 1 & 0 \\
0 & 0 & 1 & -4 & 1 & 0 & 0 & 1 \\
0 & 0 & 0 & 1 & -4 & 0 & 0 & 0 \\
0 & 1 & 0 & 0 & 0 & -4 & 1 & 0 \\
0 & 0 & 1 & 0 & 0 & 1 & -4 & 1 \\
0 & 0 & 0 & 1 & 0 & 0 & 1 & -4
\end{pmatrix}
\begin{pmatrix}
u_1 \\ u_2 \\ u_3 \\ u_4 \\ u_5 \\ u_6 \\ u_7 \\ u_8
\end{pmatrix}
=
\begin{pmatrix}
-300 \\ -200 \\ 0 \\ -100 \\ -150 \\ -50 \\ 0 \\ -50
\end{pmatrix}
$$

이다. 위 선형계를 풀면

$$u_1 = 91.9011\,,\quad u_2 = 77.1342\,,\quad u_3 = 67.6044\,,\quad u_4 = 64.7867\,,$$

$$u_5 = 53.6967\,,\quad u_6 = 40.9325\,,\quad u_7 = 36.5956\,,\quad u_8 = 37.8456\,.$$

2.

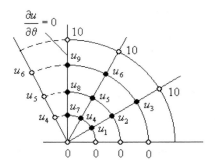

$x = r\cos\theta\,,\ y = r\sin\theta$ 이므로

$$\nabla^2 u(r,\theta) = \frac{\partial^2 u}{\partial r^2} + \frac{1}{r}\frac{\partial u}{\partial r} + \frac{1}{r^2}\frac{\partial^2 u}{\partial \theta^2} = r^3\cos^2\theta\sin\theta$$

이고, 이의 차분식은

$$\left(1 - \frac{\Delta r}{2r_i}\right)u_{i-1j} + \left(1 + \frac{\Delta r}{2r_i}\right)u_{i+1j} + \left(\frac{\Delta r}{r_i\Delta\theta}\right)^2 u_{ij-1} + \left(\frac{\Delta r}{r_i\Delta\theta}\right)^2 u_{ij+1}$$

$$-2\left[1 + \left(\frac{\Delta r}{r_i\Delta\theta}\right)^2\right]u_{ij} = (\Delta r)^2 r_i^3 \cos^2\theta_j \sin\theta_j$$

이다. $\Delta r = 1.0\,,\ \Delta\theta = \pi/6$ 를 이용하여 각 점에 적용하면

$$u_1:\ \left(1 - \frac{1}{2\cdot 1}\right)0 + \left(1 + \frac{1}{2\cdot 1}\right)u_2 + \left(\frac{1}{1\cdot\pi/6}\right)^2 0 + \left(\frac{1}{1\cdot\pi/6}\right)^2 u_4 - 2\left[1 + \left(\frac{1}{1\cdot\pi/6}\right)^2\right]u_1$$

$$= (1)^2(1)^3\cos^2\frac{\pi}{6}\sin\frac{\pi}{6}$$

$$u_2:\ \left(1 - \frac{1}{2\cdot 2}\right)u_1 + \left(1 + \frac{1}{2\cdot 2}\right)u_3 + \left(\frac{1}{2\cdot\pi/6}\right)^2 0 + \left(\frac{1}{2\cdot\pi/6}\right)^2 u_5 - 2\left[1 + \left(\frac{1}{2\cdot\pi/6}\right)^2\right]u_2$$

$$= (1)^2(2)^3\cos^2\frac{\pi}{6}\sin\frac{\pi}{6}$$

$$u_3:\ \left(1 - \frac{1}{2\cdot 3}\right)u_2 + \left(1 + \frac{1}{2\cdot 3}\right)10 + \left(\frac{1}{3\cdot\pi/6}\right)^2 0 + \left(\frac{1}{3\cdot\pi/6}\right)^2 u_6 - 2\left[1 + \left(\frac{1}{3\cdot\pi/6}\right)^2\right]u_3$$

$$= (1)^2 (3)^3 \cos^2 \frac{\pi}{6} \sin \frac{\pi}{6}$$

$$u_4 : \left(1 - \frac{1}{2 \cdot 1}\right)0 + \left(1 + \frac{1}{2 \cdot 1}\right)u_5 + \left(\frac{1}{1 \cdot \pi/6}\right)^2 u_1 + \left(\frac{1}{1 \cdot \pi/6}\right)^2 u_7 - 2\left[1 + \left(\frac{1}{1 \cdot \pi/6}\right)^2\right]u_4$$

$$= (1)^2 (1)^3 \cos^2 \frac{\pi}{3} \sin \frac{\pi}{3}$$

$$u_5 : \left(1 - \frac{1}{2 \cdot 2}\right)u_4 + \left(1 + \frac{1}{2 \cdot 2}\right)u_6 + \left(\frac{1}{2 \cdot \pi/6}\right)^2 u_2 + \left(\frac{1}{2 \cdot \pi/6}\right)^2 u_8 - 2\left[1 + \left(\frac{1}{2 \cdot \pi/6}\right)^2\right]u_5$$

$$= (1)^2 (2)^3 \cos^2 \frac{\pi}{3} \sin \frac{\pi}{3}$$

$$u_6 : \left(1 - \frac{1}{2 \cdot 3}\right)u_5 + \left(1 + \frac{1}{2 \cdot 3}\right)10 + \left(\frac{1}{3 \cdot \pi/6}\right)^2 u_3 + \left(\frac{1}{3 \cdot \pi/6}\right)^2 u_9 - 2\left[1 + \left(\frac{1}{3 \cdot \pi/6}\right)^2\right]u_6$$

$$= (1)^2 (3)^3 \cos^2 \frac{\pi}{3} \sin \frac{\pi}{3}$$

$$u_7 : \left(1 - \frac{1}{2 \cdot 1}\right)0 + \left(1 + \frac{1}{2 \cdot 1}\right)u_8 + \left(\frac{1}{1 \cdot \pi/6}\right)^2 u_4 + \left(\frac{1}{1 \cdot \pi/6}\right)^2 u_4 - 2\left[1 + \left(\frac{1}{1 \cdot \pi/6}\right)^2\right]u_7$$

$$= (1)^2 (1)^3 \cos^2 \frac{\pi}{2} \sin \frac{\pi}{2}$$

$$u_8 : \left(1 - \frac{1}{2 \cdot 2}\right)u_7 + \left(1 + \frac{1}{2 \cdot 2}\right)u_9 + \left(\frac{1}{2 \cdot \pi/6}\right)^2 u_5 + \left(\frac{1}{2 \cdot \pi/6}\right)^2 u_5 - 2\left[1 + \left(\frac{1}{2 \cdot \pi/6}\right)^2\right]u_8$$

$$= (1)^2 (2)^3 \cos^2 \frac{\pi}{2} \sin \frac{\pi}{2}$$

$$u_9 : \left(1 - \frac{1}{2 \cdot 3}\right)u_8 + \left(1 + \frac{1}{2 \cdot 3}\right)10 + \left(\frac{1}{3 \cdot \pi/6}\right)^2 u_6 + \left(\frac{1}{3 \cdot \pi/6}\right)^2 u_6 - 2\left[1 + \left(\frac{1}{3 \cdot \pi/6}\right)^2\right]u_9$$

$$= (1)^2 (3)^3 \cos^2 \frac{\pi}{2} \sin \frac{\pi}{2}$$

또는

$$A\,U = B$$

이 되는데, 여기서

$$A = \begin{pmatrix} -9.295 & 1.5 & 0 & 3.648 & 0 & 0 & 0 & 0 & 0 \\ 0.75 & -3.824 & 1.25 & 0 & 0.912 & 0 & 0 & 0 & 0 \\ 0 & 0.833 & -2.811 & 0 & 0 & 0.4053 & 0 & 0 & 0 \\ 3.648 & 0 & 0 & -9.295 & 1.5 & 0 & 3.648 & 0 & 0 \\ 0 & 0.9119 & 0 & 0.75 & -3.824 & 1.25 & 0 & 0.9119 & 0 \\ 0 & 0 & 0.4053 & 0 & 0.8333 & -2.811 & 0 & 0 & 0.4053 \\ 0 & 0 & 0 & 7.295 & 0 & 0 & -9.295 & 1.5 & 0 \\ 0 & 0 & 0 & 0 & 1.824 & 0 & 0.75 & -3.824 & 1.25 \\ 0 & 0 & 0 & 0 & 0 & 0.8106 & 0 & 0.8333 & -2.811 \end{pmatrix}$$

$$U = \begin{pmatrix} u_1 \\ u_2 \\ u_3 \\ u_4 \\ u_5 \\ u_6 \\ u_7 \\ u_8 \\ u_9 \end{pmatrix}, \qquad B = \begin{pmatrix} 0.375 \\ 3.0 \\ -1.545 \\ 0.2165 \\ 1.732 \\ -5.824 \\ 0 \\ 0 \\ -11.67 \end{pmatrix}$$

이다. 이를 풀면

$$u_1 = 0.2416, \ u_2 = -0.0255, \ u_3 = 1.0340, \ u_4 = 0.7289, \ u_5 = 1.5392$$

$$u_6 = 3.5508, \ u_7 = 1.0421, \ u_8 = 2.9126, \ u_9 = 6.0389$$

또는

r \\ θ	$\theta = \pi/6$	$\theta = \pi/3$	$\theta = \pi/2$
$r = 1$	0.2416	0.7289	1.0421
$r = 2$	−0.0255	1.5392	2.9126
$r = 3$	1.0540	3.5508	6.0389

이다. 참고로 위와 아래의 경계조건이 바뀌면

r \\ θ	$\theta = \pi/6$	$\theta = \pi/3$	$\theta = \pi/2$
$r = 1$	6.911	5.273	4.881
$r = 2$	2.594	0.810	1.267
$r = 3$	−1.697	−2.118	−0.235

이 된다.

14.3 포물선형 편미분방정식

1. (1) 문제의 대칭성으로 $u_{0j} = u_{5j}$, $u_{1j} = u_{4j}$, $u_{2j} = u_{3j}$, $(j = 0, 1, 2 \cdots)$이다. 경계조건에서 $u_{00} = u_{01} = u_{02} = \cdots = 0$ 이고 초기조건에서 $u_{00} = \sin(0 \cdot \pi) = 0$, $u_{10} = \sin(0.2\pi) = 0.5878$, $u_{20} = \sin(0.4\pi) = 0.9511$ 이다. $j = 0$ 일 때

$i = 1 :\ u_{11} = 0.25u_{00} + 0.5u_{10} + 0.25u_{20} = 0.25(0) + 0.5(0.5878) + 0.25(0.9511) = 0.5317$

$i = 2 :\ u_{21} = 0.25u_{10} + 0.5u_{20} + 0.25u_{30} = 0.25(0.5878) + 0.5(0.9511) + 0.25(0.9511)$

$\qquad = 0.8602$

여기서 $u_{30} = u_{20}$ 를 이용하였다. 마찬가지 방법으로 $j = 1, 2, \cdots$ 에 대하여 계산하면 같은 결과를

얻는다.

(2)　　　$j = 1$:　$i = 1$:　$-u_{01} + 3u_{11} - u_{21} = u_{10}$

　　　　　　　　$i = 2$:　$-u_{11} + 3u_{21} - u_{31} = u_{20}$.

초기조건과 경계조건에서 $u_{10} = 0.5878$, $u_{20} = 0.9511$, $u_{01} = 0$ 이고, 대칭조건에 의해 $u_{31} = u_{21}$
이므로 위 식은

$$\begin{pmatrix} 3 & -1 \\ -1 & 2 \end{pmatrix}\begin{pmatrix} u_{11} \\ u_{21} \end{pmatrix} = \begin{pmatrix} 0.5878 \\ 0.9511 \end{pmatrix}$$

이 되고, 해는 $u_{11} = 0.4253$, $u_{21} = 0.6882$ 이다. 마찬가지로 $j = 1, 2, \cdots$ 에 대해서도 같은 결과
를 얻는다.

(3)　　　$-u_{i-1\,j+1} + 4u_{ij+1} - u_{i+1\,j+1} = u_{i-1\,j} + u_{i+1\,j}$, $1 \le i \le 4$, $j \ge 1$

　　　　$j = 0$:　$i = 1$:　$-u_{01} + 4u_{11} - u_{21} = u_{00} + u_{20}$

　　　　　　　　$i = 2$:　$-u_{11} + 4u_{21} - u_{31} = u_{10} + u_{30}$

초기조건과 경계조건에서 $u_{00} = 0$, $u_{10} = 0.5878$, $u_{20} = u_{30} = 0.9511$, $u_{01} = 0$ 이고, 대칭조건에
의해 $u_{31} = u_{21}$ 이므로 위 식은

$$\begin{pmatrix} 4 & -1 \\ -1 & 3 \end{pmatrix}\begin{pmatrix} u_{11} \\ u_{21} \end{pmatrix} = \begin{pmatrix} 0.9511 \\ 1.5389 \end{pmatrix}$$

이고, 해는 $u_{11} = 0.3993$, $u_{21} = 0.6460$.

2. $\dfrac{\partial u}{\partial t} = \dfrac{\partial^2 u}{\partial x^2}$, $u(0,t) = u(1,t) = 0$, $u(x,0) = x(1-x)$, $h = 0.25$, $k = 0.05$

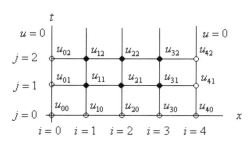

먼저, $\lambda = k/h^2 = 0.05/(0.25)^2 = 0.8$ 이고, 문제의 대칭성으로 $u_{3j} = u_{1j}$ $(j = 0, 1, 2 \cdots)$이다.
경계조건에서　$u_{00} = u_{01} = u_{02} = \cdots = 0$ 이고　초기조건에서　$u_{10} = 0.25(1 - 0.25) = 0.1875$,
$u_{20} = 0.5(1 - 0.5) = 0.25$ 이다.

(1) 양함수법

$$u_{ij+1} = \lambda u_{i-1\,j} + (1 - 2\lambda)u_{ij} + \lambda u_{i+1\,j}$$

에 $\lambda = 0.8$ 을 대입하면

$$u_{ij+1} = 0.8u_{i-1\,j} - 0.6u_{ij} + 0.8u_{i+1\,j}$$

이 되고, 이를 그림 2의 미지점에 적용하면

$j = 0$, $i = 1$: $u_{11} = 0.8u_{00} - 0.6u_{10} + 0.8u_{20} = 0.8(0) - 0.6(0.1875) + 0.8(0.25) = 0.0875$

$\qquad i = 2$: $u_{21} = 0.8u_{10} - 0.6u_{20} + 0.8u_{30} = 0.8(0.1875) - 0.6(0.25) + 0.8(0.1875) = 0.15$

이 되는데, 여기서 $u_{30} = u_{10}$ 를 이용하였다.

$j = 1$, $i = 1$: $u_{12} = 0.8u_{01} - 0.6u_{11} + 0.8u_{21} = 0.8(0) - 0.6(0.0875) + 0.8(0.15) = 0.0675$

$\qquad i = 2$: $u_{22} = 0.8u_{11} - 0.6u_{21} + 0.8u_{31} = 0.8(0.0875) - 0.6(0.15) + 0.8(0.0875) = 0.05$

물론, 여기에서도 $u_{31} = u_{11}$ 를 이용하였다. 참고로 $t = 1$ 까지 계산 결과는 다음과 같다. 이 문제의 $\lambda = 0.8 > 0.5$ 이므로 해의 불안정성(instability)을 보임을 알 수 있다.

양함수법($h = 0.25$, $k = 0.05$)

X Time	$x = 0$	$x = 0.25$	$x = 0.5$	$x = 0.75$	$x = 1.0$
0.00	.0000E+00	.1875E+00	.2500E+00	.1875E+00	.0000E+00
0.05	.0000E+00	.8750E−01	.1500E+00	.8750E−01	.0000E+00
0.10	.0000E+00	.6750E−01	.5000E−01	.6750E−01	.0000E+00
0.15	.0000E+00	−.5000E−03	.7800E−01	−.5000E−03	.0000E+00
0.20	.0000E+00	.6270E−01	−.4760E−01	.6270E−01	.0000E+00
0.25	.0000E+00	−.7570E−01	.1289E+00	−.7570E−01	.0000E+00
0.30	.0000E+00	.1485E+00	−.1984E+00	.1485E+00	.0000E+00
0.35	.0000E+00	−.2479E+00	.3567E+00	−.2479E+00	.0000E+00
0.40	.0000E+00	.4341E+00	−.6106E+00	.4341E+00	.0000E+00
0.45	.0000E+00	−.7490E+00	.1061E+01	−.7490E+00	.0000E+00
0.50	.0000E+00	.1298E+01	−.1835E+01	.1298E+01	.0000E+00
0.55	.0000E+00	−.2247E+01	.3178E+01	−.2247E+01	.0000E+00
0.60	.0000E+00	.3890E+01	−.5502E+01	.3890E+01	.0000E+00
0.65	.0000E+00	−.6735E+01	.9526E+01	−.6735E+01	.0000E+00
0.70	.0000E+00	.1166E+02	−.1649E+02	.1166E+02	.0000E+00
0.75	.0000E+00	−.2019E+02	.2855E+02	−.2019E+02	.0000E+00
0.80	.0000E+00	.3496E+02	−.4944E+02	.3496E+02	.0000E+00
0.85	.0000E+00	−.6052E+02	.8559E+02	−.6052E+02	.0000E+00
0.90	.0000E+00	.1048E+03	−.1482E+03	.1048E+03	.0000E+00
0.95	.0000E+00	−.1814E+03	.2566E+03	−.1814E+03	.0000E+00
1.00	.0000E+00	.3141E+03	−.4442E+03	.3141E+03	.0000E+00

(2) 음함수법

$$-\lambda u_{i-1j} + (1 + 2\lambda)u_{ij} - \lambda u_{i+1j} = u_{ij-1}$$

에 $\lambda = 0.8$ 을 대입하면

$$-0.8u_{i-1j} + 2.6u_{ij} - 0.8u_{i+1j} = u_{ij-1}$$

이 되고, 이를 그림 2의 미지점에 적용하면

$\qquad j = 1$, $i = 1$: $-0.8u_{01} + 2.6u_{11} - 0.8u_{21} = u_{10}$

$\qquad\qquad i = 2$: $-0.8u_{11} + 2.6u_{21} - 0.8u_{31} = u_{20}$

이 되는데, 여기에 $u_{01} = 0$, $u_{10} = 0.1875$, $u_{20} = 0.25$, $u_{31} = u_{11}$ 을 대입하면

$$\begin{pmatrix} 2.6 & -0.8 \\ -1.6 & 2.6 \end{pmatrix}\begin{pmatrix} u_{11} \\ u_{21} \end{pmatrix} = \begin{pmatrix} 0.1875 \\ 0.25 \end{pmatrix}$$

이고, 이의 해는 $u_{11} = 0.1255$, $u_{21} = 0.1734$ 이다. 같은 방법으로

$$j = 2, \quad i = 1: \ -0.8u_{02} + 2.6u_{12} - 0.8u_{22} = u_{11}$$
$$i = 2: \ -0.8u_{12} + 2.6u_{22} - 0.8u_{32} = u_{21}$$

이 되는데, 여기에 $u_{02} = 0$, $u_{11} = 0.1255$, $u_{21} = 0.1734$, $u_{32} = u_{12}$ 을 대입하여

$$\begin{pmatrix} 2.6 & -0.8 \\ -1.6 & 2.6 \end{pmatrix} \begin{pmatrix} u_{12} \\ u_{22} \end{pmatrix} = \begin{pmatrix} 0.1255 \\ 0.1734 \end{pmatrix}$$

이고, 이의 해는 $u_{11} = 0.0848$, $u_{21} = 0.1189$ 이다. 참고로 $t = 1$ 까지 계산 결과는 다음 표와 같다.

음함수법($h = 0.25$, $k = 0.05$)

x Time	$x = 0$	$x = 0.25$	$x = 0.5$	$x = 0.75$	$x = 1.0$
0.00	.0000E+00	.1875E+00	.2500E+00	.1875E+00	.0000E+00
0.05	.0000E+00	.1255E+00	.1734E+00	.1255E+00	.0000E+00
0.10	.0000E+00	.8483E-01	.1189E+00	.8483E-01	.0000E+00
0.15	.0000E+00	.5760E-01	.8117E-01	.5760E-01	.0000E+00
0.20	.0000E+00	.3918E-01	.5533E-01	.3918E-01	.0000E+00
0.25	.0000E+00	.2667E-01	.3769E-01	.2667E-01	.0000E+00
0.30	.0000E+00	.1815E-01	.2567E-01	.1815E-01	.0000E+00
0.35	.0000E+00	.1236E-01	.1748E-01	.1236E-01	.0000E+00
0.40	.0000E+00	.8416E-02	.1190E-01	.8416E-02	.0000E+00
0.45	.0000E+00	.5731E-02	.8104E-02	.5731E-02	.0000E+00
0.50	.0000E+00	.3902E-02	.5518E-02	.3902E-02	.0000E+00
0.55	.0000E+00	.2657E-02	.3757E-02	.2657E-02	.0000E+00
0.60	.0000E+00	.1809E-02	.2558E-02	.1809E-02	.0000E+00
0.65	.0000E+00	.1232E-02	.1742E-02	.1232E-02	.0000E+00
0.70	.0000E+00	.8387E-03	.1186E-02	.8387E-03	.0000E+00
0.75	.0000E+00	.5711E-03	.8077E-03	.5711E-03	.0000E+00
0.80	.0000E+00	.3889E-03	.5499E-03	.3889E-03	.0000E+00
0.85	.0000E+00	.2648E-03	.3745E-03	.2648E-03	.0000E+00
0.90	.0000E+00	.1803E-03	.2550E-03	.1803E-03	.0000E+00
0.95	.0000E+00	.1228E-03	.1736E-03	.1228E-03	.0000E+00
1.00	.0000E+00	.8359E-04	.1182E-03	.8359E-04	.0000E+00

(3) 크랭크-니콜슨법

$$-u_{i-1j+1} + \alpha u_{ij+1} - u_{i+1j+1} = u_{i-1j} - \beta u_{ij} + u_{i+1j}$$

에 $\alpha = 2(1 + 1/\lambda) = 2(1 + 1/0.8) = 4.5$, $\beta = 2(1 - 1/\lambda) = 2(1 - 1/0.8) = -0.5$ 를 대입하면

$$-u_{i-1j+1} + 4.5u_{ij+1} - u_{i+1j+1} = u_{i-1j} + 0.5u_{ij} + u_{i+1j}$$

이 되고, 이를 그림 2의 미지점에 적용하면

$$j = 0, \quad i = 1: \ -u_{01} + 4.5u_{11} - u_{21} = u_{00} + 0.5u_{10} + u_{20}$$
$$i = 2: \ -u_{11} + 4.5u_{21} - u_{31} = u_{10} + 0.5u_{20} + u_{30}$$

가 되는데, 여기에 $u_{00} = u_{01} = 0$, $u_{10} = u_{30} = 0.1875$, $u_{20} = 0.25$, $u_{31} = u_{11}$ 을 대입하면

$$\begin{pmatrix} 4.5 & -1 \\ -2 & 4.5 \end{pmatrix} \begin{pmatrix} u_{11} \\ u_{21} \end{pmatrix} = \begin{pmatrix} 0.3438 \\ 0.5 \end{pmatrix}$$

이고, 이의 해는 $u_{11} = 0.1122$, $u_{21} = 0.1610$ 이다. 같은 방법으로

$$j = 1, \quad i = 1: \; -u_{02} + 4.5u_{12} - u_{22} = u_{01} + 0.5u_{11} + u_{21}$$

$$i = 2: \; -u_{12} + 4.5u_{22} - u_{32} = u_{11} + 0.5u_{21} + u_{31}$$

가 되는데, 여기에 $u_{01} = u_{02} = 0$, $u_{11} = u_{31} = 0.1122$, $u_{21} = 0.1610$, $u_{32} = u_{12}$ 을 대입하면

$$\begin{pmatrix} 4.5 & -1 \\ -2 & 4.5 \end{pmatrix} \begin{pmatrix} u_{12} \\ u_{22} \end{pmatrix} = \begin{pmatrix} 0.2171 \\ 0.3049 \end{pmatrix}$$

이고, 이의 해는 $u_{12} = 0.0702$, $u_{22} = 0.0989$ 이다. $t = 1$ 까지 계산 결과는 표에 나타난다.

크랭크-니콜슨법($h = 0.25$, $k = 0.05$)

x Time	$x = 0$	$x = 0.25$	$x = 0.5$	$x = 0.75$	$x = 1.0$
0.00	.0000E+00	.1875E+00	.2500E+00	.1875E+00	.0000E+00
0.05	.0000E+00	.1122E+00	.1610E+00	.1122E+00	.0000E+00
0.10	.0000E+00	.7022E-01	.9894E-01	.7022E-01	.0000E+00
0.15	.0000E+00	.4346E-01	.6152E-01	.4346E-01	.0000E+00
0.20	.0000E+00	.2697E-01	.3814E-01	.2697E-01	.0000E+00
0.25	.0000E+00	.1673E-01	.2366E-01	.1673E-01	.0000E+00
0.30	.0000E+00	.1038E-01	.1468E-01	.1038E-01	.0000E+00
0.35	.0000E+00	.6438E-02	.9105E-02	.6438E-02	.0000E+00
0.40	.0000E+00	.3994E-02	.5648E-02	.3994E-02	.0000E+00
0.45	.0000E+00	.2478E-02	.3504E-02	.2478E-02	.0000E+00
0.50	.0000E+00	.1537E-02	.2174E-02	.1537E-02	.0000E+00
0.55	.0000E+00	.9534E-03	.1348E-02	.9534E-03	.0000E+00
0.60	.0000E+00	.5914E-03	.8364E-03	.5914E-03	.0000E+00
0.65	.0000E+00	.3669E-03	.5188E-03	.3669E-03	.0000E+00
0.70	.0000E+00	.2276E-03	.3219E-03	.2276E-03	.0000E+00
0.75	.0000E+00	.1412E-03	.1997E-03	.1412E-03	.0000E+00
0.80	.0000E+00	.8758E-04	.1239E-03	.8758E-04	.0000E+00
0.85	.0000E+00	.5433E-04	.7683E-04	.5433E-04	.0000E+00
0.90	.0000E+00	.3370E-04	.4766E-04	.3370E-04	.0000E+00
0.95	.0000E+00	.2091E-04	.2957E-04	.2091E-04	.0000E+00
1.00	.0000E+00	.1297E-04	.1834E-04	.1297E-04	.0000E+00

(5) 해석해 : 경계조건을 만족하도록 $u(x,t) = \displaystyle\sum_{n=1}^{\infty} b_n(t)\sin n\pi x$ 로 놓고, 이를 편미방에 대입하면

$$b_n{}'(t) + n^2\pi^2 b_n(t) = 0 \; \rightarrow \; b_n(t) = A_n e^{-n^2\pi^2 t}$$

이 되어 $u(x,t) = \displaystyle\sum_{n=1}^{\infty} A_n e^{-n^2\pi^2 t}\sin n\pi x$ 이다. 초기조건 $u(x,0) = x(1-x) = \displaystyle\sum_{n=1}^{\infty} A_n \sin n\pi x$ 에서

$$A_n = \frac{2}{1}\int_0^1 x(1-x)\sin n\pi x\, dx = \frac{4}{n^3\pi^3}[1 - (-1)^n]$$

이 되어, 최종해는

$$u(x,t) = \frac{4}{\pi^3}\sum_{n=1}^{\infty}\frac{1-(-1)^n}{n^3}e^{-n^2\pi^2 t}\sin n\pi x$$

이다. 위의 급수해를 20항까지 계산한 결과는 다음과 같다.

20항까지의 급수해

Time	$x=0.00$	$x=0.25$	$x=0.50$	$x=0.75$	$x=1.00$
0.00	.0000E+00	.1875E+00	.2500E+00	.1875E+00	.7906E-06
0.05	.0000E+00	.1115E+00	.1574E+00	.1115E+00	.4002E-06
0.10	.0000E+00	.6800E-01	.9616E-01	.6800E-01	.2438E-06
0.15	.0000E+00	.4151E-01	.5871E-01	.4151E-01	.1488E-06
0.20	.0000E+00	.2534E-01	.3584E-01	.2534E-01	.9086E-07
0.25	.0000E+00	.1547E-01	.2188E-01	.1547E-01	.5547E-07
0.30	.0000E+00	.9446E-02	.1336E-01	.9446E-02	.3387E-07
0.35	.0000E+00	.5767E-02	.8155E-02	.5767E-02	.2067E-07
0.40	.0000E+00	.3520E-02	.4979E-02	.3520E-02	.1262E-07
0.45	.0000E+00	.2149E-02	.3040E-02	.2149E-02	.7706E-08
0.50	.0000E+00	.1312E-02	.1856E-02	.1312E-02	.4704E-08
0.55	.0000E+00	.8010E-03	.1133E-02	.8010E-03	.2872E-08
0.60	.0000E+00	.4890E-03	.6916E-03	.4890E-03	.1753E-08
0.65	.0000E+00	.2986E-03	.4222E-03	.2986E-03	.1070E-08
0.70	.0000E+00	.1823E-03	.2578E-03	.1823E-03	.6535E-09
0.75	.0000E+00	.1113E-03	.1574E-03	.1113E-03	.3990E-09
0.80	.0000E+00	.6793E-04	.9607E-04	.6793E-04	.2436E-09
0.85	.0000E+00	.4147E-04	.5865E-04	.4147E-04	.1487E-09
0.90	.0000E+00	.2532E-04	.3581E-04	.2532E-04	.9078E-10
0.95	.0000E+00	.1546E-04	.2186E-04	.1546E-04	.5542E-10
1.00	.0000E+00	.9437E-05	.1335E-04	.9437E-05	.3383E-10

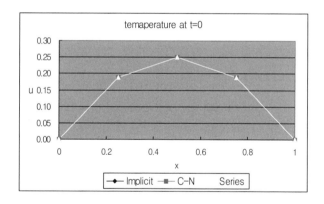

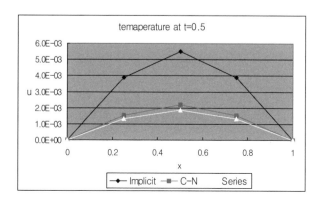

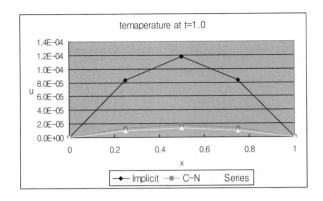

$$t = 0.1 \text{ 에서 계산 결과}$$

방법＼결과	$u(x=0.25)$	$u(x=0.5)$
해석해	.9437E-05	.1335E-04
Explicit	.3141E+03	-.4442E+03
Implicit	.8359E-04	.1182E-03
Crank-Nicolson	.1297E-04	.1834E-04

14.4 쌍곡선형 편미분방정식

1. $h = 0.2$, $k = 0.05$ 이면 $\lambda = c^2 k^2 / h^2 = 4 \cdot 0.05^2 / 0.2^2 = 0.25$. 따라서

$$u_{i,1} = 0.125 u_{i-1,0} + 0.75 u_{i,0} + 0.125 u_{i-1,0} , \tag{a}$$

$$u_{ij+1} = 0.25 u_{i-1j} + 1.5 u_{ij} + 0.25 u_{i+1j} - u_{ij-1} \tag{b}$$

이다. 초기조건과 대칭조건에 의해

$$u_{00} = \sin(0 \cdot \pi) = 0 , \ u_{10} = \sin(0.2\pi) = 0.5878 , \ u_{20} = \sin(0.4\pi) = 0.9511 = u_{30}$$

이므로 처음 시간 단계($j=0$)에서 (a)는

$$u_{11} = 0.125 u_{00} + 0.75 u_{10} + 0.125 u_{20} = 0.125(0) + 0.75(0.5878) + 0.125(0.9511) = 0.5597$$

$$u_{21} = 0.125 u_{10} + 0.75 u_{20} + 0.125 u_{30} = 0.125(0.5878) + 0.75(0.9511) + 0.125(0.9511)$$

$$= 0.9056$$

이고, $j = 1, 2, \cdots$ 에서는 (b)를 사용하면

$$u_{12} = 0.25 u_{01} + 1.5 u_{11} + 0.25 u_{21} - u_{10}$$

$$= 0.25(0) + 1.5(0.5597) + 0.25(0.9056) - 0.5878 = 0.4782$$

$$u_{22} = 0.25 u_{11} + 1.5 u_{21} + 0.25 u_{31} - u_{20}$$

$$= 0.25(0.5597) + 1.5(0.9056) + 0.25(0.9056) - 0.9511 = 0.7738$$

로 본문의 결과와 같다.

2. $h = 10$ [cm], $c^2 = \dfrac{T}{\rho} = \dfrac{1.4 \times 10^7}{0.025} = 5.6 \times 10^8$ [cm²/sec²],

$k = \dfrac{h}{2}\sqrt{\rho/T} = 5\sqrt{0.025/1.4 \times 10^7} = 2.1129 \times 10^{-4}$ [sec] 이므로

$$\lambda = \frac{c^2 k^2}{h^2} = \frac{\left(\dfrac{T}{\rho}\right)\left[\left(\dfrac{h}{2}\right)^2 \dfrac{\rho}{T}\right]}{h^2} = 0.25$$

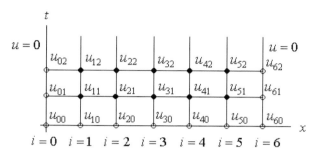

문제의   대칭성으로 $u_{1j} = u_{5j}$, $u_{2j} = u_{4j}$ $(j = 0, 1, 2 \cdots)$이다.   경계조건에서 $u_{00} = u_{01} = u_{02} = \cdots = 0$ 이고, 초기조건에서 $u_{10} = u_{50} = 0.1$, $u_{20} = u_{40} = 0.2$, $u_{30} = 0.3$ 이다. Explicit Method에서 첫 번째 시간 단계($j = 0$)의 차분식

$$u_{i,1} = \frac{\lambda}{2}u_{i-1,0} + (1 - \lambda)u_{i,0} + \frac{\lambda}{2}u_{i+1,0} - kg(x_i)$$

에 $\lambda = 0.25$ 과 $g(x_i) = 0$ 를 대입하면

$$u_{i1} = 0.125u_{i-1,0} + 0.75u_{i,0} + 0.125u_{i+1,0} \tag{a}$$

이 되고, 이후의 시간 단계($j = 1, 2, \cdots$)의 차분식

$$u_{ij+1} = \lambda u_{i-1j} + 2(1 - \lambda)u_{ij} + \lambda u_{i+1j} - u_{ij-1}$$

에 $\lambda = 0.25$ 을 대입하면

$$u_{ij+1} = 0.25u_{i-1j} + 1.5u_{ij} + 0.25u_{i+1j} - u_{ij-1} \tag{b}$$

이다. 먼저 (a)를 그림의 미지점에 적용하면

$j = 0$, $i = 1$: $u_{11} = 0.125u_{00} + 0.75u_{10} + 0.125u_{20}$
$\qquad\qquad\quad = 0.125(0) + 0.75(0.1) + 0.125(0.2) = 0.1$

$\quad i = 2$: $u_{21} = 0.125u_{10} + 0.75u_{20} + 0.125u_{30}$
$\qquad\qquad\quad = 0.125(0.1) + 0.75(0.2) + 0.125(0.3) = 0.2$

$\quad i = 3$: $u_{31} = 0.125u_{20} + 0.75u_{30} + 0.125u_{40}$
$\qquad\qquad\quad = 0.125(0.2) + 0.75(0.3) + 0.125(0.2) = 0.275$

이 되는데, 여기서 $u_{40} = u_{30}$ 를 이용하였다. 이후에는 (b)를 이용하여

$j = 1$, $i = 1$: $u_{12} = 0.25u_{01} + 1.5u_{11} + 0.25u_{21} - u_{10}$
$\qquad\qquad\quad = 0.25(0) + 1.5(0.1) + 0.25(0.2) - 0.1 = 0.1$

$\quad i = 2$: $u_{22} = 0.25u_{11} + 1.5u_{21} + 0.25u_{31} - u_{20}$
$\qquad\qquad\quad = 0.25(0.1) + 1.5(0.2) + 0.25(0.275) - 0.2 = 0.1937$

$\quad i = 3$: $u_{32} = 0.25u_{21} + 1.5u_{31} + 0.25u_{41} - u_{30}$

$$= 0.25(0.2) + 1.5(0.275) + 0.25(0.2) - 0.3 = 0.2125$$

물론, 여기서도 $u_{41} = u_{31}$ 를 이용하였다. 시간 간격 50까지의 계산 결과는 다음 표와 같다.

양함수법(쌍곡선형)

Time	x =0.00	x =10	x =20	x =30	x =40	x =50	x =60
.0000E+00	.0000E+00	.1000E+00	.2000E+00	.3000E+00	.2000E+00	.0000E+00	.1000E+00
.2113E-03	.0000E+00	.1000E+00	.2000E+00	.2750E+00	.2000E+00	.0000E+00	.1000E+00
.4226E-03	.0000E+00	.1000E+00	.1937E+00	.2125E+00	.1937E+00	.0000E+00	.1000E+00
.6339E-03	.0000E+00	.9844E-01	.1687E+00	.1406E+00	.1687E+00	.0000E+00	.9844E-01
.8452E-03	.0000E+00	.8984E-01	.1191E+00	.8281E-01	.1191E+00	.0000E+00	.8984E-01
.1056E-02	.0000E+00	.6611E-01	.5312E-01	.4316E-01	.5312E-01	.0000E+00	.6611E-01
.1268E-02	.0000E+00	.2261E-01	-.1214E-01	.8495E-02	-.1214E-01	.0000E+00	.2261E-01
.1479E-02	.0000E+00	-.3524E-01	-.6355E-01	-.3649E-01	-.6355E-01	.0000E+00	-.3524E-01
.1690E-02	.0000E+00	-.9135E-01	-.1011E+00	-.9500E-01	-.1011E+00	.0000E+00	-.9135E-01
.1902E-02	.0000E+00	-.1271E+00	-.1347E+00	-.1566E+00	-.1347E+00	.0000E+00	-.1271E+00
.2113E-02	.0000E+00	-.1329E+00	-.1719E+00	-.2072E+00	-.1719E+00	.0000E+00	-.1329E+00
.2324E-02	.0000E+00	-.1153E+00	-.2081E+00	-.2402E+00	-.2081E+00	.0000E+00	-.1153E+00
.2535E-02	.0000E+00	-.9204E-01	-.2292E+00	-.2571E+00	-.2292E+00	.0000E+00	-.9204E-01
.2747E-02	.0000E+00	-.8007E-01	-.2230E+00	-.2601E+00	-.2230E+00	.0000E+00	-.8007E-01
.2958E-02	.0000E+00	-.8379E-01	-.1903E+00	-.2445E+00	-.1903E+00	.0000E+00	-.8379E-01
.3169E-02	.0000E+00	-.9319E-01	-.1445E+00	-.2018E+00	-.1445E+00	.0000E+00	-.9319E-01
.3381E-02	.0000E+00	-.9213E-01	-.1003E+00	-.1304E+00	-.1003E+00	.0000E+00	-.9213E-01
.3592E-02	.0000E+00	-.7007E-01	-.6151E-01	-.4402E-01	-.6151E-01	.0000E+00	-.7007E-01
.3803E-02	.0000E+00	-.2835E-01	-.2052E-01	.3365E-01	-.2052E-01	.0000E+00	-.2835E-01
.4015E-02	.0000E+00	.2242E-01	.3206E-01	.8424E-01	.3206E-01	.0000E+00	.2242E-01
.4226E-02	.0000E+00	.6999E-01	.9527E-01	.1087E+00	.9527E-01	.0000E+00	.6999E-01
.4437E-02	.0000E+00	.1064E+00	.1555E+00	.1265E+00	.1555E+00	.0000E+00	.1064E+00
.4648E-02	.0000E+00	.1285E+00	.1962E+00	.1588E+00	.1962E+00	.0000E+00	.1285E+00
.4860E-02	.0000E+00	.1354E+00	.2106E+00	.2098E+00	.2106E+00	.0000E+00	.1354E+00
.5071E-02	.0000E+00	.1273E+00	.2060E+00	.2612E+00	.2060E+00	.0000E+00	.1273E+00
.5282E-02	.0000E+00	.1070E+00	.1955E+00	.2851E+00	.1955E+00	.0000E+00	.1070E+00
.5494E-02	.0000E+00	.8214E-01	.1853E+00	.2641E+00	.1853E+00	.0000E+00	.8214E-01
.5705E-02	.0000E+00	.6251E-01	.1689E+00	.2037E+00	.1689E+00	.0000E+00	.6251E-01
.5916E-02	.0000E+00	.5385E-01	.1347E+00	.1260E+00	.1347E+00	.5385E-01	.0000E+00
.6127E-02	.0000E+00	.5196E-01	.7810E-01	.5257E-01	.7810E-01	.5196E-01	.0000E+00
.6339E-02	.0000E+00	.4360E-01	.8553E-02	-.8058E-02	.8553E-02	.4360E-01	.0000E+00
.6550E-02	.0000E+00	.1559E-01	-.5638E-01	-.6039E-01	-.5638E-01	.1559E-01	.0000E+00
.6761E-02	.0000E+00	-.3432E-01	-.1043E+00	-.1107E+00	-.1043E+00	-.3432E-01	.0000E+00
.6973E-02	.0000E+00	-.9314E-01	-.1364E+00	-.1578E+00	-.1364E+00	-.9314E-01	.0000E+00
.7184E-02	.0000E+00	-.1395E+00	-.1630E+00	-.1942E+00	-.1630E+00	-.1395E+00	.0000E+00
.7395E-02	.0000E+00	-.1568E+00	-.1915E+00	-.2150E+00	-.1915E+00	-.1568E+00	.0000E+00
.7606E-02	.0000E+00	-.1436E+00	-.2173E+00	-.2240E+00	-.2173E+00	-.1436E+00	.0000E+00
.7818E-02	.0000E+00	-.1129E+00	-.2263E+00	-.2297E+00	-.2263E+00	-.1129E+00	.0000E+00
.8029E-02	.0000E+00	-.8235E-01	-.2078E+00	-.2336E+00	-.2078E+00	-.8235E-01	.0000E+00
.8240E-02	.0000E+00	-.6254E-01	-.1644E+00	-.2247E+00	-.1644E+00	-.6254E-01	.0000E+00
.8452E-02	.0000E+00	-.5257E-01	-.1106E+00	-.1856E+00	-.1106E+00	-.5257E-01	.0000E+00
.8663E-02	.0000E+00	-.4397E-01	-.6106E-01	-.1091E+00	-.6106E-01	-.4397E-01	.0000E+00
.8874E-02	.0000E+00	-.2866E-01	-.1922E-01	-.8503E-02	-.1922E-01	-.2866E-01	.0000E+00
.9085E-02	.0000E+00	-.3819E-02	.2294E-01	.8670E-01	.2294E-01	-.3819E-02	.0000E+00
.9297E-02	.0000E+00	.2866E-01	.7435E-01	.1500E+00	.7435E-01	.2866E-01	.0000E+00
.9508E-02	.0000E+00	.6540E-01	.1333E+00	.1755E+00	.1333E+00	.6540E-01	.0000E+00
.9719E-02	.0000E+00	.1028E+00	.1858E+00	.1799E+00	.1858E+00	.1028E+00	.0000E+00
.9931E-02	.0000E+00	.1352E+00	.2160E+00	.1872E+00	.2160E+00	.1352E+00	.0000E+00
.1014E-01	.0000E+00	.1540E+00	.2189E+00	.2089E+00	.2189E+00	.1540E+00	.0000E+00
.1035E-01	.0000E+00	.1506E+00	.2030E+00	.2356E+00	.2030E+00	.1506E+00	.0000E+00
.1056E-01	.0000E+00	.1226E+00	.1822E+00	.2461E+00	.1822E+00	.1226E+00	.0000E+00

오
데

가
요

?

이 도서의 국립중앙도서관 출판예정도서목록(CIP)은 서지정보유통지원시스템 홈페이지
(http://seoji.nl.go.kr)와 국가자료종합목록시스템(http://www.nl.go.kr/kolisnet)에서
이용하실 수 있습니다. (CIP제어번호 : CIP2020038079)

오
데

가
요
?

유
귀
자
산
문
집

고요아침

오래여서 외려 새로운 산자락 옛터
옛집과 더불어 나이 들어가면서
절로 쓰여진 이야기들

조곤조곤히 낮은 목소리로
당신에게 가 닿고 싶은…

이천이십년 가을
비갠아침

2부 그럼에도 불구하고

3부 돌아가기 돌아오기

1부

/

봄 기다림

글이 고픈 밤이었다

.

.

.

　두 번 세 번 머리맡의 등을 켜고, 이미 **빽빽**하게 글을 써 둔 백지의 여백에 굳이 선을 긋고, 무언가가 불러주는 글귀를 받아 옮겨 적었다. 닭이 홰치는 소리, 아랫집의 개 짖는 소리로 눈 뜬 아침. 서너 시간 잤을까. 몇 달을 툇마루에 내어둔 채 방치하여 민들레 홀씨며 송홧가루며 별별 먼지를 뒤집어쓴 앉은뱅이책상을 말끔히 닦아서 방으로 들인다.

　글이 쓰이고 글을 쓰고 싶은 어디론가부터 글 줄기가 다 죽어가는 가문 샘을 적시듯 마중물이 되어 오고 있는 아침. 내가 행복해지는 몇 가지 — 혼자 걷는 것, 꽃과 마주하고, 무슨 풀 뽑는 시늉이나마 호미를 들고 텃밭 아닌 꽃밭에 나앉고, 찻잎을 따고, 음악을 듣고 영화를 보고, 밥상을 차리고 차를 나누고, 아프고 외로운 이를 찾아 함께 하고, 그런 그런 사는 일, 내가 늘상 우선순위에 두고 좋아하고 즐기는 여러 일상의 일 중에도 버겁고도 복된 일, 삶과 사람의 진실 진정성을 글로 그려내는 일 — 그 일이 이 아침에 간밤에 시작되고 있다.

'감옥으로부터의 사색'으로

.

.

.

삶으로 우리 시대 한 양심적 지식인의 좌표가 된 그는 말했다. "머리보다 가슴을 쓰는 사람이 가슴보다 손을, 손보다 발을 쓰는 것이 낫다"고….

생애의 마지막인 듯도 한 이 봄. 나 또한 하루를 영원처럼 그렇게 살고 싶다. 생각하기보다 가슴으로 느끼고, 느끼기보다 행하기를…. 손발을 움직여서 일하고 무엇보다 내가 가장 좋아하고 잘 할 수 있는 걷기를 밥 먹듯 할 것이다.

머리며 허리를 다치고도 가슴이 가리키는 바를 따라 텃밭에 나앉아 상추씨앗을 뿌리고 마가렛 모종을 심었듯이, 올해도 나 십 년 넘게 봄맞이 연례행사로 행복하게 치러온 나무심기를, 나의 천사 친구들을 초대해 진달래화전이며 쑥떡으로 밥상으로 하루를 여의는 소꿉놀이를 할 것이다.

그리고 걸을 것이다. 걷다 만 길, 그 길 위에서의 쉼표를 찾아가 서해 끝자락까지 도보순례를 할 것이며, 우리들의 지리산을 아껴 걷고 소백, 태백… 잎새달과 푸른 달을 그렇게 푸른 잎새로 나무로 푸른 바람으로 어릿어릿 꿋꿋이 걸을 것이다. 걸으며 나를, 세상의 모든 당신을 만날 것이다.

그렇게 머리보다 가슴을, 가슴보다 손을, 손보다 발을 더 많이
쓰면서 나는 행복할 것이다. 그런 내 행복은 당신을 물들이고 당
신 또한 행복할 것이다. 그렇게 행복하면서 우리 함께 고마울 것
이다.

봄. 봄. 봄날의 일기

— 차 곁에서

.

.

.

부처님 오신 날, 용화사로 연등맞이 가는 대신에 차밭에 갔다. 여섯 시간을 채반에 펼쳐 두고 시들기를 기다린 찻잎을 삼십 분 조히 비볐다. 이를테면 발효차를 만들어 보는 것. 나의 두 번째 차 선생님. 마암면 보대리 종가에서 적지 않은 농사지으면서 차도 만들고 시조도 쓰는 최정남 씨가 전화로 일러 준 대로 비빈 찻잎을 광목에 돌돌 말아 싸 두고 토방에 군불 때고 찻잎이 발효되기를 기다리며 누웠다. 오늘은 남편 곁이 아니라 차 곁에서 잠을 청하기로 한다.

초저녁잠이 있는 내가 오늘은 자정이 넘도록 쌩쌩, 차 곁에서 차를 기억하는 시간. 어림잡아 칠 년 전부터 해마다의 봄이면 미륵산 차밭에서 한솔 님을 도와 차를 만든 건 순전히 차에 인이 배긴 남편을 생각해서였다. 곡우를 전후해 사오 월이면 여남은 번은 미륵산 숲길을 오르내리며 아침의 서너 시간은 찻잎을 따고, 오후 세 시간 가량은 차를 덖고 비비는 작업을 거들고 그날 갓 만들어진 차를 무슨 보약 모시듯이 흠향하고는 했다.

때로는 전기불도 없는 산중 토굴 방에서 혼자 촛불 밝혀 밤을 새우고 새벽이면 찬 샘물로 몸을 씻고 희끄무레 동이 터오는 바다를 향해 깊은 합장 드리고 차밭의 주인인 덕산 한솔 내외가 오기

13

전에 혼자 오스스한 한기를 기분 좋게 느끼며 고요하고 오롯이 찻잎을 따는 복을 누리기도 했다.

미륵산에 산다고 미륵이라 이름 지어진 삽살개 한 마리가 있어 밤이면 멧돼지나 고라니 기척을 알아차리고 짖고 주인 오는 발소리에 꼬리를 치기도 했다. 그렇게 찻잎을 따고 만드는 사이 봄은 깊어져 송홧가루 날리고 황매화며 모란이 흐드러지고 해당화 피고 아까시꽃 피어 향내가 진동하던, 우리끼리의 진담으로 무릉도원이었던 수미다원. 오백 평 남짓의 차밭은 다른 손을 보탤 것도 없이 언제나 한솔과 내 차지였고 계룡산 산마루에서 오른 해가 한산섬을 굽어볼 때면 슬슬 더워지고 허리도 결리고 눈도 침침해지고… 그래도 그것은 노동이라기보다 놀이에 가까운, 내게는 시쓰기 못지않은 충만한 시간이었다.

한솔은 곱은 손가락으로도 무엇이나 다 하고 손도 재빨라서 해마다 하는 일이어도 언제나 처음인 양 서툴고 어설픈 나에 비해 한솔의 차 바구니는 금세 차오르곤 했다. 우리 둘이 차를 따는 동안 덕산 님은 유유자적 등짐을 지고 토굴 언저리를 오가며 이따금 멀찌감치 찻잎 따는 아내와 나를 일별하기도 했다. 나는 언제나 두어 가지 과일이나 군입거리를 챙겨서 갔고 차 만드는 날의 점심준비는 한솔님 차지. 산, 들, 바다 할 것 없이 먹는 것 못 먹는 것 다 알고 신기하게도 십여 분이면 열 가지도 넘는 나물을 캐서 들밥을 차려내던 그네 한솔. 그런 한솔은 내게 박사였으며 선생이었고 보살이었다. 아름다운 시절이었다.

우리가 딴 차를 무쇠솥에 덖을 때면 불을 때는 건 덕산 님 몫. 정확하게 아홉 번을 덖은 차를 갓 만들어 천막 아래 쉼터에서 아니

찻자리에서 음미하던 오후 시간은 이를 데 없이 복된 시간이었다.

그렇게 예닐곱 봉지 차가 만들어지면 그중 두세 봉지는 꼭 내 몫이 되어 나는 개선장군마냥 의기양양 집으로 돌아와 '여보야! 선물' 하며 남편에게 안겼다.

그렇듯이 봄철마다 제비 박씨 물고 오듯이 날라 온 차를 남편은 봉지마다에 날짜 써두고 야금야금 일 년을 마셨다. '칠순까지는 남편의 차를 대야지…' 생각만은 호기로웠다. 친인척도 그리 지내지는 못하였으리. 만난 지 이십 년도 더 넘은 우리는 가족과 매한가지로 지냈다. 오월이 되고 찻잎이 굵어지면 우리는 햇살에 널어 시들어진 찻잎을 비벼 뭉쳐 두고 산을 내려와 냉면을 먹으러 갔다.

냉면 킬러에 굴비 좋아하고 한솔이나 나는 안 먹고 못 먹는 보신탕도 좋아하던 덕산 님. 우리는 굴비를 먹겠다고 전라도 영광까지 장거리 원정을 가고 한번은 서울 나들이 길에 군이 오장동 유명짜한 냉면집을 찾기도 했다. 술 아닌 차만으로도 취흥은 자자하여 다소곳하고 위엄 있는 한솔을 앉혀두고 덕산 님과 나는 봄날을 그 차밭의 더없는 풍경을 무대로 소품으로 두고 노래하고 시 읊고 춤추었다. 오진 재미였다. 덕산 님의 십팔번은 '사철가'에 '내 고향 남쪽바다' 더하여 '라노비아'도 '모란동백'도 실리고 '봄날은 간다'에 이르면 한솔의 조심스런 목청도 보태어 얼쑤!

두 사람은 화상 자욱이 얼굴에까지 선연한 장애우. 시중의 사람들은 그이들의 진면목을 알지 못하였으나 나는 모를 수 없었으니 우리는 피가 아닌 술이 아닌 차로 맺어진 깊고 아름다운 인연의 사람들. 그이들은 말이나 감정을 아꼈으나 나는 자주 우리는 일주일만 안 보아도 보고 싶어지는 사이라고 흰소리를 해대고 만날 때도 헤어질 때도 두 사람을 끌어안고는 했다. 그렇게 우리는 봄을 살았고 놀았다. '도화야 너무 멀리 가지 말아라 뱃놈 알까 두렵다' 우리들의 낙원을 우리끼리 숨겨 두고 아껴 살자고 놀자고 하며 놀았다.

아, 그 날, 그 시간들. 봄날 다 저물도록 차에 차를 더하여 취하던 그림 속 정경들. 그런 우리를 시샘하였던가? 사 년 전 예순여덟 나이를 끝으로 지병을 앓던 덕산 님이 세상을 떴다. 사람은 가도 봄은 어김없이 오고 차밭의 찻잎은 다시금 돋아나 한솔과 나는 불목하니 없는 차밭에서 봄철 두 번 더 차를 만들었다. 덕산 님은 우리한테 삯도 안 주고 일만 부려먹은 악덕 농장주였다고 먼저 간 사람 흉을 보면서….

한 사람의 빈자리는 작지 않아서 우리는 여느 해 마냥 차를 만들고 갓 만든 차를 우려내 마셨지만 덕산 님 없는 찻자리는 취하지도 취할 수도 없었다. 그가 가던 추석 전날은 너무 청명하고 푸르러 우리 모두는 "참 좋은 날 받아 가네, 날 조으타!" 하며 그날은 차가 아닌 술에 취하여 놀면서 그를 배웅하였다. 젊어 한때는 술도 즐기고 몇 십 명 직원도 데리고 사업도 했더라는, 일테면 한 시절 잘 나갔더라는 그이. 그의 장례식에 모인 사람들은 하나같이 그의 진면목을 아는, 나보다 더 오랜 세월 그를 알고 덕산 한솔 부부를 지켜 보아온 사람들이었다.

핸드폰을 쓰지 않는 내 수첩에는 덕산 님의 기일이 적혀 있고 스스로 가족이라 일컫는 나는 두 번의 제사에 함께 했는데 아뿔사! 지난해는 음력 날짜를 놓치고 말았었다.

올해도 봄은 왔다. 그런데 이제, 올봄에는 한솔마저 부재중.

덕산 님 앞세우고 골병이 도진 듯이 여기 저기 아프고 무기력해진 다던 한솔은 그 무슨 인연이 또 닿아서 경기도 고양의 아이보개로 갔다.

민준이. 본 적 없는 아기의 돌보미가 되어 아니 민준이네의 가족이 되어서 몇 달 사이 돈도 벌고 건강도 되찾은 듯한 한솔 님과 두어 번 통화 후에 나는 혼자 차밭으로 차를 만나러 갔다. 곡우 전의 무성한 푸른 찻잎. 아깝고 서러웠다. 차 박사, 차 선생님에 도반이기도 했던 한솔이 없는 차밭에서 혼자 찻잎을 땄다. 그리고는 딴 찻잎을 집으로 가져와서는 가스불로 차를 덖고 비비고… 하나에서 열까지 시작에서 완성까지, 온전히 혼자 손으로 어설프게나마 마음을 다해 정성을 다하여 차를 만들었다.

첫 차는 남편에게 그리고 한솔에게도 ― 민준이의 그림책에 편지 한 통 동봉해 차 한 봉지 보냈더니,

"선생님! 차가 좋아요!"

한솔의 전화.

"진짜? 듣기 좋으라 하는 소리 아니고?"

"진짜예요. 자알 만들어 졌는데요. 계속 만드세요."

나는 또 못 참고 자랑 친다.

"여보야, 한솔이 차 좋대. 계속 만들어라 하네. 합격이야!"

나는 다시금 서너 차례 연이어 고라니마냥 산길을 오르내린다. 셋이 걷던 길을 둘이 걷고 이제는 혼자 오간다. 그사이 봄은 깊어져 진해져 찻잎에 노오라니 송홧가루 얹히고, 덕산 님 그토록 좋아라 자랑삼던 모란꽃 지고 돌배나무 아래 작약이 금방이라도 꽃가슴 터뜨릴 기세에다 머잖아 온산에 뻐꾸기도 울겠다. 그렇게 봄날

이 간다. 가고 있다.

　　혼자라도 잘 노는 내가 올봄은 왠지 기가 죽는다. 힘내야지.
아자!

봄 기다림

·

·

·

친구들이 온다. 나보다 겨우 일 년 혹은 몇 달 먼저 태어난 올해로 육십갑자, 회갑연 맞이한 친구들. 몇 해만에 고향으로 봄나들이를 오는 혜영이, 미자, 미선이, 순점이, 정희. 나는 사나흘 뒷산 오르내리며 진달래 하마나 얼마나 피나 피었나 꽃송이 세었다.

양지녘 쑥은, 달래, 냉이는? 그러는 사이 뜨락의 키 큰 금목서 아래 꿈결처럼 원추리 싹도 돋았다. 삼월 열이레 엊그제는 첫 살구꽃 피고, 오늘 삼월 스무날 아침에는 뒤란의 대밭에서 휘파람새 소리도 들리었다. 아, 올해도 봄이 오고 이 봄에 우리가 살아 있는 것. 생각만으로도 눈물 난다. 친구들은 하룻밤 묵는 것만도 민폐라고 밥은 밖에서 사먹자 하였지만

'야들아, 너거는 모리제? 니들 환갑상 생일상 한 끼 밥상 채리줄라고 솥뚜껑 운전 삼십삼 년에도 여직 프로살림꾼이 되지 못한 요량머리 없는 귀자가 열흘 보름내 궁리만으로도 이러저러 너거 맞이할 마음만으로도 이따만큼 설레는 거…. 걱정 붙들어 매거라. 돈 들이지도, 애쓰지도 않는다. 생일상, 환갑상 머 별 것가? 된장찌개에 냉이, 달래, 원추리 무침에 쑥비짐떡에 진달래 꽃부침, 거기다가 광도막걸리 한 사발이모 환상이지.

친구들아 고맙다. 마음 가는 데 시간이 가고 돈도 가는 것인데

이 바쁜 세상에 너거들이 돈보다 귀한 시간을 내고 마음을 내어서 고향으로 나에게로 와 준다니, 나도 기꺼이 즐겁게 마음을 내고 시간을 내어서 토방에 군불 지피고 한 끼 봄 밥상을 차리마. 그렇게 우리 만나자. 놀자.'

아, 내일이면 내 친구들이 온다!

쉰의 나들이

·

·

·

그냥 지나치면 몰라볼 그러나 한 번만 유심히 보노라면 금방 알아챌 옛 얼굴이, 그 오랜 이미지가 사십 년 세월에도 선명하게 남아 있는 옛 동무의 생김새. 오래고 새로운 얼굴들의 만남.

차 속은 내내 시끌벅적. 출발 전에도 출발 뒤에도 줄기차게 내리는 빗줄기도 아랑곳없다. 친구들은 한참 동안 서로의 손을 놓지 못하고 안부를 묻고 반가움에 반가움을 더한다.

"옴마야, 니 외자 아니가?"

"웅냐, 니는 전—정숙. 정숙이 맞제?"

"하모, 가수내. 이름도 안 이자삐릿네. 고맙구로"

"몇 년 만이고? 오데 사노야?"

"니는? 옴마나. 중학교 졸업하고는 못 봤네. 맞제?"

그날의 목적지는 소설 『토지』의 무대인 하동 평사리와 매암 차박물관 이었지만, 가는 길 우리는 남해 물건리에 위치한 예술촌을 먼저 들르기로 했다. 해오름 예술촌. 그곳의 코너별 전시를 다 보고 나오자 어느새 남해 바다에 햇살이 환했다. 와우! 눈부신 남해 바다를 배경으로 끼리끼리 사진도 한 컷. 차는 하동 포구에 접어들어 포구를 달렸다.

우리나라에서 아름답기로 손꼽는 하동 포구 팔십리길, 벚꽃길, 송림길. 들어서기 전의 섬진강변 세찬 바람이 강섶의 갈대를 마구 쓰러뜨리듯이 흔들리게 하고 커다란 45인승 버스조차 흔들리는 듯 그날은 날씨조차 일곱 색깔 무지개마냥 다양한 연출로 모두를 달뜨게 했지.

아침의 장대비로, 정오 전의 햇살로, 섬진강변의 바람으로, 지리산 칠불암에서 느닷없이 꿈결처럼 날리던 눈송이로, 그리고 그리고 시월상달 보름달로…. 통영, 거제, 대구, 창원, 부산, 경주에서까지 한마음으로 한걸음으로 달려와 함께한 친구들이 서른넷. 초등학교를 졸업하고서 40년 만에, 여고 졸업 이후 25년 만에 그 꽃다운 시절을 지나 이제 하나같이 중년의 아줌마가 되어 만난 통영여중고를 졸업한 또래 친구들. 여자 나이 쉰의 나들이. 그것은 한 장의 편지글로 비롯되었고 한 사람 그리고 또 한두 사람의 마음이 모아져 비롯된 것이었으니. 한창 나이 사느라고 바쁘고, 이유도 핑계도 많은 와중에 더더구나 당일 아침의 궂은 날씨에도 불구하고 동행을 감행. 그렇게 오진 설렘 종일토록 재미짐에 빠질 수 있었으니….

그 편지, 가을날 친구들의 이름으로 배달 된 친구의 편지글이 이러하다.

친구를 모십니다.

평안하신지요? 거울 속 얼굴에 주름살, 흰머리가 늘어나고 돋보기 없이는 책 읽기도 수월찮은 나이, 어느새 아이들은 자라 제 짝들을 찾기 시작한… 앞만 보고 달려온 우리 나이. 쉰의, 혹은 마흔 아홉의 고비가 해 넘어가듯 기울어 갑니다. 얼마 전에는 또 한 친구가 혈액암으로 세상을 버렸다 합니다. 이런 기막히고 어이없는 소식을 전해들은 친구들 몇이 더 늦기 전에 '나'와 '우리'를 찾아 나이 쉰의 고개 넘기로 늦가을의 나들이를 마련하였습니다. 살아보니 모든 것, 한 생각이요 마음먹기 아니던가요. 단 하루나마 부디 한 마음 한 걸음 보태어져서 나는 너로 너는 나로 하여금 저무는 가을이 더 더욱 향기롭고 따스하게 채워졌으면 하는 바램입니다.

　　친구를 기다리겠습니다.

　　그 가을 편지 한 통으로 나이 쉰의 여자들은 친구들은 그렇게 만났고 그렇게 가을 하루를 여의었다. 살아온 세월마냥 비도 햇살도 바람도 눈발도 만나면서 마침내 시월상달 더없이 둥글고 환한 보름달 안으면서 웃고 울고, 울고 웃으며 그렇게 신기루 같은 쉰의 나들이를 살았다.

　　이제 다시금 십 년 예순을 향하여, 십 년 뒤 예순의 나들이를 기약하면서 그때까지 건강하자고 좋은 일에나 궂은일에나 서로를 기억하고 부르자고 불러 달라고 연락 끊지 말라고 잘 살라고 오만 덕담, 당부로 손바닥 마주치며 어깨 감싸 안으며 얼굴은 웃는데 눈자위 설핏 붉어지면서 못내 아쉬운 손길, 발길, 마음을 추슬러 그렇게 헤어지는 길. 각자의 자리로, 둥지로들 돌아가는 길. 시월상달 보름달이 저마다의 길을 그렇게 차별 없이 비추어 밝혀주고 있었다.

봄 선물
— 오만 원짜리 한 장

.

.

.

우린 23회 졸업생이라 매달 23일 모인다. 네 살 된 큰 아이를 데리고 시내 구석구석 흩어진 동기생들의 주소며 연락처를 찾아 내여 여고 동창 모임을 시작한 지 서른 해가 되었다.

지난 5월에 나는 그냥 오월을, 살아있음을 축하하고 싶어서 동기들에게 보리밥 한 그릇을 샀고, 오늘은 지난겨울을 건뎌내고 지나온 것을 자축하고 싶어서 봄 선물을 하고 싶어 졌다. 뭐 축하하고 쏘아야 할 까닭이 따로 없이 거창하고 별 다른 이유 없이 그냥 더불어 우리들, 우리 스스로를 축하하고 싶은 날. 오늘은 그런 날. 카드를 쓰지 않는 내 지갑에는 지난해부터 5만 원권 한 장이 두 번 접혀져 주민등록증 뒤에 숨다시피 꽂혀 있다. 일테면 비상금. 오늘 나는 그 오만 원의 절반을 쓰려고 한다. 돈은 모은 돈, 번 돈이 내 돈 아니라 쓴 돈이 내 돈이랬다. 돈 쓸 궁리하면서 아니 꼭꼭 숨겨둔 비상금 오만 원짜리, 적금 깨듯이 깰 궁리하면서 기분 좋다.

단골 꽃집에 전화한다. 엊그제 꽃집 갔던 길에 색색의 프리뮬러 꽃분을 보았으니 친구들한테 그 작고 화사한 꽃분 하나씩 선물할 당찬 계획. 꽃집 아주머니는 어짜까이, 프리뮬라 분은 다섯 개밖에 없다고 다육이는 어떻겠냐 묻는다.

"그건 좀 아닌데…."

내가 아쉬워하자 오늘은 꽃차가 안 오는 날이긴 하지만 전화해 가져다줄 수 있는지 물어나 보겠단다. 그래 주시면 고맙겠다고 다시 연락드리마 하고 전화를 끊었는데 돌아서자마자 전화가 걸려 왔다.

"갖다 주신대요. 몇 시쯤 오실래요?"

"아, 잘됐다. 12시쯤요. 고맙습니다. 친구들이 좋아하겠죠?"

오늘 밥 먹고 돌아갈 때 빨강, 노랑, 분홍, 파랑, 주홍의 프리뮬러 꽃분 하나씩을 안고 갈 친구들 얼굴이 떠올라 벌써부터 나는 설렌다.

그래, 비상금은 그런 데 쓰는 거지. 오만 원을 오십만 원처럼 쓰자. 그나저나 오늘 모임 자리에는 친구들이 몇 명이나 참석하고 어느 친구가 불참할지? 그래도 매번 스무 명에서 스물셋쯤은 오니까. 보자, 스물다섯 개 사서 두어 개 남으면 내가 안고 와 남편한테 '여보야 봄 선물이야!' 내밀면서 생색낼까?

내 지갑에 비상금 넣어 다니고 그 비상금 꽃분 사는 데 썼노라고 이실직고 하면 구두쇠 남편 틀림없이 날 비꼬면서 '돈도 많네, 당신은…' 할 터이니 비상금 소리, 여고 동창들에게 봄 선물로 일일이 프리뮬러 꽃분 안겼단 소리 쏙 빼고 그저 자기한테만 안겨주는 선물인 양 시침 떼고 생색낼까나. 안기면서 내가 더 기분 좋아질까나?

지리산

.

.

.

밤 진주, 차는 끊겼고 비는 내립니다. 요즘은 택시 합승도 없답니다. 내일 첫차 시간을 확인하고 비받이도 없이 추적추적 내리는 빗속을 걷습니다. 자금성, 이름 하나 좋습니다. 지난 이월 진주 비단길을 다 걷고 난 뒤 목욕을 한 적이 있던 24시 사우나, 찜질방에서의 잠은 으레 몇 번씩은 깨기 마련.

오늘도 어김없이 새벽같이 일어나 탕에 들어가려 옷장 앞에 섰는데 나보다 더 일찍 씻고 짐을 꾸리는 두 여자가 있습니다. 산행을 마친 사람들? 스틱도 보입니다.

"어디 산에 다녀오세요?"

"지리산 종주하고 왔어요."

"우와! 지리산, 저도 해마다 종주하는데…."

반갑기 그지없습니다. 연배도 내 또래거나 나보다 한두 살은 많아도 보이는데… 내 나이에 아직도 나처럼 지리산 종주를 하는 사람이 나 말고 또 있단 말이지?

탕에 들어갔다가 다시 나왔습니다.

"근데 벽소령 대피소 열었던가요?"

"네, 거기서 잤어요"

"진짜요? 저는 벽소령 대피소 문 안 열었다고 이번에 종주 포기하고 노고단서 자고 화엄사로 내려왔는데…."

"혼자? 대단하시네요."

"저는 늘 혼자 가요."

"저도요!"

얼굴이 둥그러니 인상 좋은 아줌마가 답합니다.

"근데, 나이가 어떤지 물어 봐도 돼요? 저는 예순 넷인데…."

"어머나, 동갑이네! 잔나비띠."

"맞아요!"

"어디서 왔어요?"

"저, 통영요."

"어제 전주 갔다가… 첫차 타고 가려고…."

"여행도 혼자? 멋있네요. 나도 혼자서 여행하는 거 좋아하는데… 나랑 똑같네."

"반가워요. 토영 오시면 우리 집 오세요. 재워주고 멕여 드릴게요."

"민박하나요?"

"아니오. 그냥 누구나 다 멕이고 재워주는데… 오래된 한옥 살아요."

"그래요? 멋있다! 진짜로 갈게요."

"그래요. 진짜로 오세요."

그 여자 전화기를 꺼내서 전화번호를 땁니다.

"휴대폰은 안 쓰고요. 집 전화번호 055, 644, 둘둘육오."

"저는 아침형이라 아침에 전화하시고요. 밤이라도 혹시 남편이 받아도 부천 사는 산 친구라고 얘기하세요."

　옆의 친구도 재밌는 표정. 친구가 뭐 오랜 세월로 시간으로만 맺어지는 거 아니라는 것. 영화관에서 만난 미혜 씨처럼 길지 않은 시간으로도 어느 누구보다 말이 통해서 아주 가까워져버리는 사람, 친구가 더러 있습니다.

　박영숙. 동갑에 홀로 산행 좋아하고 혼자 여행하는 거 나처럼 좋아한다는 어쩌면 산 친구가 될 것도 같은 그녀. 그녀들은 옷 다 입고 나는 발가벗은 채 첫 대면한 사이. 여자는 여자, 우리는 어머니이고 산이기도 하니까요. 우리 집에 꼭 오겠다고, 그러라고 꼭 그러라고, 작별인사를 나눈 우리.

　그이들을 보내고 다시 탕으로 들어가 샤워기로 따뜻한 물 받으며 생각합니다.

　'아, 지리산. 아, 벽소령. 유월이 다 가기 전에 다시 지리산 가?'

피아노 치는 소년

．

．

．

유월, 마삭줄꽃 향기가 그득한 저녁입니다. 언덕 위 작은 집에서 새어 나오는 피아노 선율이 콩밭 지나 울 너머 저어기 호수 같은 바다에까지 퍼져 갑니다.

소년은, 소년의 뒷모습은 익숙하고 편안합니다. 그의 마음이 가슴이 따뜻한지 악보 없이 치는 피아노 연주곡들이 참 부드럽고 다감하게 들립니다. 엄마는 유끼 구라모또의 곡들을 좋아하는지 소년이 뭘 연주할까 물으면 '왜, 그, 유끼 곡 있잖아' 하고 자주 유끼의 곡을 청합니다.

소년이 절대음감을 가졌다는 걸 아이의 엄마는 여섯 살 때 알았다 합니다. 엄마가 전공하지 않았는데도 피아노 학원을 열어 꼬맹이들을 가르칠 때 바쁘기도 했으려니와 정작 소년에게는 음계하나, 바이엘 연습곡 한 번 가르치거나 시킨 적이 없다 합니다.

그랬는데 어느 날 이웃 청년이 아이한테 언제부터 피아노를 치게 했냐고 묻더라네요. 엄마는 뜻밖이어서 가르친 적 없다고 음계도 모른다고 대답했는데 아니라고 진짜 연주를 하더라고 시켜보라고 했대요. 믿기지 않는 채로 엄마가 아이더러 어떤 곡을 칠 수 있냐고 물었답니다. 그때 레슨을 받고 있던 한 아이가 연주하는 걸 들으며 아이는 저 곡을 칠 수 있다고 했고 놀랍게도 아이는 방금 한 번 들은 곡을 틀림없이 그대로 연주했다는 거예요. 아아, 그렇게 아이는 타고난 피아니스트였던 게지요.

그랬습니다. 어떤 곡이든 한 번 듣고 악보 없이 그대로 연주해내는 아이. 그 타고난 재능에도 불구하고 아이는 전공은커녕 대학 진학도 포기하고 부모님을 따라 증인의 길로 들어섰습니다. 설상가상으로 오래 아프던 아빠가 올 1월에 영영 하늘나라로 갔습니다. 산언덕 흙집에 이사한지 꼭 1년 만에….

피아노를 치는 손으로 아이는 이것저것 자투리 목재를 모아 현관 앞 디딤판을 멋들어지게 만들고, 세 살 아래 동생하고도 참 묵묵히 의좋게 지냅니다. 그리 빨리 가려고 그랬던지 아빠는 아이를 꽤 엄하게 키웠는데, 아빠의 방식과 기준은 언제나 성경 말씀에 있어, 말씀이 이러한데 너의 행동이 그릇되었으니 너가 스스로 어떤 벌을 받고 몇 대를 맞아야 겠느냐고 너가 정하라 하며 벌을 주었다 합니다.

하나에서 열까지 참으로 성경대로 살던 부모님. 아빠는 엄마하고도 그럴 수 없이 잘 지냈대요. 오래 병으로 입원 퇴원을 반복하던 아빠를 위해 치료차 요양차 바다가 내려다보이는 오두막집을 구하고 땅값보다 배의 돈을 들여 요모조모 참 어여쁘게 쓸모 있게 되살려 태어난 시골집은 이제 두 형제와 엄마만 사는 집이 되었습니다.

세상은 모르고 한국에서는 더더욱 인정하고 알아주기는커녕 이단이라 핍박받는 여호와의 증인. 땅끝까지 전파하라는 그 말씀 받들어 소년은 타고난 절대음감도 피아노도 서랍 속 꽃씨마냥 고요히 묻고 오늘도 왕국으로 갑니다. 아빠 가신 지 5개월 남짓, 침착하고 강한 듯해도 아직은 그 빈자리 메울 길 없을 엄마가 '윤아, 유끼 곡 메들리로 연주해 줄래?' 하면 소년은 금세 피아노 앞에 앉습니다.

유월, 저물 무렵의 산마을. 소년의 피아노 소리가 고즈넉이 마을을 싸고돌아 저만치, 오직 이 집을 위하여 있는 것 같은 호수 같은 바다 한 조각에 가녀리지만 넓게 드넓게 퍼져가는 물수제비 물결을 일으킵니다.

엄마도, 아까부터 잠든 척 침대에 모로 누운 중3짜리 동생 현이도 윤이도 조붓이 복된 저녁입니다.

하나님도 아빠도 저녁노을빛으로 미소 짓습니다.

뒷모습

．

．

．

내겐 날마다가 생일이요, 기념일이다. 공공연히 그렇게 말하고 또 매일의 아침과 저녁을, 그렇게 맞이하고 저무는 하루마다를 그렇게 여기고 모시고 깨어있고 엮으며 살려고 한다.

그러니 꽤 오래전에도 나는 '이런 기념일'이라는 제목으로 그해 삼월 딸아이가 첫 생리를 한 날, 이웃의 노전할머니가 돌아가신 날, 다래꽃 딴 날… 쭉 나열하면서 십이월의 마지막에 한 해를 돌아보며 기실 날마다가 기념일 아닌 날이 없었노라고, 사람의 생애 날마다가 매순간이 기념일이자 생일이요 축제인 것이라고 말하고 새긴 적이 있다.

그러고도 몇 년. 열네 살 첫 생리를 하여 엄마의 가슴을 달뜨고 설레게 하였던 딸은 그 사이 스물다섯 살 처녀가 되었고, 나는 흰 머리칼이 늘어나고 눈가에 주름도 더 잡힌 쉰일곱 초로의 아줌마 아니 할머니가 되었다.

그렇건만 그것은 세상의 기준이지 내겐 아니다. 오늘은 내게 또 하나의 생일이자 특별한 기념일. 나와 남편이 생애를 함께 하기로 약조하며 첫발을 내디딘 그날로부터 31년. 나는 지금 내 딸의 나이보다 불과 한 살이 많았던 스물여섯, 오월의 신부였다.

그리고 아직도 나는 그날의 오월의 신부로 산다. 우리는 오늘 통영 바다가 한 눈에 드는 레스토랑에서 한 시에 데이트를 약속하였고 나는 얼마 전에 마련해둔 고운 원피스를 오늘을 위해 차려입고 나섰다. 목걸이 위로 초록 스카프도 가볍게 두르고, 노란빛 모자도 쓰고, 검정 단화에 검고 푸른 퀼트 천가방도 메고, 카메라도 챙기고… 비 갠 뒤의 화사한 햇볕 속을 나는 그렇게 나섰고, 약속 시간보다 먼저 와 창가 자리를 잡고 나를 기다린 남편은 다섯 송이 붉은 장미를 내게 안겼다.

　남편은 해물볶음밥, 나는 오븐그라탕스파게티에 페퍼민트 차 한 잔. 따뜻하고 맛난 완두콩 스프에 이어 마늘빵, 서비스 와인, 주문한 음식이 차례로 나오고 점심을 다 먹기까지 우리는 그저 연인 마냥 따스하고 정겨운 눈빛을, 이야기를 나누며 복되고 고마운 시간을 가졌다.

　우리가 사랑하여 마지않는 통영 바다는 오늘도 아름다웠고 도중에 며느리를 동행하여 들어선 내 선배는 그런 우리 모습이 너무 보기 좋다고 거듭 덕담을 건네셨다. 아마 하나님 보시기에도 그러하셨으리라.

　후식으로 남편은 아이스크림, 나는 커피까지 잘 비우고 우리는 늘 그러하듯이 걸었다, 구름다리 지나 해안길 따라 팔짱 끼고서. 아, 걷는 도중에 특별한 만남이 있었으니. 그건 내 친구 순이가 사무실 가는 길에 다리 위 멀찌감치 뒤에서부터 우리 모습을 보고 '참 멋있다. 어떤 사람들일까. 저 천가방은 얼마쯤 할꼬?' 하믄서 따라 걸었는데 세상에나 그렇게 걷다가 문득, 낯익은 뒷모습에 '맞다! 귀자!!' 하고 우리를 불러 세운 것이었다.

순이는, 내 말 한마디에 지금까지 16년간 야구르트 배달을 하고 있는 내 친구 순이는 울었다.

"세상에. 귀자 맞네. 나는 아까부터 뒤따라옴서 '너무 멋있다. 도대체 어떤 사람들일까' 궁금하다가 한 순간에 '귀자!' 머리에 불이 켜지드마는 귀자 맞구나. 아아. 장미꽃다발, 오늘 무슨 날이가, 너무 멋지다! 고맙다!!"

하며 얼싸안고 반은 울고 있는 내 친구 순이. 순이는 그렇다. 나만 보면 다리도 안 좋으면서 차도 없이 시골 산다고 더울 땐 더워서, 모기가 많아서 어찌 사냐고, 지네는 더 이상 안 나오냐고, 추울 때는 추워서 어찌 사냐고? 풀만 먹고 살아서 힘도 못 쓸 텐데 어떡하냐고, 제발 몸 좀 보살피라고, 니가 건강해야 한다고, 나 볼 때마다 진심으로 간구하는 친구이다. 진짜 친구다. 나 살다가 영 서럽고 외로운 날 어디에도 기댈 데 없는 거 같은 날 오밤중에 달려가도 그래. 그래. 잘 왔다고. 나한테 와주어서 고맙다고 안아주며 등 토닥이며 같이 울어 줄 친구다.

순이. 나 시오년 세월 넘게스리 잘 자고 잘 먹고 이만큼 살아온 거 더우나 추우나 바람 불고 비 오거나 제아무리 궂은날에도 어느 하루 거르지 않고 아파트 계단 오르내리며 야구르트, 우유 배달하고 주일이면 단 한 번도 교회 예배 빠지지 않은 야구르트 아줌마 김석순. 내 친구 덕분이다. 나의 오늘은 순전히 그 동무의 한결같은, 세상에 다시없을 귀하고 귀한 마음씨, 티끌 없는 순백의 기도 덕분이다. 순이의 하느님 덕분이다.

그렇건만 그 순이가 내 뒷모습을 보고 반하였단다. 부러워하였단다. 누가 키운 뒷모습인데. 누가 만든 뒷모습인데… 오늘의 장미꽃다발은 마땅히 순이의 몫인데…. 순이가 다리 위에서 우리 둘의 사진을 찍어주고 순이랑 나도 어깨동무해서 사진 찍히고, 사무실 바삐 가야 한다는 순이와 헤어져 우리는 또 걸었다. 그리 걸은 지 이십여 분 되었을까. 예전 우리가 도천동 아파트 살 때 아침마다 걷던 산책길 해안도로에 깜짝! 또 순이가 나타났다.

손에 봉지가 들려 있다. 세상에, 나는 처음 보는 야구르트 신제품 '하루야채', '슈퍼100'. '요플레' 마냥 한 개 먹으면 하루의 야채를 섭취하게 된다는 뜻일 '하루야채' 여남은 개에 소화 잘 되는 '월'이 또 여남은 개 담긴 봉투를 내게 건넨다. 어쩔 줄 모르는 나에게 우리에게 순이는

"이거 니가 받으모 나가 더 고맙고 기쁘지, 귀자야 받아라. 갖고 가서 꼭 먹어."

순이 눈에 다시 눈물 맺히는 거 보믄서 나는 그만 콱 목이 잠기고

"응냐, 순아. 고맙다. 고마워. 잘 먹을게."

아아. 순이는 월요일 야구르트 배달 때메 엊그제 동기들 다 간 지리산 봄길 나들이도 못 갔는데, 이 비싼 거 다 지 돈 내고 샀을낀데, 그 돈 어떤 돈인데….

순이가 다시 사무실 가야 한다고 허청허청 노란 제복 노란 모자 쓰고 건널목 뛰다시피 건너가고 나는 다시 남편의 팔짱을 끼고 걷는다.

'그래, 순아 자알 먹을게. 나 잘 살게. 뒷모습이 아니라 너처럼 영혼이 더 아름답고 따뜻한 사람으로 살도록 할게. 너를 닮아 볼게. 고마워, 순아. 사랑해 순이야.'

돌아와 남편과 마주 앉아 차 몇 잔을 나누고 하루야채 한 개 앞에 두고서 이윽히 마주 본다. 순이가 웃고 있다. 나도 웃는다. 나는 오월의 신부, 내 친구 순이는 나의 또 한 분 스승. 어디에고 큰절 드리고 싶다. 남편한테도 딸에게도 아들에게도 순이한테도 고맙습니다!! 음력 윤삼월 열나흘 달한테도, 무논의 개구리 소리, 소쩍새한테도 절한다.

고맙습니다!! 오늘도 나의 생일이었고 기념일이었고 내 생애 처음이자 마지막 날. 최고의 날이었다!

퀵

.

.

.

"시인님 퀵 보냈어. 점심 쬐끔만 먹고 맛있는 빵이랑 좋아하는 포도 드셔."

"퀵요? 그런 것도 할 줄 아세요?"

"그러엄. 내가 모르는 것이 있간디? 꽃은 백합할까 하다가 후리지아 보냈어."

전화 오고 한 시간 반

이사 오고서 처음으로 퀵 배달로 생일선물 받았다. 그녀로부터 ― 보통사람이지만 보통사람 아닌 그이 풍금님. 지지난 해부터 내 양력 생일을 꼬박꼬박 챙기는 그이가 코로나바이러스로 세상 인심이 더할 나위 없이 흉흉한 이즈음. 오늘따라 찬 기운이 뼛속까지 스미듯이 추운 때, 끝에서 끝까지 먼 걸음을 해서는 갓 구워낸 맛난 빵을 사고 포도를 사고 후리지아 샛노란 봄향기를 다발로 엮어서는 내가 사는 시골집까지 오토바이 배달을 시켜 보내신 것이다.

'아, 못말리는 사람….' 커피 한 잔을 탄다. 일흔두 시간을 발효시켜 천연 효모로 만들었다는, 당신은 비싸 사 먹을 엄두도 내지 않는 갓 구운 빵. 맛나다!

난로를 피워 두고도 더워지지 않던 몸이 마음이 단번에 훈기를 되찾는다. 사랑은 그런 것인가. 세상인심이 아무리 팍팍하여도 그러기에 더욱 먼저, 더 많이 어딘가 누군가의 가슴에서 가슴으로 핏줄처럼 전류처럼 흐르고 전해지는 것. 나도 그이에게 무언가로 마음을 전하고 싶다.

오늘 처음으로 가슴을 열락말락하는 텃밭의 노란 수선화 그리고 능수청매. 이곳에서는 퀵 배달도 어려우니 마침 오늘도 꽃자리에 출석한 아우의 차편으로 꽃할머니이기도 한 꽃박사 풍금님께 나도 봄 향기를 전해야겠다. 내일 말고 나중 말고 오늘, 지금….

그리고 보니 사랑도 보답도 퀵, 퀵. 전국이 세계가 전염병으로 난리 비상이니 우리도 나도 언제 질 지 모르는 꽃처럼 아니 아니 금세 지고 마는 봄꽃처럼 맘이 조급해진다. 받기만 한 사랑의 빚 반도 못 갚고 내일이 아닌 다음 생이 먼저 올까 보아서….

우리들

·

·

·

　돌아오는 길, 접시꽃도 피었습니다. 자주감자꽃도 금계국도. 눈 돌리는 데마다 유월의 꽃들이 지천. 몇 개의 현수막이 눈길을 끕니다. 할머니 손맛 그대로 — 할머니 청국장 더 망설이면 늦습니다 — ○○아파트 분양광고. 작은 죽골이라 '소죽동'이라고 불리는 동네. 길지 않은 언덕길을 내려가 작은 터널을 지나면, 친구네 집 마당에는 빨간 모닝차가 서 있고 그 옆에 나란히 우리들이 타고 온 차, 언제나 큰언니 같은 친구 정선의 차.

　혼자 아침산책을 나갔던 길. 모를 낸 논, '삼호천'이라 명명된 하천에서는 물안개가 피어올랐습니다. 어디서나 눈에 띄는 아침의 사람들. 자전거를 타고 논을 둘러보거나 둘 혹은 혼자 아침운동을 나와 걷거나 운동기구를 타는 사람들. 내 발 앞에서 종종대다가 푸드득 날아오르는 비둘기 네 마리가 우리 사총사처럼 느껴집니다.

　우리는 여고 동창. 사오 년 전부터 어느새 사총사 되어 넷이 외국 여행도 가고 이런저런 집안의 일들로도 한 해 두 번쯤은 뭉쳤던 사이. 내가 자주 "너는 함석헌 선생의 시 속에 '그런 친구를 가졌는가' 하는 바로 그 친구야"라고 말하는, 참 품이 넓고 심중이 깊은 친구 정선이. 눈도 입도 젖가슴도 키도 커다란, 덩치값 못하고 눈물바람도 잦은 강순이. 능금 같은 볼을 가져 중고등 시절에 능금이라고 내가 불렀던, 말본새나 어투가 경북 사람 다 되어버린 경숙이.

정선이랑 나는 강순이가 시오년 전부터 근 십 년을 꼬박 이곳에서 포도농사 지은 덕에 해마다 추석 전에 먼 길을 와 포도 따는 손을 거든다는 핑계로 질릴 만큼 포도를 따 먹고, 당일치기로 혹은 하룻밤을 자고 가던 통영 붙박이. 각자의 살아온 이력이나 성격도 가지가지 색깔도 여실히 다르지만 모이면 남자들 군대 얘기 하듯이 되풀이해도 질리지 않던 추억거리들. 세 친구는 밤새우고 아침잠 깊고 나는 밤 아홉 시면 하품하고 누울 자리 찾는 사람, 저녁 일곱 시 이후면 웬만큼 맛난 것에도 눈 돌리지 않고 손 가지도 손대지도 않는 사람. 그런 나를 경숙이는 "니는 우리 다 죽고도 백 살까지 살끼다." 했지만 뭐 오래 살려고가 아니라(그리 살아지지도 않고 살고 싶지도 않거든?) 산 동안에 선택한바 일상을 몸의 습관을 나름 지키고 몸도 마음도 가볍고 상쾌했으면 하는 바람인 게지요.

암튼 이번에 뭉쳐진 것은 강순이의 남편이 폐선암 진단 받고도 두세달 지나도록 문병 못 갔던 참이라 식당 하는 친구 정선이 바쁜 오월 지나 유월의 첫날에 이곳 음성까지 강순이 보러, 강순이 남편 위문하러 온 것입니다.

짐작보다 잘 견디고 있는 두 사람. 내외는 안식일 교인이라 항암 치료 병원 치료 대신에 철저한 채식 과일식으로 투병 중입니다. 나 사는 방식 또한 오래 안식교도 못지않게 과일에 풀때기로 연명하는 처지라 그래도 끄떡없이 이만큼 오고 살고 있는 믿음으로 어제 만나 한바탕 강순이 눈물 바람 받고 안고, 둘러 앉은 자리에서 내가 가장 온전히(?) 깊이 그들의 치유책을 공감하였던 것 같습니다.

부담 된다고 외식하겠대도 군이 밥상을 차려낸 친구. 어디 하나 버릴 데, 나무랄 데 없이 손끝 야물고 칼컷고(깨끗하고) 영리하기도 매착 있기도 한 강순이의 밥상.

식당 하는 정선이가

"야, 우리도 이런 메뉴해서 장사해야 되것다야."

할 만큼 다채로운 색에 맛에 그야말로 일품 밥상.

"바같에서 먹을 거 머있노. 야들이 딴 데 방 얻어 달라 카는거 당신 까딱 없다꼬 괜찮타고 좁아도 우리 집서 자자 했지….”

강순이 말입니다.

그러구리 다시 뭉친 넷의 잠자리. 강순이의 밥, 반찬이 너무 맛있어서 어제만은 예외로 조금 과식하여 자고 일어나도 소화가 덜 되었습니다. 어디를 가나 낯선 동네에서도, 외국에서도 아침 산책을 즐기는 나. 세 친구는 자정이 다 되도록 수다를 떨었고 또 나랑 달리 셋 다 야행성이어서 아침잠이 깊으니 조심스레 눈곱만 떼고서 강순이 집을 나섰던 것입니다.

천변 길섶에 군락을 이루고 핀 유월의 꽃들 개망초, 마가렛, 금계국, 또 내가 이름을 모르는 보라색의 너무 멋지고 예쁜 꽃무리…. 강순의 남편에게 안길 꽃다발을 엮습니다. 할랑할랑 작은 꽃다발 풀줄기로 엮어 들고 걷는데 맞은편에서 얼굴을 다 가리는 마스크로 완전무장하고 아침운동 나온 아주머니. 반갑게 말을 겁니다.

"아이, 어디 살아요? 꽃 예쁘네요이 —"

통영서 살고 친구 남편 문병차 어제 왔다는 내 대답에 그 아줌마 자기 몸 안 좋아 오래 서울 병원 다녔다는 얘기, 요새 또 재발해 이렇게 운동한단 이야기, 인제 이곳 공기도 서울이나 마찬가지란 얘기, 다 늘어놓습니다. 그러고서 '아이 참, 반가워요, 초면인데도….' 하며 날 안을 듯 두 손 벌려 작별인사 합니다. 이것이 한반도 대한민국 사람들의 인정이라는 것 아닐런지요.

친절한 아주머니랑 헤어져 나는 다시 왔던 길 되짚어 걷습니다. 그사이 해가 높다랗게 떴습니다. '친구들은 아직 잠 속이어도 친구 남편은 일어났겠지? 이 꽃다발 받고 좋아하시겠지?' 턱 믿고 기대하면서 터널에 들어서니 내 발걸음보다 길다란 내 그림자가 앞서 걷고 있습니다. '아침의 꽃배달이라 — 남의 동네 남의 집 와서… 것도 나쁘지 않군!'

차 두 대가 나란히 세워진 마당 들어서니 어제는 눈에 띄지 않았던 꽃들이 친구네 마당에 만발입니다. 그래도… 아니나 다를까 진즉에 깬 침대에 누워 돌보기 없이 신앙서적 읽고 있는 강순이 남편한테 꽃다발 불쑥 안겼다가 엎어둔 단지 하나 씻고 물 채우고 꽃을 꽂아서 식탁에 얹었다가 '아니야….' 하고 다시 찬장 뒤져 일곱 개의 유리잔에 꽃을 나눠서 꽂고 친구의 화장대 위에, 마루의 서랍장, 식탁, 김치냉장고 위에까지 꽃을 연출 장식합니다.

내 부산 떠는 소리에 부스스 잠자리를 털고 일어난 왕방울 눈 강순이.

"니는 나가 꽃인데 무슨 꽃을 그렇게 꺾어 와 꽂아 두노?"

맞네요. 맞습니다. 친구의 남편한테는, 큰오빠 같은 그이한테
는 젊디젊은 각시 내 친구 강순이가 꽃입니다. 친구의 남편만이
아니라 이제는 우리도 삶의 마무리를 생각해야 하는 나이들. 언제
까지 살고 언제 어떻게 영영 눈감게 될지 모르는 일이나 산 동안은
건강하게 범사에 기뻐하고 감사하며 살 일입니다.

봄 편지 1

― 선숙이 1

．

．

．

새해 들어 절로 쓰인 시 세 편 보냈다. 삼월을 하루 앞두고 날
아온 답신.

「산에 들다」 시 잘 읽었다. 점점 좋아지네 네 글이. 감히 내가 평
해 본다. 답이 늦다. 머잖아 네 뜰에 만개할 꽃들, 네 집은 봄이 좋
다. 언제쯤 차 한 잔 같이 들 수 있을는지….

항상 건강히 생활하는 네 모습이 아름답다. 따로 먹는 것 없어도
건강하고, 그래서 행복한 너. 엊그제 창밖에 하얗게 눈이 쌓였드만,
이제 녹아서 밉다. 가끔 글이라도 전하고 살자. 가까이 있음 자주
볼 텐데 말이다.

네 남편의 안부도 묻는다, 먼 곳의 아이들은 잘 지내겠지? 반가운
소식 또 전하고, 건강히 지내자. 나이 드니 여기저기가 아프다, 심하
진 않고…. 이렇게 나날이 행복하다, 살아 있다는 건 그런 건가? 이
만 줄인다.

안녕 내 친구.

2019. 2. 24.

선숙이가

우리는 어릴 때 한동네에 살았고 초등학교 고학년 때는 등하굣

길을 거의 함께 오갔다. 선숙이는 운동을 잘하여서 송구 선수로 뛰기도 했다. 중고등학교까지를 나란히 다닌 우리는 그러니까 어언 육십 년 지기인 셈.

선숙이는 남편을 먼저 보내고 그사이 둘째 며느리가 낳은 손녀 '하나'의 할머니가 되었고 그 애의 재롱을 낙으로 산다. 송구만 잘한 것이 아니라 노래도 잘 부르고, 여고 시절 배운 피아노로 레슨을 해 용돈을 벌며 내 조카까지 가르쳤던 선숙이. 통영 여자답게 손끝도 야무지고 살림 잘 꾸리고, 차 마시기를 즐겨 아파트 방 한 칸을 차실로 꾸며두었던 선숙이.

선숙이의 필체, 선숙이의 편지에 나는 감탄했다.

'네 집은 봄이 좋다'

그렇다. 내가 깃들어 사는 이 마을, 이 집에 봄이 왔다! 뒤란의 커다란 나무에 살구꽃도 피고, 축담 아래 애기수선화도, 돌담 들머리 자목련도 꽃가슴을 열고 있다. 선숙이의 편지를 받은 지도 스무 날이 지났다.

선숙아. 네가 좋아하는 고향 집, 친구 집의 봄, 이 봄이 다 져버리기 전에 네가 와서 달롱개 된장찌개에 원추리 부추 나물에 파김치에 진달래 꽃부침 한 접시 없는 친구의 봄 밥상을 받아준다면 내가 더 고맙고 행복할 텐데….

너는 우리 집의 봄이 좋다면서도 올봄에도 하나랑 노느라고 못 오는 거니? 안 오는 거니?

봄 편지 2
― 선숙이 2
.

.

.

　　친구야. 차 향기로 찻잔을 헹구었다. 좋은 대로 사는구나. 네 돌담장이 한껏 핀 봄꽃과 합창하겠구나. 반가운 글, 고마운 차, 그렇게 마셨다. 마무리가 안 된 글 한 편 보낸다. 읽어보렴.
　　네 가정의 건강과 내 가정의 건강이 행복한 빛이기를 빌어 본다.
　　항상 생각하며 산다.

2019.5.8.
선숙이가

생각

해맑게 봄이 왔다
그 담장 너머로

가까운 마음이
먼 거리를 감싸 안으며
그렇게
봄은 오고――

기억 저편엔

아직
노오란 봄편이 향기로운데
세월이 자꾸 오기만 한다
안아 볼 수도 없음이
마냥 슬프다

희망이 절망을 누른 것일까
파르르 찻잔의 떨림이
마냥 봄 향기다

행복한 날들의 기도를 풀어
차를 끓인다

2019. 이른 봄에.

선숙이에게 차를 보낸 것은 정말이지 잘한 일이었다. 소꿉동무로 깨복쟁이 친구로 단발머리 갈래머리 소녀로 처녀로 아내로 엄마로 드디어는 할머니가 되기까지 육십여 년 세월을 한결같이 변함없는 친구로 지내온 우리.

예순 중반의 나이에 손 편지를 주고받고, 직접 만든 차를 보내고, 향기로 찻잔을 헹구었다는 너무도 근사한 답신을 받는 이런 행운을 내가 누리고 있다.

선숙아. 네 편지, 네가 쓴 시 너무 좋아서 시 쓴답시고, 책 몇 권 냈다고 작가연 해 온 내가 부끄러울 지경이다. 아, 내 친구 선숙이도 숨은 작가요 시인이었구나…. 내 감탄은 감동은 혼자만 그치거나 지닐 수 없어 네게 전화로 얘기한대로 나 이렇게 다 까발리고

만다. 친구 자랑 치면서 내가 괜히 으슥해지고 기분 좋구나.

숙아. 나 이제 발효차도 만들어 볼 거야. 성공여부는 미지수지만, 정성껏 만들어서 네게도 쬐금 보내볼게.

'행복한 날들의 기도를 풀어
차를 끓인다'

오래전서부터 이미 시인이었고 차인이었던 내 친구, 선숙아. 너가 정말 자랑스러워!

윤숙이도 의사

.

.

.

대상포진 증세가 또 도졌다. 3박 4일의 기차여행에서 돌아오자마자 찬 아침기온 속에 산책을 나서 떨어진 돌배를 주워 나르고, 기관지 천식에 좋다는 약을 만들겠다는 향순 언니를 도와 새들이 쪼아먹은 배를 깎고 도라지를 다듬고, 더하여 언니의 김장까지 거드느라 무리였나 보았다.

간밤 다시 도진 통증. 그래도 누웠으면 뭐하나 죽을 정도는 아닌 걸, 등 언저리가 심하게 쏘아대는 듯 따끔거리는 걸 무릅쓰고 산책 갔다 돌아오는 길, 천개마을 큰길에 나와 있던 윤숙이 보고 화들짝

"반갑다, 윤숙아아~"

부르며 두 팔 치켜들고 마주 달려서 우리는 만났다.

윤숙이는 내 모습이 안 보일 때 까지 언제까지나 그 자리에 서서 오래 오래 빠이빠이 한다. 몇 번이고 돌아보지 않을 수 없다. 우람한 덩치의 큰아이 윤숙이, 바보 윤숙이. 엄마가 옆에 있고 제 손에 백 원 동전 하나만 있어도 행복한 윤숙이.

"윤숙아, 이제 그만 들어 가아~"

크게 팔 흔들고 우리 동네와 천개마을 경계 짓는 청끝 들어서

는데 어라? 아프던 자리 더 이상 안 아프네. 그리고 보니 윤숙이도 의사, 나의 힐러였던 것.

나무날의 손님

·

·

·

　사나흘 전부터 메모해 두었지요. 10일 네 시 반 지강 님 일행. 떡국감은 있지만 새핸데 뭔가 곁들이고 싶어서 이틀 전부터 장을 봐야할까 궁리했어요. 계피, 생강, 호박을 사 와서 호박죽을 끓이고, '수정과를 곁들이면 좋을 텐데' 궁리만 하다가 장에 가지 못하고 오늘은 약속대로 그이들이 오는 날.

　'그래, 무엇 무엇을 사서 나르고 음식 장만하느라 부산을 떨기보다 그저 있는 것으로 소박하지만 알뜰하고 정갈한 밥상을 차리는 거야. 떡국에도 쇠고기니 굴이니 넣을 것 없이 다시마, 무, 멸치, 버섯으로 다시물 우려내어 김과 깨만 솔솔 뿌린 맑은 떡국 한 대접으로 새해맞이 떡국상을 차리는 거야.'

　마침 냉장고에 정이 할머니께서 지난가을 고구마 썰어서 말려 가져다 준 빼떼기에 정란이가 농사지어서 나누어 준 팥이랑 동부 있으니 그걸로 푹 고운 빼떼기죽으로 디저트 삼으면 금상첨화지 뭐. 내 생각대로 방식대로 터억 맘 굳힙니다. 내가 애쓰지 않고 번거로워하지 않으면 그이들도 나처럼 부담 없고 편할 것이라 믿어 버립니다.

　출근하는 남편의 뒷모습에 대고 '좋은 하루!' 인사를 보내고 설

거지하고 냉장고에서 떡국감 달걀 한 개 꺼내두고 압력솥에 빼떼기 고우면서 내 작은 부엌에서 귀로는 날마다 듣는 라디오로 FM 음악 들으며 눈으로는 책을 읽으며 복된 아침. 서른일곱 해 전이나 지금이나 내 살림살이 한결같이 변함없이 알콩달콩 아기자기 소꿉놀이입니다. 차리고 먹이며 내가 더 행복해지는 밥상. 돈 들이지 않고, 애쓰지 않고, 없는 대로 그저 있는 것으로 충분한 손님맞이 밥상. 고맙고, 고맙습니다.

새해의 모든 날들이 오늘 같이 모자람 없이 믿음으로 존재함으로 충만하고 복될 것을 굳게 믿는 아침. 가고 머무는 자리마다 꽃자리이니 지금, 바로 여기서 나 꽃자리를 살고 있습니다.

고맙고 고맙습니다.

동·남·서·북 사방 하늘 보고 절 드립니다.

고맙습니다.

오데 가요?

.

.

.

"아버지, 어떠세요?"

"다 됐십니다."

"……"

"어머니는요?"

"기저귀 갈고 있십니다."

방문이 열리고 뭉친 기저귀를 쥐고 나오던 긴동댁

"아이구, 말라꼬? 엊그지 아저씨도 왔더마는…."

방에 들어가도 되냐고 묻고는 허락도 듣기 전에 냉큼 축담

올라서 털신 벗고 툇마루 올라선다.

방, 그리고 병든 한 늙은 사내. 언제 감았는지도 빗었는지도 모
르겠는 그래도 검은 머리가 반 넘어는 남은 머리칼, 아이마냥 왜소
해진 몸체. 방 안은 이제 막 똥기저귀 갈아치운 똥 냄새와 수십 년
해묵은 냄새가 배어 있다. 날이 푹하니 문은 열린 채로다. 아랫도
리는 후줄근한 내복차림에 병자의 윗도리는 생뚱맞게도 설날 아
침에나 차려입을 황금색 마고자.

"잡숫는 거는요?"

"미음. 죽물 몇 숟가락 묵는다 아이가."

덧붙여 사이사이 바나나, 야구르트도 멕인다고 아내가 말한다. 얼굴을 찌푸리고 내쳐 눈을 감고 있는 병자의 손등에 내 손바닥을 얹는다. 입이 마른지 두어 번 여닫는 입술 속, 이빨 모두가 검정물 들인 듯이 새까맣다.

돌이 아저씨 오른손의 손가락 두 개 집게, 중지의 마디가 잘렸다. 아, 이 손으로 평생 농사짓고 나무하고 소 키웠구나. 긴동댁이

"알겠소? 시인 아지매?"

한다. 돌이 아저씨 황달기 덮인 큰 눈을 더 크게 뜨더니 잠시 눈 맞춘다. 골똘히… 그러나 허공을 응시하듯이…. 그리고는 아아 아아~ 판겸이라는지 판진이라는지 분명치 않은 발음으로 누구네 집 뒤… 간신히 운을 뗀다. 내가 말한다.

"맞아요. 김판진 씨. 조합장님 댁 뒷집이요."

열린 채로인 방문 앞 청에서 부전자전으로 아버지 닮아 술 좋아해 술기운에 일찌감치 코가 빨개진 이 집 아들 외진이 왔다 갔다 함서 '소치고 아부지 같이 치겠다' 중얼거린다. 뭔 말인고 했더니 '소가 곧 새끼를 낳을 건데 아버지 초상하고 맞물리겠다' 하는 뜻이다.

"간암이라고요?"

묻는 말에 긴동댁

"하, 머 그거뿐이까이. 벵이 몇 가지라 쿠는데…."

남편을 일별하며 답한다. 이사 와 십오 년 동안 그 집 아저씨 시내버스 타는 거, 동구 밖 나가는 거 단 한 번도 본 적 없다고 남편은 돌이 아저씨 더러 생불이라 했다. 집에 오는 손님들한테까지 우리 동네에 평생을 그리 사는 부처가 있다고 말하며 외경스러이

54

여기는 눈치다.

　하긴 나도 거의 본 적 없다. 딱 한 두 번 정도? 그때는 돌이 아저씨 면소재지 노산으로 이발 가는 길이었던가? 그치만 윗땀에서도 맨 윗집. 외양간에 언제나 소 있고, 오래된 우물이 깊고 아름다워 산책길의 나를 손짓하는, 이따금 내 얼굴을 비춰보기도 하는…. 그 집의 돌이 아저씨 시내 대신 동구 밖 대신 매일 가는 데가 있긴 있다.

　그건 삼이웃 다 알다시피 탑거리 점방집이다. 하루에 꼭 한 번은 탑거리까지 그날 일용하는 양식마냥 소주 한 병 사러 간다. 거의 날마다 가고 직접 못가면 아내가 사 온다. 그건 거르지 않는다. 끼니를 거르면 걸렀지…. 그래서 간이 나빠졌는지도 모른다. 아니 명명백백 그 때문이라고, 들 병이 든 거라고, 다들 빨리 가지 뭐 미련 있다고 눈 본 감노 한다. 약초 캐다 파는 구집댁은 한선네 가는 골목에서 나랑 진달래꽃 고르면서 혀를 찼었다.

　"아이구, 돌아. 돌아~ 불쌍도 하지."

　쯤은 안 된 깜냥으로 그랬었다. 아내 긴동댁을 조금 흉보기도 했다. '좋아하는 술이나 실컷 멕이 보내지 죽고나모 무신 소용이고' 함서….

　돌이 아저씨. 내 산책길, 아침마다 비 오시나 바람 부나 시오년 세월, 그 산책길. 집에 있는 날은 거의 거르지 않고 하는, 갈 때나 올 때나 그 집 지나칠라치면 한 달 치고 스무 번은 요강 비우러 나올 때나, 기침하자마자 집 앞 개울가 남새밭 둘러보러 나올 때, 쪼그려 앉아 담배 필 때 마주치면 천날 만날 똑같은 인사를 던졌다.

　"오데 가요?"

"산책가지요."

날이면 날마다 그렇게 오데 가는 줄 뻔히 알면서 물었다. 큰소리로

"오데 가요?"

드물게 그 말끝에 너댓 번 붙인 말은

"산돼지 나오요, 업히 가모 우짤라꼬."

하며 웃은 것이 전부였다. 가래 낀, 그러면서 우렁우렁한 돌이아저씨 목소리, 그 인사법, 돌이 아저씨만의 아침 인사.

"오데 가요?"

아저씨가 오줌이 누고 싶다며 일어나려 한다. 스스로는 일어나지도 대소변 가리지도 못하면서 본능적으로 똥오줌은 뒷간 가서 당신이 직접 보아야하는 거라고 무의식중에도 의식을 한다.

자그마하고 날랜, 사탕 좋아하는, 꽤 쌀쌀하고 추운 날에도 빨랫감 한 다라이 이고 집 앞 고랑 내려앉아 맨손으로 빨래하는 거 아무렇지도 않은, 틈만 나면 자발자발 무엇이든 하고 남새 캐고 골라서는, 단 묶어서는 장으로 가 돈도 사고, 농사도 적잖은데 일 년에 반은 굴 까러 가 목돈 뭉치는 일에도 빠지지 않는 재빠르고 야무딱진 아내가 다시 한번 낡고 얇은 이불 두 장을 남편 어깻죽지까지 여며 올리며, 방 안에 보따리 보따리 싸놓은 옷을 가리키며 '한 번도 안 입은 옷도 있다'며 죽기 전에 좋은 옷 입어 보라꼬, 생뚱맞게 환자한테 입혀둔 마고자를 설명한다.

내가 한동안 돌이아저씨 손등을 손바닥을, 잘려나간 뭉툭하고 짧은 손마디를 만지작거리고 쓰다듬다가, 속엣말로 편히 가서요 인사하고 일어서 나오자 아들 외진이 다시 말한다. '아부지하고 소

하고 같이 일치컷다'고.

사립문 나서기 전에 괜시리 그 집의 우물을 들여다보고 검정 고무로 만든 두레박으로 물 한 두레박을 퍼 올린다. 그 물로 손을 귀를 씻고 산책길 이어 걷는다.

비 갠 뒤, 사월 아침. 그 사이 일곱 시 되었을라나? 산도 들도 하늘도 싱그럽기가 청명하기가 그지없다. 개울물 세차게 흐르고 물소리가 물소리로 들린다. 시「박꽃」에서처럼 ― 그 물소리 뒤로 내 등 뒤로 돌이 아저씨 목소리 따라온다. 아저씨가 내게 묻는다.

"오데 가요?"

오늘사 말고 그 아침 인사를 내가 해야 한다는, 그 질문을 아저씨가 아니라 내가 물어야 한다는 생각이 든다. 소리 없이 '어디 가요? 아저씨!' 한 마디 묻는데 불쑥 눈앞이 흐려진다.

사월 아침 . 비 갠 아침. 너무 환하여 눈 시리다.

2부

/

그럼에도 불구하고

그럼에도 불구하고

.

.

.

　모란꽃 씨앗을 받아 두었다고, 사계마을 철호 씨의 전화를 받은 지도 두 달이 지났다. 그 사이 해가 바뀌었고 진즉에 나는 겨울 한가운데서 사방에서 스멀거리는 봄기운을 느꼈다.

　봄. 봄은 본다하여 붙여진 이름이라던가. 퇴계의 매화시첩을 떠올리는 이즈음, 삼한사온이라는 한반도의 겨울이 삼한사미라 개명될 만치 연일 대기 중의 미세먼지가 기승을 부리는 때. 이제 숨을 쉬는 데도 눈에 보이지 않는, 그러나 치명적이라는 대기 중의 먼지를 살피고 마스크로 무장을 해야 하는 시절을 우리가 살고 있다.

　몇 해째 딸아이의 방이었다가 지금은 내 공부방이 된 작은 방. 책장 위에 빨간 우체통 모양의 저금통이 놓여 있고, 나는 오백 원짜리 동전만 생기면 기분 좋은 소리를 들으며 그 저금통에 동전을 넣는다. 일 년이 되면 저금통은 밑 뚜껑이 따지고 오백 원 동전을 와르르 쏟아낸다. 묘목값이다.

　기껏해야 삼만 원 조금 넘는 돈에 지폐를 보태 고성장이나 내죽도 나무시장으로 가서 벗나무 묘목을 산다. 식목일을 전후해서 마을 들머리에 나무를 심는 일. 아니 정확하게 말해 묘목을 앉힐

구덩이사 언제나 정이 아빠 두진 씨나 현일 오라버니가 하니, 나는 나무값이나 대고 해마다의 연례행사인 양 때 되면 나무나 심자고 부추기는 역할만 할 따름이다.

　장 지오노의『나무를 심은 사람』아니라도, 사람보다 더 한 나무 한 그루의 유익을 굳이 거론하지 않더라도, 우리들이 살고 있는 지구별의 위기는 우리들이 알고 있고 막연하게 짐작하는 이상으로 심각하다고 한다. 지난 십여 년의 이상기후, 요 몇 해의 미세먼지 현상이 너무도 여실한 증거이지 않은가. 앎은 실천으로서만이 완성되는 것. 예술은 언제나 '그럼에도 불구하고'에서 비롯되는 것이라지 않나.

　내일 지구의 종말이 오더라도 나는 오늘 한 그루 사과나무를 심겠다고 한 유명 짜한 명언이 아니라도, 지금 내가 살고 있는 이곳에서 내가 그나마 할 수 있는 일.

　그럼에도 불구하고, 아니 그러하기에 더욱 나무를 심는 일. 기꺼이 즐겁게 기어이 해야 할 일, 내 일.

2017년 8월의 일기 2

— 기적

　·

　·

　·

아침 산책 때 본 분홍 하늘. 꽃자리는 아기고양이들의 놀이터. 옥잠화 피고, 봉선화 피고, 소나무 아래 심지도 않았던 참외꽃까지 무장무장 피었다.

오늘도 내가 살아 깨어나 새벽하늘의 견명성을 보고, 들판의 벼이삭을 보고, 개울물소리를 들은 것. 왼손 하나로 아니 오른 발의 엄지발가락까지 빌려서 손발톱을 깎은 것. 9월이 오고 가을이 오는 것. 오직 순순히 제 할 일 하는 사람들. 열매들, 기다림 끝에 익어가는 것들.

이 모두가 기적같은 일.

기적이다!

아침의 시
.

.

.

　며칠 길공부 다녀온 딸이 새벽녘에야 겨우 잠든 나를 깨웠다. 어제도 나는 찻잎 길손을 모셔 남편이 넉넉하니 군불 때 준 토방에서 자정이 지나도록 차를 비비고 재우고 또 글을 쓰느라 잠을 놓쳤다. 그래도 잠결을 깨우는 '엄마―' 부르는 딸의 목소리는 '와락' 반갑기 그지없었다.

　밤차 타고 내려 와서 많이 피곤할 텐데 철 덜난 엄마는 또 무슨 브리핑 하듯이 미주알고주알 며칠 사이 일어나고 겪은 얘기 다 한다. 딸은 그런 엄마 하루 이틀 겪는 게 아니어서 또 나보다는 훨 어른이어서 졸리는데도 꼬박꼬박 대답하고 다 들어준다.

　삼사십 분?

　"에그, 예슬아아 ― 아빠가 큰맘 먹고 불 때준 거, 이런 방바닥 이모 찜질방 저리 가라다야, 아픈 사람들 와서 찌지모 다 낫것다."

　"인제 너 자야지?"

　"엄마, 아빠 밥상 차려주러 내려갈게."

　"가만! 아침의 시 한 편 읽어주고, 엄마가 쓴 거 아니고."

봄의 정원으로 오라

잘랄루딘 루미

봄의 정원으로 오라
그곳에 꽃과 촛불이 있으니
당신이 오지 않는다면
그것들이 무슨 소용이 있으랴

만일 당신이 온다면 또한
그것들이 무슨 소용이 있으리 —

"안뇽!"
딸의 뺨에다 어릴 때처럼 나는 무수히 쪽 쪽 뽀뽀를 퍼붓고 방문을 나선다.

아침, 오월의 마지막. 간밤에 쓴 내 글이 아니라 루미의 멋진 시를 딸에게 읽어준 것은 참 잘한 일이었다.

'그래, 아가. 너가 오지 않으면, 오지 않았더라면 오월의 마지막 아침이 어이 지금처럼 충만하고도 상큼하리. 또한 오월의 싱그러운 아침인들 어이 너만큼 매력적이고 빛나리?'

기다림의 연대기

— 마흔 이후

　·

　·

　·

　내 나이 마흔 즈음에는 살구나무 묘목 한 그루 심어 두고, 삼년 만에 딱 한 개 열린 살구알 보고 하나뿐인 딸아이를 그리던 적 있었다.

　내 나이 쉰 즈음에 모두의 집 초당 앞에 작은 연못 만들고 딱 한 송이 백련이 피고 지기 까지 밥도 잊고 잠도 잊고 지켜본 적 있었다.

　내 나이 쉰다섯 그 즈음에 우물가 노장어리연 한 송이가 그 작은 꽃가슴을 열며 외친 천둥 같은 소리를 들은 적이 있었다.

　초봄부터 가을까지 꽃을 만나러 가는 순례길. 매화, 수선, 진달래, 모란, 작약, 수국, 연꽃들이 해마다 향으로 자태로 나를 불렀다.

　다시 온 오월. 이제 내 나이 예순 넷. 이 오월에는 차를 만든다. 손으로 하는 것, 끈질기게 하는 것이면 죄다 서툴고 힘들던 내가, 보고 듣고 좋아라 즐기며 고작 밥상이나 차려내던 내가, 처음부터 끝까지 내 손으로 내 정성으로 차를 만든다. 돈보다 시간이 먼저이고 더 귀한 내가 이틀 사흘 걸려 차를 만든다.

　차를 만들며 생각한다.

　'아, 무엇이건 나는 기다리며 살아왔구나. 아이들이 자라기를,

아이들이 돌아오기를, 봄이 오고 꽃이 피기를, 우리 내외가 어여삐 잘 나이 들어 가기를.'

익어가는 차 곁에서 마침내 흠향하게 될 생명의 기운을 온몸, 온 마음으로 모시며 나는 기다린다.

그리고 다시 생각한다.

'아, 오월. 하나뿐인 아들이 카메라에 텐트까지 메고서 홀홀단신 제 길공부를 나선지 꼭 일 년. 일 년이면 오마 하더니 반년을 더 나아가겠다고 아프리카는 이제 시작이라고.

그래, 내 아들, 너를 기다리며 엄마는 차를 만든다. 세상의 모든 기도말을 다 불러서 날마다, 오늘도 네가 행여 배곯지 않기를, 네 한 몸 누일 잠자리를 찾기를, 하루의 매순간이 선하고 좋은 차 향 같은 기운과 인연으로 채워지기를.'

엄마는 다만 기다리고 기다리며 손 모은다.

높고 먼 하늘 보고 절한다.

냉장고 파먹기

．

．

．

새벽달이 장관이었다. 보름 뒤면 설. 마당의 징검돌 위에 서서 하늘 우러르고 막 개구리바위를 넘어 지려는 달님 보고 세 번 절하였다. 오늘 밥상은 시락국에 녹두김치전. 두 가지 다 남편이 좋아하는 것이다. 간밤에 앉혀 두었던 식혜를 끓인다. 후식으로 누룽지에 식혜 반 사발, 사과 한쪽이면 금상첨화. 우리 집 밥상은 언제나 간결, 소박, 조촐하기 그지없다.

저녁밥을 안 먹은 지도 이십 년. 저녁을 거르자고 먼저 제안한 쪽은 남편이다. 책과 차라면 인이 박혔다 할 정도의 사람인지라 시골 산골짝으로 삶터를 옮기고서 일 년 남짓이 되었을 때 남편이 무슨 건강서적 한 권을 읽고서였다. 앎은 실천으로 비로소 완성되는 것. 나야 대환영 아닐 것인가. 수고도 덜고 시간도 벌고. 그리하여 우리 부부는 저녁밥을 먹지 않는 사람들이 되었다.

지인들도 다 안다. 우리가 채식 위주의 생활에다가 남 다 타는 차도 없이 살고 남 다 보는 텔레비전도 없애고 휴대폰도 안 쓰고 사는 줄을. 그래서 이해받지도 용납되지 않을 때도 많다. 다른 사람 불편한 것 생각 좀 하라고, 가까운 사람 심지어는 형제로부터도 이기주의에 아주 몹쓸 사람들이라고까지 비난을 받기도 한다.

삶은 사는 대로가 아니라 생각에 따르는 것이요 선택일진대, 사람들은 저와 같지 않은 것을 쉬 받아들이거나 인정해주지 않는다. 욕먹어도 싸다. 남편이 만 십 년 만에 다시 일을 나가고 부터는 연락하려해도 왕왕 도무지 연락 안 될 때가 많으니…(남편은 아들이 장만해 준 폰도 가지고 다니지 않으니 나까지 덤터기로 욕먹는다) 그러거나 말거나 우리는 큰 불편 없이 산다. 아직은….

저녁밥을 거르고 산 세월이 오래고 보니 수년 전부터 나는 멀리서 길손이 온다 해도 웬만해서는 저녁을 차리지 않는다. 대신 미리 양해를 구한다.

"우리는 저녁을 먹지 않습니다. 그러니 저녁식사는 해결하고 오셔요. 아침이나 점심은 꼭 차려드릴게요."

혼자이거나 여럿이거나, 가까이서나 멀리서나, 어느 누가 와도 우리 집 식단은 한결같다. 맑은 국이나 된장찌개, 밑반찬 두어 가지에 채소나물 한두 가지. 여름이면 감자수제비에 겨울에는 떡국. 봄이면 뒷산 진달래꽃을 따 와 화전을 부치고, 소류지 가는 길섶에서 캔 쑥으로 쑥비짐떡을 만들어 내기도. 죽도 자주 곁들이는데 주로 단팥죽마냥 푹 고아서 으깬 빼떼기죽, 이따금 호박죽이나 현미죽을 내기도 한다.

이런 내 살림살이를 자주 들여다 본 홀리골댁은 '사깜사네 사깜' 성에 차지 않는다는 표현이었고 누구는 손이 작다고도 했다. 사깜은 통영말로 '소꿉'. 일테면 내 살림의 방식은 소꿉놀이인 것. 이렇듯이 소꿉 같은 살림을 살고 더더구나 저녁을 먹지 않으니 시간도 돈도 남았다. 나에게 돈보다 귀한 건 시간. 남편의 제의로 시작된 저녁 불식은 우리 부부에게 참으로 한갓지고 넉넉한 시간을

허락하였으니, 그 시간들을 우리는 각자의 책읽기나 글쓰기 혹은
음악을 듣거나 차를 나누는 여유와 영혼의 풍요로움으로 채웠다.

　몸은 습관을 따라 반응하고 길들여지는 것이어서 어쩌다 저녁
을 먹게 된 다음날 아침이면 채 소화를 못 시킨 위장이 아침을 건
너뛰게 해서 우리는 웬만하면 저녁 약속을 피한다. 스무 해, 짧지
않은 시간이었는데 큰탈 없이 무리 없이 여기까지 왔다. 내년이면
남편의 나이 일흔, 나는 예순다섯 살이 된다. 아마도 우리는 남은
나날도 살아온 방식대로 이대로의 일상을 한결같이 또 새롭게 꾸
려가고 이어갈 것이다.

　오늘은 새벽참에 깨어 두어 달 전부터 냉장칸에 툭하면 서리가
차고 살얼음이 이는 오래 된 냉장고 생각을 했다. 식탁은 삼십오
년, 냉장고는 이십 년. 김치냉장고 같은 건 아예 없이 살아도 작은
부엌은 꽉 차고 냉장고 속은 언제나 무언가로 차 있다. 흔한 오븐
도 전자레인지도 없이 살지만, 큰 불편 모르고 되도록 제철 음식
제때에 조금씩만 취하고 사는 방식을 고수하고 있다.

　그나저나 냉장고, 아직도 한 오 년은 더 써야 하는데, 많지 않
은 설음식이라도 이삼 일이나마 보관하려면 냉장고 속부터 비워
야겠다. 우선은 속에 든 먹을거리, 식품 점검부터. 맨 아래 칸은 장
류에 효소 따위, 둘째 칸은 서너 가지 장아찌에 김치, 맨 위 칸은
마른 멸치와 찹쌀이 담긴 봉지, 야채칸에는 야채 대신에 팥이며
콩, 녹두, 빼떼기가 빼곡하다. 수납칸에는 견과류도 날계란도 다시
마도 있다.

　어디보자, 냉동실은? 육고기는 아예 없고 주로 해물, 조개, 굴,
전복, 건어가 두 마리, 파, 풋고추, 생미역, 도라지, 강낭콩에 진달
래꽃잎 얼린 것도 있다. 냉장칸 보다 냉동실이 만원. 자, 오늘부터

냉장고 파먹기다. 라디오에선가 들은 적이 있는데 주부 몇이 냉장고 음식 먹어치우기를 시도해보니, 세상에나! 파먹고 파먹어도 식품이 얼마나 쟁였던지 두 달이 더 걸리는 집도 있었다 한다.

우리 집은 일주일쯤 걸릴라나?

자 오늘부터다. 일주일에 한 번 볼까 말까 하던 장보기도 접고 오로지 냉장고 속에 든 식품만으로 밥상 차리기. 우선은 얼마를 들였었던지 기억도 가물가물한 냉동실의 먹을거리부터 처리하자. '에구, 떡국감만 해도 두 끼는 먹겠네.' 알았으면 실행해야 하는 것. 작심삼일 말고 작심열흘로 해보자.

종일 책에 자료에 눈 두고 하루에도 몇 번씩 차 마시는 남편. 가뜩이나 풀만 먹어서 얼굴이 까칠한데 내일 아침 밥상에는 전복에 장어구이라도 올릴까나?

햇볕 보약

·

·

·

춥다. 대한 지난 지 이틀. 새초롬하니 공기가 차가운데 그래도 남향집이어서 열시경이면 축담에 볕이 든다. 햇볕이 툇마루에까지 올라오는 시간은 정오 무렵. 이사 와서 만 스무 해 지나도록 나는 입버릇처럼 '햇볕이 보약', '잠이 보약'이라는 말을 달고 산다.

정말이다. 대문도 현관문도 없이 휑뎅그렁하게 나앉은 듯한 이런 한뎃집 두 칸 토방집에 살아보면 안다. 겨울철의 햇볕이 얼마나 귀하고 고마운지를…. 딱 세 시간, 낮 열두 시에서 세 시까지 툇마루에 햇볕이 담뿍 들어준다. 난로도 그런 난로가 없다. 나는 가만히 서서 등으로 삼십 분이고 한 시간이고 햇볕을 받거나 자주 부엌의 사십 년도 넘은 라디오로 음악을 들으며 책을 읽는다. 그러니 하루에 세 시간은 보약을 먹는 셈. 수고하지도 돈 들이지도 않고 하늘이, 자연이, 해님이 주시는 공짜 보약을 통째로 먹는 것이다. 얼마나 감사한 일인지….

덕분에 툇마루의 햇볕 속에서는 고양이마냥 조는 수밖에 다른 할 일이 없다는 시도 쓰고 예고 없는 길손이 와도 나는 얼른 '여기 앉아서 햇볕 보약 드셔요' 하고 툇마루에 앉거나 눕기를 권하기도 한다. 때 되면 추운 날씨에도 불구하고 햇볕만 있다면 마루에 밥상을 차리기도 차를 우려서 나누기도 한다.

아, 햇볕. 이것이 없으면 생명도 나도 없다. 세상 만물 모든 것이 끝이다. 사계절이 뚜렷하여 더 좋던 우리나라가 이제는 봄, 가을이 짧아지고 여름, 겨울이 길어지고 있다고 한다. 긴 겨울을 나기에도 볕살 한 줌은 그 얼마나 소중하고 귀한가. 겨울나기 곰 한 솥도 나쁘지 않고 칼슘에 비타민제도 괜찮지만, 내게는 햇볕만한 보약이 따로 없으니.

정오가 다 되었다. 귀로는 음악을 눈으로는 책을 읽다가 볕이 노곤해 살짝 졸아도 좋은 일, 지금은 나만의 보약을 복용할 시간.

오늘도 나와 준 해님. 고맙습니다.

배앓이

·

·

·

어릴 때 나는 자주 배앓이를 했다. 엄마 젖이 부족해서였던가. 배탈이 나면 엄마는 내게 흰죽을 끓여 먹였다. 하얀 쌀알을 참기름으로 볶아 물을 충분히 붓고 나무 주걱으로 오래 저어 끓인 흰죽한 대접에 딸려 나오는 것은 언제나 맑은 콩간장에 깨소금 띄운 종지. 죽 한 숟갈 먹고 숟가락 끝으로 간장 한 번 콕 찍어서 입에 넣으면…. 지금 생각하면 그만한 음식 궁합이 또 있을까 싶다. 가장 단순하면서 기가 막히게 절대적인 맛…. 그 죽 한 그릇. 엄마 정성 먹고 나면 어느새 기운이 나고 배 아프던 것도 거짓말 같이 낫곤 하였다.

아이도 날 닮았는가. 자주 체하고 배가 아프다 했다. 딸은 아빠를 닮아 밥 잘 먹고 많이 먹고 소화도 거뜬히 잘 시키는데 아들은 날 닮은 건지 소식하고도 잘 체한다. 신경성일게다.

아이가 일 년 반의 여정을 마치고 집에 온 지 일주일. 어제 처음 내 곁 온돌방에서 잠이 든 아이는 새벽녘 두세 차례 화장실을 들락거리더니 아침을 안 먹어야겠단다. 나는 나의 아침거리로 텃밭에서 모셔온 당귀잎 몇 장, 케일이파리 한 장, 부추 여남은 가닥, 민들레 잎사귀 두 장 씻어서 사과, 바나나에 견과류 함께 믹서기에 넣어두고 햅쌀 한 줌 씻어 둔다.

엄마생각 나서라도…. 오래 오래전 세상 버린 우리 엄마. 아이의 외할머니 손맛. 그 정성을 빌어 아들의 배앓이를 낫게 할 흰죽을 끓이려고….

애야, 살면서 어찌 날이 날마다 날씨가 쾌청하기만을, 몸과 맘이 편안하고 건강하기만을 바라리. 내 몸에 병 없고 탈 없기만을 바라리. 엄마는 이제 일흔을 앞둔 나이이니 여기저기 고장 나고 몸 성치 않은 거 당연하지만 푸릇푸릇 아직 젊은 나이의 너가 어디 한 군데 탈나거나 체했다고, 배 아프다고 하면 에미는 그조차 내 탓인가. 가난한 살림살이에 너희 어릴 때 보약 한 재 못 멕이고 고기 많이 멕이는 거 아니라고, 못 박고 대놓고 싫어하던 아빠 따라 사니라고 나 자라던 때처럼 고기도 생선도 질리도록 멕여 키우지 못한 내 탓인가 여겨져서 가슴 아프지. 미안하지.

애야, 기다리는 직장도 일도 없고 여름에는 찜통, 겨울에는 냉장고이던 옥탑방도 사라져 갈 데 없고 막막한 너가 오자마자 아빠의 우는 소리에 걱정에, 아직도 군불 때고 에어컨도 김치냉장고도 없이 더운 물도 맘대로 못 쓰는 시골집 한뎃집의 생활을 가슴 아파하고 늙어가는 부모 걱정에 아빠 걱정에 절로 더 어깨가 무거워져서 한숨짓고 답답해하더니 그 마음 그 생각이 체하고 탈난 것. 나 알 것도 같아서 만져져서, 엄마도 함께 굶는 아침.

하마나 네 일어나는 기척에 귀 기울이며 엄마가 할 일은 다만

책상 앞에 앉아 이렇듯이 글을 쓰는 거, 쓸 수밖에 없는 것. 쓰지 않을 수 없어서 쓰이는 글.

애야, 밥이 보약이고 힘이지만 엄마한테는 글쓰기가 또한 힘이 구나. 가슴병을 낫게 하는 치료제로구나.

점심때는 일어나겠지. 일어나 외할머니 손맛 흰죽 한 공기 먹고 나면 씻은 듯 낫겠지. 몸보다 맘을 먼저 편하게 해주어야 하는데….

미안하다. 애야.

다만 오늘은, 우선은 네 배앓이가 낫기를 바라며 엄마는 흰죽을 끓이지. 끓이면서 너를 곁에 두고서 너를 그리워하지….

고양이로부터

·

·

·

아침 산책에서 돌아오는 길, 돌담 들어서며 앞집의 감나무에서 익어 떨어진 감을 감 좋아하는 남편 생각나서 귀하게 모셔 오는데 고양이가 마주 오다가 순식간에 내 발 앞에 발랑 드러눕는다. 들고양이로 우리 집 주변을 오래 어슬렁거리다가, 내가 준 비린내 없는 밥도 먹다가, 드디어는 우리 집 마루 밑에 네 마리 새끼를 낳아 기른 어미고양이. 새끼들 털 핥아 주는 것이 일이더니 어미인 저도 만져 줄 손길이 필요했던가 보다.

오 분? 아니 삼 분쯤(삼 분도 길다면 긴 시간이다)은 되게 목덜미를 등을 간지럽히듯 만져주었던 내 왼손. 아, 그렇게 왼손으로 한 손만으로 할 수 있는 일이 또 한 가지 있었던 것. 아무 힘 들이지 않고⋯. 고양이도 나도 기분 좋은 일 흐뭇한 일. 얼마나 흐뭇하였으면 좋았으면 '어라, 자?' 할 만큼 고양이는 세상에서 제일 편한 자세로 드러누워 눈을 감고 있었다.

이거구나. 힘을 빼는 거. 온전히 의심 없이, 저항 없이 믿고 터억 내맡기는 거. 그저 맡기기만 하면 되는 사랑법. 이거구나!

매화맞이

·

·

·

입춘이 스무 날도 더 남았는데 천개암 가는 길 염소농장 윗뜸 밭에 매화가 피었다. 어느 결에 피었던가. 잠결 등 너머로 오는 향기도 못 들었는데 매화가 피었더란 말 한마디 꿈결처럼 듣고서 내 발걸음 응당히 그곳으로 끌렸다. 해마다 맞이하는 매화인데 내 감동 감탄은 또 처음인 양 놀라고 설레었다. 혼자 보는 것 아깝고 미안하여 녹두알만치 도토롬하니 부푼 꽃가지 하나 남편한테 보인다고 모셔왔다.

"여보, 매화가 피었어."

식탁 위 작은 찻잔에 꽂아둔 매화, 사흘 만에 드디어 기어이 제 꽃망울 가슴을 터뜨리고 피어난다. 나는 또 감탄, 감동, 감격하여 코를 들이대고 입맞춤하고 맡기보다 듣는다는 향, 잡힐 듯 보일 듯 아리디아린 향, 기품 있고 매섭기까지 한 향을 모신다.

먹지 않아도 배부른 아침, 새해의 수첩에 쓴다. '새롭게', '다시', '덜 가지되, 더 많이 존재하기'라고.

좋은 글 쓰고

— 행선

.

.

.

통화 끝내고 언니가 그랬다. '목욕탕도 휴업 중'. 집에서 번개 샤워를 하고 모처럼 내가 먼저 안부 전화를 했는데 코로나바이러스로 세상이 흉흉하기 그지없는 이즈음.

"막내야, 우리도 꼼짝 않고 집에만 있다야. 니도 길 걸으러 나서지 말고 집에서 잘 챙겨먹고, 좋은 글 쓰고…."

북상 중이던 나의 해파랑길 순례는 막 경북 울진을 벗어나 강원도 삼척시 호산에 이르런 때, 나그네가 무어 전염병 바이러스를 두려워 하랴만 두 아이의 만류에는 주저앉지 않을 수 없었다.

강원 산골에는 며칠째 눈이 내린다고도 하고….

언니의 당부, 언니의 응원이 긴 여운으로 남았다.

좋은 글. 며칠 전 처음으로 접하였던 김서령의 글. '외로운 사람끼리 배추적을 먹었다'는 필자의 어린 시절 어머니가 해 주신 안동 지방 음식 이야기였는데, 나는 음식을 그렇게 풀어 쓴 '좋은 글'을 처음 읽었다. 한 사람의 한 문장에 사로잡히면 그 사람이 쓴 모든 문장, 모든 책을 읽고 싶어진다. 좋은 글은 바로 그런 글이리라.

그 책의 첫 꼭지 국수 이야기만 읽고 금세 김서령의 애독자가 되어버린 나. 이틀, 사흘 인터넷도 안하면서(자발적 컴맹이다. 나는) 도서관도 문 닫아 빌려 볼 수도 없는 그이의 글. 그이의 책을 목말라한다. 누구나 제가 겪은바 경험의 기억을 제 인식의 깊이만큼, 그릇만큼 풀어낼 수 있는 글쓰기. 나도 그이처럼 좋은 글을 쓰고 싶다. 담박하고도 융숭 깊어 글의 잔상과 여운이 오래 남는 그런 글은 결국 그런 삶을 살아야 나오는 것일 게다.

맴을 돈다. 봄인데, 삼월인데, 이상도 하지. 난롯불 곁에서도 오소소 몸이 떨린다. 두 뼘가웃 난로 주위도 마음만 먹으면 도량석을 돌거나 탑돌이를 하듯이 두 시간은 조히 걸을 수 있는 나의 행선 버릇.

어디 먼 데만 길인가. 걷자. 막힐 때, 추울 때, 풀리지 않을 때, 그리운 문장 하나가 쉬이 내게로 와주지 않을 때, 걷자. 삶을 걷자. 지금을 여기를 걷자.

'좋은 글 쓰고 ―'
언니의 말이 내 제자리걸음에 얹혀 같이 걷는다.

삼일절 아침

.

.

.

어릴 적 나는 삼일절 태어난 것, 유관순 언니와 성이 같은 것 자랑이었다.

나는 정의
나는 용기

해방된 세상이니 유관순이 될 리 없어. 초등학교 때 내 꿈은 정의로운 판사.

그러다가 문학소녀 시절 소월을 만났고, 푸쉬킨을 만났고, 그리고는 나는 판사 아닌 시인이 되었다.

소월, 천상 시인이었던 시인 중의 시인이었던 그가 서른두 살 눈감기 이틀 전에 남겼다는 마지막 말.

"여보 세상은 참 살기 힘든 것 같소."

소월보다 곱절의 나이를 산 내가 살아 또 맞이한 생일 아침.

이제는 유관순 보다 소월을 그의 마지막 말마디를 가늠해보며 사무치는, 어찌 살고 어찌 쓸지를 생각하고 또 생각해보는 삼일절 아침.

가죽고랑회 동무들

·

·

·

우와! 잡혔다!

어떻게 걔네들은 그 세차고 빠른 물살을 따라 골짜기 골짜기 물길을 타고 폭포로 메다 꽂히기도 하면서 개울로, 강으로 흘러 얼마큼의 한 생애를 살다 가는 것일까요. 은어도 피라미도 송사리도 아닌 그 날렵하고 빛나는 물고기의 이름이 갈겨니, 갈겨니였던 지….

예로니모는 이번 여름휴가를 자신의 새 삶터이기도 한 지리산으로 정하고, 민박집 예약은 물론 밤을 새우다시피 해서 물고기 산고기 사냥할 뜰채까지 만들었던 거예요.

낚시하고 회치고 기타치고 노래하고 놀고먹는 일에 그보다 더 열심일 수 없던, 그 야위고 병약하기 이를 데 없음에도 끼와 깡이 넘치던 로사 생각이 간절했지만 이제는 예로니모의 가슴속, 우리 모두의 추억 속 한 사람일 뿐인 이 자리에 없는 그 여자를 생각하느니 지금, 여기서 우리끼리라도 잘 놀기로 합니다.

예치마을 앞 계곡에서의 물놀이. 한 시간은 조히 마구잡이로 세찬 물살 속 대중없이 뜰채 그물을 펼쳐 꽂는 동시에 오므리는 짓거리를 되풀이 하던 예로니모의 고기잡이는 갈겨니 다섯 마리를 잡는 것으로 일단락.

"이놈들, 살려주지 머"

"아믄, 그래요. 비이 아빠"

어쩌다 갈겨니 한 마리 걸려들 때 마다 박수치고 환호하던, 기어코는 나도 한 번 잡아보겠다고 물길 속 들어서서 바지 자락 흐벅지게 다 적시고만 내가 맞장구치자마자 파란 들통 속에서 우왕좌왕 어리둥절 좌충우돌 하던 갈겨니 다섯 마리. 단박에 자유의 몸이 되어 어절씨구 푸르르 온몸 떨며 춤추며 빠른 물살에 휩쓸려 갑니다.

비이 아빠와 영주 아빠, 현우, 형량이 두 동무, 티셔츠에 반바지 그대로 헤엄질을 하고, 통영 앞바다 뱃전에서 여름날이면 무시로 뛰어내리던 그 실력으로 그나마 솟아난 넙데데한 바위 위에 올라가 세 번, 네 번 몸을 날려 다이빙 시도. 뒤따라 마실 나온 형량이 각시 봉순 아지매.

"어쭈리야! 우짤라꼬 저라노? 안경은 벗었나?"

마 허구헌 날 동생 같고 아들 같은 한 살 연하의 영주 아빠 걱정을 하고, 정대 각시 귀회 씨는 남의 신랑들 똥폼 잡는 거 디카에 담기 바쁩니다.

태복이랑 기찬 씨, 정대 씨는 몸보다 마음이 먼저 노쇠해져 버린 까닭인지 기어코는 물놀이도 계곡 마실도 동참 않고 오나가나 책에다 코를 박거나 해도 해도 물리지 않는 옛 이바구를 나누고 있나 봅니다.

열흘 휴가를 몽블랑 등정으로 써버렸다고 어젯밤 늦게 우리들한테 몽블랑 설산 마크 새겨진 등산용 칼 한 자루씩에 와인 한 아름 안기고 먼저 상경해버린 정용 씨 부부. 낚시건 등산이건 한번 취미 삼으면 취미가 취미에 그치지 않고 완전 도사 수준의 프로가 되고야 마는 세영 아빠 정용 씨.

그가 몇 년 전 북한산, 설악산 암벽 등반을 시작으로 지지난해 는 팀을 이루어 일본, 미국 원정 산행을 다녀오더니 올해는 드디어 몽블랑을 셀파도 없이 단독 등정을 해냈다 합니다.

서울 생활 삼십오 년. 계산도 정보도 발 빠르던 세영 아빠는 컴 퓨터도 누구보다 일찍 다루고 서울의 한 버스회사의 살림을 도맡 아 관리하는 실무자로 아들보다 더 믿는다는 사장의 오른팔이 되 어 스무 해를 철밥통 말뚝박이에다 이제는 전문 산꾼으로 금, 토, 일 주말이면 거르지 않고 북한, 설악, 지리로 비박을 나선다 합니 다. 정용이 각시 복임 씨 말로는 산귀신이 씐 것이지요.

병약했던 아내 지성으로 거두던 비이 아빠 예로니모. 외동이 비이의 엄마 로사를 만 칠 년 전 먼저 보내고 지긋지긋하게스리 추 억도 기억도 많은 고향 통영 등지고, 언젠가는 가서 살리라 묻히리 라 하였던 지리산. 기어코 시천면 산천제 옆에 한약방 옮겨가 둥 지 틀었습니다.

혼자 자고 깨는 게, 내키면 끓여 먹고 내키면 약방문 닫아걸고 지리산 자락 굽이굽이 골골 구석구석 휘얼헐 차 몰고 다니는 것. 편하다고 좋다고 말합니다. 게다가 산청성당 총무일도 맡아 심부 름, 치다꺼리 하느라 외로울 짬도 없다 합니다.

아, 8월의 크리스마스마냥 일 년에 한번은 불현듯이 커다란 소 포 꾸러미를, 차에 양초에 칫솔 세트까지 보내 나를 감동시키는 태복이 친구 건주 씨. 영주 아빠 형량 씨 말마따나 건주도 서울살이 뿌리내리기까지 자수성가 한 거나 마찬가지라네요.

효심이 깊었던 그. 성격 좋은 마누라 얻어 어머니 가시는 날꺼정 자알 모시고 한때 인천서 불고기집 차려 몸은 바빠도 등 따시고 배불렀다 하는데 하고 싶은 거는 정용 씨 못지않게 건주 씨도 꼭 하고 마는 성미라 마지막 한판으로 각시 꼬셔서 지난 연말 시작한 것이 다육식물원이라네요.

애지중지 알뜰살뜰 젖멕이 키우듯 해야 하는 그 애들 땜에 올여름 휴가에도 함께하지 못했지 뭐예요. 다른 친구는 다 샘이 엄마라거나 예슬이 엄마라고 부르는데 꼭 귀자 씨, 귀자 씨 이름 불러주는 건주 씨.

로사가 죽었을 때 문상 왔던 건주 씨는 각시 잃은 친구만큼이나 억울하고 가슴 아픈 것 술로 달래고, 그 밤 얼굴이 온몸이 불콰해져서 슬픔의 독 기운을 머금은 눈으로 우리들을 둘러보며 외치듯 말했지요. '다음은 누구야?' 하고….

로사 간 이후 칠 년 세월 동안 줄 서는 중매 자리 다 마다하고 지리산으로 숨어든 현우 씨의 한 점 혈육. 고3이던 비이, 내로라하는 명문대 들어가 현역 제대를 하는 날이 오는 8월 17일. 박보험이라 불리던 영주 아빠 개인택시 기사가 되고, 영주 각시는 득달같은 손자를 낳아 형량이 각시 봉순 아지매와 형량 씨를 세상 남부럴 거 없이 복되게 재미지게 하고. 정용·복임 커플의 외아들, 배우 빰치게 한 인물 하는 세영이 호텔경영학과 졸업·취업 일사천리로 커버리고. 건주 씨 내외의 윤정·윤석이, 열심히 사는 엄마 아빠 고스란히 빼닮아 건강하게 알뜰히 크고. 믿음 좋고 사업 수완도

84

좋은 청송 각시 얻어 아직 못 끊는 담배 빼고는 버릴 거 없이 타고 난 순수성 잃지 않고 날이 날마다 해 뜨고 질 때꺼정 옷 가게서 오누이마냥 마주보고 사는 정대 씨네 현영이·의석이도 참하게 성장하였것다.

어렸을 때 나무늘보맨키로 나무를 잘 탔다는 기찬 씨. 며늘아가에, 쌍둥이 손자에 에구머니나 복도 많지. 충렬사 정당새미 돌아 밤낮없이 재우쳐 흐르는 가죽고랑. 가죽을 씻어 말리고 가죽 수공업으로 연명하던 집들이 있었다고,

지금이사 복개된 지 오래지만 이 꼬치 친구들. 어릴 때는 송사리, 문주리, 피라미, 미꾸라지 잡기에 열 올리고, 만화따묵기에 때기따묵기에 백사멕이기, 사또야불켜라, 연 만들기, 타마치기, 오지게 재미진 놀이는 우찌 그리 많고 썼던지…. 전설로 구전되는 와따마 고래가 까죽고랑까지….

'으응으응 그기 우찌 그까장 왔시까?' 정대 씨 말투 그대로 고래까지 왕림하셨다는 까죽고랑 아닌가베. 그 까죽고랑 근처서 옹기종기 처마 맞대고 이우지해서 살고, 코흘리개 맨발에 천둥벌거숭이로 누구는 지주집 막내아들에 누구는 홀어머니 난전장사 막내라도 니승 내숭 할 것 없이 그저 좋기만 하던 그 시절.

그 시절 지나 예순 고개 벌모레인 쉰아홉 이 나이까지 변치 않고 쌓고 잇사온 우정, 우리들 탯자리 까죽고랑 잊지 말자고 그 이름도 '가죽고랑회'. 세상에 대한민국에 모임도 계도 많고 많지만 태복이 각시, 형량이 각시, 정용이, 정대, 건주 각시가 한입 모아 말하는 참 저리도 좋은 각양각색 일곱 빛깔 무지개로 환하고 따스하고 또 정겨운 까죽고랑 동무들.

이번 여름 휴가 때 영주 아빠 형량 씨가 말했습니다. 내 서방 태복이 더러

"태복아, 니는 이름도 태복이 아니가? 우찌 그리 이름거치 각시복도 많노. 니, 그기 얼매나 큰 복인 줄 아나? 너거 옴마가 이름도 잘 짓다 캉께…."

동무들 자리하면 통영 소식에 이바구 보따리는 혼자 다 하고 세상이 어떻고 환경이 어떻고 교육이 어떻고 풀어 제끼는 태복이가 꼭 이럴 때는 넘으 말인 양 대꾸 없습니다. 어이그, 이런 순간 얌전 빼고 나앉아 있지 못하는 태복이 각시

"그래, 그래, 여보야, 당신 복도 많지. 나 겉은 각시를 오데서 얼을끼고?"

한자리 둘러앉은 모두가 옳다구나 공감하는 바인데 태복이만 수줍음 타는 머스매로 헤에 웃고 맙니다.

'다 살아봐라' 하는 뜻인감?

그나저나 이박 삼일 잘 놀고 돌아와 곱씹어 보니 가죽고랑 동무들 여즉도 건재한 것, 제끼미 제 모습대로 잘 살아가는 것, 무엇보다 네 살 때 아부지 잃고 홀어머니 한손에 자란 형제, 아부지 같던 단 한 분 형님까지 십여 년 전 덜컥 보내버리고 통영 바다 짜하게스리 스스로 세운 칼날 같은 원칙, 교과서 같은 틀, 어구티 같은 황소고집 버리지도 주저앉히지도 못하여, 더더구나 대책 없고 제 잘난 맛에 사는 철부지 아내 덕에 한편 외롭고 고독하기도 했을법한 태복이에게 형량이, 건주, 정대, 기찬, 현우, 정용 — 형제보다 더 살갑고 끈끈한 우정의 까죽고랑 여섯 동무가 있는 건 참 고맙고 고마운 일입니다.

'태복이' 이름처럼, 우리 모두가 여기까지 오늘까지 이만큼이나마 이렇게나마 살아온 것. 머리칼은 반백이 되고 늘어나는 주름살, 검버섯에 손자녀를 보게 되는 오늘날까지 변치 않고 이어온 남정네들의 우정이 그들의 건재함이 큰 복 아니겠는지.

그 여름 지나 지금 가을입니다. 그날 예로니모의 뜰채에 걸려들어 하마터면 초칠 뻔 했다가 운 좋게 살아간 갈겨니들. 지금은 어드메쯤 흘러가 저마다의 가족을 이루고 따로 또 같이 무리지어 알콩달콩 한 세상을 사는지…

갈겨니의 한 생애와 사람의 한 생애를 헤아리며 지리산의 모든 목숨붙이들에게도, 가죽고랑회 동무들에게도, 태복이 각시 귀자가 구월 열닷새 날의 가을 안부를 전합니다.

3부

/

돌아가기 돌아오기

정월대보름 이야기

·

·

·

"어허라~ 달집아!"

"어허라. 달집아~"

푸른 두루마기에 나무 권총에 새끼줄 엮어 명태 한 마리 대롱대롱 단 김재민 씨, 우리 동네 젊은 오빠. 일테면 동네 집사이면서 동네 어른이요, 영원한 현역이자 청춘인 사람. 그이가 오늘 우동리 대촌부락 김해 김씨 집성촌 스무 남은 집을 마을 청년회 풍물패 앞장서 다섯 시간째 지신밟기로 돌고 마지막으로 달집 앞에서 달집을 부르는 소리입니다.

마을 집집이 앞마당, 뒤란, 위채, 사랑채, 장독간, 우물까지 빠짐없이 울리고서 오늘의 하이라이트 2011년 음력 정월 대보름 달집 앞에서, 온 동네 삼이웃 앞에서, 시내에서까지 우동리 달집축제 구경 온 구경꾼들 앞에서 대단도 하지.

오십 가구도 안 되는, 도회지 갖다 대면 코딱지만 한 마을에서 시장·부시장 다 나왔으니, 2010년부터 대운이 돌아온 마을에 남한 땅 곳곳이 4대강 살리기 아닌 죽이기로 난리법석에다 구제역 파동으로 또 민심이 바닥인 이때. 그래 대보름이고 뭐고 달집이고 뭐고 다 취소되고 갈앉은 마당에 그래도 마지막 숨통일지 희망일지 대촌마을에서만은 예정대로의 마을 축제로 며칠 전부터 집집이 길 길이 골목마다 지신밟기를 하고, 대밭의 대나무를 쳐 달집을 만들고, 글 좋은 재율 씨가 '농자천하지대본'을 그럴싸하니 일필휘지로 쓰고, 어제 그제 눈비로 달이사 못 보았어도 올해도, 오늘도 달집 앞에서 동네 축원, 면내 축원, 시장 부시장 다 나온 마을답게 통영시 축원도 다 담아서 달집에 아뢰는 것입니다.

"어허라. 달집아~"

"어허라. 달집아."

우동이라 대촌 소골 집집이 편안하고, 객지 나간 자석들 다 잘되고, 광도면민 무사태평, 통영시도 발전하고, 김재민 씨 이제금 쉬어버린 목청으로나마 대촌마을 하늘, 땅 다 울리며 만 원짜리 배춧잎 새끼줄에 주렁주렁 펜 포수 총 어깨 걸고 한 말씀 아뢸 때마다 반허리 접으며 주워섬긴다. 빈다.

"어허라. 달집아."

달집인들 무심하겠는가. 하늘은, 땅은 더더구나 수찬씨 큰 아이가 삐뚤삐뚤 글씨로 그려낸 '우리 집 부자 되거로 해주세요', 점주 아저씨가 한달음에 쓴 '○○○ 사망 바람'(이건, 쫌~ 그랬다…), 날라리 불어 제긴 꽃자리 시인의 딸이 쓴 귀자, 정규, 늘샘, 예슬의 건강과 평안과 세 번의 주문으로 새긴 '노래하는 사람', 쉰여섯 살 나이는 어데로 묵었는지 해가 바뀌어도 한결 같이 대책도 철도 없는 명색이 시인이라는 엄마가 쓴 소망 축원 '밝고 맑고 고요하기를', '모두가 탈 없이 잘 지내기를, 모든 이가 행복하기를' 오나가나 앉으나 서나 누우나 자비경, 더할 것도 뺄 것도 없는 오직 자비경.

오늘 아뢴 소원, 오늘 매단 소망들, 달집은 다 들어 주실 것이다. 아니 이미 들어 주셨음을 나는 믿는다. '인샬라', 나의 하느님을 나 한 치의 의심 없이 믿듯이….

어허라 달집아
너도 좋고 나도 좋다
다 좋다 다 좋다
일어날 일 일어나고 없어질 거 없어지고
변할 거 변하고
주는 대로 받는 기여
그릇만큼 숙제만큼
매구 등신 사람이사
모습대로 살다가요. 허락하신 꼭 그만큼
살았어도 살았는가 죽었어도 죽었는가

어허라 달집아

어허라 달님아
어허라 하늘아
어허라 당신이야!

산 자도 죽은 자도
산목숨도 죽은 목숨도
일장춘몽 꿈일러라
다 함께 불러 모아
지금 한 번 어울리세

세상의 모든 선생님

.

.

.

이른 아침부터 함께 했던 그녀. 마지막으로 아주 귀한, 숨은 꽃을 보여주겠다고…. 어제 오후부터 한낮이 다 되도록 끼니는커녕 아침마다 갈아서 먹는 주스 한 잔도 챙기지 못한 내 위장이 조금 쓰라리고, 찻잎이며 비목의 잎새며 산초잎까지 따느라고 또 더운데 산길을 걷느라고 에너지를 거진 반 소진해버려 한시라도 빨리 하산해 점심 한 끼 뚝딱 배부르게 먹고 싶은 맘이 간절한데, 그래도 오늘은 내가 자청하여 모신 숲 선생님이 성의를 다하여서 게다가 쉽게 누설하지 않는 기밀 같은 숲의 숨은 보물을 알려준다는데 외려 감지덕지해야 할 일이었지요.

다 내려온 산길을 다시 돌려 조금 올랐습니다. 그녀의 기억 속 묘는 이장되었는지 그사이 사라져 버리고, 안타까운 외마디 끝에 아 그래도 용하게 남아 있어 준 꽃 서너 송이. '나도수정초' 들도 보도 못한 꽃이었습니다. 그녀의 폰에 저장된 군락 사진을 보면 해오라비난초 같기도 솜다리꽃 같기도 한— 밤나무 아래 주로 서식한다는 드문 야생화였어요. 어디 그 꽃뿐이었을까요? 오늘 몇 시간 그녀를 숲 선생님으로 모시고 그녀로부터 비목나무나 제대로 배우고 여차하면 차 한 번 만들어 볼 수 있을라나 꼭 그만큼의 기대였는데 오늘은 정말이지 운수대통!

마삭이라고 다 같은 마삭줄 아니라 잎이 다른 백화등, 조록싸리, 빗자루풀, 먹딸기, 줄딸기, 거제딸기…. (나는 산에 나면 다 산딸기라 여기고 먹었는데) 봄마다 오르내리면서 적잖이 눈에 띄던 홀아비꽃대라 부르던 꽃이 꽃의 모양에 따라서 '홀아비'로도 '옹녀'로도 불린다는 것. 줄잡아도 내가 백 번은 더 오르내린 미륵산에 대한 앎이 애정이 통영이 고향인 나보다 그녀가 열 배 스무 배 더 깊고 진하다는 것을 알았습니다. 이러니 어찌 부끄럽지 않고 사람은 죽을 때까지 배워야 한다는 것, 결국은 모른다는 것을 알기까지 이만큼 오랜 세월이, 시간이 걸렸다는 것을 뼈저리게 느끼고 새긴 하루였습니다.

찻잎 바구니, 비목 잎새 따서 담은 바구니, 산초잎사귀 담은 작은 봉지가 무겁지 않으나 푸짐하고 그득하기 이를 데 없습니다.

"선생님, 오늘 제가 많이 배웠으니 수업료로 점심 살게요."

우리는 봉수골 들머리 '아랫목'에 가서 보리밥에 홍합부추전을 든든히 먹고 아까참에 내가 부탁한 대로 보름에 한 번 가는 요환이, 병석이하고의 글쓰기 수업에까지 동행합니다.

"얘들아, 오늘은 선생님이 새 선생님을 모시고 왔어. 나의 숲 선생님, 김혜란 선생님이야."

그녀는 예쁜 서울 말씨로 짧지만 또록또록하고 낭랑하게 친절하고 쉽고 재밌게 숲 이야기를, 우리가 숲과 자연을 어떻게 대하고 만나야 할지를 가르쳐주고 갔습니다.

사람을 알고 친해지려면 이름부터 알아야 하듯이 나무도 풀꽃도 먼저 이름을 묻고 그 애는 뭘 먹고 사는지 뭘 좋아하는지를 묻고, 남의 집을 방문할 때 똑똑 현관문을 노크하듯이 숲에 들 때도

'저를 받아주시겠어요?' '여기서 놀아도 돼요?' 하고 허락을 받아야 한다는 그런 얘기….

오늘은 짧은 특강이고 이론 수업이었지만 유월 어느 하루 좋은 날 받아 도우미 선생님들이랑 한집 사는 경수까지 우리 모두 야외 수업 현장수업을 가기로 했지요. 뇌성마비에 뇌병변인 내 친구들. 그들이 삼십 분 이상 걷는 것은 무리이니 어디 세자트라숲이나 차를 가까이 댈 수 있는 그늘이 있는 장소로 정해 김밥 도시락에 간식거리도 챙겨서 유월의 첫 수업은 숲 만나기로…. 모든 체험은 몸의 경험을 통하여 곧바로 글쓰기가, 살아있는 시가 된다는 내 지론으로 특강은 마무리되고 선생님은 먼저 가셨지요.

선생님. 과분하게도 '선생님'이라는 호칭을 오래도, 지금도 받아 오고 받고 있는 내가 이즈음은 갈수록 작고 낮고 못나고 얕음을 스스로 인지하게 됩니다. 모든 이에게서, 모든 것에서 눈감는 마지막 순간까지 배워야 한다는 것. 더 낮아질 수 없으리만치 낮아져서 살아있는, 살아가는 모든 이를 모든 것을 섬기고 공경하는 일, 선생님 삼고 모시는 일, 그것이 내가 최우선 삼아야 할 일이라는 거 예순 넘어 일흔을 바라보는 이 나이 되어서야 알게 되다니요? 부끄럽지만 이제라도 깨닫게 되었으니 다행인 것이지요.

그렇게 나아가겠습니다. 첫돌 지나 첫걸음마 때는 아기마냥 아슬아슬 위태해 보여도, 사방 천지 온통 나 몰랐던 것에 대한 호기심으로 동남서북 눈 돌리는데 마다 계신 세상의 모든 스승님 앞에서 이제 막 가갸거겨 눈 틔우는 학동이 되어서 천천히 찬찬히 나아가겠습니다. 자라가겠습니다. 오늘 나의 숲 선생님이었던 호두마루 선생님. (호두마루 : 천안이 고향이고 호두가 단단하고 유익하다고)

고맙습니다!

오월의 숙제 1

— 이모

.

.

.

    오늘내일 두 밤만 자면 모레는 그 애를 만나게 됩니다. 일 년 만입니다. 그동안 그 아이는 몇 번의 전화를 걸어왔지만 기실 들은 말마다나 나눈 말은 거의 없다시피 했습니다. 나는 정이의 아빠나 할머니 소식을 전하거나 동네 들머리에 우리가 심었던 벚나무 얘기를 주로 했고, 정이는 매번 무엇인가를 먹고 싶다거나 가만히 말없이 있다가는 불쑥 '이모, 언제 와요?' 하고 물었습니다. '오월에 갈게.' 그래요. 그랬습니다. 오월을 넘기지 않고 오월이 다 가기 전에 그 아이들을 보러 만나러 인천으로 가는 것. 그것이 나의 또 하나 오월의 연례행사이자 숙제였지요.

    근육병. 삼 형제 나란히 그 병이 유전되어 아홉 살, 일곱 살, 다섯 살 나이의 짱구머리 삼 형제가 우리나라에서 유일하다는 그 시설로 보내진 지 십 년하고도 팔 년째. 그동안에 정이의 두 동생 강형이와 인정이가 어린 나이에 먼저 하늘나라로 갔습니다. 형이라 가장 먼저 발병한 정이가 서른이 다 되도록 지금껏 살아있는 건 순전히 먼저 간 두 동생의 몫을, 그 명을 대신하고 채우기 위해서라고 생각합니다.

    "아빠한테는? 전화했어?"

    내가 물으면

"아빠는 울어요"

답합니다. 그렇습니다. 정이 아빠는 가슴에 묻은 두 놈 생각에 또 돌보지 못하는 큰놈 생각에 술이 아니면 잠을 못 자고 정이 말만 나와도 우는 사람이어서 그이 앞에서는 정이 얘기 꺼내지 말아야 합니다.

이 동네로 이사 오자마자 웃땀 대문 없는 우리 집의 담 너머 너머 할머니 손에서 자라던 어린 삼 형제. 정이네 삼총사는 삼 이웃집 다 두고 꼭 대문 없는 우리 집 만만히 드나들며 이런저런 사고를 치는 꼬맹이들이었지요. 자주 집을 비우는 틈을 타 혹여 내가 있을 때라도 고 녀석들은 고만고만한 짱구머리에 콧물을 달고서 무시로 와서는 금붕어 키우는 돌절구에 수없이 돌멩이를 빠뜨려 붕어가 죽어 떠오르게 하거나 조가비나 꽃들을 소꿉 삼고 놀고, 한번은 방문이란 방문은 다 열어 두고 옷장이며 냉장고 문까지 활짝 열어두고서 가버려 밤늦게 귀가한 우리 부부가 놀라고 난감하기가 이를 데 없었던 때도 있었지요.

딸아이는 엄마가 매양 오냐오냐해 아이들 버릇이 없어진다고 날나무라기까지 했습니다. 그러거나 말거나 나는 그 녀석들을 내치거나 미워할 수가 없었지요. 그렇게 정들었던 아이들, 나무를 심고서 무슨 큰일 했다고 평상에 둘러앉아 딸기며 과자 다복다복 많이도 잘도 먹어댄 우리들.

"니네 이담에 애인 생기거나 엄마 아빠 되면 '이 나무 내가 심었다!' 하고 자랑해. 사람은 가도 나무는 남는다아— 그러니 우리 해마다 식목일에 나무 심고 자기 나무 자기가 돌보기다. 일 년 뒤에 젤 잘 큰 나무 임자한테 아줌마가 상을 줄게."

그렇게 꼬드기며 심었던 벗나무. 이제는 그 나무 참 우람히도 자라서 우리 동네 가로수길 되어 머잖아 나무 터널이 되려 하는데, 말이 씨 된다고 두 아이 나보다, 나무보다 먼저 가버렸으니…. 아, 벚꽃 피는 봄마다 그 나무에 연분홍 새하얀 꽃잎에 꽃그늘 너무 화사하여 나는 눈물 납니다. '인정아, 강형아!' 속으로 부르며 가슴 아립니다. 정이, 하나 남은 정이. 그 아이를 내가 몇 번이나 더 찾아볼 수 있을지…. 그 아이가 나를 몇 년이나 더 기다려줄지 알 수 없으나 나는 오월의 숙제를, 오월의 만남을 미루지 않고 그만두지 않을 것입니다.

작년 오월에 내가 갔을 때 정이는 잘 때도 산소마스크를 하고 기저귀까지 차고 있는 데다 팔다리는 앙상하게 뼈만 남았는데도 머리통만 여전히 커다래서 나는 더 안타깝고 슬펐는데, 아아 올해가 마지막이겠구나 하였는데 그것은 나의 무지요 기우였던 모양. 아까 그곳 시설의 사무장님하고 통화하면서 정이 근황을 물었더니 글쎄 잘 자고 잘 먹고 살도 쪘다지 뭐예요? 이런 이런~ 기쁘고 놀라운 소식이라니요? 나는 또 담박 희망찹니다. 근육병이, 지난해 오월의 그 모습이 절망의 낌새 아니라 진행 아니라 다시 얼마든지 좋아질 수도 나아질 수도 있는 세상이라니? 정이가 이제 아픈 데도 없다고 하다니?

그래요. 기적은 있지요. 우리들의 일상에, 얼마든지…. 다시 봄이 오고 오월이 온 것도 모레면 다시 한번 더 정이를 만날 수 있는 것도 내가 정이를 보러 갈 수 있는 이만한 체력이나 마음의 여유가 있는 것도 누구에겐가 어디엔가 깊이깊이 고개 조아려 고마워해야 할 일인 것이지요. 설렙니다. 그 애를 만날 날은 모렌데 두

밤을 더 자야만 하는데 오늘부터 지금부터 나는 설렙니다.

　정이야! 너 뭐 먹고 싶어? 너 먹고 싶은 거 이모가 다 사다 줄게. 그곳의 니 친구들 식구들 다 나눠 먹을 만치 사서 이모가 배달 갈게. 너가 그곳에서 그렇게라도 살아있어 준다면 이모는 내년 오월에도 후 내년 오월에도 널 보러 갈게. 네 번, 다섯 번 차를 갈아타고 불과 이십 분, 삼십 분 너와 마주하려고 너를 보려고 하루가 꼬박 걸린대도 갈게. 꼭 갈게. 기쁘게 행복하게 고맙게 갈게. 그까짓 일 년에 한 번인데 뭘— 서른이 넘어도 너는 아이이고 나는 칠순이 되어도 너의 영원한 이모이니까.

오월의 숙제 2

·

·

·

마침 지인의 아들 결혼식도 있었다. 그래도 내게 더 중했던 일은 정이와의 만남. 이번 길은 수월했다. 내 배낭에는 사탕이며 과자에 방울토마토가 두둑했지만, 가는 길에 굳이 눈에 띈 파리바게뜨 앞에 차를 세웠다. '날이 더우니 아이스크림도 먹고 싶겠지?' 피자에 조각 케이크, 아이스크림은 정이 몫, 모카빵이랑 기다란 크림빵은 정이 사는 집의 식구들 것, 종이봉투 세 군데에 간식을 나눠 담고서 드디어 정이가 사는 집에 도착.

김정! 삼 층에도 이 층에도 식구가 더 불어난 듯 기온까지 무더워져 그런지 공간이 꽉 차게 느껴졌다. 살이 쪘다더니, 이제 아픈 데도 없다더니, 정이는 비대칭적으로 여전히 머리통만 커다랬다. 반팔, 반바지 차림이라 다 드러난 묶여있는 팔다리의 앙상함이라니? 커다란 얼굴에 코 주위 양 뺨에 여드름이 스무 남은 개 도도록 발긋, 에그 여드름도 났구나! 나는 너스레를 떤다.

언제 가도 언제 봐도 그저 정이는 싱긋 웃기만 할 뿐, 수줍어하기만 할 뿐 말이 없다. 나만 또 조랑조랑 얘기한다.

"정이야 이모 오는 줄 알고 있었어? 엊그제 아빠한테 전화했더라며? 통화 못 했지?"

"할머니 안 보고 싶어?"

"아픈 데는 없어?"

"요새도 잘 때 산소마스크 하고 자?"

"밥은 잘 먹고? 이모가 아이스크림하고 초코 케익 사 왔지―"

그 모든 질문에 정이는 단답형으로 답하고 곧 저녁 식사 시간이라 지금 딴 것 못 먹는다 한다. 친구들, 도우미 교사가 눈짓으로 '누구야?' 묻고 선생님이 얼른 아이스크림이랑 케익을 냉장고에 보관한다. 불과 십오 분 남짓, 바퀴가 달린 공동 식탁에 수저가 놓이는 것을 보고 나는 정이 침대를 한 번 살펴본 뒤

"이모 가을에 또 올 수 있으면 너 보러 올게."

약속 아닌 약속을 하고 커다란 정이 얼굴 머리를 한 번 만지고 등을 돌려 나온다.

그랬다. 오월의 숙제를 나름 풀긴 하였으나 그런 만남의 뒤끝은 언제나 맘이 무겁다. 홀가분하지도 상큼하지도 않다. 정이가 얼마나 더 견딜 수 있을지, 내가 그런 정이를 몇 번이나 더 보러 가고 만날 수 있을지, 사람 일은 모르는 것이라 인명은 하늘의 일이라 그런 정이보다 내가 더 먼저 이승을 하직할 수도 있는 것.

오월인데 무지 무덥다. 폭염주의보도 내렸다 한다. 정이가 사는 집도 내가 사는 집처럼 겨울보다 여름이 더 힘들까? 그래도 그곳은 에어컨이 있을 테니 더위를 견디기엔 좀 나을 테지. 너무 커다란 정이의 머리통과 너무 야윈 그 애의 팔다리가 자꾸만 눈앞에 어른어른. 어제부터 이모 올 줄 알고 이모를 기다렸다는 정이. 내 알량한 발길이 무어 도움이 될까마는 그래도 또 내년 오월이면 아니 오는 가을에라도 다시 한번 정이 보러 가야지….

도산집 할배 1

.

.

.

"선생님요. 보이소야. 옛날 사람들은 사는 기 농사짓고 소 미고 나무하고 해싱께로 이 우동도 산골짜기 골짝마당 다 이름이 있는기라요. 암."

"이름 없이모 이약이 안되는데?"

"그랑께 '니 오늘 어데 갔더노', '오늘은 오데서 소 믹있노' 물으모 아. 오늘은 저게 큰골에 새생골, 삼밭골, 절골, 중둥골, 새미골… 안했는가베. 아하하하~"

"맞아요. 맞아요. 그랬겠네요."

"나 이약 다 할라카모 날 새도 모자라. 빨갱이들 우리 집서 이레 지내고 도망간 이약, 친일파 아재 학교 가시울타리 홀쩍 넘어서 달라 빼던 이약…. 참 사람이 먼 짓을 못해? 사람 목숨이 찔긴 기라."

"그러게요. 저 어르신 이야기 들을라고라도 맨날 산에 올까 봐요. 어르신. 올 한 해도 건강하셔요. 내일 또 봬요."

"야. 그랍시다. 그란데 나만 건강하모 되건데? 선생님도 건강하셔야제. 아하하하~"

할배 커다란 웃음소리가 메아리 바위에 가 닿았다가 다시 울려

옵니다. 대한이 낼 모렌데 소골 뒷산에는 미리서부터 봄기운 가득합니다. 도산 할배 같은 어른이 계시기에 우동리 대촌, 소골 마을의 품이 한결 너르고 포근하단 걸 나는 압니다. 이곳에 뿌리내린 지 열네 해. 열세 번째로 맞이할 봄이 까막골 등 너머서부터 무릎걸음으로 자욱자욱 오고 있습니다.

첫 길, 첫 마음으로 나 올봄에도 새롭게 배우고 익히겠습니다.

도산집 할배 2

.

.

.

"아아호오 ~"

시루바위 못 미쳐 내려오는데 뒤에서 고함소리 들립니다. 도
산집 할아버지가 천년송 있는 산꼭대기 개구리바위에서 우동마을,
한퇴골 골짜기는 말할 것도 없고 저 멀리 미륵산, 한려수도 물길에
까지 날마다 실어 보내는 힘찬 함성.

겨우내 거의 바뀌지 않는 주황색 잠바에 연갈색 고글을 쓰고 줌
치에는 꼭 감귤 한 개에 사탕 두 개쯤 넣어서 오르는 할아버지의 운
동길. 건강관리 치고 운동치고 걷기나 자전거타기만큼 좋은 것이
없다는 할배의 지론은 서릿발 추위도 아랑곳없이 오전에는 뒷산을
오르고 오후에는 자전거로 동네 한 바퀴 하는 일과로 이어집니다.
우동 소골마을의 노인회장이기도 한, 할머니 택호 따라 도산집 할
배로 불리는 김재두 씨.

할아버지 나이, 올해로 일흔여섯이니 동네 남정네로서는 세 번
째 연장자인 셈인데 할아버지 산 오르내리고 자전거 탈 때 보면 예
순도 가마득한 청년만 같습니다. 세상에 건강만한 재산이 없다는
데 건강 하면 첫 손꼽는 할배이니 우동 네 개 부락 다 쳐서도 할배
가 제일 부자인 셈이지요. 삼이우지 예순 안 된 중늙은이들, 모두

들 돌보기에 틀니에 머리염색 한 지도 오래인데. 할배는 웬걸 아나. 콩콩… 하듯이 이적지 새까만 곱슬머리에 돋보기 없이 글 읽고 이빨까지 고스란히 제 이로 오만 음식 다 씹어 삼키고 삼백예순 날 위장 탈 한 번 없이 오늘에 이르렀다 합니다.

나는 새삼 할아버지가 우러러 보입니다. 산길서 마주칠 때도 그렇지만 무엇보다 내 눈에 할아버지가 근사해보이고 참 청년이로구나, 사람이 늙고 젊은 것은 나이가 아니구나 싶을 때는 할아버지가 자전거를 탈 때입니다. 할아버지 자전거는 빨간색, 자전거를 탈 때 쓰는 모자도 빨간색, 윗담 소류지길은 말할 것도 없고, 이우지 천개암 가는 굽잇길은 그 경사가 보통이 아니어서 웬만한 지프차도 능숙한 운전이 아니고는 단숨에 커브돌기가 수월찮은데 할아버지는 글쎄 산악자전거도 아닌 일반 자전거로 나 보아라 하듯이 유유히 오르내리기 누워 떡먹기입니다.

"아이가, 나가 그라모 사람들이 거 머시고 산악자전거라 쿠는 기 있다카더마는. 함서 나가 머 산악자전거 타는 줄 알지마는 머라? 산악자전거는 더 몬가지, 택도 없다!

나 자전거 타는 거는 중학교 이학년 때부터 고등학교 이학년까장 4년 통학 나머치긴 기라. 아이고, 그때는 오데 길이나 좋았건데? 말캉 자갈밭에 빵구는 사흘디리 나고… 참, 말도 마라 쿠지 덥고 칩고 할 거 없이 비오고 바람 불어도 책보 허리에 묶었다가 어깨에, 모가지에 걸었다가 그놈의 자갈길. 아이, 그런 길로 댕기모 나만 타도 버겁는데 또 태아달라쿠는 놈이 있네. 그거로 인정머리 없이 우찌 안 된다 쿠겄노. 그랑께 빵구는 더 잘나지."

"그러게요, 그래도 학교 댕기는 길에 자전거방이 더러 있었나 보지요?"

"그렇제, 시내는 그때 차보다 자전거가 더 많았싱께. 하이고. 그놈의 자전거 수리하고 빵꾸 때아모 어데 그때마다 돈이 있건데? 외상 달아 놓고 한 열 번 채이모 인자는 주인이 돈 안 갖고 오모 빵구 몬 때아준다카거덩, 그라모 우짜끼고 집에 모리거로 살째기 쌀로 퍼다 준다 아이가, 머 계산이고 머시고 할 거 없이 쌀이 그때는 돈인기라 아하하하~"

할아버지는 고함소리도 웃음소리도 온 산이 울리게시리 큽니다.

"나가 참, 아부지 병만 안 났시모 대학을 갔실긴데. 고등학교 3학년 때 대학 가끼라고 그 지긋지긋한 자전거 통학 시마이 하고 학교 근방에서 하숙을 했는데, 고마 아부지가 병이 덜컥 나서는 일 년 못 채우고 돌아가신 바람에 대학을 못 갔제."

할아버지 옆모습이 잠시 허전해 보였어도 말이사 바른 말이지 그때 그 시절에 고등학교 졸업이면 애고 패고 고학력 고수준 아니었던가요. 일흔여섯 나이 지금도 웬만한 청년 부럽잖은 우리 동네 젊은 오빠 도산집 할배. 오늘은 할아버지의 자전거 통학 이야기만 듣고도 아침 거르고 내친 산행길, 하산길이 포만감으로 두둑하였습니다.

운이 좋으면 오늘 오후에도 윗뜸 소류지 가는 경사길을 유유히 오르는 할아버지의 빨간색 자전거, 그 쫙 편 허리, 곧은 등, 어깨, 빨간 모자 쓴 김재두 씨를 볼 수 있을 것입니다.

도산집 할배 3

.

.

.

소류지 물이 전에 없이 꽝꽝 얼고서는 이레, 열흘이 지나도 좀체 풀릴 기미가 없는데 도산집 할배는 육십 년만의 한파, 영하 십 몇 도 어쩌고 하는 뉴스나 체감온도에 아랑곳없이 하루도 거르지 않고 386m 개구리바위 꼭대기까지 오르내리는 것이 일과 중의 일과입니다.

문득 올라서면 동으로 거제도, 한산, 비진도, 남으로 두미, 욕지, 사량도…, 점점 호수 같은 한려수도에, 분재로 놓인 그림 같은 섬들에, 서로는 와룡산, 남해, 삼천포, 북으로 벽발산, 고성들이 아라리 펼쳐지는 전망 좋은 곳.

천년송 한 그루, 천 년 전서부터 독야청청한 개구리바위, 그 바위에서 여남은 걸음이면 키 낮은 진달래, 우듬지 곁으로 돌 틈서리가 있습니다. 할아버지 어림으로는 이태도 더 됐을 성싶은데 그때사 말고 우연찮게

"밀감 껍질 어데 사람 눈에 안 띄게시리 버린다고 그 돌바우 틈서리 던져버린 것이었는데, 아이고나 다음날 가서 보이 그 껍질이마 온데간데없는 기라. 아하, 저는 사람 손도 안들어가는 덴데? 옳다! 저 구석쟁이에 머신가 짐승이 사는 구나. 가만 있자, 오늘 한

번 더 던져 놔 봐?"

호기심 많은 할아버지. 그날도 또 그 다음에도 갈 적마다 심심
찮게 귤껍질, 사과 껍질을 던져두었것다. 하마 열 번에 한 번은 언
놈인지 보것지, 내 눈에 띄것지, 기대 반 확신 반 했지만 스무 번
서른 번 내리 과일 껍질만 감쪽같이 사라지지 그 놈 웬 놈인지 이
태 지나도록 감감 정체를 몰라. 오소린지 너구린지 고슴도친지 청
설모, 날다람쥐지….

"하, 그것 참 맹랑코 요상시럽네!"

할아버지 손주한테 이녁 주전부리 한 귀퉁이 떼어 먹이듯 이제
는 개구리바우 틈서리 사는 그 놈 양식 주는 거 재미 붙였는지라
'에라이, 이깟 추위 쯤이야' 오늘도 할아버지 주황색 잠바에 연갈
색 고글에 검정색 스틱 하나 턱 짚고서 에헴 에헴 샘골 지나 중등
길 거슬러 개구리바위 가신다. 던져 둔 먹잇감만 감쪽같이 사라지
지 어쩌다가 라도 낯짝 한 번 비친 바 없는 배은망덕 산식구 그 놈.
먹이 주러 가신다.

늘그막 시앗에 손주 같은 자석 보러 가드끼, 말하자면 그 놈 사
료 그 놈 끼니 꼬박 꼬박 챙기러 가신다.

아침 인사

.

.

.

산책에서 돌아오는 길. 고물 장수 순호 씨가 트럭에 시동을 걸고 있다. 개울 건너 다 들리라고 '순호 씨! 좋은 아침' 인사한다. 답이 없다. 내 뒤를 따라 걷던 두 언니가 '차 소리 때메 몬 듣는다' 한다.

나는 또 앞에서 마주 오는 이른 아침 텃밭에 나갔다가 강낭콩 따오는 천개 아주머니한테 허리 굽혀 인사한다. '안녕하세요'

트럭이 온다. 나는 손에 쥔 부채를 팔락대며 '순호 씨 좋은 아침!' 다시 인사 한다. 운전하던 순호 씨 얼떨결에 고개를 숙이면서 지나친다. 두 언니 호호거림서 '남자들이 아침부터 그런 인사 받으모 얼매나 기분 좋컷노' 한다. 우째 남자만 기분 좋은가. 여자들도, 사람이모 다 기분 좋지.

인사가 머 돈이 드나 힘이 드나. 좋은 아침이라고 반갑다고 인사하는데 누가 인상을 구기랴?

우리 모두 아침이 오늘처럼 나처럼 기분 좋게 열린다면 하루가 기분 좋고 유쾌할 것을, 힘들지도 돈 들지도 않는 인사 아끼지 말 일이다.

다만 건성으로 말고 진심을 담아, 사람이 사람에게 전하는 진 정성으로 간밤에 자는 잠에 황천 가지 않고 다행히도 기적 같게도 다시 주어지는 하루의 시작, 종합선물 같은 아침을 맞이한 이루 말 할 수 없는 감사를 담아, 내가 너에게 너가 나에게 살아있는 세상 의 모든 목숨붙이들에 건네는 축복의 아침 인사.

좋은 아침!!

봄을 배달합니다

.

.

.

산책길 바람이 차다. 개불알풀꽃도 쑥도 아직은 눈에 잘 띄지 않는다. 입춘이 지나자마자 우리 집 축담 아래 별밭처럼 눈부시게 피어나던 수선화도 아직 꽃망울을 맺지 않고 뜨락에 나란히 선 청매 홍매도 아직 꽃가슴 열 기미가 없다. 하긴 우리나라에서 제일 먼저 핀다는 거제도 구조라의 춘당매조차 올해는 지난해보다 한 달도 더 늦게 첫 꽃망울을 터뜨렸으니 올겨울 한파가 참으로 유난스럽기는 했다.

나 또한 삶터를 옮겨오고 스무 해만에 처음이다 싶을 만큼 힘겹고 만만찮은 겨울을 지나왔으니…. 수도관은 어디에선지도 모르게 얼고 터지고 마실 물, 세수할 물도 없어서 이웃집서 몇 차례나 어렵사리 물을 날라다가 한 방울 물도 금쪽같이 써야 했고, 엎친 데 덮친 격으로 독감까지 달려들어 심신이 황폐했었다. 그러나 그 와중에도 나의 연례행사이기도 봄맞이 의식이기도 한 매화 마중길은 포기할 수 없어서 나는 어제까지 세 번의 매화맞이를 갔었다.

입춘을 하루 앞두고 친구 둘과 갔던 첫 마중길은 셋이 눈을 씻고 볼래야 볼 수 없었던 꽃이 지난 일요일 남편과 둘이 버스를 몇 번이나 갈아타고 찾아 갔을 때는 꿈결처럼 화들짝 깨어나 피어나 아련 향내를 풍기고 있었다. 그래, 매화가 피었으니 이제 봄인 게 지. 돌아와 한 편의 시가 쓰였다.

봄

지난겨울은 혹독했다
당신이 왔다
살아야겠다

그로부터 엿새 아침마다 저녁마다 한낮에도 나는 집에서나 산책길에서나 온몸, 온 가슴으로 봄을 느끼고 숨 쉬게 되었다. 아직은 목이 따갑고 콧물이 시도 때도 없이 흐르고 이따금 밭은기침을 하면서도, 나는 산책을 나서고 동네 한 바퀴에 저수지 둑길 일곱 차례 오고가기가 내 봄맞이 시간이었다.

이른 아침 반죽해서 구운 식빵 냄새가 작은 부엌을 맛나게도 채운 열한 시. 지금쯤이면 마을회관에 어머니들도 모이셨겠지. 뜨겁고 구수한 빵을 식기 전에 배달 간다고 지난 여름 오른쪽 손목뼈 부러진 바람에 7개월 넘도록 타지 않은 자전거에 올랐다.

회관 문을 여니 오늘 제일 먼저 출근하신 동현이 할머니. 천상 보살이기도 한 그이.

"아이고. 머로 이리 또 갖고 왔소?"

이십 년 세월에도 단 한 번 말 한 마디 내려놓지 않는 그분께 빵 잘라 한 접시 차려 드리고 얼른 커피도 한 잔.

"우짜든지 건강하고, 복 많이 받고…."

빵보다 더 커다랗게 구수하게 돌아온 덕담으로 배불러져 회관 나섰는데 '유귀자, 이리 와 봐라' 회관 옆 점방집서 낯익은 목소리, 현일 오라버니다. 자전거 세워 두고 점방집 들어서니 아까 참에 내가 향순 언니한테 안기고 갔던 닭발 편육을 안주 삼아서 우리 동네 전 이장 택진 씨, 현 이장 점주 씨, 이우지 천개마을 이장님까지 다섯이 둘러 앉아 소주를 마시고 있다.

"이거 참 맛있다. 또 없나?"

그냥 물어본 소리일 텐데 나는 얼른 '있어요. 갖고 오까요?'

한다.

"있시모 갖고 와봐라. 얼른"

나는 재깍 자전거 페달 휘저어 숨 가쁘게 집으로. 낮에 손님 온다 하였으니 그이도 좋아할 것 같아 그이 몫으로 작은 접시 한 곳에 덜어 두고, 설에 선배로부터 골절에 그만이라고 약하라고 받은 닭발 편육을 통째 자전거 바구니에 담는다.

거기다 한술 더 떠 닷새 전 구조라 마을 들머리에서 귀하게 모셔 와서 우리 집 식탁 작은 찻잔을 화병삼아 꽂아 둔 막 꽃망울 터뜨린 매화 가지까지….

"그거는 또 뭐꼬?"

"매화요. 올해 첫 매화. 제가 봄을 배달왔지요오~ 요 요 향기 좀 맡아 보셔요."

나는 딱 세 송이 번 그 작은 매화 가지를 차례로 앞앞이 우리 동네 두 이장님, 천개 이장님, 현일 오랍 씨, 향순 언니의 코끝에 갖다 댄다.

"하따! 이기 매화 꽃 냄새네"

점주 씨 한 마디.

"우리나라서 맨 먼저 피는 매화라니까요. 올해는 작년보다 한 달 늦게 피었지만서도…."

"그것 참 봄은 봄인가베"

"자. 귀자 한 잔 해라"

현일 씨가 매실주 한 병을 따 새 술잔에 따른다. 이러한 때, 이런 자리에서의 사양은 기본도 예의도 아닌 것. 나는 기꺼이 잔을 받는다. 모두들 잔을 채우고 다시 건배 준비! 덕담은 천개 이장님이 하시랬더니, 오늘따라 체크무늬 마이도, 받쳐 입은 검정 티셔츠도 근사한 그이.

"머, 세상은 다 변하지요. 그래도 우리는 변하지 맙시다!"

"건배!!"

맥주잔, 소주잔, 매실주잔 여섯 개의 잔이 같은 높이로 부딪쳤다. 매화에 매실주, 이거 맞아도 너무 맞는 궁합일세. 좋은 자리도 길거나 과하면 귀한 줄 좋은 줄 모르는 법. 나는 손님 오시기로 했다고 딱 알맞게 자리에서 일어나 허리 굽혀 인사한다. 유치원생 배꼽인사 하듯이 곱다시

"고맙습니다. 즐겁게들 노셔요"

"어 어. 점심 무로 같이 갈 낀데…."

우리 동네 점주 이장님 목소리를 뒤로 자전거 끌고 집으로 오면서 나는 오늘 예정에 전혀 없던 낮술 한 잔에 슬며시 알딸딸 얼큰해지면서 기분 좋다. 그래 봄. 내가 지금 봄을 배달했구나.

봄아, 올 봄아. 더도 덜도 말고 오늘만 같아라!

돌아가기 돌아오기

― 꽃밭에서

.

.

.

가을의 낙엽들을 대빗자루로 쓸어 한 곳에 모아 두었더니 불과 두 달 만에 진흙처럼 질척거리는 검은 거름이 되어있었다.

아, 그들은 흙으로 돌아가고 있었던 것. 놀라웠다. 귀하고 귀한 무엇을 모시듯이 나는 질척대는 낙엽더미를 들어 올려 막 싹이 올라오는 수선화 모종을 덮어 주었다.

낙엽 이불이야. 이 이불 덮고 겨울 잠 잘 자고 봄이 오면 또 처음인 양 눈부시고 향그러운 별꽃을 피워다오.

텃밭에는 해묵은 동백 한 그루 있어 눈길 주지 않은 사이 그 사이 동백꽃 피고, 양지녘에 개불알꽃, 쌀알만 한 꽃들을 피워내고 들고양이도 직박구리도 딱새 동박새도 무시로 드나들며 놀이터 삼고 뒷간 삼았을 텃밭이라기보다 꽃밭이라 해야 할 나의 놀이터.

그곳에서 올봄에 또 어떤 기적이 일어날지? 흙으로 돌아가 꽃으로 열매로 오시는 이를 데 없이 귀한 그 목숨붙이들을 그리며 기다리며 설레는 섣달 아침.

봄맞이를 하느라

.

.

.

봄맞이를 하느라 내게도 감기가 찾아왔어요. 증상으로는 코를 풀어대고 간간이 잔기침을 하면서 처방으로는 더운 보이차를 마시는 정도로 내 몸에 찾아온 감기 손님을 모십니다.

내일은 시아버지 기일, 모레는 친정아버지 제사, 오늘은 예로니모의 생일. 잊지 않고 기억하리라 챙기리라 하고 많이 생각해서였던지 간밤엔 꿈을 다 꾸었지 뭐예요.

통영엔 몇 해만에 눈이 내려 시내에는 내리자마자 녹아내렸을 그 눈이 대촌에는 여직도 남아 좀 전엔 차가운 골바람을 맞으며 아무도 밟지 않은 눈길을 싸박싸박 뽀도독 밟으며 매화 만나러 다녀왔지요.

올해는, 올겨울은 냉해에 설해에 가뭄에…. 지난겨울이, 없이 사는 홀로 사는 모두에게, 예로니모 당신에게 최악이었듯이, 그 최악의 파장으로 기운으로 올봄에는 봄이, 뭐든지 늦어요. 쑥도 냉이도 생강나무꽃도 매화도 여직 움츠린 채, 입춘 날 눈이 확 띄게 집 앞 밭둑에 옹기종기 봄까치꽃, 개불알풀꽃 피어났던 것 반갑고, 고맙게 만났던 것 보았던 것 발견했던 것 그것이 다였어요. 하긴 그토록 작고 작아 앙증맞은 봄까치꽃 몇 송이만으로 봄은 열리고 온 세상이 환하게 깨어나 그 날 아침이 그날 하루가 나에겐 또 다른 환희와 충만이었지요. 감사 감격이었지요.

　그래요, 예로니모. 머잖아 다시 기적처럼 뒷산 숲에 노오랗게 새각시 같은 생강나무꽃 피어나고, 꽃자리 돌담길 들어서면 광대나물 코딱지꽃무리 길손 반기고, 매화도 진달래도 벚꽃도 목련이며 살구꽃도 또 처음처럼 눈부시게 눈물겹게 피어날 게지요. 저마다 제 모습으로 제 빛깔로…. 저마다 꼭 그만큼 더도 덜도 아니게 허락받은 시간만큼 한 시절 한 생애를 살다 가겠지요. 그러겠지요.

　아 이렇듯이, 이 땅에 봄이 오고 있는 기적, 봄이 오는 낌새. 내가 올해도, 오늘도 매화 만나서 아직도 피지 않은, 그러나 마침내 피고야 말 꽃을, 봄을 만나러 마중하러 갈 수 있는 것. 그 꽃, 그 봄, 이 지상에서의 처음이자 마지막일 새봄, 올봄을 새 꽃들 표표히 피어날 그때를 미리 맞느라 길채비하느라 기도의 발길, 몸길 새겨 모시는 것.

　돌아오는 길 윗땀. 곰처럼 웅크려 사는, 그래도 할 일 다 하시는 할아버지네 불쑥 들어가 할아버지네 외양간에서 귀에다 '통영 9-9'라는 노오란 플라스틱 조각 이름표를 단 황소하고도 눈 맞추고, 그 집 오랜 우물 속 겨울이면 더 아름다운 감나무 가지 얼비친 물에 내 얼굴도 한 번 깊이 담그고 비추어 아 이 살아있음, 오늘이 이 아침이 우리에게 주어짐, 지금 여기가 나에게 우리에게 허락됨, 이것.

　그래요, 예로니모. 당신이 오늘 태어났군요. 장장 예순 해를 거슬러 1951년 음력 정월 초열흘, 당신 생일을 축하해요. 당신이

이 지구별에 그것도 통영에 오고 가죽고랑 동네에서 내 남편 태복이의 꼬치친구로 자란 것, 예순 한 살 환갑 나이 지금껏 한결같이 새롭게 변함없이 가죽고랑 동무로 잘 지내는 것, 고맙고 고마워요.

예로니모, 봄이 왔어요. 오늘은 마음껏 기지개를 켜고, 지리산 골바람 한 호흡 한 숨으로 생일상 흰쌀 고봉밥에 도다리 미역국 먹듯 배가 빵빵하게스리 들이키서요.

"생일 축하합니다~"

꽃자리에서 불러주는 내 노래 생일 축가, 들리죠?

건. 강. 하셔요!

씨앗이 필요해요

.

.

.

하람 님은 파킨슨 투병 중, 풀빛은 남편 간병에 가게 일, 끝도 없는 이 질곡을 어찌 다 헤쳐 나가고 있나, 김제로 이사할 작정이라더니 그새 제주를 떠났나, 전화해본다. 아직 서귀포, 김제는 옥천으로 바뀌어서 옥천. 그 이름마냥 앞내가 흐르는 좋은 터를 구하였단다. 사월의 이사를 앞두고 그네가 주변 정리를 하고 있는 모양.

여미지식물원 앞 '희경정'은 풀빛 님의 살아 온, 살고 있는 흔적들 체취로 가득하다. 제주 오일장에서의 '풀빛 빈티지', 그 옷가게를 고스란히 옮겨서 온, 참 풀빛스러운 옷가지며 스카프며 오색천들, 다기며 차, 이런 저런 액세서리 같은 소품과 도구들로 그들 먹하던 공간.

일찍 머리칼이 희어져 보기 좋은 은발에, 말간 낯빛이 침착하고도 고요하니 온몸에 밴, 첫눈에도 수행자이구나 싶던 그이.

풀빛 님은 남편이나 두 아이만 거두는 게 아니라 세상 곳곳 병든 이를 다 고쳐줄 듯 온갖 민간의학을 배우고 실험하고, 언제거나 맘만 내키면 척척 음식을 만들고, 뿐인가 '오라 소마' 일테면 색을 통한 심리치료도 한다. 예전 세상에서라면 그녀는 주술사이자 마녀인 것.

풀빛 님이 희경정의 물건들을 정리하면서 내게도 몇 가지 천을 보내준다 한다. 나는 사양할 바 없이 금방
"그래요 보내주세요. 스카프로도 좋고 여차하면 해변에서 허리에도 두르고, 아님 딸 아이 집 창에 커튼으로 쓰지요."

하람 님 하고도 통화하고 수화기를 내려놓았는데 다시 때르릉 풀빛 님 생각난 듯,
"릴라 님! 씨앗 있으면 좀 보내주세요―"
"씨앗? 있어요."
지난 늦가을 받아 둔 코스모스랑 연꽃씨… 글고 팥씨… 꽃양귀비에 아주까리 씨앗까지 있다는 생각이 든다.
풀빛은 무어든 품고 길러내는 대지 같은, 흙 같은 사람.

씨앗이라―. 내게 소용없는 것, 모아만 두고 보아온 것. 아니 까마득히 잊힌 해묵은 씨앗들까지 기억을 헤집고 찾아낸다.

오늘이 수요일. 그래 주말 되기 전에 당장에 봄 엽서 한 장 살폿 끼워 씨앗들을 보내자.

함께 꾸는 꿈, 생명을, 희망을 보내자.

내 눈앞에 벌써부터 마알간 물길이 흐르는 옥천들 한샘이네 집 앞 뒤란 가득한 풀꽃들 푸성귀들이 소담소담 자라는 것이 보인다. 그것들 철철이 앞서거니 뒤서거니 우람 튼실 아자—자아 커나는 소리 들린다.

사립문간에 미소가 아름다운 하람 님이 더 없이 환한 미소를 얼굴 가득 꽃처럼 피우고서 두 팔 벌려 나를 반기는 것. 보인다. 보인다!

함박꽃이 피었습니다

— 철호 씨

.

.

.

드물게 한창 글줄이 좍좍 나가는 때.

"유귀자 씁니까? 집에 함박꽃이 마이 폈는데 와서 꽃 보고 꺾어 가이소."

사계마을 철호 씨다. 보름쯤 전에는 모란이 한창이라고 초대하더니 이번에는 함박꽃. 아마도 철호 씨가 지칭하는 함박꽃은 작약일 터. 근데 그 집에 작약이 어디 그리 많았던고?

때때로 내가 지인들에게 자발적으로 대놓고 우리 집보다 더 아름다운 집이라고 자랑치기도, 내친 김에 동행하여서 집 보러 가기도 하는 그 집. 부친 살아계시던 예전엔 천상 선비의 집이었던⋯.

그 사이 세월 따라 인연 따라 지붕도 새로 얹고, 마루에다가는 볼썽사나운 샷시까지 덧달아서 대단히 아쉽지만, 그래도 봄이면 봄, 가을이면 가을, 벽발산 자락 앞 뒷산에 둘러싸여 그림처럼 태깔 나는, 운치 있는 앞마당이랑 뒤란이 나를 기어코 부르는 집. 이제는 철호 씨가(주민등록 까고 보니 나랑은 갑장이었다) 오늘처럼 꽃 보러 오라고 초대하는 집.

부친 여의고 늦게나마 큰아들인 철호 씨가 고향집 와서는 사시사철 않으나 서나 상추 심고, 토마토 심고, 다래넝쿨 올리고, 아버지 애지중지 하던 모란꽃 색색으로 번성시키며 사는 집.

122

그래, 오전에는 글 쓰고 오후 느지막이 작약 보러 가자. 우리 집 뜨락에도 예닐곱 송이 작약 피어 오늘 아침에도 그 자태를 모셔서 책방의 화병에 꽂꽂이 해두었지만도, 그 집의 작약은 또 어떨꼬?

지인이 와서 엊그제 갓 만들어진 발효차 마시고 빈손으로 가기 무엇해 어제 후배가 안기고 간 딸기상자를 들고 돌담 나가다가, 도로 들어와 하얀 스티로폼 상자 안에 담긴 한 줄 딸기 위에 보라색 한지 덮고, 그 위에다가는 하얀 마가렛 한 송이 얹고, 담쟁이 연두 잎새 한 장도 곁들인다. '흠 나쁘지 않군. 아니, 보기 좋군!' 차치고 포치고 혼자 감상 만족하면서 찾아간 집.

휴대폰 마루에 두고 잠시 마실 나갔던 철호 씨. 초대해 놓고도 쓴 커피는커녕 물 한 잔 건네는 법 없어도 은둔자처럼, 누가 뭐래도 흙 묻은 고무신 금방 벗겨질 듯 질질 끌고서 약초 캐고 마당 구석구석 오만 채소 화초 가꾸고, 있는 듯 없는 듯이 사는 갑장 친구. 말마디도 아끼는데다 어쩌다 하는 말조차 혼잣말처럼 하는, 들리는 철호 씨. 그리 살면 뭐 제왕이 부럽겠나 싶은데, 본인 맘은 어떤지….

연못 옆 연을 심은 화분에서는 흰 수련 한 송이 피었고, 그토록 황홀하던 모란꽃 씨방만 커다라니 남았는데, 함박꽃밭 아니 작약 꽃밭은 정작 비밀의 화원으로 숨어 있었으니 과연! 꽃 보러 오라고 꽃 초대 할 만하였다. 그 집에, 바로 그 집에 나는 이미 열댓 번은 오갔는데 왜 거기는 한 번도, 단 한 번도 눈여겨보지 않았던지─ 아니지, 그곳 그 꽃밭이 어찌 단 한 번도 내 눈에 띄지 않고 제 모습을 드러내지 않았던지….

앞도 아닌 옆도 아닌 그야말로 뒤란, 아궁이 뒤 담벼락 아래 줄 잡아 오 미터는 되게 온통 함박꽃 아니 작약꽃이 흐드러지게, 그야 말로 흐드러지게 '날 좀 보소' 하고 피어 있었다. 동행한 지인과 나 는 적잖이 놀랐는데 철호 씨 무심하게 기울 듯 말 듯 한 고무신 걸 음걸이로 온다.

"웬 낫?"

"우하하. 낫 들고 꽃 베는 사람 나는 처음 본다."

"하긴 저리 무성한데다 줄기도 단단하니 전지가위는 꽃이 먼 저 우스버라 할랑가?"

암튼 척척 철호 씨 낫질에 꽃들이 몸통째 베어진다.

"철호 씨! 다 피어 버린 거 말고 봉오리, 봉오리 데꼬 가야 며칠 더 보지."

기왕지사 얻어서 가는 거 한 술 더 뜨는 나

"인자 고만, 인자 고만~"

계속 낫질하려드는 철호 씨를 말리고서 마루에 앉았는데, 어느 새 내 갑장 친구는 기다란 새끼 줄 같은 거 두 줄 달고 온다. '그기 뭐꼬?' 했더니 다름 아닌 칡. 두 번째로 '우하하ㅡ' 세상에나 꽃다 발 묶음 줄이 칡줄이다.

꺾인 것도 날벼락일 꽃들이 이번에는 칡넝쿨로 꽁꽁 묶인다.

"철호씨 살살 좀 묶어요. 숨도 못 쉬겠다."

그러고도 지인과 둘이 마루에서 십여 분 한담을 나누고 앉았는 데 여자들 수다야 뭐 들을 거 없다는 듯 철호 씨는 구부정한 뒷등 을 보이고 모란꽃 다 져버린 앞마당 꽃밭에 앉았다. 칡넝쿨로 엮 어진 꽃다발 안고 두 여자 인증샷도 한 컷 찰카닥!

철호 씨가 따라 나오면서 '인자 언제 올까요?' 하는 나에게 '보리수 앵두 익으모 따로 오이소' 한다. 우후후 복도 많지 나는—

늘그막에 모란철, 작약철, 앵두, 보리수철 꽃 보러 오라고, 앵두 보리수 따 먹으러 오라고 부르는 남자친구가 다 있으니— 법 없이 살 사람, 많이 배우고 많이 있어서 잘나고 잘나가는 사람보다 열 배 백 배는 더 인간적인데다 지구별에도 동네에도 죄 덜 짓고 살 것 같은 사람.

사계마을에는 내 친구 철호 씨가 산다. 그나저나 책방에는 오늘 새로 꽂아서 둔 작약 있는데 이 함박꽃 더미는 어디에 꽂아 두모 좋을라?

경칩 1

·

·

·

뒷산에 갔다. 그 사이 진달래가 피었겠다 싶어….

진달래는 피어도 많이 피었다!

사백 미터가 채 못 되는 산의 중턱에 유난스레 한 그루가 통째 꽃을 다 피워서는 여직 갈빛이 태반인 주위에 화들짝 밝음을 더하고 있었다.

꽃불. 옴마야 옴마야, 우짜까 우짜까, 혼자 보는 것 아까워서 한 이레만 지나면 산의 반이 진달래 꽃불로 뒤덮일 것만 같아서 진달래 꽃 따서 꽃부침 만들어 먹는 놀이 같은 연례행사를 거르지 않겠다고 서너 해 째 먼 발걸음 하여 오는 친구와 지인이 생각났다. 우리 집 오뉘도, 두 아이의 엄마가 된 친구의 딸까지 생각났다.

아, 코로나바이러스로 세상이 흉흉하여도 봄은 어김없이 기어코 오고 뒷산의 진달래도 피고 말았다.

뿐일까? 내려오는 길에 너무도 선연하게 거짓말처럼 꿈결같이 피어있던 생강나무꽃도 보았다.

해마다의 봄에 마주하는 때마다 내가 새각시 노랑저고리 같으다고 감탄에 또 감탄을 더하는 꽃, 채 봄이 오지 않은 이월에 초봄에 진달래보다 먼저 피는 꽃.

그래. 벌써 경칩이니 저 꽃들은 삼월이 오기 전에 일주일, 열흘 전에 하마 먼저 피어서는 내가 오기를 기다리고 있었겠구나.

생강나무꽃에게 진달래 송이송이 꽃에게 절한다.

경칩. 올해도, 오늘도 처음.

경칩 2
— 적막한 봄

.

.

.

뒷산은 그냥 소골 뒷산일 뿐 달리 불리는 이름이 없다.

바위 이름은 있어서 중턱의, 쉰 명쯤은 조히 앉아 쉴 만한 둥글 넓적한 바위는 시루바우.

꼭대기 바로 아래 바위가 바위 하나를 업은 듯한 모양의 바위는 개구리바우.

건너편 우뚝한 바위는 석성바우.

한때 산길에서 오며가며 만나지거나 어느 때는 부러 시간 맞추어 동행하기도 했던 도산집 할배는 오 년 전 세상 버리고 이따금 오던 현일 오랍시는 깜깜 새벽부터 아내 따라 굴막에 굴 까러 다니는데다 염소 키우랴 밭일하랴, 요즘은 덤터기로 동네 이장 감투까지 써서 바쁘다. 한동안 나랑 걷기 동무하던 향순 언니는 무릎이 아픈데다 점방일로 나하고는 시간이 안 맞다.

산, 뒷산에는 이제 아무도 오지 않는다. 이따금 멀리서나 근교에서 드물게 찾아오는 등산객 말고는….

진달래 저리 화들짝 우우— 꽃불로 번지고 있는데 사월이면 또 연둣빛 잎사귀들이 꽃보다 더 황홀하게 피어나 산은 별유천지에 지상의 낙원이 될 터인데.

적막한 봄. 나는 혼자 올해도 뒷산엘 오르내리며 해마다 부르 던 노래나 부를까나 시나 읊을까나.

꽃피는 봄 사월 돌아오면 내 마음은 푸른 산 저 너머—

산골짝 외딴집에 복사꽃 혼자 핀다
사람은 집 비우고 물소리도 골 비우고—

기억하기

·

·

·

새벽에 깨는 일이 잦다.

어둠 속에서 손을 머리 위로 뻗치면 내 손바닥보다 작은 라디오가 만져진다. 길든 감각. 언제나 맞춰져 있는 채널에서 흐르는 음악이 내 의식을 깨운다.

멕시코에서는 잠을 깨울 때 하는 말이 '너 자신을 기억하라'란다. 나 자신.

내가 살아 있고 움직이고 보고 들을 수 있다는 것. 지금 그럴 수 있는 것. 이보다 더 분명한 사실이 어디 있으리.

기억한다. 기억하고 말고. 내가 누구인지, 이곳이 어디인지, 오늘 나는 무엇을 하며 시간을 보낼지….

어제의 내가 오늘의 나를 만들고, 오늘 하루의 나는 또 내일의 나를 만들 것이다.

새벽 세 시. 모차르트의 아이네 클라이트 나흐트 뮤직을 들으며 고요하고도 충만한 시간.

세 시간 뒤면 나는 아침의 기도를 바치고 모관운동을 하고 이부자리를 정돈하고 일어나 낡은 장화를 신고 모두의 집 텃밭으로 가 밤새 한 뼘씩 자란 당귀잎, 방풍, 치커리, 파, 달래며 원추리한테 인사하고, 어제와는 또 다른 새소리에 귀를 모으며 이제는 지고 있는 높다란 가지 끝 살구꽃에 인사하고, 삼월이 오자마자 새로 심은 홍매, 자두, 백모란, 산수유들에게도 인사하고, 엊그제 사계마을 철호 씨네랑 이웃의 수임 씨네 텃밭에서 모셔와 고이 묻은 아기모란이며 할미꽃, 양귀비 모종에도 일일이 물을 주며 눈 맞추고 아침인사를 건넬 것이다.

잘 자라라고, 그래서 맘껏 네 존재를 드러내라고 응원할 것이다. 그들에게 보내는 응원은 곧 나에게 보내는 것.

삼십 분은 금세 그렇게 흘러갈 것이고 나는 무척 흡족해져서 그릇 아닌 내 왼 손바닥 딱 한 줌이면 되는 나의 아침 양식, 미나리 잎새 예닐곱 개, 케일 두 잎, 민들레, 치커리 서너 이파리, 당귀 너덧 잎 따서는 제왕이 부럽지 않은 부자가 되어서 대숲 지나 뒤란을 돌아 내려올 것이다.

그리고 장장 마흔 해를 곁사람으로 한결같이 또 새롭게, 같이 또 따로 이번 생애를 가장 가까이서 이어가는 남편의 아침 밥상을 차릴 것이다. 오늘은 쑥국? 된장찌개? 아니면 콩나물국밥?

여든아홉 살 집. 작고 작은 내가 사랑해 마지않는 부엌이 내 기척을 반기며 깨어난다.

오래된 손때 묻은 살림살이도 스스로를 기억한다. 낡고 낡은 싱크대도 가스레인지도 식탁도 냉장고도 그릇들도 수저도 와랑와랑 다글다글 제 소리들을 내면서 아침을 연다.

자, 먼저 식탁 위에서 언제나 한결같이 그러나 기적처럼 또 새롭게 기분 좋게 소리를 내주는 골동품 라디오 켜기.

출발—

4부

건강한 똥

양순 어매

— 백세시대

.

.

.

날씨가 좋아 면소재지까지 걷기로 했다. 막 유모차 끌고 집을
나선 양순 어매 뒷모습. '어머니. 어머니이—' 큰소리로 부른다. 우
리 동네 최고령자 양순 어매. 달포 지나면 어머니 말대로 구십서
인데(93세) 아직 두마지기 밭농사 혼자 다 한다.

양순 어매 반 굽은 허리, 반 넘어 빠져 훤한 머리. 뒤돌아보며

"오데 가요?"

"예. 모임 있어서 가는데 좀 걸을라꼬요."

"어머니. 건강하시지요?"

"아이구. 나가 나이 구십 둘인데 이리 죽도(죽지도) 안하고 우짜
겄소?"

"일하시니까 건강하시지요."

하루에도 몇 번씩 청 끝 가는 길 밭에 나가서는 앉았거나 아니
면 반은 굽은 허리 그대로 서서 마늘 올라오는 비닐 구멍 뚫거나
깨, 시금치… 오만 때만 거 철철이 키우는 양순 어매 아니신가.

"아이구. 자석 서이 환갑 지냈다쿠이. 나가 이리 오래 살아서
뭐하것소? 하기사 멩(명)은 타고 난다 쿠데."

지지난해 마을의 동갑내기 박정아 할머니 돌아가시고 유일무
이 남녀 합해서 아흔둘 단 한 분 어른. 목소리 짱짱한 양순 어매.

그래도 당신 손발 아직도 움직거리고 딸 서이, 아들 둘이 내 힘으로 키우고 거둔 사시장철 먹을거리 대는 거 스스로 뿌듯한 어머니.

올해 깨가 져서 깨 좀 몬 주었다고 내년에는 깨 질면 우리한테도 나눠 주시겠단다. 하긴 작년 가을에 우리 집에까지 깨 한 됫박 안겨주셨지. 인디언 같이 수수십년 볕으로 닳고 스민 낯은 온통 검버섯, 이는 하나 없이 하하 웃는 큰 입속은 분홍 잇몸뿐. 그래도 뭐든 잘 드신단다. 소화도 잘 된단다. 그러면 됐지. 그게 최고고 전부이지….

양순 어매 놀러가는 회관까지 불과 삼십 미터 남짓, 십 분 남짓 정답고 포시라운 길이었고 시간이었다.

"어머니. 오래오래 건강하세요."

인사하고 전두길 들머리 들어서는데

"아이가 가착은데(가까운데) 가서 차 타지 와 걸어가노?"

어머니 커다란 쩽쩽한 목소리.

"날이 좋아서요."

웃어 주고 하느작 내쳐 걷는 길. 저 짬치 수찬 씨네 특용작물 농장 '풀도랑'이 보인다. '오늘은 저(저기)도 기웃거려 볼까나?'

후후. 백세시대. 양순 어매 지금 같으면야 백 살 아니라 갑이 두 번 돌아오는 백스무 살까지도 너끈히 살레라.

태완이

— 부자 되기가 소원

.

.

.

아니나 다를까. 수찬 씨 내외, 수찬 씨보다 두 뼘은 더 키가 커 버린 태완이가 비닐하우스에서 나온다. 고1, 서너 달 뒤면 고2가 되는 녀석은 참 남이 봐도 흐뭇하리만치 키 크고 인물 좋고 건강하고 착하고 성격 좋다. 예닐곱 해 전 대보름맞이 때 '우리집 부자되거로 해주세요' 하고 썼던 저를 기억이나 할는지?

아이들은, 더더구나 남의 집 아이들은 너무 빨리 자란다. 저희 집 부자 되기가 소원이던 아이가 이제 나 보기에 수찬 씨네 집의 든든한 버팀목으로 자랐다.

웬만한 집안일 농사일 다 거들고, 동네 사람 어른 만나질 때 마다 '안녕하세요—' 꾸벅 인사하며 싱긋이 웃는 아이, 보기만 해도 내 배가 불러지는 것 같은데 수찬 씨 내외는 오죽하랴?

"수찬 씨. 부자네. 아들 얼굴만 봐도 배 부르것네 —"

내 진심을 담은 너스레에 술기운 안 빌리면 좀체 말 없는 수찬 씨 수줍게 웃고, 마을의 부녀회장이기도 한 성격 좋은 아내 안경 아래 눈동자도 입도 한꺼번에 환히 웃는다.

수찬 씨 부부, 태완이가 밭으로 들어서고, 나는 다시금 걷는 길. 정희네 소막에 따다 둔 감, 시들고 있는 맨드라미, 때 이른 유채꽃 줄기도 햇볕 아래 또 한 줌 햇살로 환하다.

부자가 머 별 건가. 수찬 씨네는 태완이랑 태완이 누나, 여동생으로도 다섯 식구 알콩달콩 건강하고 부지런지 바지런히 농사지어서 먹고 팔고 돈도 사면서, 사시장철 날이 날마다 밥상머리 둘러앉고 얼굴 마주 보는 거, 빚 없고 건강하고 아이 셋 둥실둥실 커 가는 거 보는 거, 내외가 마음 맞는 거, 부자 중의 부자 아닐까?

그러므로 태완아! 니네 집 이미 부자란다…. 엄마아빠 옆에 니가 산처럼 우뚝 자라 있는 것. 그것만으로도 내 생각엔 부자지 싶은데, 니 생각은 어때?

버스 정류장을 삼백 미터쯤 앞두고 걷는 길. 서너 송이 꽃을 단 채 실바람에 하느작이는 코스모스 줄기가 씨앗을 매달고 있다.

낼모레 씨 받으러 와야겠구나. 내년에는 마을 들머리에 벚나무 묘목만 심을 게 아니라 코스모스 씨앗도 뿌려야지….

유월에

― 한 수

.

.

.

비 갠 날. 햇볕 다사롭고, 드맑은 바람 산들산들 불고, 이만하면 뭐 하나 기러울 것 없이 복된 날 좋은 때.

하루 한 끼에 채식 합네 함서 영양가 없이 주는 밥. 어떤 날은 그나마도 싹 비우고, 어느 때는 거들떠보지도 않던 노랑 야생고양이. 어라. 그 사이 새끼를 네 마리나 낳았구나.

우리 집 다실 겸한 서재 앞 손바닥 꽃밭에서 저희끼리 희롱하며 노니는 아기 고양이들.

아, 어린 것은 모두 어찌 저리 사랑스러운가
귀엽고도 어여쁜가

그래, 어미가 있었구나

토옥톡 유리창 두들겨 인사를 건넨다.

햇머위 잎사귀 아래 햇볕바라기 하는 어미와 눈 맞춘다.

그새 새끼를 네 마리나 낳았더나? 니도 엄마고 나도 엄마네. 새끼 잘 키워라이.

들리지도 않는데 무슨 씨나락 까먹는 소리? 눈도 깜빡 않던 고양이 웬일로 개처럼 꼬리까지 살랑이더니

그러면 그렇지. 안 들려도 내 말 다 알아 들었구나. 같은 에미 맘 찰떡같이 소통이 되었다고 지레 흐뭇했던 건 잠시—

눈꺼풀 스르르 내려 감으며 다시 조는 에미 등을 새끼 두 마리 미끄럼으로 타고 오르내리는데 깜짝이야 화르르 눈 크게 뜨더니 아직 저를 보고 있는 유리창 안의 나를 향해 크르르- 이빨 드러내고 눈썹 돋우더니

휑하니 자리 털고 일어나 저만치 간다. 가버린다.

별꼴이야. 내 새끼는 내가 지킨다.

넘으 일에 감 놔라 배 놔라 말고 너나 잘해라.

너나 잘해라 함서….

염소 아가씨

.

.

.

쉰 고개 다다른 한선 씨.

지난 오월 엄마 보내고 여름내 아팠단다. 지금도 아프단다.

엄마랑 둘이서 농사짓고 염소 키우던

내가 열 번 인사하면 다섯 번 대꾸에도 인색하던 무심 퉁명이
되려 매력이던 아가씨.

"영감 할매가 머한다꼬 가리느까 날로 나왔시꼬 나가 불쌍타"

엄마 간 뒤로 입맛도 살맛도 없이 오종종한 동리에 동무 하나
없이 이제는 염소 대신 강아지를 키우며 사는

자고 깰 때 마다, 깨고 잘 때 마다, 기냥 기냥 스스로가 불쌍하
고 불쌍하고 또 가엾은 한선 씨.

풍경

·

·

·

산책에서 돌아오는데 오늘따라 윤숙이가 큰길로 나와 있었지요.

"윤숙아, 윤숙아아."

우리는 서로 반가워 어쩔 줄 모르는데 천광사 스님 윤숙이 보고

"애인 온다꼬 저리 조타카네ー"

그렇게 만나지고 그렇게 얼싸안은 우리.
언니 집 가자. 하는 내 어깨에 윤숙이 터억 하니 팔을 두릅니다.

"어ー 윤숙이, 어깨동무도 할 줄 아네."

윤숙이 살진 팔에 꼭 끼어, 윤숙이 우람한 덩치에 찰싹 붙어서
어깨동무로 걸었던 아침.
우리 둘이 그대로 하나의 살아 있는 풍경이었던….

대촌 부녀회

·

·

·

매달 25일은 대촌마을의 부녀회 모임이 있는 날. 오늘 참석 인원은 일곱. 동갑내기인 순자, 석순 씨, 서영 언니, 향순 언니랑 부녀회장, 나 그리고 정미 씨가 태양이, 별이 두 아이 데리고 왔다.

부녀회 안건이랄 거 뭐 따로 없고 커피 한 잔 없이도 맹숭맹숭하지 않게 이야기들 재미지고 하루에 몇 번 봐도 정겨운 얼굴들인데 오늘 부녀회장은 회비 수금보다 장사로 바쁘다. 자루 가득인 미역, 다시마, 김, 면부녀회에서 독거노인들 겨울날 김장 보내기에 쓸 경비 마련차 파는 것이란다.

"회비하고 섞지 마라."

석순 씨 이르고

"따로 씁니다."

돈 받고 잔돈 거슬러 주기 바쁜 부녀회장. 대촌 부녀회원은 열셋. 동현이 엄마는 날 받아 놓은 동현이 혼사일로 바쁘고, 홍선 언니는 계모임 가고, 점옥 언니는 시금치 단 묶기 바쁘고, 옥수는 까탈스런 서방님 챙기느라 못 오고, 점방집에 회비 맡긴 사람이 셋. 삼십 분 가량 지나니 퇴근길의 민석 씨 부인이 들어선다.

"니 토요일 쉬나."

서영 언니가 묻고

"왜요? 2주에 한 번. 그라고 토요일은 세 시 마치는데…."

"우리도 망년회 해야 안 되것나? 21일. 토요일이다. 됐나?"

모인 사람은 다 괜찮다하고

"그날은 돈 좀 쓰자. 회비 갖고 죽림 찜집에 배달시키자. 머 묵을래? 코다리? 아구찜? 아니모 족발 할래?"

부녀회장 물려준 지 3년은 되었지만 여전히 부녀회의 중심으로 주도적인 서영 언니가 순자, 석순 씨, 향순 언니, 나한테 앞앞이 묻고 동의를 구한다.

그러다가 이야기는 키위 이야기로, 과일건조기는 딸기, 키위 말리모 신맛만 남더란 얘기, 석순 씨 외손주 입이 짧다는 이야기, 향순 언니도 덩달아 딸 은정이가 아이 밥 한 숟갈 먹이려고 숟가락 들고 따라 다닌다는 이야기, 아이들이 안 묵고 주딩이만 똑똑하다는 석순 씨 말투가 살아 있다. 머리말, 글말이 아니라 삶의 말, 몸의 말인 것이다.

"머시라도 무야(먹어야) 실할 낀데…."

손주 걱정.

"인자 내일을 위해서 가자."

새벽같이 굴 까러 가야 하는 서영 언니 말에 한꺼번에 자리 터는 분위기.

"순자 씨, 가입시다."

"하. 가자."

정이와 준후의 할머니 송순자 씨, 올해도 고구마 농사지어서 껍질 벗기고 썰어 말려서 하이야니 잘 마른 빼떼기 한 보따리 우리 집 툇마루에다 부려놓았던 순자 씨.

　순자 씨도 양순 어매처럼 허리가 반 굽었는데 걸을 때는 몸을 한껏 젖혀서 등이며 어깨가 뒤로 간다. 순자 씨 유모차를 밀고 민석 씨 부인이랑 둘이 중뜸 나란히 집에 들어서고 혼자 밤길 어둑한 길 타박타박 올라오는 길.

　아, 웃뜸에는 사람이 귀하구나. 가만있자, 적덕댁 아주머니는 나이 칠십 넘었나? 칠십까지는 부녀회원인데…. 어제 회관의 점심 자리에도 못 오고 이른 김장해서 김치 한 다라이랑 차시루떡까지 우리 집에 갖다 두었던 수득 씨의 아내 적덕댁을 잠시 떠올린다.

　그나저나 우리 이사 왔을 때 이장집 큰애, 그때는 락경이라 불리던 동현이가 나이 서른에, 형, 누나인 우리 집 두 아이 제치고 혼례를 올린다 말이지?

혜령이

.

.

.

혜령이의 본래 이름은 퍼엉. 남편은 혜령이를 엉이라고 불렀었다. 호치민에서 좀 더 간다는 시골 과수원집 딸, 열 형제에서 입 하나 던다고 시집을 보냈을까. 두진 씨보다 스무 살 아래인 엉이가 스무 살의 나이로 우리 동네 새악시로 왔을 때, 나는 내 딸보다도 두 살이 어린 엉이가 무조건 반갑고 고맙고 좋았고 예뻤다.

엉이의 십 년 세월, 추위가 싫고 돼지고기만 좋아하던 엉이는 이제 혜령이가 되어 모국이고 고향인 베트남보다 사계절이 있는 이곳 날씨가 더 좋다 하고 무엇이건 잘 먹고 좋아하게 되었다. 처음에 시어머니 부를 때처럼 나한테도 '엄마─' 부르던 엉이가 몇 년 뒤는 이모라 부르더니, 이제 나더러 누나라 부르는 남편을 따라 그러는지 '언니'라 부른다.

후, 언니. 그러므로 혜령이 덕에 나는 해가 지날수록 더 젊어지고 있는 것. 먼저 간 두 아들 때문에라도 날마다 술 마시지 않고는 못 자는 신랑 때문에 속상하여서 두세 번은 보따리도 쌌다는 엉이는 이제 어엿한 엄마가 되고 더할 나위 없이 정겨운, 딸보다 더 사이좋은 며느리가 되고, 서른 살 단단한 아내가 되고, 갈 데 없는 대촌사람이 되었다.

엉이의 손, 엉이의 크고 맑은 눈, 그 눈은 무엇이나 다 호기심을 빛내며 보고, 그 손은 무슨 일이나 가리지 않고 부지런을 넘어 악착같이 쉴 새 없이 움직였으니, 사철 들일, 집안일은 물론이고 겨울이면 깜깜 새벽같이 동네 아줌마 할머니들이랑 굴 작업장에 굴을 까러 다니며 돈을 벌기도 했다.

나보다도 몇 곱절은 더 요량머리 있고 매착 있고 똑 부러지는 혜령이. 혜령이가 시집 온 지 사 년 만에 첫 친정나들이를 갈 때 나는 통영의 전통 누비로 만든 동전지갑, 도장지갑 스무 개를 사서

'펑은 참으로 예쁘고 착하고 훌륭한 사람입니다. 펑을 우리 마을로 보내주셔서 감사합니다. 모두들 건강하세요.'

그런 엽서를 동봉해 보냈는데 친정길 다녀온 엉이는 내 선물로 베트남 모자 농하고 커피 한 봉지를 안겨 주었다.

그 '농', 그 모자를 나는 시내에는 말할 것도 없고 수국 만나러 가는 거제도 나들이에도 심지어는 부산에까지 쓰고 가기도 했다. 맞다. 남편 친구들 부부 동반 피서길에 지리산 계곡에까지 쓰고 가서 피서객들한테서 베트남 사람이냐는 인사를 받기도 '어, 한국말 잘 하네' — 하는 말을 듣기도 했다. 그 모자 삼 년 줄창 여름마다 썼더니 이제 너무 후줄근해지고 곰팡이도 슬어서 얼마 전 우리 집 아궁이 속으로 들어가 재가 되었지…

엉이, 미수동 LG마트의 '빵굽는 아저씨'라는 간판을 단 빵가게 안주인. 두진 씨의 단팥빵 맛은 기막히다. 동네 행사 때마다 엉이 신랑의 작품인 삼단 케이크가 대미를 장식하기도 한다. 이제 빵장사 육칠 년으로 완전히 자리 잡은, 돈도 제법 번 혜령이.

정량동 마트서 왕창 벌고 난 뒤 미수동 새 마트에서 '콜' 하자

혜령이 왈,

"인자 정량동 풀 다 뜯어 뭇다(먹었다). 미수동에 풀 뜯으로 가자."

였단다. 얼마나 현명하고 강단진 서른 살인지, 혜령인지….

그리고 보니 혜령이는 말띠, 초원의 풀을 뜯는 말이니 돈도 풀이나 진배없을 터. 혜령이가 이제 나보고 '언니'라고 부른다고 지난번 명절 때 두진 씨네 형제 다 모였을 때 내가 말했더니, 혜령이의 시아주버니인 옥진 씨 '좀 있으모 맞묵것다.' 해서 많이도 웃었다.

혜령이. 아들 준후 대신 돌보는 시어머니 순자 씨한테 용돈도, 생활비도 아낌없이 팍팍 준다는 혜령이. 아마도 베트남에서 한국으로 시집 온 여자들 중에 제일로 '잘'살고 있을 것 같은 그녀. 딸보다 두 살이 적은 혜령이가, 나보다 서른네 살 아래인 혜령이가 사는 일로는, 살아가는 일로는 나보다 곱절로 지혜롭고 단단하고 건강하다.

혜령아, 친정 언제 갈 건데? 그때는 나 데리고 간다는 약속 잊지 않고 꼭 지킬 거지?

혜령이가, 엉이가 친정가는 날. 내가 더 손꼽고 기다리는, 혜령이가 내 이웃에 살아서 그렇게 열심히 참하게 '잘'살아주어서 참 고맙고 자랑스러운 연말.

대촌 노인회에서 1

.

.

.

부실 부실 나실 나실 실비 오시는 아침, '에에—' 이장님 방송.

"오늘 노인회에서 점심을 낸다고 합니다. 집에 계신 주민들은 열한 시 반까지 오셔서 맛있는 점심을 드셔주시기 바랍니다. 이상입니다—"

노인의 나이는 65세 이상. 나는 노인 대우 받으려면 아직 일 년 남았는데, 아니 65세 생일까지는 정확하게 넉 달 남았는데, 오늘은 '나도 실그머니 회관 가서 노인회에서 쏘는 점심 자리에 한 다리 걸쳐볼까나?' 하는 꿍심이 든다.

세상 참 좋아졌다면 좋아진 것이 우리나라도 노령화, 고령화 시대에 접어들어 마을마다, 동리마다 이런저런 복지 제도의 혜택이 적지 않다. 우리 마을만 하더라도 일흔 넘은 독거노인이나 여든 나이의 노인 내외가 줄잡아 열댓 명. 이들은, 특히 할머니들은 추우면 추위를, 더우면 더위를 면하려고 혹은 점심 한 끼니 따땃이 해결하기 위해서라도 경로당을 겸한 마을회관에 가는 것이 주 일과. 회관에는 언제나 군입거리나 과일이 넘치고(?) 보일러도 에어컨도 아낌없이 빵빵 틀어서 겨울은 따숩기가 여름에는 시원하기가 그지없다. 그런 회관에를 어찌 아니 가리?

근데 그 회관에 몇 해를 빠지지 않고 출석하던 동현이 할머니는 이제 회관 대신 재가요양원에 출석하신다. 그 어른, 깨끗하고 예의 바르고 조용하고 천상 보살이요 양반이던 그네. 나이 들어도 아흔 앞두고도 참 곱디고운데, 깔끔도 하신데, 오늘 같은 날 빠진 빈자리 허전할 텐데, 넘은 몰라도 나는 느껴질 것도 같은데, 그 어머니 부재한 자리 오늘은 내가 채워볼까나 생각하는 아침.

가만 있자! 오늘 노인회에서 내는 턱. 그 점심 자리. 메뉴는 무엇이고 함께 할 얼굴들은 또 누구누구일꼬?

대촌 노인회에서 2

.

.

.

5분 남짓 늦었을 뿐인데 회관에서는 탕수육 접시에 젓가락질이
한창.

"온나. 와 인자 오노?"

"짜장면은 아직 안 왔다. 이거 무라."

언니들, 어머니들이 서로 권한다.

"와! 맛있것다. 나 점심 약속 있는데—"

"그라모 오늘은 점심 두 번 묵으까?"

집 나오기 전에 지인의 전화를 받았고 나는 회관에 가 있을 거
라고 데리러 오라 했던 참. 밥이래 봤자 점심 한 끼 챙겨 먹는 내가
오늘은 점심 복이 터진 것이다.

탕수육 한 점 입에 넣고서 얼른 옆방의 아자씨들, 남성 노인네
들한테 인사하러 간다. 여자들은 한 눈에 봐도 열 명 넘는데 남자는
다섯, 김재민 씨, 딸부자집 중구 씨, 김병두 씨, 이장님, 현일 오라
버니가 다다.

"귀자, 요 와서 앉아라. 머 주꼬? 맥주? 소주?"

현일 씨 종이컵에 맥주 따를라 카는데,

"아따. 오늘 겉은 날은 이거 마시야 되는 기라."

이장 김점주 씨. 고량주 병을 치켜 들어서 아삼삼 웃는다. 고량주 한 병에 댓 병 콜라는 서비스로 딸려온 것. 나는 맥주 한 모금 하고서 현일 오랍씨 컵에도 맥주 한 잔 따라 주고 다시 옆방으로 위치 이동. 홍선 언니랑 순자 씨 가운데 끼겨 앉는다.

"저 방에 더 묵을 끼 많더나?"

"은지예. 이 짝 방이 더 많십니다."

그리고는 정이 할머니 권하는 탕수육 한 점. 칠팔 분 지나 드디어 짜장면 도착! 머 나 왔다고 추가 시킬 것 없이 열일곱 그릇에 만두까지 푸짐푸짐, 방바닥은 따따부리 노곤노곤 하고 먹을 때는 누구도 관심 없는 텔레비전 소리는 왕왕, 마파람에 게 눈 감추듯 비워지는 짜장 그릇. 나는 집 나서기 전 챙겨 온 과일들을 깎고, 향순 언니는 커피 탄다. 사과, 귤, 배, 황금다래 네 가지를 색깔 맞춰 다섯 접시 깎아 내 놓으니 서영언니 한 마디

"유귀자 표네!"

인자 배부르니까네 당연지사 이바구 보따리 풀리는 시간.

"내나— 고메(고구마)로 입에 물고 죽었다 안 쿠나."

"누가?"

굴 까러 다니는 오십 대 여자가 저녁에 집에서 누워 고구마 먹다가 그 고구마 입에 문 채로 저세상 갔다는 최근 소문. 아니 실화.

"살았시모 꿀(굴) 까로 댕긴다꼬 고생일낀데 잘 갔지 머" 하는 사람들도 있더란다.

참 죽음치레도 가지가지. 덩달아 홍선 언니는 시오년 전 시어머니 죽던 때 정황을 어제 그제일인 양 풀어 놓고, 중개된 포순이가 염소 물어 죽여서 염소 고기 먹었단 이야기, 포돌이는 순한데

암캐가 더 앙칼지다고 '개 키아(키워) 봉께 알겄더라고' 이바구가 오지다. 텔레비전 젤 가까운 자리에 양순 어매 앉아서 말 한 마디 없고 그 옆에 중구 씨 아내랑 구집 댁은 여든두 살 동갑내기. 맞은 편에 상촌, 농산 고성댁이들도 여든 네 살 갑장끼리 나란히 앉았 고, 순자 씨, 석순 씨는 아직 여든 안 되었으니 어엿이 마을 부녀회 회원이다. 내가 동현이 할머니 안 계셔서 허전타 하니

"일요일도 가나?"

누가 묻고

"하, 일요일도 간다."

정이, 준후의 할머니인 순자 씨 답. 점옥이 언니사 일요일이면 세상없어도 교회 가야 하는 사람이니 불참. 중뜸에 아흔 되어도 양순 어매처럼 여직 들일 나다니는 조용한 그 어머니도 불참. 마 을 들머리 학원집 옆에 임자 어매는 치매가 걸렸단다. 치매도 귀 여운 것이 여름 내내 가을내 밭둑에 나앉아 잎사귀 넙데데한 풀만 골라서 캐서는 가즈런히 단으로 묶는 것이 일이라네.

서영 언니 지나가다

"덥은데 뭐 하요?"

하니 생긋이 웃으면서

"이거. 장에 폴아서(팔아서) 비누라도 살라꼬…."

하더란다. 딸 임자는 허구헌 날 어매가 그래도 엄마가 그렇게 바지런히 가즈런히 엮어 날라오는 채소단 아닌 풀단 이따금 팔아 서 돈 산 양 하고, 그래도 가스나 아궁이 건드리지 않으니 불 낼 염 려는 없다고 다행이라 한다.

내년, 아니 한 달 후면 내년이니 낼모레면 아흔이라는 임자 어

매.

"임자가 저 거메(저거 엄마) 거천은(뒷바라지는) 깨끄시(깨끗이) 잘 하더마는….."

칭찬도 덧붙인다.

"나도야 넉 달 있으모 노인 회원 된다."

하니 향순 언니가 주민등록 까듯이 묻는다.

"몇 년 몇 월인데?"

"56년 3월 1일이요."

답했더니

"무신(무슨). 65세는 만으로 친다. 아직 멀었다."

"이거 이거. 아쉽다 해야 하나? 조타(좋다) 캐야 되나?"

내가 어중 짭짭 씁쓸해하자 서영, 향순, 홍선 세 언니가 합창하듯 '좋지 머. 안죽 노인 취급 안 받은께.' 한다.

"그런가? 맞나?"

포순이 이야기, 임자 어매 이야기…. 서리서리 이바구가 맛깔져서 그 자리 털고 일어서기 아까운데 약속 시간 한 시 되려면 아직 이십오 분 남았는데 검정 승용차 한 대 회관 앞에 와 선다.

"까만 차 맞나?"

향순 언니 묻고, 나는 적지 아니한 미련을 안고 벗어 두었던 바바리, 머플러 걸친다. 안마 의자에 앉은 서영 언니가 신발 찾아 신은 나에게

"귀자. 자알— 산다"

"맞지요? 언니. 지가 잘 사는 기지예?"

자화자찬 함서 '빠-이빠이—'

예순 넘어서도 두 아이 아직 짝 없고 손자녀 소식 감감이니 나는 어디에서도 할머니나 노인 된 감각을 거의 못 느끼고 마음만 청춘, 소녀로 살고 있는데.

'가만 있자— 대촌에서 노인 회원 되려면 넉 달 아니라 일 년 하고도 넉 달이 남았단 말이지…. 그때까지 그 날까지 오늘처럼 '잘'살아야 될 낀데….'

믿자. 꽉 믿자! '잘'살고 '잘' 나이 들어 가는 내 모습을, 믿는 대로 이루어지는 우주의 이치를….

건강한 똥

．

．

．

어제는 바나나, 무화과를 많이 먹어 그랬던지 오밤중에도 똥을 눴지요. 바나나똥, 무화과똥. 죽기 얼마 전 통화할 때 명미 님이 바나나같이 길게 쑤욱 나오는 똥이 건강한 똥이라데요?

똥 누고서 내 똥 내가 볼 때마다 명미 님 목소리 그 말이 들리고 떠오르고 '전날 내가 뭐 먹었지?' 헤아려보게 됩니다. 건강한 똥, 순한 똥. 똥 누고 싶어도 똥 나와 주어야 하는데도 못 누고 안나오는 적지 않은 사람들을 생각하면 아침마다 하루에 한번은 나와 주는 똥. 똥 눌 수 있는 것도 큰 복. 큰 탈 없이 별 탈 없이 똥을 내보내는 몸이 고맙기 그지없습니다.

똥오줌 누면서 자비경 바치는 버릇도 오래. 똥에게, 몸에게 절하는 아침. 사방에서 풀벌레 소리 자욱하고, 옥잠화 함초롬히 꽃가슴 버는….

달티 어머니 보셔요

.

.

.

어머니, 아들네 이사 간 새집에서 잘 쉬고 계시겠거니 했는데 병 중이라시니 놀라고 안타깝기가 그지없습니다.

담 너머 '예슬아, 예슬아아~' 부르는 귀 익은 목소리, 정겨운 기척을 언제 또 들을 수 있는지요?

어머니, 오늘 아침 뒷산 오르며 내내 어머니 생각 눈에 밟혀서 마침 이제 막 피어나기 시작한 진달래, 생강나무, 노오란 새각시 같은 꽃가지를 두어 개 모셔왔어요. 각시 적 나무 하러 다니던 뒷산을 우리 마을을(시루바우, 개구리바우) 꽃으로나마 만나시라고….

어머니, 사랑해요. 힘내세요!

2009. 3. 18. 수요일 예슬 엄마

매일 오전 열 시경이면 오르던 뒷산을 오늘은 여덟 시가 못 되어 오른다. 사과 두 알에 사탕 몇 개 담겨진 가벼운 배낭차림인데 오늘따라 숨결이 고르지 않다. '스무 날 넘게 목감기를 방치했더니 그새 폐가 나빠졌나?' 방정맞은 생각이 드는 것은 달포 전에 큰 아

156

들네 이사했다고 마산 가신 우리 옆집 달티 어머니. 허리 통증에 이태 전 고관절 수술 후유증인가 하고 병원 갔더니 글쎄 췌장암이 손댈 수도 없는 지경으로 길어야 세 달이라는 사형선고를 받으셨단다.

우짤꼬, 꼭 일주일 전 지난주 수요일, 동네 관광길 나서는 아침 절에서 들은 기별이다. 달티 어머니가 암? 그것도 췌장암, 암 중에 가장 고통스럽다는 그 병이 췌장암이라는데…. 초등 동기 인옥이도 앞집의 오산댁도 그 병으로 채 일 년을 못 넘겼었다. 동네 어르신들 봄나들이길에 안내양을 자처하고서 그날 한바탕 나는 재롱잔치를 떨다시피 하였지만 귀갓길의 이월 보름달이 내내 달티 어머니 얼굴이었다.

참말이지 법 없어도 사실 이. 일본서 중학까지 마쳤으니 마을의 아낙 중에서도 식자요, 고운 피부에 마음씨는 또 얼마나 어질고 착한 분이신가. 관광길 동행한 삼이웃 들이사 세상에 우찌 그런 병이 걸릿시꼬, 하면서도 뭐 나이 칠십여덜이몬 살만큼 살았시니 죽어도 크게 아깝지는 않다마는, 하지만 그래도 그래도 억울하고 안타깝다.

자식 농사 잘 지어서 아들딸 다 고만고만 괜찮고 아직 논마지기, 밭마지기 두어 뙈기 있으니 좀 편허니 지내서도 될 것을 참 오지게도 아끼시느라 홀로 지내는 삼동도 보일러 기름은커녕 전기장판조차 제대로 켜지도 않고서 떨고 지내셨다. 부지런키로 치면 나 이사 온 그 무렵 오산댁 어머니 말마따나

"달티 니는 밤도 없었시모 좋컷제? 일하거로…."

할 정도였으니….

아, 그런 달티 어머니. 내 어머니랑은 성만 다르지 이름자도 같아서 십 년 세월 한결같이 담 너머로 사립으로 '어머니, 어머니이~' 불러댄 정다운 어머니, 이복연.

"내나, 참. 우습더라. 아이구 참 우스버서."

어머니 곧잘 얼굴 가득한 미소마냥 그저 그렇게 사소한 일도 별 일도 우습고, 우습게만 여겨지던, 일흔 넘어서도 새각시로 수줍던 어머니. 다리 아파 굴 까러 못 가던 지난겨울, 모처럼 예슬이네 건너 오셔서 새댁이 때 얘기며 앞뒷산 나무하러 수없이 오르내리던 일, 객선 닿는 섬마다 마을마다 그릇장사 다니던 옛날이야기 두어 시간 내내 풀어내시며 '우찌 다 말로 하겠노' 하면서도 그 말끝에다 '내나 참 우습다카이' 하셨다.

그 어머니. 많이도 말고 딱 이 년만 더 여든까지만 더 사셨으면 싶은 옆집 어머니 달티댁. 어머니 눈에 밟혀서 오늘은 기어코 마산 병원으로 버스를 타고서라도 혼자라도 문병 가리라 하고, 뒷산에 갓 핀 진달래꽃, 생강나무, 노오란 새악시꽃을 두어 개씩 꺾어서 모셔왔으니 '어머니 나무하러 다니시던 뒷산에 진달래 피었어요. 소골의 봄을 통째로 모셔왔어요.' 하믄서 어머니 꼬옥 한번 안아보고 싶어서, 어머니 손 꼬옥 꼭 힘주어 마주 쥐고 싶어서….

현미죽 얼른 쑤고, 소쿠리 그들먹 진달래, 생강나무, 꽃가지, 대촌의 봄맛, 봄멋을 배달 가는 길.

메리 크리스마스

.

.

.

어제의 생각을 오늘 실행하기로 한 아침. 마침 남편도 행사가 있어 나갔다가 저녁 다섯 시경 귀가 한단다. 잘 되었다. 나도 그 시간 안에 다녀오면 되지 하고 나섰다.

라미. 부산 연산동 행복한 오피스텔 원룸에 사는 그 애를 만나러 가는 길. 두 시간이 채 못 될 만남을 위해 집에서부터 왕복 다섯 시간의 버스, 전철, 걷기를 시도한다. 그러고 보니 해마다 한두 차례 그 애가 왔지 내가 라미네 가는 건 처음.

뇌성마비 장애를 가진 친구들이 모여 사는 자생원 시설을 5년 전 나가 독립해 사는 라미는 고향이나 친정집 오듯이 그간 봄이나 여름 일 년에 두어 차례 좋은 날을 택해 장애인 콜택시를 불러 타고 우리 집을 다녀갔다. 도우미 이모랑 같이 오거나 서너 번은 남자친구랑도 왔었다.

우리들의 인연은 길고도 깊다. 예순여 명 시설의 친구들 중에 유독 장애가 심해서 거의 하루 종일을 특수 휠체어에 묶여 있다시피 지내고, 혼자서는 화장실 출입은커녕 물 한잔 마실 수 없는 그녀는 그 누구보다 긍정적인 사고와 볼 때마다 미소 짓는 환한 얼굴에 영리하기도 알뜰하기도 한 친구였다. 나랑은 글쓰기수업을 십 년도 넘게(열다섯 살 때부터 스물여섯이 되기까지) 함께했고, 라미는 희곡작가가 되는 것이 꿈이라고 했다.

시설을 나가 독립생활을 하는 것이 그만한 장애에 가능키나 한 거냐고 다들 우려했고 그건 나도 마찬가지 생각이었다. 그런 그녀가 잘도 산다. 행복하다고 자유롭다고 이보다 더 좋을 수 없다며 연애도 하고 잘만 산다. 살아간다. 마산, 김해, 부산 몇 차례 거처를 옮기기는 했지만, 그때마다 도우미 선생님이 바뀌기는 했지만, 라미는 언제 만나도 환하고 행복한 얼굴이다. 멋도 많이 부린다. 외출할 때는 높은 굽의 구두를 신는다. 일어설 수도 걸을 수도 없어도 무슨 상관이야? 하듯이 당당하게 아무렇지 않게….

아침에 더운 물 한 잔만 마시고 가는 길에도 아무것도 먹지 않았지만 나는 허기지지 않았다. 오늘은 크리스마스, 라미에게 내가 선물이 되었으면 했다. 라미가 사는 방이 궁금했고 그 애의 커다랗게 입을 벌리고 웃는 얼굴을 그리며 조금 설레기도 했다.

크리스천이기도 한 라미와 이모. 서문 교회에서 예배를 본댔다. 연산역에서 내려 두어 번 물어서 교회로 갔다. 교인들이 막 쏟아져 나오고 있었다. 아, 라미. 검정 줄무늬가 있는 흰 코트에, 같은 색 무늬 같은 질감의 십 센티는 될 굽 있는 앵글부츠를 신고, 팥죽색 도타운 목도리로 목을 감싼 라미가 그 자리를 환히 빛내며 나를 기다리고 있었다.

우리는 서로 많이 반갑고 기뻤다. 화장실 다녀온 이모도 몹시 반기는 기색이 역력하다. 날씨가 어제보다 훨 풀려서 다음 역까지 걷는다. 좋은 날씨에 일요예배를 오갈 때 이모랑 둘은 곧잘 그런다고, 라미는 자동 휠체어를 뒤틀리고 곱은 손가락으로도 잘도 운전한다. 이모는 라미더러 휠체어 운전 면허증 따야 할 사람이란다. 라미는 자꾸만 흔들리는 고개를 다 젖히며 커다랗게 웃는다.

점심은 집에 가서 먹자고, 이모가 선생님 온다고 고기 사 두었다는 라미에게

"크리스마슨데 그냥 우리 외식하자."

외식이 좋아서가 아니라 이모의 번거로움을 조금이라도 덜어주기 위해서였다.

명륜역 바로 앞 백화점의 푸드코트. 라미는 이모랑 백화점 아이쇼핑이나 영화감상도 자주하고 날마다 재미지게 잘 논단다. 메뉴는 가족세트로 합의. 지난봄에 꽃자리 밥상 받았으니 오늘은 꼭 자기가 밥 사고 싶다는 이모를 극구 만류해 자동 음식 판매기에 돈을 넣는다. 떡갈비 불고기가 한 접시씩, 물냉면, 비빔냉면에 상추쌈 두 공기의 밥이 얹힌 식판을 이모가 들고 왔다. 백 원 없는, 만 사천 원에 셋이 이만한 성탄 만찬이라니, 맛보다 심정이 더 구수했다.

백화점에서 라미네까지는 길 건너 오 분가량. '깔롱'. 오늘 나는 처음으로 깔롱이라는 낱말을 라미의 도우미 이모로부터 배웠다. '멋부리기', '뽄내기'의 뜻을 가진 말이로구나 짐작하는데 이모 말로는 라미가 한 깔롱하는 아가씨라는 것이다. 동의하는 바, 자타를 막론하고 라미는 뽄쟁이다. 스카프로 뽄내기를 좋아하는 나도, 철철이 색 맞춰 옷 입고 통굽 구두 신는 라미도 우리는 같은 과, 공주과에 깔롱쟁이인 것이다.

그 잠깐의 7-8분 동안 이모의 아들 키운 얘기를 들었다. 중국 유학이 드물던 십수 년 전에 이모는 첫 아들을 중국 보내 공부시킨

덕에 유창한 중국어 하나로 아들은 좋은 직장은 말할 것 없고 좋은 짝 만나 서른두 살에 아이가 둘이란다. 대단한 선견지명에 대단히 용감하기도 지혜롭기도 한 엄마였구나 싶어 나도 감탄한다.

"정말 대단해요. 잘 하셨네요."

진심으로 축하한다.

아까참에 점심 먹을 때 라미는 말했다. 지금의 꿈은 세계일주라고. 세계일주⋯. 고향과 조국을 떠나 남미로 아프리카로 떠돌이 별처럼 여행 중인, 각자의 선택을 따라 제 길 제가 걷고 있는 우리 집 두 아이를 떠올린다. 그래. 라미 같은 처녀한테도 꿈을 이룰 수 있는 기회가 주어진다면 얼마나 좋을까.

드디어 라미의 집 라미의 방. 커다란 휠체어가 들어서니 작은 방은 꽉 차버린다. '아, 이곳에서 이렇게 살고 있었구나' 두 이모가 번갈아 아침 여섯 시부터 밤 아홉 시까지 라미 곁을 지킨다는데 잠은 혼자 잘 터. 혼자 자는 밤들이 어떠할지 감히 상상이 안 가는데 서랍장 위에 식구가 둘 있다.

까칠이와 까미, 일년생 거북이들이다. 그 애들은 밥도 먹고 똥도 싸고 라미 말로는 말도 알아듣고 심지어 우 시인의 거북이들처럼 질투도 한단다. 한때는 강아지도 길렀던 라미. 전에 살던 원에서 나오면서 헤어지게 된 동생 소영이에게 지금도 안부를 전하고 화장품이나 악세사리 같은 선물 보내기를 즐기는 라미.

우리는 오늘 옷을 바꿔 입었다. 금색 단추가 달린 해군 장교복 같은 모직코트를 아침에 입고 갈 때는 라미한테 벗어주고 와야지 작정했던 것이니

"라미야. 이 옷. 너한테 더 어울릴 것 같애. 이건 삼십대 조카

며느리가 산 옷이라 삼십대의 의상이지. 나 추울까봐 걱정되면 니 헌 옷 중에 아무거나 하나 걸치고 갈게."

화사하게 웃던 라미.

"이모. 거 있잖아요. 저번에 산 옷, 그거 꺼내서 선생님 주세요."

에구마니. 이건 새 외투. 그것도 덕다운 코트 검정색.

"뭐야. 라미야. 이건 완전 새옷인데 니가 입어야지."

"아이고. 선생님 나는 휠체어 타는데 그 옷 너무 두껍고 길어서 불편해서요."

이모도 맞장구다. 아예 외투를 입히다시피 하고 거울에도 비춰 보란다. 어쩔 수 없었다. 그렇게 나는 라미의 외투를 두둑하니 입고서 볼에다 라미의 입맞춤을 받고 진짜 두 시간 만에 다시 돌아오는 지하철에 올랐다. 역까지 날 배웅한 이모가 세 번 접은 만원 지폐 한 장을 내 손에 굳이 쥐어 주었다. '뭐야. 산타할머니 하려고 갔다가 산타이모, 산타아가씨 선물을 잔뜩 받고 가는 거잖아.' 후끈후끈. 몸도 마음도 더울 지경이다.

출발할 때의 생각대로 서둘러 돌아가니 아무래도 남편보다 나의 귀가가 빠를 듯. 그래, 크리스마스는 가족, 부부가 함께 시간을 보내야 하는 것. 낮에는 라미와 이모와 가족이 되어, 밤에는 남편과 가족으로.

올 크리스마스는 꽉 찬 느낌이다. 지구 반대편 멀리멀리 있는 두 아이도 어디에선가 누군가의 가족으로 오늘을 보내고 있겠지….

삼십 분가량 기다려 집으로 오는 버스를 탔고 돌담길 들어서자

마자 군불 때고, 난로 피우고, 머리도 감고, 한 시간 부지런을 떨고
나니 남편이 들어선다. 반갑다. 메리 크리스마스!

오랜만에 와인도 한 잔?

손

― 김순희

.

.

.

  딸을 보려고 백일을 치성 들여 얻은 금지옥엽 딸내미의 조막손
이었다. 명절이면 모시베 짜서 분홍 저고리 초록 치마로 떨쳐 입
힌 세상에 다시없는 그 어머니 그 딸의 손이었다. 그러나 그 손, 아
홉 살 나이의 작은 손. 총 맞고 쓰러진 큰오빠의 병상을 붙박이로
지키며 밤새워 부채질해야 했다.

  장남 뒷바라지로 거덜 난 집안. 논밭전지에 살던 집까지 다 내
주고 한 뙈기 실낱같은 밥줄로 남은 밭에 손수 집 짓는 아버지를
도와 돌을 나르고 짚북데기 이겼고 드디어는 입 하나라도 덜어야
한다고 서울 부잣집 아씨 마님 잔심부름 아이보개로, 말하자면 식
모살이 삼 년이었다.

  그래도 잘 먹고 잘 입고 따뜻이 지냈으니 그때가 행복하던 손.
4·19 터지고 고향 오지 않으면, 집에 오지 않으면 호적을 파버린
다는 오라비 등살에 못 이기어 할 수 없이 기쁨보다 눈물 머금고
돌아온 집. 누운 자리 석삼년인 오라버니 병수발에 중풍 든 아버
지. 빨래하고 눈밭에서도 땔감 구해 져 날라야 했다. 뿐이랴? 꽃다
운 열아홉에 대수술로 죽을 고비 넘기고 그래도 스물한 살 나이에
등 너머 밀양 박씨 집성촌 새색시 되어서 며느리, 동서, 숙모 노릇,
아내 노릇 농사일까지 어느 새댁들과 다를 바 없이 해내었다.

허나 결혼 7년에도 애기 없어 스스로 집 나오고 어언 46년. 떠돌다가 우연찮게 신학생도 되고 전도사도 되고, 교회 건축 기도원 짓는 일 소명 삼고서 돌 이고 나르는 일로 정수리가 다 벗겨지기도 했다. 그러다 이후 삼십 년. 사이비 교단의 열성 열혈 신도로 과수 농사에 오뎅 장사에 오만 가지 돈 되는 일 해서 교주님 배만 불리고 어쩔끄나. 사람이 참 매구이면서도 등신이라 삼 년도 십 년도 아닌 삼십 년 만에 그래도 천행으로 그 족쇄 단숨에 떨치고 나와 그 사이 레코드판 만지던 손으로 '내 마음의 풍금' 셀프 찻집 차리고, 철철이 꽃 키우고 꽃구경 다니면서 스마트폰 사진 찍기가 취미인 그녀. 만나면 꽃 사진 보여주고, 카친이 어쩌고 미주알고주알, 손끝도 입도 야문 사람.

지지난달 찻집 문 닫은 뒤 이제는 열세 평 아파트 노는 방 하나 민박이나 치지하고서, 진즉에 찻집이름으로 정해두었던 '꽃피는 산골'을 민박집 간판으로나 올릴까 궁리하면서 외출하지 않는 날에도 고운 옷 입고 하얀 잠옷에 레이스 속옷 입고 거울 앞 앉아서 공들여 화장하고 머리 만지는 손. '나는 나야, 이만하면 됐지 뭐' 하면서 새벽 운동, 스트레칭 거르지 않고, 아침저녁 하루 두 끼 자신만을 위한 밥상 알뜰살뜰 차려 모시며 혼자서도 잘 노는, 혼자 있어도 하루가 찰지고 오진 일흔 세 해. 파란만장 생애도 아랑곳없이 아직 곱디고운 손, 고운 낯.

연애를 하기에도 시집을 가기에도 한 점 문제없는, 유행가 가사 아니어도 그야말로 그야말로 사랑하기에 사랑받기에 딱 좋은 손.

그 손.

김순희의 손.

아침의 사람들

·

·

·

며칠째 새벽이면 머리맡을 에워싸는 환-한 기운에 눈이 절로 떠진다.

기도를 바친다. 호오포노포노, 자비경, 언제나의 아침에 바치는 나만의 아침기도문.

그리고는 기지개 쭈욱- 모관 운동 중에도 자비경은 바쳐진다. 동 틀라면 아직인 뜨락에서 동남서북 사방의 하늘 우러러 절하고

요 며칠 앞서거니 뒤서거니 이른 아침시간에 천개암까지 운동 삼아 걸었다 오는 대촌 사람 몇.

아파트 밤 경비일 열심이다가 올봄 느닷없이 중풍이 온 회관 이층 아저씨, 나랑은 산동무이기도 한 점방집 향순 언니, 우리 동네 새 이장 방앗간집 김점주 씨.

아직 하늘 희부연데 어제 멧돼지 소리 세 번이나 들었으니 너

무 일찍은 산책 가지 말자고 향순 언니 말했지만, 그래도 머 나는 어제와 다름없이 자전거 타고 새벽 공기 가른다.

얼랄라. 이장님 어제보다 십 분은 더 일찍 집 나섰다. 언니가 '됐다. 같이 가모 안심이다' 한다. 멧돼지 나와도 지켜줄 남정네 있다는 거다. 든든하다는 거다. 남자는 그러라고 남자이기도 하다.

"이장님 오늘은 일찍 오시네요 잘 주무셨습니까?"
내 문안인사에
"어이구. 예에-"
빨간 수건 한 장 목에 건 이장님. 우리보다 두어 발 앞서 걸으며 팔운동 한다.
"요즘 걸으셔서 그런지 아주 청년같이 보기 좋습니다."
"머시 그래요? 이 노무 허리만 안 아푸모 걷도 안 할 낀데 당최 허리가 아파서…."
"걸으세요. 걷는 거 이상 좋은 거 없다는데… 매일 그렇게 걸으시면 허리 아푼 것도 낫겠지요."

나는 어디서건 누구에게건 걸으라고, 걸어야 한다고 약보다 음식이, 음식보다 걷기가 먼저라고 말하고 권하는 걷기 전도사다.

바람이 살랑, 저수지 물결을 건너서 온다. 천개 들머리서 이십여 분 족히 걸어서 드디어 천개암. 이장님은 법당에 절하러 언니는 개울로 세수하러 내려가고 나는 이백 살 은행나무 안고서 아침

인사, 아침기도 바친다.

돌탑 아래 핀 봉선화 일별하고 갔던 길 되짚어 오면서 점방집 언니

"오늘은 와 바람도 안 부노?"

이장님 한 마디

"우게서(위에서) 밑을 부는기다. 와? 바람이 깐닥거리거마는."

"후후후. 깐닥거린다 깐닥거린다 그 말 참 살아있네요. 제가 많이 배웁니다."

"아이구, 그기 머시라꼬 천만의 말씸."

"아닙니다. 저번 때 정이 할머니 저한테 빼떼기 주셨을 때 제가 '순자씨, 사랑해' 했더니 '문디, 지랄한다' 하시데요. 그 말 듣고 다음 다음날까지 몇 날 며칠 얼마나 기분이 좋던지…. 그기 바로 시고 문학이지요."

언니도 이장님도 웃는다.

천개마을 사람들은 천개암 이마빡에 두고도 안 걷는다. 그이들은 일한다. 날 새기 무섭게, 아니 어쩔 때는 날 새기 전부터도 밭머리에 나앉는 부지런쟁이들이 몇 간 있다. 파 뽑고 강낭콩 줄기를 걷는 손놀림이 한창인 천개마을의 아침 풍경.

인사한다. '잘 주무셨습니까?', '반갑습니다.' 저어기 들길에 우리 동네 노인회장님, 빨간 모자에 빨간 자전거 타고 등 어깨 허리 일자로 쫘악 곧게 펴고서 보란 듯이 휘리릭 논밭머리 돌아가신다. 우리 동네 제일가는 젊은이, 중학교 때부터 시내 학교로 통학하던

자전거, 그때의 알배기 근육질 여지껏 살아 있어 천개암 오르는 고 바우도 끄덕없다.

사람들이 안 믿는단다. 무슨 산악자전거도 아닌 고물 자전거가 차로도 버거운 그 경사길을 오르느냐고. 다른 사람 다 못 믿고 안 믿어도 나는 믿는다. 왜냐? 나는 봤으니까. 보지 않고도 믿는 자 복 있는데 사람들은 제 안보면 못 믿고 안 믿는다.

이즈음 자전거 타는 이 한 사람 더 늘었다. 천개 이장 김재곤 씨. 그이는 예전 대목이었고 글도 잘 쓴다. 술 들어가면 시를 논한다. 나 만나면 더- 김재곤 씨는 푸른 티셔츠에 등산바지 차림이다.

문득 바람. 초록 벼 포기가 꽉 찬 들판이 통째로 나울댄다. 눕고 싶다. 누워도 진흙바닥 논바닥에 빠지지 않고 초록 융단이 나를 띄워서 비눗방울로 동동 하르르 포르르 해먹인 양, 쿠션인 양 푸근포근 가볍기도 기분 좋기도 하겠다.

도라지꽃, 백합. 이장님네 꽃들이다.
현일 오라버니, "일찍 갔다 오네?"
오랜 나날 일주일 두 번씩 투석 받으러 가는 아내 홍선 언니 아침 목간 길 태워다 주고, 농사에 노가다에 살 찔 여가 없이 사철 깡마른, 내 친정 오빠와 중학 동창이래서 내가 동네서 유일하게 오라버니라 부르는 사람. 저리 삐쩍 말랐어도 관광 갔을 때는 제일 오래 끈질기게 춤추더라. 산길도 날쌘돌이마냥 오르는 거 그거 다 깡말라 가벼운 몸 덕분이것지.

청 끝 지나 늦가을이면 유자청 만드느라 유자 향기가 발길을 붙드는 창고 앞에 세워두었던 자전거, 휘적휘적 느리게 페달 저어 돌담길 들어선다.

6시 5분. 남편은 아직 잠 속이다. 옷 갈아입고 빨간 장화 신고 텃밭으로 직행. 모기에 뜯기면서 밤사이 또 자라준 가지 세 개, 오이 두 개, 깻잎 스무나믄 장, 방울 토마토 일곱 개, 고추 세 개 따서 딸기 대야에 담는다. 그사이 상추는 다 자라 꽃대가 올라 왔다.

딸이 휴가 받아 오기 전에 상치 씨앗 새로 묻어 여름 상추쌈 멕여야지 했는데 천방지축 노느라고 또 비님 오락가락 장마 통에 파종 때를 놓치고 말았다.

그래도 올해 처음으로 남편이 사다 심은 모종에서 줄기차게 오이, 가지, 토마토가, 고추가 열려 준다. 들깨씨 뿌리는 나더러 '들깨는 머 할라꼬?' 하더니 정작 자기가 날마다 상추쌈에 깻잎 조림을 질려하지도 않고 잘만 먹는다. 안 심었으모 우짤 뻔 했노?

아, 나는, 우리는 부자구나. 몇 개, 몇 줌의 갓 딴 채소잎만으로도 열매만으로도 이미 배부른 아침. 딸기 대야 부엌에 갖다 두고, 엊그제 그저 생긴 화장품 샘플 중에 스킨, 로션 스무 개 챙겨 윗집 홀리골댁에 간다.

동네서는 갓섬집이라 부르는 집. 홀리골댁 시어머니 본향이 갓섬이었단다. 자그마한 몸집에 재빠르기로는 동네에서 둘째가라면 억울할 유명순 씨. 빗자루로 거미줄을 걷고 있다.

"짠! 화장품."

하고 내미니 좋아라 하신다.

"머꼬? 스킨 로손인가? 이기 젤 마이(많이) 쓰이더라."

마당 한켠에 돈부 담긴 다라이.

"돈부 땄네요. 좀 주세요. 그라고 밭에 비름 안 잡숫던데 우리 아저씨 좋아하니까 좀 따 갈게요."

"그리 하라모. 영감은 안 묵데. 밑에 거는 풀약 쳤다. 우에 거 따 가라."

매양 이렇다. 내 손에서 가는 거는 선낱(아주 조금)인데 오는 거는 바지게로 온다. 비름 나물 서너 줌, 돈부 한 봉다리 들고 툇마루 오르며 열린 들창으로 눈 두니 남편 일어난 기척

"여보야, 화장품 샘플 갖다 주고 당신 좋아하는 비름 나물 얻어 왔다. 얼른 해 주께."

아. 잊어 먹은 거 있다. 홀리골댁 바깥양반 김부겸 씨. 이사 와 16년 우리 집 양 쪽 옆집 담 너머 살던 생겸이 할아버지도 달티댁 어머니도 앞집의 노전 할머니, 오산댁이, 씨락댁 할머니, 진호네, 윤덕 씨, 윤덕 씨 어머니, 윤덕이 형님 외덕 씨, 외진 씨 아버지 돌이 아저씨까지, 게다가 앞집의 조합장님까지 세상 떠 버려 이우지에 어르신이라고는 수득 씨 내외, 외진 씨 모친, 김부겸 씨 내외 밖에 없으니 허전키가 이를 데 없는데, 그마저도 두어 해 전부터 부겸 씨는 걸핏하면 넘어지고 깨어져 허구헌 날 이마빡이나 코에 빵

에 피딱지를 달고 날이 갈수록 사람이 어주버(부실해) 진다고 장골 저러다 가겠다고 홀리골댁 걱정 근심이 태산 아닌가. 한때 동네에서 손꼽는 식자에 젊어 십여 년 외항선 타고 룰루랄라 이국 바람도 적잖이 쐬고 차림새도 그만하면 멋쟁이에 우리도 못 다루는 컴퓨터까지 독습으로 시원시원하니 갖고 노시던 아재이신데….

그이가 요즘은 그 즐기던 술 금지령에 통 바깥출입 없이 몸을 도사려 누워만 계신다. 그리고 보니 올해는 동네 관광도 불참.

나는 돈부 봉다리 들고 나오며 아저씨 누워 계신 안방 보고 들으시라고 부러 크게 말했다. 걷기 전도사답게

"누워계시지만 말고 걸으세요. 걸어서야 건강해지시지, 소류지라도 매일 걸으셔요."

방에서는 가타부타 말 없는데 그래도 맹랑하나마나 예슬이네 말 한 마디 한 마디 흘려듣지 않고 속 깊이 아끼시는 그 마음 다 아는 지라, 오늘 저녁부터라도 조금씩 조금씩 걷는 운동 시작하실 줄 믿는다.

아, 오늘도 우리 동네 대촌, 등 너머 이우지 천개 사람들, 나를 있게 하고 우리를 살게 하는 정겨운 이웃들, 아침을 사는 사람들, 모두에게 좋은 아침 복된 하루를 빌어 마지않는 아침.

유귀자 산문집

오데 가요?

초판 1쇄 인쇄일 · 2020년 11월 17일
초판 1쇄 발행일 · 2020년 11월 27일

지은이 | 유귀자
펴낸이 | 노정자
펴낸곳 | 도서출판 고요아침
편   집 | 이양구 정숙희 김남규

출판 등록 2002년 8월 1일 제 1-3094호
03678 서울시 서대문구 증가로 29길 12-27 102호
전화 | 302-3194~5
팩스 | 302-3198
E-mail | goyoachim@hanmail.net
홈페이지 | www.goyoachim.com

ISBN 979-11-90487-48-1(03810)

*책 가격은 뒤표지에 표시되어 있습니다.
*지은이와 협의에 의해 인지는 생략합니다.
*잘못된 책은 교환해 드립니다.